U0572793

历史与思想研究译丛 | Studies on History and Thought

Revolutions
in Worldview

[美] W·安德鲁·霍菲克

（W. Andrew Hoffecker）编　余亮译

世界观的革命

Revolutions in Worldview

中国社会科学出版社

图字 01-2010-5204

图书在版编目(CIP)数据

世界观的革命——理解西方思想流变/(美)霍菲克(Hoffecker,W. A.)
编;余亮译. —北京:中国社会科学出版社,2010.10(2019.8 重印)
（历史与思想研究译丛）
ISBN 978-7-5004-8709-8

Ⅰ.①世… Ⅱ.①霍…②余… Ⅲ.①世界观—文集 Ⅳ.①B-53

中国版本图书馆 CIP 数据核字(2010)第 072322 号

出 版 人	赵剑英
责任编辑	陈 彪
责任校对	刘 峣
责任印制	张雪娇

出版发行	中国社会科学出版社
社 址	北京鼓楼西大街甲 158 号
邮 编	100720
网 址	http://www.csspw.cn
发 行 部	010—84083685
门 市 部	010—84029450
经 销	新华书店及其他书店

印刷装订	北京明恒达印务有限公司
版 次	2010 年 10 月第 1 版
印 次	2019 年 8 月第 4 次印刷

开 本	640×960 1/16
印 张	30.25
插 页	2
字 数	488 千字
定 价	59.00 元

历史与思想研究译丛

主　编　章雪富
副主编　孙　毅　游冠辉

Originally published under the title: Revolutions in Worldview
by P & R Publishing Company.
Copyright © W. Andrew Hoffecker 2007
Published by arrangement with P & R through Oak Tree

"历史与思想研究译丛" 总序

  本译丛选择现代西方学者的思想史研究经典为译介对象。迄今为止，国内译介西方学术著作主要有两类：一是西方思想的经典著作，例如柏拉图的《理想国》和亚里士多德的《形而上学》等等；二是现代西方思想家诠释西方思想史的著作，例如黑格尔的《哲学史讲演录》和罗素的《西方哲学史》等等。然而，国内学术界对基于专业专精于学术富有思想底蕴的学者型的阐释性著作却甚少重视，缺乏译介。这就忽视了西方思想史研究的重要一维，也无益于西方思想史的真实呈现。西方学术界的实际情况却是相反：学者们更重视富有启发性的专业研究著作。这些著作本着思想的历史作历史的发微，使思想史的客观、绵延和更新的真实脉络得到呈现。本译丛希望弥补这一空缺，挑选富有学术内涵、可读性强、关联性广、思想空间宏阔的学者型研究经典，以呈献于中国学术界。

  本丛书以"历史与思想"为名，在于显明真实地把握思想脉络须基于历史的把捉方式，而不是着意于把一切思想史都诠释为当代史。唯有真实地接近思想的历史，才可能真实地接近历史鲜活的涌动。

  本丛书选译的著作以两次地中海文明为基本视野。基于地中海的宽度，希腊、罗马和犹太基督教传统多维交融、冲突转化、洗尽民族的有限性，终能呈现其普世价值。公元 1 世纪至 6 世纪是第一次地中海文明的发力时期，公元 14 世纪开始的文艺复兴运动则是西方文明的第二次发力。这两次文明的发生、成熟以及充分展示，显示了希腊、罗马和基督教所贡献的不同向度，体现了西方思想传统的复杂、厚实、张力和反思力。本丛书所选的著作均以地中海为区域文明的眼光，作者们以整体的历史意识来显示不同时期思想的活力。所选的著作以此为着眼点，呈现社会历史、宗教、哲学和生活方式的内在交融，从而把思想还原为历史的生活方式。

主编　章雪富

2008 年 12 月 16 日

目录

缩写

BL/BRBK	*The Blue and Brown Books*	《蓝皮书》、《棕皮书》
ESV	English Standard Version	《英语标准版圣经》
JBQ	*Jewish Bible Quarterly*	《犹太圣经季刊》
JSNT	*Journal for the Study of the New Testament*	《新约研究期刊》
NIV	New International Version	《新国际版圣经》
NT	New Testament	《新约》
OT	Old Testament	《旧约》
PL	*Patrologia Latina*	《拉丁教父集》
PG	*Philosophical Grammar*	《哲学语法》
PI	*Philosophical Investigations*	《哲学研究》
RTR	*Reformed Theological Review*	《改革宗神学评论》
ST	*Summa Theologiae*	《神学大全》
T	*Tractatus Logico-Philosophicus*	《逻辑哲学论》
WTJ	*Westminster Theological Journal*	《威斯敏斯特神学期刊》

前言

W·安德鲁·霍菲克

论到世界观（作为一种哲学范畴和特殊信念体系的世界观）方面的书，可谓层出不穷。例如，过去二十年里就有许多文章和著作讨论世界观之间的冲突，而这种冲突正是现代性和后现代性的特点，但具讽刺意味的是，第一本把世界观当作一种哲学范畴来全面处理的书，是在最近才出现的，这就是大卫·诺格尔的分析性著作《世界观的历史》（David Naugle, *Worldview: The History of a Concept*, Grand Rapids: Eerdmans, 2002）。其他一些讨论相关问题的书，如《美国大学的灵魂》（*The Soul of the American University*）、《一个令人抓狂的概念——基督教学术》（*The Outrageous Idea of Christian Scholarship*），让我们注意到世界观对学术具有显著影响。这些著作凸显了福音派人士的失败，他们未能应对挑战：识别并面对学术活动赖以进行的那些潜在原则。

福音派人士的兴趣不只限于了解世界观对生活的影响如何体现在清高的学术界。种种出版物、教会会议、领袖研究班、暑期学院，都表明福音派对世界观话题的兴趣不是一时的。20 世纪末（1994 年）出现的著作，马克·诺尔的《福音派思维的耻辱》（Mark Noll, *The Scandal of the Evangelical Mind*），凸显了那时候美国福音派的让人失望之处。诺尔说，尽管福音派引领了早期美国知识界的文化，但它在 19 世纪撒播的种子却在 20 世纪结出了反智果实。这样，福音派就放弃了自己的传统而不再对美国智识作出重要贡献。就在大约诺尔的书出现的同时，福音派开始觉醒，回应挑战，清楚地阐明基督教世界观，诺尔记载了这一充满希望的动向。讨论基督教世界观问题的文献大量出现，证实了这一希望。

我从自己"独断主义的睡梦"中醒过来，转向世界观问题，是在20 x
世纪60年代中期，正值我在神学院的最后一年——对神学毕业生来说，
这不会是一段平静的时间。我那时已经彻底把所有课程都囫囵吞枣地学了
一遍：历史的、圣经的、神学的、实践的。有了这些福音派神学教育的装
备后，我热切地盼望侍奉，虽说自己也不清楚到底该怎么侍奉。但当亚
瑟·霍尔姆斯（Arthur Holmes，著有《一个世界观的轮廓图》[*Contours
of a World View*]）和另一位客座教授向我们毕业班提出一个挑战性的看
法时，这一状况改变了。他们说，我们的神学教育如果只有那些传统神学
课程的话，将会贫乏得可怜。他们提出，60年代的文化危机要求每一个
负责任的基督徒，而不只是牧师和将要作牧师的人，都应当振聋发聩地表
达出基督教世界观，来迎战行将吞没美国生活的当代无信仰。同样，在那
个动荡十年的末后几年，法兰西斯·薛华（Francis Schaeffer）的话——
"人怎么想就怎么行出来"，启发了崛起中的一代福音派，亦使我坚定了这
一日益增长的信念：学术事业需要一批自觉地用基督教世界观来思考和行
动的基督徒。因此，我去攻读博士学位，不只是为了成材后可以去教"宗
教"课程，也是为了这样一个坚定信念：基督教世界观应当影响高等教育
的各个领域。

有些人指责倾力世界观问题的福音派人士，说他们把基督教弄得过于
理智化。"世界观思维"的辩护者则认为这种指控没有根据。他们说，每
个人都有自己的世界观，而一个人的世界观会影响到他的思想与生活的各
方各面。世界观使人内外一致地思考和生活，提供道德准则，直接激发
行动。

这样，"世界观思维"不只是学术性的兴趣和问题。世界观的论题和
影响力遍及人类存在的每一方面，包括个体的反思及各式社会文化活
动——家庭与婚姻、劳工与经营、经济贸易、科学探索、技术进步、政治
法律实践、艺术与娱乐，以及休闲活动。世界观决定着个体和群体浸染其
中的文化活动。

在开始考察西方世界观的变革之前，我们需要了解，什么是世界观，
这一术语在概念史中怎样被运用。前述大卫·诺格尔的著作《世界观的历
史》，首次详尽地分析了这个概念及其在知识史中的地位。[1]世界观一词出
现在近代，出自西方思想史上转变最剧烈的时期之一：启蒙时代。康德自
视自己的认识论是"哥白尼式的革命"，他在《判断力批判》（1790）一书 xi

中，生造了"世界观"（weltanschauung）一词。康德仅用这个词来指人对世界的经验性感知，指人的"世界—观点"。此后，世界观的含义有了扩展，不仅包括人对自然秩序的感官性把握，也包括对道德经验的范畴性领悟。因而，还在早期的时候，世界观就既包括对实在的现象层面的理解，也包括对实在的道德层面的理解。

19世纪，哲学家在讨论宇宙的存在及实在的意义时，突然开始频繁地使用世界观一词。随着它的使用频率激增，世界观作为理解人类经验的一种全面方式，超出了严格意义上的哲学讨论。"世界观"这一词汇抓住了哲学之外的其他领域的思想家的兴趣，最后，各门学科——语言、音乐、艺术、神学、历史、自然科学——的学者都采用了这个词。对许多人来说，世界观成了哲学的婢女。[2]

世界观一词在各个学术领域被广泛运用，这既证明它在抽象的观念世界中有重要地位，也证明它对各种人类活动具有意义。一个人最基本的信念或理解框架，组成了他的世界观，或世界—生活观。基本信念可以用好些词来表示——观念、假设、信念、前提、预设。基本信念直接或间接地影响人类生活的每一方面：它们指引思想，激发想象，影响直觉，指导道德选择，并决定上述机能具有的价值和优先性。总体说来，基本信念的作用，在于它有如一个框架和母体，我们据此来理解现实，并努力与这架构保持一致，在它的范围之内生活。

每个人都已然委身于他的基本信念，否则，这些信念不会是基本的。对基本信念的委身是我们的核心委身——我们固守着它们；它们是无讨价还价余地的；我们用生活的每一方面来表达它们。基本信念和核心委身是世界观的基本部分，因为，就定义而言，它们决定了我们如何理解世界，决定了这一理解中的哪些方面没有回旋余地。这样，人之存在的一个无可逃避的事实，就是他拥有一个世界观并活在这个世界观中。做一个人和拥有一个世界观是一回事。因此，尽管我们会把世界观和从柏拉图主义到笛卡尔主义再到后现代主义的复杂哲学体系挂起钩来，世界观对于人之为人而言，却总是最基本的。

基本信念在性质上是宗教性的，因为它们是基本信念；核心委身在性质上是宗教性的，因为它们是核心委身。宗教根本而言就是基本信念和核心委身之事，是世界观之事。因此，所有的世界观都是宗教性的，而所有的人都是宗教性的人。我们的一切所思所行，其源头和动力都是核心委身和基本信念——这种东西，圣经称之为"心"，并指出它就是我们的存在中心。

既然人人都有一个世界观，则基督教真理不应只是以神学的或教义的形式对人说话，也应以其他形式对人说话。一个人的世界观不仅包括他关于上帝的信念，也包括他所思所行的一切。世界观影响着一个人如何理解这一切事物：从外部的广袤宇宙到内心最深的反省。在各种想得到的论题和职业呼召中，这种影响都以各种方式在不同的层面发生。

虽说世界观作为一个范畴起源于近代，但"世界观思维"描述的是人类经验的普遍特征。福音派人士知道，世界观概念对基督教具有显著意义。如果任何人都有一个世界观——一种用于解释生活和世界的全面而整体的视角——那么，基督徒就应当依照我们的世界观，为着上帝的荣耀，在世界上生活，在不信者面前捍卫信仰，并贯彻由神启示出的旨意而来的应有之义。基督教世界观根植于圣经：出于其至高主权创造并救赎世界的三一真神，是理解一切现实的最终依凭。

此前两卷本的《构建一个基督教的世界观》（*Building a Christian World View*）是一本引论性的书，它面对本科学生，讨论了西方自古代到当代思想的世界观历史。现在的这本书题材类似，但面向的是高年级的大学生以及研究生。作为一个旧普林斯顿神学（我们有理由说它代表了处在对美国生活影响高峰期的传统改革宗思想）的历史学家，我认为这本书类似于19世纪多数美国高校必修的道德哲学结业课程。普林斯顿和其他美国大学开设了这一课程，以苏格兰常识哲学拒斥休谟的怀疑论，就是这一怀疑论在蚕食基督教正统的基础。讲座的内容很广，有认识论、自然神学、社会与政治话题，从而为学生已学的内容提供了一个基督教架构。许多大学的校长都亲自为以后将走向各个行业的毕业班学生教授这门"拱顶石"课程，为本科教育画上句号。我有一个但愿能成为现实的想法，就是，我确信：有志在各行各业中服侍基督的基督徒毕业生需要有人帮助他们澄清自己的世界观。

现在的这本书延续了《构建一个基督教的世界观》一书的基本框架，把对世界观的研究分成十个独立的历史时期。但在几个地方有所不同。我们不是把讨论分成分论题，如神学、人类学、认识论，而是把世界观当作一个整体来处理。我们对历史的分期也不一样。我们把漫长的中世纪分成两部分，以便更详细地考察中世纪，其中一章叙述从奥古斯丁到查理曼大帝的多样视角，另一章则叙述中世纪全盛期的多样视角。我们也用了专章来阐述文艺复兴，使读者可以将这一时期的思想家与之前的中世纪思想家和与之同时但延续时间稍后的宗教改革时期思想家进行比较对照。我们把现代阶段分作两个时期：启蒙时期（它在现代性的名义下和以前的哲学与宗教截然不同）以及 19 世纪时期（它进一步深化了这种差异）。最后，我们以专章叙述 20 世纪，并特别关注后现代性的出现，它通过否认哲学本身（并由此否认世界观）而与现代性决裂。每个变化都促使我们更深入地研究由它们促成的世界观和运动。

这本书的主题就是，西方思想经历的一系列变化是如此深刻以至它们必须被称为革命。记录这些革命可以使生活在 21 世纪的基督徒更深刻地理解西方思想的流变——核心的观念在时间中如何持存；独特的视角，如神祇的本性、人的本性以及宇宙的本性问题，如何得到其原初动力，并发展成今天的样子；观念如何引发了如今还在持续的争论；从有神论到世俗主义的转变如何日益加速。

这本书的作者们任教于不同的学术环境，多数是在神学院任教，其他人则在担任本科生或研究生的教学，但他们都抱持传统所称的"改革宗立场"。因此，我们在本计划的开头就确定了自己从事学术所基于的世界观：改革宗世界观。改革宗世界观（在第八章有更详尽探讨）从上帝的荣耀与主权，以及上帝的救赎计划，来看一切实在。改革宗思想家相信，全部的生命与思想都应照着神的话来塑造或改革。

在这本书里，我们旨在诚实坦率地叙述各个时期的标志性世界观。开始的几章论述古希腊和旧约、新约，在圣经启示与其他思辨体系之间建立了基本性的反题。实际上，除了论旧约与新约的两章外，其他各章都有不止一个视角出现。作为来自改革宗传统的学者，我们相信，虽说在旧约与新约之间，以及它们各自内部，存在着明显差异，但我们可以有把握地断言：圣经是神的话，它的声音只有一个。圣经就是其他各章据以进行内在或外在批评的定性准绳。

注释

[1] David Naugle，*Worldview：The History of a Concept*（Grand Rapids：Eerdmans，2002），55-67.

[2] 诺格尔注意到，在 19 世纪早期，一篇德国论文的参考文献索引就在"世界观"标题下开列了约两千个条目。

致谢

W·安德鲁·霍菲克

多数著作都不是一人成就。以写作为业的人乐于致谢，致谢那些帮助他们造就文字的人们。身为《世界观的革命》这么一个合作成果的编者，我更是得益于那些在共同努力中成就了这本书的人。

首先我要感谢各章作者。他们的教学与写作，使他成为各自领域里令人尊敬的学者。因此，当我计划本书内容时，就毫不犹豫地选择了他们。自首次签约接下任务后，他们又在耐心中等待了好几年。但愿你们教学事工顺利，愿你们下一部著作出版顺利！

我感谢改革宗神学院，给了我安息年，使我能完成又一本论世界观的书。我还要感谢过去三年来，先是在格洛夫城市大学，后是在改革宗神学院，参加过我的课程和周末研究班的人。在讨论中，你们的提问和发言促进了我对世界观问题的思考。

感谢 P&R 出版公司出版部前任主任阿兰·费谢尔（Allan Fisher），他对这个计划表现了极大兴趣，并指导我克服一些最初障碍。感谢 P&R 总裁布莱斯·克雷格（Bryce Craig）和 P&R 现任主编马文·帕杰特（Marvin Padgett），给了我建议和鼓励。感谢 P&R 副主编艾瑞克·安斯特（Eric Anest），使初稿最终定形。

特别感谢 Bits&Bytes 公司总裁约翰·J·休格（John J. Hughes），他及时指导了我和其他作者。他对全书整体及各章的改进所提的意见为本书 增添了光彩，反映了他如何追求基督教出版物的优异品质。

最后，我要感谢妻子帕姆（Pam）。在 44 年的婚姻中，她总是我最忠实的鼓励者和批评者。这两种品质在她那里的结合，不仅最体贴，也最合适。

1

送礼物的希腊人

约翰·M·弗雷姆（John M. Frame）

　　古代希腊并非西方的首个文明，但她在艺术、建筑、科学、政治、军事、教育、诗歌、历史、哲学领域都极有建树，以至于，即便在今天，对这些领域的探讨也都得从希腊开始。东方的宗教和哲学在 20 世纪开始产生重要影响，在这之前，西方思想的根源有两个：希腊和圣经。有的思想家试图以各种方式整合这两个传统；有的则认为这两者互为反题，而只和其中一个保持一致。

　　虽然我极钦佩希腊人的创造天才，但我相信，采用他们的世界观，或试图把他们世界观和圣经相调和，会犯大错。希腊人、圣经确实都在探索许多共同主题：上帝和诸神、实在的本性、世界的起源、人性、智慧、知识、伦理、政治，甚至救赎。我们从希腊人对这些论题的讨论中仍受益良多。但是，古人对"送礼物的希腊人"抱持的警惕心，在研究希腊世界观时也应当有。[1]研究希腊思想的最大好处，就是可以更好地理解到，拒绝圣经有神论会带来什么哲学的、文化的后果。

　　拒绝一词好像苛刻了些。希腊人能读到圣经吗？如果不能，又何谈拒绝呢？早期基督教思想家、殉道者查士丁（Justin Martyr）认为，柏拉图（Plato）的得穆革（Demiurge，《蒂迈欧篇》中的造物主）是从摩西五经里来的。查士丁的假设在史实上是不可能的，但它可以告诉我们，查士丁

2　是如何高估了柏拉图主义和圣经之间的一致性。不管我们怎么评价希腊与
近东观念上的交流，圣经告诉我们：希腊人和其他民族一样，都有能力形
成有神论世界观。根据《罗马书》1：18—23：

> 原来，上帝的忿怒，从天上显明在一切不虔不义的人身上，就是
> 那些行不义阻挡真理的人。上帝的事情，人所能知道的，原显明在人
> 的心里，因为上帝已经给他们显明。自从造天地以来，上帝的永能和
> 神性是明明可知的，虽是眼不能见，但藉着所造之物就可以晓得，叫
> 人无可推诿。因为，他们虽然知道上帝，却不当作上帝荣耀他，也不
> 感谢他。他们的思念变为虚妄，无知的心就昏暗了。自称为聪明，反
> 成了愚拙；将不能朽坏之上帝的荣耀变为偶像，仿佛必朽坏的人和飞
> 禽、走兽、昆虫的样式。

保罗说，因着上帝在创造物中启示出他自己，所有民族，包括希腊人，都
知道圣经中的上帝，但人类拒绝了这一认识而崇拜被造物偶像。

当保罗来到雅典时，他发现城中"都是偶像"（徒 17：16）。他在那里
布道，结束之前呼吁听众为拜偶像的罪悔改，这些听众中就有伊壁鸠鲁派
和斯多葛派的哲学家。虽然伊壁鸠鲁派和斯多葛派不怎么需要传统的希腊
诸神，保罗却显然相信，斯多葛派的唯物主义泛神论以及伊壁鸠鲁派的原
子论，和宙斯崇拜或阿波罗崇拜比起来好不到哪儿去。世界的主宰者不是
无位格的命运（斯多葛派）或无位格甚至偶然的原子运动（伊壁鸠鲁派），
而是有位格的上帝，他"已经定下日子，要藉着他所设立的人按公义审判
天下，并且从死里复活，给万人作可信的凭据"（徒 17：31）。保罗说这些
话时，听的人有的讥诮，有的不置可否，还有几个则信了。

圣经中的上帝不允许谁和他平起平坐。崇拜巴力、摩洛、大衮、马尔都
克、宙斯、阿波罗或阿芙罗蒂德，都是错误的。把自然视为绝对，视为并非
创造出来的自足实在，也是不对的。因为，无论是"宗教性的"[2]抑或"世
俗的"替代者，都在剥夺上帝那仅当归于他的崇拜。在这个意义上，唯物的
斯多葛主义者、伊壁鸠鲁主义者和唯灵的柏拉图都是偶像崇拜者。

希腊世界观：一与多

我们有时会说"希腊哲学"，甚至"希腊思想"，似乎它是一种单一的世

界观。但是，即便粗粗扫上一眼，我们也能见到，希腊思想家彼此之间见解何其不一。除唯物主义与唯灵主义的分别外，我们还可发现，荷马（Homer）和赫西俄德（Hesiod）相信传统众神，而赫拉克利特（Heraclitus）、色诺芬（Xenophanes）、伊壁鸠鲁（Epicurus）很少提到它们。巴门尼德（Parmenides）相信无物变化，赫拉克利特以为万物几乎都可说在流变中。柏拉图鄙视感觉，赫拉克利特、斯多葛派、伊壁鸠鲁肯定感觉。普罗泰哥拉（Protagoras）否定客观知识是可能的，柏拉图以之为可能。巴门尼德和普罗提诺（Plotinus）相信实在是完满的一，德谟克里特（Democritus）和伊壁鸠鲁说世界是不可还原的多。伊壁鸠鲁劝告人远离政治，斯多葛派鼓励人参与其中。悲剧作家和斯多葛派都相信命运，伊壁鸠鲁派却不是这样。

但希腊思想家仍有许多共通之处。首先，他们都不信圣经中的上帝，虽然他们也有我们前面所提到的神启。从他们的作品来看，他们甚至都没想到过有神论的世界观。由于他们都在一开始就排除了有神论预设，因而他们的共同任务，都是不以圣经中的上帝为根据而给世界一个解释，换句话说，就是以世界来解释世界。

不信圣经中的上帝，意味着人类心灵得依靠自己的力量，而不能借力更高的心灵。虽然阿那克萨哥拉主张世界是由**努斯**（心灵）推动的，但照柏拉图《申辩篇》所言，他却让苏格拉底失望，因为他并不重视自己提出的这个观念。主张世界的秩序为**逻各斯**（言语，或理性）所安排的赫拉克利特也是一样。亚里士多德相信有一个更高的心灵，就是不动的推动者，它的全部活动就在于对自我之思的思，但是，这个神并未向亚里士多德启示它自己的思想，它其实是亚里士多德自己推理出的假设，因而只是一个偶像。

更广地来考察这个问题，可以看到，没有一个希腊人相信世界是被造的，相信世界是被一个有位格的、至高绝对的存在所掌控。有位格的绝对存在，几乎就是圣经的独有观念。[3] 印度教和柏拉图哲学以及亚里士多德哲学一样，主张有一个绝对存在，但他们说的这个存在是非位格的。荷马诸神、迦南诸神以及其他多神论的诸神，是有位格的，但它们都不是绝对的。只有圣经的上帝既是有位格的又是绝对的。[4]

希腊的崇拜方式

在希腊宗教里，哲学的和宗教的绝对就是命运。希腊人有时以三位纺织和剪断生命之线的女性（"命运女神"）象征命运[5]，但对他们而言，命运是非人格化的。命运驱使埃斯库罗斯和索福克勒斯笔下的悲剧英雄僭越生命中的分寸，这种僭越给他们带来毁灭。命运的统治多少会和道德要求一致，但并不必然一致。它就像重力和电流一样，是非人格的力量，以至于诸神也受制于它。

杜耶沃德（Dooyeweerd）说，更早的、荷马之前的希腊宗教：

> 崇拜有机生命的永恒流变，这流变来自大地母亲，不会固定在任何个体形式中。这就使得这一宗教的诸神都是无定形的。从有机生命的这一无形无状的不息流变里，可朽事物周期性地一代代产生，这些限制在物质形式里的存在物受制于可怕的命运：死亡，希腊人称之为"盲目的必然"（anangke）或"注定的命运"（heimarmene tuche）。希腊人视有限形式的存在为非正义，因为它们必须以其他存在物为代价才能维持自己的生存，以至此生就意味彼亡。故而，无情的死亡命运，将在时间性秩序里报复所有处在个别形体中的生命。[6]

他还说，希腊宗教的"核心动机"是"无形无状的生命之流永恒地贯穿在一切以物质形象呈现出来的存在物的生死交替中"。[7]

不过，于悲剧家而言，命运统治的不只是生死，而是生命的全部。统治着生死的命运必然也统治导向生死的一切事件。这样，我们如何能把如此无所不包的宿命论和生命之流的无形无状协调起来呢？似乎其中一个得向另一个让步；同时坚持两者的话，得到的是一个不稳固的世界观。无论是命运抑或"无形无状之流"，都不能赋予历史过程任何意义。事情发生了，只是因为它发生了（无形无状之流），或被发生了（命运）；其中并没有什么理性的或道德的目的。我们常常把宿命论的世界观和偶然论的世界观相对立，但其实这两者是一回事：它们都让历史无意义，让人类无希望。两种世界观都认为控制世界的不是目的、善或爱。

渐渐地，原先的自然宗教让位于奥林匹斯众神宗教。这其中的变化倒不是很显著，因为众神基本上是自然界各种力量的人格化：波塞冬代表大海，哈得斯代表地下世界，阿波罗代表太阳，赫菲斯托斯代表火，德米特代表大地，等等。再接着，众神成了人类行为的保护者：赫拉保护婚姻，阿瑞斯保护战争，雅典娜保护教育，阿特弥斯保护狩猎，阿芙罗蒂德保护爱情，赫尔墨斯保护商业，等等。[8]宙斯最有力量，但并非全能。他有父有母，就是泰坦神克罗诺斯和瑞娅。他从命运女神那里得到知识，不能免于由嫉妒和狂怒而来的非理性发作。

杜耶沃德认为，这一"年轻的奥林匹斯宗教"是"形式、分寸与和谐的宗教"。[9]奥林匹斯众神高居于"生命的无形无状之流"之上。故而，对这些神明的崇拜，成了希腊城邦国家的官方宗教，因为城邦当然是宁要秩序不要混乱。阿波罗尤其是秩序的体现。但是，"在个人生活中，希腊人相信的仍然是原先的掌管生死的尘世之神。"[10]

酒神与狂欢之神狄俄尼索斯是奥林匹斯神之一，但荷马和统治者们都不是很欣赏他。狄俄尼索斯崇拜意在冲破形式、秩序、结构，是纵酒、纵欲、狂欢的宗教。故而，狄俄尼索斯虽如奥林匹斯神那样高高在上，却被视作无序混沌之旧宗教的代言人。

奥林匹斯宗教给了历史几分意义，多少解释了事情为什么会这样那样发生，因而好歹是旧宗教的进步。现在，除了无人格的命运和无秩序的生命之流，众神的念头、理性思想，也成了生命过程的一部分。但最终，掌管历史的仍旧是众神斗不过的非理性命运和变不了的生命之流。

这样，无论是旧宗教还是奥林匹斯宗教，对于人类生命都有着悲观的意义。人类本质而言就是走卒，控制他的是命运和无序，是奥林匹斯众神。不同于圣经中的上帝，希腊宗教中的这些元素都没有道德属性，都不是"患难中随时的帮助"（诗46：1）。

新宗教：哲学

大约公元前600年的时候，一些思想家试图不借助宗教来理解世界，由此开启了一个新运动。他们被称为智慧的爱好者——哲学家。在这之前，古代世界如埃及、巴比伦等地就已有智慧教师，而圣经智慧文学（《箴言》、《传道书》、《雅歌》）在很多方面都和非圣经的智慧文学类似。不同之处，在于圣经的智慧导师声称"敬畏耶和华是智慧的开端"（诗111：10；箴9：10，15：33；比较：传12：13）。

希腊思想家区别于希腊宗教和其他智慧导师之处，就在于坚持人类理性是至高的。我把这称作理性的自主。其他文化中的教师都珍视父母和前辈导师的传统（例如箴1：8—9，2：1—22，3：1—2等）。这些教师认为自己是这些传统的集大成者、护卫者，偶尔也在其上添加一些东西，再把它们交给下一代。但哲学家拒绝以传统为理由接受什么东西。虽说巴门尼德和柏拉图有时会使用神话，他们却认为，神话性的解释是次要的，而且归根到底也是不充分的。理性必须是自主的，它自我确证[11]，只听从自己的法则。

虽说哲学家各有主张，但他们都认为，善的生活就是理性的生活。[12]对他们来说，理性而非对神的敬畏，才是智慧的开端；理性成了绝对忠诚的对象和真假对错的终极标准，由此，理性自身成为某种神——虽然哲学家并不采用这种说法。

哲学家对希腊传统宗教态度不一，有嘲笑的，如色诺芬；有大方接受的，如伊壁鸠鲁，他既肯定对神明的信仰，又说神明不管世上发生的事。哲学品性最可敬佩的典型，被认为是苏格拉底，他由于不信雅典的诸神并教导年轻人不信神被判死刑。所以，希腊哲学的确是"世界观的革命"。它代表和过去的决裂。

希腊哲学概观

我们现在大致以时间为序，更细致地考察一下希腊哲学。在对几乎每个哲学家的考察中，我们都可看到以下主题：（1）理性的至高权威，（2）由此，试图以理性判断一切实在，（3）由此，声称一切实在本质而言是一，但（4）二元论的问题并未解决：无人格的命运与无形无状的生命之流依旧对7 立，（5）无形无状的流变挑战理性把握现实的能力。哲学家努力以各种方式解决这一问题，并未动摇自己对自主理性的根本忠诚。但（6）哲学家无法做到在自己的努力中一以贯之地保持理性，这就说明，他们自主地理解世界的努力是失败的。因为，最终我们不得不说，哲学家自己承揽了一个不可能的任务：将自主的理性加之于本质上非理性的世界。（7）这些困难致使他们关乎灵魂、伦理、社会的多数谈论变得空洞。

米利都学派

希腊哲学的第一个流派以这些哲学家所在的城邦（小亚细亚的米利都）命名，他们的教导和著作如今留下来的只有残篇。我们对他们的了解大多来自其他作者（尤其是亚里士多德），而那些人对他们并非一味认同赞赏。不过，对我们来说，更重要的是知道那些后来的思想家如何理解这些哲学家，而不是他们自己确实说过什么；因为，米利都学派（The Milesians）正是通过那些后来者的解释，才影响了哲学史。[13]

泰勒斯（Thales，约公元前 620—前 546）说"一切皆水"，又说"万物都充满了神"。阿那克西米尼（Anaximenes，卒于公元前 528）说"一切皆气"。阿那克西曼德（Anaximander，公元前 610—前 546）说"一切是无定形"（apeiron，无限）。要理解这些，我们需记得，一般说来，希腊人认为宇宙由四大元素组成：土、气、水、火。因此，米利都派试图发现，如果说宇宙还有基础成分、元素的元素、基本性的构成物，那么它会是四种元素中的哪一种。

希腊哲学家试图回答的如下三个问题仍在吸引科学家和哲学家：（1）实在的基本本性是什么？（2）万物从哪里来？（3）宇宙如何变成现在的样子？

对泰勒斯来说，（1）宇宙的基本本性是水。水是所有事物的本质，无论这件事物是什么，看起来和水多么不同。（2）万物来自水又归于水。（3）水通过不同的自然过程生发出整个世界。他说"万物都充满了神"，可能是指这些自然过程以某种方式为思想或心灵控制着。

阿那克西米尼也是这么看待气的，这无疑就引发争论：最丰富的元素到底是水还是气，何种元素最能解释其他现象，等等。对他来说，现实的多样性来自气的凝聚或稀释。后来的赫拉克利特也是这么看待火的。就我所知，还没有哪个哲学家设想土是基本元素，这或许是因为，土比其他三种元素都更少变化。阿那克西曼德相信，这四种元素都不能解释世界的多样性，因而认为万物的本质是一种没有确定性质的实体（就此而言它是"无限"的），当它采纳种种有限性质后，就产生了世界。

有些评论者把希腊哲学家比作惊讶地看着世界的儿童。但使徒保罗不这么看，在《罗马书》1：18—23，他说，那些没有圣经之上帝的人，在行不义阻挡真理。当泰勒斯及其同道不断探索，以新的方式来理解世界时，我们不能不对他们肃然起敬。现代科学已经使他们的观点变得过时，但这并不能贬损他们的成就。不过，当我们严肃地估量他们的作为时，我们对他们的评价，也许会有所不同。

泰勒斯的说法——一切皆水——并非出自我们所说的科学研究。无疑，他的观点受着观察的影响：世界中的水丰富无量，水是生命之源，如此等等。但"一切"二字，却远非任何观察能及。这种语气像是一个人坐在沙发上独断地宣布整个宇宙必须如何。这些思想家对"一切"的宣称，表明人类理性如何严重地僭越其界限。这就是理性主义——一种对理性力量的敬畏，这一敬畏把理性变成了神。

另一方面，水（还有气，更明显的则是"无限物"）代表了旧宗教的"无形无状之流"。水在浪花和潮流中运动，不被束缚控制。它的随意性是理性无力给出解释的。泰勒斯说万物都"充满了神"，或许就是试图给任意之流一个理性引导。但问题随之而来：诸神也是水构成的吗？如果不是，那么，这个假说就没能解释"一切"；而如果是，那么这些神明，如宙斯或阿波罗，就也受制于变动之流，不能控制它。我们还要记住，照泰勒斯的说法，人的心灵也是水。我的思想本质上就是大小的浪花，是我的内在之海的运动恰巧产生的流变。如此，我们凭什么说一个浪花比另一个更真实合理、更有启发、更深刻？机械论的自然过程可用来解释波浪，但不能解释人类思想的真理与谬误。

因而，泰勒斯是一个极端的理性主义者，但他的世界观却使他的理性成问题。他是理性主义者，又是非理性主义者。他使我们想起范泰尔（Cornelius Van Til）对《创世记》3章（始母夏娃面对两种断言）的哲学解读。上帝告诉她，若吃那果子她就会死。撒旦的说法则是，她不但不会死而且会变得如上帝一般。夏娃一开始就应该抛弃撒旦的说法。但她的主张是：她有权作最终裁决（理性主义）。撒旦的断言预设，上帝不是真理和意义的终极裁决者，因此，没有什么绝对真理（非理性主义）。范泰尔说，每一个不信的人，都被理性主义和非理性主义之间的张力抓住。有人强调前者，有人强调后者。当其中一个让他们紧张不适，他们就跳到另一边去。[14] 这个模式，我在考察其他希腊哲学家时也将提及。我提及它不只是因为它是个会吸引人的事实，而是为了表明：最终而言，希腊哲学的主要缺陷不在于它的幼稚科学观，或不完备观察，或可修补的逻辑漏洞，而在于宗教上的叛逆。虽说这些哲学家都使人类理智绝对化，但他们的无神论世界观使人类理智自身成了问题。

米利都学派的认识论失败和形而上学失败紧密相连。因为，他们的"一切"排除了创造者和被造物之间的那种圣经所主张的关系。如果一切皆水，那么上帝，如果他存在，就也是水，我们也是水。上帝与人之间将没有根本性差异。上帝和世界由同一种东西构成。没有创造，也没有上帝对世界的固有主权。米利都派的系统因而排除了圣经中的上帝。而如果圣经中的上帝是世界的意义和真理的唯一可能基础的话，米利都派就也排除了意义和真理。

赫拉克利特

赫拉克利特（Heraclitus，公元前 525—前 475）生活在离米利都不远的以弗所，他认为最基本的元素是四元素中最有活力又最具变化的火。他所关心的，与其说是找出何为基本实体，不如说是描述变化如何无处不在，火和其他事物乃至万物如何互相转化。他有一句常被人引用的话："人不能两次踏入同一条河流"，意思是，当你第二次踏入时，你所踏入其中的水不是原先的水。由于水是不同的，因此河也是不同的。实际上，他的原话是：

> 人们踏入经久不变的河，变化再变化的水从他们脚上流过。[15]

河还是那条河，但水却一直在变。很显然，在他看来，事物的元素的确在永恒变化，但这样的变化使恒常性有可能在其他层次的实在中出现。[16]

因而，世界在变，但变化的发生有其规则。如果事物的变化是绝对的，那理性思考就不可能了；理性思考需要稳定，需要某种足够长久地保持自身的东西，以供理性考察。马仍然是马，房子仍然是房子，人仍然是人，河流仍然是河流。

赫拉克利特把这一稳定性的根源称作逻各斯，使得这个词可能是第一次拥有了重要的哲学含义。逻各斯有许多意思：语词、理性、理性的解释。赫拉克利特相信，有一个原则控制着变化，使变化在理性的界限内发生。

我们可以把赫拉克利特的哲学看成常识。当我们观察世界的时候，好像没有什么东西全然不动；什么事物都在运动变化，哪怕幅度很小。但是，存在着足够的稳定性，使我们可以谈论河流、马匹、房屋、人等许多事物。问题是：赫拉克利特给这一变化和稳定带来了什么洞见吗？说逻各斯存在，等于说世界中的稳定性有其根源。但那根源是什么？逻各斯真的是对事物的解释吗？抑或它只是某种未知物的名称而已？赫拉克利特的著作似是而非，意义多面，充满象征。我们为之着迷，却又最终不知道（至少于我而言如此）他到底想说什么。

逻各斯是希腊理性主义的又一宣言。赫拉克利特告诉我们，理性必须成为人的引导者，哪怕我们还不知道它的可靠性何在。赫拉克利特试图证明，理性不仅在我们心中必然存在，而且，也作为宇宙的一个层面必然存在；由此，他以一种信仰的行为，向理性呼求。另一方面，变化之流等于非理性；赫拉克利特事实上承认，除非实在本身多少是恒常的，否则理性不能把握实在。但在元素的层面上，实在根本就不是恒常的。然而，他却从理性主义的立场出发，试图弄出一个对元素性变化的理性分析。

赫拉克利特和米利都派一样拒绝了圣经的有神论，也拒绝了引起并维持变化的那一位。而他所得到的，就是一个**不知如何**就在变化的世界，和一种**不知如何**就存在的理性恒常。唯一能赋予变化和恒常以意义的上帝，是在赫拉克利特哲学之外的。

巴门尼德

巴门尼德（Parmenides，公元前 510—约前 430）住在南意大利的爱利亚，他同意赫拉克利特的说法，认为理性需要某种不变之物。和赫拉克利特正相反，他全然不同意变化存在。他写了一首诗，描述如何遇到一位女神，女神向他启示"存在者存在"。不过，女神对他的启示不是靠着自己的权威，而是靠着理性，这是很适合她的哲学女神身份的。[17]

"存在者存在"说的是，没有哪个存在者可以从它的"是"变成它的"不是"。红不能变成绿，否则红将成为非红，而非绿将变成绿。那怎么可能呢？如果先前的状态是非绿，那绿又从哪里来呢？因而，变化不是实在的，它一定是幻象。

实际上，"非存在"这个观念就应当被拒绝。并没有从非存在到存在的变化，因为本来就没有非存在这种东西。非存在根本就不存在，其他的否定性表达语，如非绿、非红，也是如此。[18]

那么，真实的世界是什么？巴门尼德力图描述出没有非存在因而也没有变化的世界会是什么样子。它是非产生的、同质的、固态的、对称的、球状的。例如，如果它不是同质的话，它就得由某元素和并非该元素的东西（比如说水和非水）一起构成，但这是不可能的。关于巴门尼德归于实在的其他属性，也可以如此推论。

巴门尼德把他的世界观称为"真理之路",但它和常识相去甚远,不能为我们在经验世界中的生活提供什么帮助。它倒是要求我们彻底地拒斥经验。巴门尼德的诗有一部分是精细的宇宙论论述,被女神称为"信念之路"。这个包含变化的宇宙论和"真理之路"迥然不同。很可能,巴门尼德是把"信念之路"当作应当拒绝的谬误。但也有可能,他是想让我们把"信念之路"当作一种实践性的指导,以及一种对感官呈现给我们的世界进行思考的方式。

巴门尼德也许是哲学史上最彻底的理性主义者。他说"存在者"和"可以被思想者"是一回事。因此,一旦界定了人类理性可以思想的东西,他就相信,他已经发现了世界的真实本性。为了服从理性,他愿意(几近完全地)否认感官证据,由此给出一个和我们的所见所闻完全不同的世界。但这一不变世界中的理性本身又发生了什么呢?人类理性是转瞬即逝的,至少看起来是这样。我们的思想一个接着一个。哪怕在最理智的活动中,我们的心灵也历经变化。如果我们不能从不完美的观念进展到更完美的观念,那我们还能说自己在思想吗?这样,巴门尼德的理性主义事实上取消了理智活动而导向非理性主义。

巴门尼德也许意识到了这一点,而把"信念之路"当作一种替代哲 12学,来解释我们的感觉经验的结构。[19]如果是这样的话,我们就可以在巴门尼德的"真理之路"里找到理性主义,在"信念之路"里找到非理性主义。按照这种理解,巴门尼德已经预示了柏拉图在形式世界(真实世界)和感官世界(更不可知也更不真实的世界)之间的区分。

同样,我们想知道,巴门尼德若是从圣经中的上帝之存在开始,从倾听上帝的启示之言开始,则他的思想将会有何不同。

原子论者

巴门尼德被视为"一元论者",一元论者相信宇宙本质为一。的确,当巴门尼德试图排除"非存在"时,他就在系统地把多样性排除在世界之外。在"真理之路"中不会有不同的事物,比如说,不会既有红又有非红。

其他的哲学家主张多元论,认为宇宙本质是多而非一。在古希腊,最彻底地坚持这一立场的是原子论者(the Atomists),他们是:恩培多克勒(Empedocles,主要著作写于约公元前 450 年)、阿那克萨哥拉(Anaxagoras，公元前 500—前 428）、留基波（Leucippus，公元前 5 世纪）、德谟克里特（公元前 460—前 360）、伊壁鸠鲁（公元前 341—前 270）。[20]

恩培多克勒认为，最初的时候，世界有点像巴门尼德的存在，具有单一、同质等性质。但爱和恨这两种相反的力量使事物运动起来，分离出四种元素，并以不同的方式把四种元素结合起来。四种元素是一切实在的"根源"，实际上就是万物构成的基本质料即原子。

照阿那克萨哥拉的说法，元素的种类有很多。他认为，火不能产生土，除非土已经在火里了。面包也不会变成人的肌肉头发，除非面包里已经有了细小的肌肉和头发。阿那克萨哥拉还提出，存在着**努斯**或者说心灵，它是一种原则，维持着变化中的合理性，它和赫拉克利特的逻各斯、恩培多克勒的爱恨类似。在柏拉图的《申辩篇》中，苏格拉底抱怨（Socrates）说，他曾希望在阿那克萨哥拉的著作中发现心灵如何引导世界，却失望地发现他只是机械性地解释自然。

恩培多克勒和阿那克萨哥拉被称为"质的原子论者"，意思就是说，他们相信构成世界的元素在质上是不同的——或者四种（恩培多克勒），或者许多种（阿那克萨哥拉）。这些元素有点像巴门尼德的存在，是不变的，实在整体随着它们的不同组合发生变化。

留基波、德谟克里特和伊壁鸠鲁是"量的原子论者"。他们的原子（或元素）在质上相同，只是大小和形状（德谟克里特）或重量（伊壁鸠鲁）不同。这些原子在虚空中运动，互相碰撞，形成物体。按照这种观点，实在完全由原子和虚空组成。

伊壁鸠鲁的原子有重量属性，所以它们会朝着一个方向坠落，这种坠落是一种宇宙性的"朝下"。照常而言它们会以互相平行的轨迹下降。如果是这样的话，它们如何能互相碰撞形成物体呢？伊壁鸠鲁提出，原子有时会从直线轨迹中"偏离"。这种偏离是全无理由的，它解释了物体的形成，也解释了人的自由选择。人之所以能摆脱因果决定而行动，是因为身体的原子有时会不可理喻地偏离。

伊壁鸠鲁将人的自由等同于因果的不确定性，并把这种不确定性视为道德责任的基础，这在哲学家中也许是首开先例。他的自由观有时被称为自由意志论或不相容论（反决定论）。[21]许多神学家都赞同这种自由意志观，包括帕拉纠（Pelagius）、莫利纳（Molina）、阿明尼乌（Arminius），以及最近的自由意志神学家（open theists）。[22]但我身体里面原子的随机性偏离，怎么能使我的行为具有道德责任呢？当我走在街上时，脑子里的一些原子偏离碰撞起来，于是我就抢银行了，为什么我就必须为此负责呢？不是我让那些原子偏离的，事实上，偏离无原因可言。说偏离**碰巧**撞在我身上，我由此对后果**无需**负责，听起来倒更合理。这就像是脑子里的化学性失衡让我作离奇的事。实际上，这不是自由，而是一种古怪的决定论。我们可以说，就是这一偏离**除去**了我们的责任。

责任问题使我们考虑伦理。在柏拉图和亚里士多德之后出现的伊壁鸠鲁热衷于将原子论应用到道德问题中。人们不禁要问，从这种彻头彻尾的物质主义里能弄出什么样的伦理学？

伊壁鸠鲁的伦理学基本说来就是：人应当逃避痛苦寻求快乐，而快乐就是没有痛苦。和昔兰尼派、后期伊壁鸠鲁派不同，伊壁鸠鲁区别了短期快乐和长期快乐，主张整体而言，平静无扰的沉思生活才是最快乐的。这种伦理观被称为快乐主义。它引起的问题有如下几个。（1）除了通常所说的快乐之外，人类有许多更为珍视的东西。例子之一就是有人牺牲自己的生命挽救他人。伊壁鸠鲁不能有力证明，为什么应当追求的价值是快乐而不是其他。（2）如果我们宽泛地定义快乐，把所有其他价值（包括自我牺牲）也算作快乐，那么，这个词就失去了意义，因为它区分不了快乐和非快乐行为。（3）即便事实上的确有人把快乐看得比什么都重要，这也并不意味着，我们**应当**把快乐看成最高价值。伦理学谈论的就是这个应当。我怀疑有谁还能从物质主义哲学中引出什么伦理上的应当。[23] 运动中的物质显然不会告诉我们什么是应当做的。

故而，原子论试图以物质、运动、机遇，来解释一切。如果泰勒斯用水解释不了人的思想，原子论者又如何能指望，靠运动着的、彼此无区分的物质零碎，就能解释人的思想？原子论者试图理性地把一切实在都还成最细微的组成部分，就此而言他们是理性主义者。但这么做却使我们找不到什么理由来相信自己的心灵。理性主义和非理性主义又一次搅在了一块。当我们试图以物质主义的基础来解释人的道德义务和责任时，问题就愈发困难。

这种思考方式的宗教性根源在伊壁鸠鲁的著作中特别明显：他最明确不过地想排除超自然力量在世界中起的任何作用。但没有人格化的上帝，人如何能解释思考的有效性和道德原则的权威性呢？

毕达哥拉斯

对毕达哥拉斯（Pythagoras，公元前 572—前 500）本人所持的具体观点，我们知之甚少，但他影响了一个学派，并由此影响了其他哲学家。柏拉图访问过南意大利的毕达哥拉斯宗教社团，他的著作吸收了许多毕达哥拉斯派观念。毕达哥拉斯学派恪守的宗教是奥尔弗斯教，它教导人类灵魂是被囚禁在身体中的神圣存在。这一宗教认为，灵魂不断经历再生轮回，直到完全净化，重返神圣世界。我们的灵魂之所以是神圣的，是因为它是理性的；因此救赎来自知识。这样，毕达哥拉斯派和所有希腊哲学流派一样强调理智的自主。他们把人分成三类：爱智慧者、爱荣誉者、爱财富者，柏拉图在《理想国》中的类似区分可能是从这里来的。他们发展的精巧宇宙论和阿那克西曼德的宇宙论以及巴门尼德的"信念之路"类似。

不过，我们记念毕达哥拉斯，主要还是由于他的数学成就，包括每本中学几何课本上都可见到的毕达哥拉斯定理。这个定理告诉我们，直角三角形斜边的平方等于两直边的平方的和。在一个三条边的边长分别为 3、4、5 的直角三角形里，两条短一些的边的平方分别是 9 和 16，相加起来是 25，也就是最长边的平方。毕达哥拉斯和（或）他的学生也极有可能发现，音调的和谐来自可由简分数的比例表达出来的不同震动之间的关系。如果某音阶上 A 音的震动次数是 440，那么，下一个八度音阶上这个音的震动次数就是 880，依此类推。

可能正是这些事实，使毕达哥拉斯派认为，宇宙中的万物都能用数学公式表达。这就是口号"一切皆数"的由来，它反映了米利都学派的"一切"程式。由于万物都是数学公式产生的，数学就是终极实在。这就是希腊共通主题的毕达哥拉斯版本，这一主题就是：理性既是实在的本性，也是思想的本性。

不过，就我们所知，毕达哥拉斯派并没有探讨这些数学公式从哪里来。数学公式存在，这看来是一个明显的事实。实际上，它将意味着：存在一个人格性的创造者；因为，数字和公式的所居之处，自然是在某种人格性存在的心灵之中。对于毕达哥拉斯而言，数字就"只是存在着"。它们的存在是突兀的。因为，毕达哥拉斯派和其他希腊人一样，不愿承认：存在一个理性的、人格性的、但又高于他们的存在者。最伟大的心灵就是人类中的数学家的心灵。

这一理性主义所付的代价，就是失去内在一致性。如果数学公式只不过就是存在着而已，我们为什么要信靠它们？难道不是有可能，数学公式只是碰巧可以用在直角三角形和某些音程上而已？而且，抽象数字又是如何转变成具体事物呢？和其他希腊哲学一样，毕达哥拉斯派的理性以非理性告终。

智者

智者（the Sophists）是公元前 5 至前 4 世纪的希腊云游教师，他们遍走各城，教导年轻人为了在社会生活中获取成功所需的技艺：修辞、语法、历史、科学、艺术，以及赢得公众赞赏的品格。这些教师有很大市场，因为传统的贵族政治正在让位于工商阶层，为富裕家庭的上进青年带来机会。同时，也有多起政治骚动发生，引发了对政治统治的基础与合法性的哲学思考。[24]

哲学因而处在新的转折点。哲学家的主要关切，不再是自然世界。人性以及人类社会的问题，凸显出来。

如果人们的主要关注在于和不同的政治势力处好关系，那相对主义就会很有吸引力，正如我们在当今政治中所看到的一样。如果不存在绝对的或客观的真理，不存在每个人都必须认可的真理，那么，一个人的信念就会随着政治风向任意地向东向西偏离。所以，智者们都是相对主义者，这不足为怪。

我们是通过柏拉图的对话了解智者的，而柏拉图对智者并不同情，不过，他的见解很可能是公正的。智者普罗泰哥拉接受传统的思考方式，不是因为它们是真理，而是因为我们需要靠它们来赢得权力和认可。高尔吉亚（Gorgias）否认有什么客观真理，试图以修辞来代替哲学。色罗希马库（Thrasymachus）的主张是"正义就是强者的利益"，因而法律是（且应当是）强者用来驯服民众的工具。卡利克勒斯（Callicles）则相反，认为法律是民众用来制约强者权力的手段。[25] 被后人认为在三十僭主中最为残酷的克里提亚斯，说统治者必须要做的事，就是通过激起臣民对并不存在的神明的恐惧，来控制他们。

苏格拉底出现在柏拉图的这些对话中，他回答说，对客观真理的无所谓甚至敌对态度是不能容忍的。首先，智者自称他们说的是事实。如果没有客观真理的话，那么智者的观点就不可能客观地为真，这样人们就没有理由要听他们。从那之后，这一反驳都是对相对主义的标准回答，今天我们仍可听到有人用它来反驳例如说后现代主义。

其次，苏格拉底说，正义不会只是强者的利益。因为，使强者有利的东西并非就是使其公正（而和不公正相对立）的东西。必须有某种品质来界定正义，来作为标准衡量统治者的行为。

这样，苏格拉底就拒斥了智者的非理性主义，或不如说，他表明这一非理性主义是如何地自我拒斥。但智者也是典型的希腊式的理性主义者。普罗泰哥拉说，"人是万物的尺度"。它表达了智者的非理性主义：实在就是人认为是的那个样子。它也是理性主义，因为它使人的理性成为真假对错的最终标准。人们要问：普罗泰哥拉是何以知道这一点的呢，尤其是他还主张全面的相对主义？他在独断地宣称理性的自主。也就是说，他以一种非理性的方式主张理性主义，恰如他也在以一种用他自己的主观标准来看是理性主义的方式，来主张非理性主义。

17　　智者不会想到其他的路，因为他们既不相信传统诸神，也不会考虑圣经有神论的上帝。

苏格拉底

苏格拉底（Socrates，公元前 470—前 399）不只是驳斥智者。他的地位如此显要，以至到此为止我们所讨论的哲学家都被称作是"前苏格拉底"的。在哲学这一宗教里，他是大圣徒、殉道士。公元前 399 年，他被雅典城邦处死，罪名是不信官方的神[26]，以及腐化青年，叫他们也不信。

人们尊敬苏格拉底，主要还不是因为他的思想（我们主要通过他的学生柏拉图了解他的思想，因而很难分清哪些思想属于他哪些又属于柏拉图），而是因为他的生活方式、论证风格、对真理的热情。他拒绝智者的相对主义，坚持对哲学问题寻根问底，探索不息。他坚持生活要和哲学一致。他放弃逃跑的机会，为要证明自己忠于雅典的统治。

他说，德尔菲的神谕告诉他，他是最有智慧的人，因为只有他才知道自己的无知。因此他四处和那些看来有能力回答重大问题的人谈话，对他们进行严格的考察。他常常在专门家的推理中挑出毛病。他寻求语词的定义：什么是真实的正义？什么是美德？对话中的人物会列举这些品质的例子，但苏格拉底要的不只是例子。他想知道什么是正义的各例子中共同的东西，使它们成为正义的东西。他的考察常常得不出什么定义。但他以对话（专业的术语是辩证法）为方法来寻求真理，这却启发了后来的哲学家和教育者。此后各门学科都采纳了他的口号："未经检验的生活是不值得过的。"

不过，对苏格拉底来说，对话的使用，作为一种寻求真理的方法，次于某种内在的东西也就是人类灵魂自身。他声称，在他心中有一个神明（*daimon*），并相信任何人只要向内寻求，就能找到真理。故而，另一个苏格拉底式的口号就是："认识你自己。"

对话和内省一起组成了苏格拉底的认识论。对辩证法的重视，更新了希腊的理性主义传统。对内省的强调，则把真理置于个体主观性内。[27] 这一主观主义和智者派类似，让人不安。如果我们不想把这种主观主义当作非理性主义打发掉，就要弄清楚，人类主观性和客观世界，和真理的主宰者是如何相联。

柏拉图

18

柏拉图（Plato，公元前 427—前 347）是苏格拉底最伟大的学生，也是有史以来最伟大的哲学家之一。最伟大的哲学家〔我认为可算在其内的还有亚里士多德（Aristotle）、阿奎那（Aquinas）、康德（Kant）、黑格尔（Hegel）〕常常把初看起来四分五裂的许多观念连在一起。例如：巴门尼德说存在本质上是不变的，赫拉克利特说实在的基本元素就处在永恒的变化中，而柏拉图的天才就在于在两者中都看到真理，并在更广的系统性理解中将它们连接起来。他就是这样使理性与感官、灵魂与身体、概念与物质、客体与主体、理性与非理性各就各位。

柏拉图的认识论始于观察到我们从感官中很少能认识什么东西。就此而言他和智者一致。我们的眼睛和耳朵很容易欺骗我们。但我们显然有理性能力，可以看清假象，找到真理。我们通过理性形成对事物的概念。例如，我们从未看到一个完美的正方形，但我们不管怎样还是知道完美的正方形应该是什么样的，因为我们知道得出正方形的数学公式。既然我们不是从感官中知道方的本性的概念，我们必然是从理智中知道的。我们也是如此知道树、马、人性、正义、美德、善等等的本性的概念。我们没有看到，但是我们知道。

柏拉图称这些概念为形式或理念。既然我们不能在地上发现形式，那么，它们就必定存在于某个其他领域，那就是和感官世界相对的形式世界。但形式到底是什么？读柏拉图的时候，我们有时或许以为，树的形式是某种完美的、巨大的树，存在于某处，是地上的所有树的原型。但这不可能对。树的种类这么多，一棵树如何能作所有树的完美原型呢？而且，即便某处存在某棵巨大的树，又怎么可能存在巨大的正义或美德或善呢？再则，柏拉图说形式不是感官的对象（如巨大的树就是感官的对象）。相反，它们只是通过智力、通过理性才被认识。也许，柏拉图是在跟随毕达哥拉斯派，认为形式是一种堪称数学公式的东西，是秘方，可以用来构造树、马、美德、正义，正如毕达哥拉斯派的公理可以构造出三角形一样。我之所以说"堪称"，是因为柏拉图在《理想国》中说"数学存在是介于可感物与形式之间的一种存在"。[28] 尽管如此，柏拉图的确相信，形式是实在的东西，是地上事物所模仿的原型。

形式故而是完美的、非物质的、不变的、不可见、不可触的东西。它们虽抽象却比感官对象还要实在，因为（例如说）只有完美的三角形才是真实的三角形。形式也比地上的事物更可知。我们或许把握不定某个判决是否正义，但是，我们对正义形式本身的正义性是不怀疑的。就此而言，形式是世间事物的原型、模范和标准。我们只有通过将某人和理想性的美德相比较，才能知道他是否有美德。

形式的存在是等级式的，最高的形式是善的形式。因为我们之所以知道三角形、树、人、正义是什么，只是因为我们知道它们为何是"好的、有益的"（也就是"善的"）。每件事物在一定的意义上都是"善的"，因而，每一件存在的事物都在某种程度上分有了善的形式。这样，形式世界不仅包括用来制作事物的程式，而且包括用来规定事物目的的准则。

在《优叙弗伦篇》里，苏格拉底论证，虔敬不能被定义为神所欲求的东西。因为，人们为什么要欲求它呢？他们必定是因为它是善的才欲求它。因而虔敬是某种善，而善必然独立于神或人对它的设想和谈论。因而它必然是一个形式。但我们应注意到：如果勇气、美德、善等都是抽象的形式，那么它们就没有具体内容。对柏拉图而言，知道什么东西是善的，就意味着知道善的形式。但善又是善的所有个别例证的共同之处。这样，善的形式如何能让我们知道，具体而言，何者为善何者为恶？

只要我们试图以具体品质（正义、审慎、节制等）来定义善，我们就降到了某种比善的形式低级的东西。善的形式是人类善的标准，因为它是彻底普遍而抽象的。任何更加具体的原则将更少规范性，更少权威。这种后果之所以出现，就是因为试图把善理解成抽象的形式，而非如圣经有神论那样把善理解成某一人格性的绝对存在的意志。[29]

感官世界是以形式世界为范型的。柏拉图的《蒂迈欧篇》是一种创世叙述，讲到得穆革（类似于神）将物质做成能反映形式的式样，然后将他的作品放到一个"容器"（大概是虚空的空间）中。得穆革和圣经中的上帝大为不同，因为它要屈从于形式，并且为物质的本性所限制。物质抗拒着形式，因而物质性的东西不可能如形式那般是完美的存在。这样，得穆革只得满足于有缺陷的作品。我们尚不清楚，柏拉图是不是在字面的意义上讲这个故事。有时候，当柏拉图不能以合适的哲学方式阐述某件事时，他就会诉诸神话。值得注意的是，他发现有必要以某种方法把形式世界和感官世界连接起来。同样值得注意的，是他以人格的而不是非人格的方式来作这种连接。

但是，既然我们身处变化的有缺陷的世界，又如何能知道形式呢？在此柏拉图表现出智者和苏格拉底的主观性：向内寻求。我们在自身内发现对形式的回忆。回忆？这么说来我们必然曾经经历过形式。那是在什么时候呢？不是在此世，因为在此世我们的经验被变化的不完美事物限制；而是在出生前的另一个生命中。这样，柏拉图就在拥抱毕达哥拉斯派和奥尔弗斯教的灵魂转世轮回主张。在曾经居住的那个世界里，我们可以直接接触形式。但我们从那个世界里"堕落"了，降到了感官世界，进入了身体。我们对形式的知识仍然存留在记忆中，但有时，我们需要以苏格拉底式的探寻，将这知识诱导出来。柏拉图的《美诺篇》就有一个著名例证：苏格拉底对一个未受教育的童仆提问，引导他展示自己的几何学知识，而原先没有人想到他会有这种知识。

感官世界不是严格地可知的。柏拉图把它比作由火光在洞穴里投下的影子。一生都被束缚在洞穴中的囚犯只能见到影子，但他们却以之为真，因此他们实际上什么也不知道。他们有的观念只是"假想"而非"知识"。如果我们能区分开影像（如影子和图画）和实际的物体，就能从假想上升到"信念"。这时我们就能认识可见世界。但我们还谈不上"理解"可见世界，除非我们在世间事物上看到普遍概念。这样，我们就从假想上升，到达信念，再到达理智。而纯粹的知识还在下一个阶段：直觉地观看到形式。前两个阶段柏拉图称之为"意见"，后两个他称为"知识"。前两个来自感官，后两个来自理性。我们的感官被太阳照亮，我们对可见世界的知识则被善的形式照亮。

在《斐德罗篇》中，柏拉图从另一个角度考察知识：知识是被爱推动的。在美的物体中[30]，我们看见美本身的摹本，我们被激情驱使着寻找美的形式本身。这是希腊人关注内在性的又一个例证。有人认为，对知识的寻求应当不带私欲和激情。虽然柏拉图赞同理智应当统治欲望，但他看到，激情可以有正面的应用，哪怕是在哲学中。

既然我们曾经无需身体地住在形式世界中，则人的灵魂必然可以独立于身体存在。在《斐多篇》中，就刑前的苏格拉底把对永生的希望建立在21 这一认识论证明上。柏拉图把灵魂分为三部分。最低级的是欲望，它寻求身体的满足和快乐。高一级的是激情，包括愤怒、雄心、对社会荣誉的渴望，等等。最高的是理性，它为知识而寻求知识。[31] 我们可以看到，这一区分稍加修改，就成了以后通常在情感、意志、理性之间作的区分。它们和弗洛伊德在本我（欲望）、自我（激情）、超我（理性）之间所作的区分甚至还更相似些。在《斐德罗篇》中，柏拉图视激情为车夫，驾驭着两匹马，一白（理性）一黑（欲望）。激情有时被欲望有时又被理性左右。灵魂越是使欲望服从理智，它就越是一个优秀的灵魂。

和苏格拉底一样，柏拉图的主要兴趣在于告诉我们该如何生活。他的形而上学和认识论都导向伦理学和政治理论。但就是在这两个领域，他最让我们失望。苏格拉底详细地讨论正义和勇气的本性，却给不出一个可靠结论。他的确说过，美德的定义就是知识。人只是因为无知才会做错事。但在后来的世纪里，柏拉图的多数读者（包括亚里士多德）都视此观点为天真，而基督徒拿圣经中人的堕落本性观点来与之比较，就会觉得它肤浅。

如果美德是知识，那么，是什么样的知识吗？是关于善的知识？但善比美德还要难于定义。和所有形式一样，它是抽象的。这样它如何能解决具体的伦理争论，例如堕胎的对错呢？对于柏拉图而言，正确地生活就意味着知道善。但这样说只是让所有具体的伦理问题依旧悬而未决。

柏拉图在政治领域的确有几点具体主张。但这些主张几乎被人们一致性地拒绝。在《理想国》中，他对照灵魂各部分的划分，来划分政治团体。在他的理想国里，农商阶层被欲望主宰，军事阶层被激情主宰，统治者被理性主宰。因而统治者必须是哲学家，他们才理解形式。这样的国家必然是极权主义的，将权威扩展到生活的各个领域。上层阶级实行共妻制，儿童都由统治者培养。艺术要经严格审查，因为它只是影子，其中包含的只有最低级的意见：假想。影像和对美本身（形式）的知识相分离，会煽起混乱无序。唐纳德·帕尔默（Donald Palmer）说，柏拉图的《理想国》"可说是一种恳求：让哲学接过希腊文化中至今为止都在由艺术承担的角色"。[32]

多数现代读者并不喜欢这些观念。柏拉图从哪里得出这些观念？他要是说自己是从对善的沉思中得出这些观念，恐怕是不会有人信的。相反，他的这套说法听着更像是某种特殊诉求。哲学家柏拉图认为哲学家才应该统治。在此他有些智者的味道，声称精通统治艺术。但他肯定没有证明，哲学家一般而言的确具备从事统治所需的特殊品质。柏拉图为自己声称的东西正是智者断然否认的东西：掌握绝对真理。我们可以为柏拉图对相对主义的拒斥喝彩，但他的绝对主义使他变得专制极权。他认为，哲学家拥有知识，因此他们应该统治一切。

柏拉图之所以诉诸特殊诉求，因为他除了独断之外实在没有它法来判定对错。但我们已经看到，一旦人们把善看做抽象形式，就无法从中得出什么具体内容。因此，柏拉图的伦理和政治观念缺少扎实基础，并不可靠。

柏拉图的最可贵之处，在于知道自己的体系可能面对的诘难，并加以认真考虑。在《巴门尼德篇》中，他考察了几个诘难，但并未给出实际回答。在这篇对话里，巴门尼德问年轻的苏格拉底，是否有泥土、头发、秽物这类东西的理念（形式）。他其实还可以问：是否有恶、不完美、否定等东西的理念。但如果形式在定义上就是完美之物，则如何能有"不完美"这一理念？但如果并没有"不完美"的这一理念，则形式并不能解释物质世界的所有属性。

另一个诘难（被称作"第三人"）是这样的：如果人与人之间的相似需要用"人"的形式来说明，那么，人与形式"人"之间的相似又该怎么说明呢？是否还需要另外一个形式（"第三人"）？而第一个形式和这第二个形式之间的相似又需要第三个形式来说明，如此以至无穷吗？

第一个诘难表明，形式不足以解释经验。第二个诘难表明，在柏拉图的学说中，形式自身就需要解释，而形式自身又不足以给出这种解释。

柏拉图还考察了其他诘难，在此我无法尽述。主要的问题在于形式并不管用。形式被当作可见世界中万物的原型。但事实上它们并不是，因为，完美形式当不了不完美属性的原型；不变的形式也当不了变化的原型。因而经验世界的不完美和变化都得不到理性解释。在《蒂迈欧篇》中的得穆革故事里，柏拉图试图给它们一个解释。但那毕竟是一个神话。柏拉图拿不出理由让我们相信得穆革，而且，无论如何得穆革都解释不了物质和容器的存在。因而，变化的物质和空间世界对柏拉图来说（就像对巴门尼德一样），归根到底是非理性的。巴门尼德有勇气说：变化的世界因此并不实在。柏拉图没有走得如此远；相反，他的说法是：形式世界比感官世界有更大**程度**的实在。但我们要问柏拉图凭什么断定实在是分程度的？说一个东西比另一个东西"更加实在"，这到底是什么意思？

情况现在应该很清楚了。虽然柏拉图比前苏格拉底哲学家要深奥微妙得多，但他一样糅合了理性主义和非理性主义。关乎形式他是理性主义的，关乎感官世界他是非理性主义的。于他而言，理性完全有能力理解形式，但却不能理解变化的感官世界。但他仍试图以不变的形式分析可变的世界，以理性的原则把握非理性的世界。最终，在《巴门尼德篇》中，他诚实地承认：基本问题仍待解决。

无论是在柏拉图还是在前苏格拉底哲学家那里，理性主义和非理性主义之间的张力都有宗教上的根由。如果柏拉图知道圣经中的上帝，他会明白我们的理性如何在根本上是有能力的，但也有其限度。他也会明白，变化的世界是可理解的，但并不全然可知，因为上帝就是这样规定的。他也会以上帝的启示为伦理指导，而不是教育自己的学生依靠给不出什么具体指导的、抽象的善的形式。

亚里士多德

亚里士多德（Aristotle，公元前384—前322）无论在杰出程度上、精深广博上，还是在对后世思想的影响上，无疑都可比肩他的老师柏拉图。有人说过，没有哪个学生有过比这更伟大的老师，也没有哪个老师有过比这更伟大的学生。

亚里士多德揭去了柏拉图的神话面纱。他保持了形式与质料之间的区分，于他而言，形式不是某种外在于世界的东西。相反，形式就是我们所见所感世界中的事物的元素。

亚里士多德哲学的主要范畴是实体。[33] 实体是个别事物：一块石头、一棵树、一张桌子、一只动物、一个人。所有的实体都既有形式又有质料。（但有一个实体除外，对此我们在后面会进行考察。）一般而言，质料就是某件东西的构成材料：面包的配料，作成雕像的泥土。形式是某物的"什么"，是使某物成其为某物的属性：面包、书、雕像、人。质料是"这一个"。质料使这片面包和那片面包，这块砖和那块砖，这个人和那个人区分开。苏格拉底和柏拉图在形式上一样的，都是"人"，但他们的质料不同。因此"人"或"人之为人"既包括苏格拉底也包括柏拉图，但"这个人"只是指其中的某一个。

形式和质料常常相对而言。在砖块中，质料是泥土，而形式是"砖性"，就是使它成为砖而不是其他东西的那些属性。当砖被用来建房子时，它就成了质料，而房屋本身（或者说它的"屋性"）是形式。因而砖在某个关系中是形式，在另一个关系中则是质料。

不过，看来必定存在某种绝对质料或"原初质料"。房屋是由砖构成的，砖是由泥构成的，泥是由其他东西构成的。这其中的每一个都可看成形式，因为它们都是实体，具有某种属性。但这个系列不可能无限持续。我们姑且假定到达可能是最小的微粒（也许是德谟克里特的原子）。那它又是由什么构成的呢？姑且假定它的构成物是无属性的质料，仅仅只是属性的承担者。但无属性的东西不是实体。它是虚无。这样，一切实在之基底的质料，全部实在由之构成的材料，和非存在没什么区分。亚里士多德没有这么说，但这种结果难以避免。

亚里士多德说这类原初质料在自然界中并不实际存在。自然界中只有实体，质料只是和形式一起存在。但每个实体都会遇到这个问题。在每个例子中我们都会问，它的形式是什么东西的形式？这形式依附其上的材料是什么？而答案最终不能不是：虚无。

这是亚里士多德哲学的主要问题。但我们还得继续跟随他的思路。对亚里士多德而言，形式与质料在个体结合，这在万物中引入了某种目的论。形式既是事物的所是，也是它的目的：在亚里士多德那里，事物的本性和目的是同一的。面包的形式将其界定为食物，雕塑的形式将其界定为艺术。在柏拉图那里，目的和本质也是紧密相连的：万物都分有善因而都对于某件事物是善。形式不只是事物的实际，也是它们应当成为和努力成为的东西。形式既是描述性范畴也是规范性范畴。

橡籽具有橡树的形式。橡籽现在不是橡树，但它具有成为橡树的潜能，经由正常的过程，它就会成为现实的橡树。因而潜能和现实在亚里士多德那里都是实在的主要方面。形式指导质料实现自身的潜能。潜能变成现实时，目标就完全达到了：它成了它自己内在地所是的东西。故而亚里士多德说，在潜能里质料是主要的，但在现实里形式是主要的。

对于亚里士多德而言，潜能和现实之间的区分是对变化所作的一般性解释（或描述）。困扰此前哲学家的变化，在亚里士多德那里不过是从潜能到现实的运动。当我的车从亚特兰大开到奥兰多时，它从潜在地在奥兰多变为现实地在奥兰多。

25　　亚里士多德还使用形式与质料的区分来解释人性。他认为灵魂是身体的形式。这个观点和柏拉图大为不同，柏拉图认为灵魂虽然目前局限在身体里，但它在相当的程度上独立于身体。亚里士多德的这一观念意味着他主张灵魂和身体是不可分的，而且身体死亡时灵魂也消失。显然，亚里士多德没有像柏拉图那样主张灵魂不朽。但有的研究者认为，亚里士多德的认识论和柏拉图的《斐多篇》一样，包含了从认识论出发进行的个体不死论证。

那我们就来看看亚里士多德的认识论。他说为了认识事物，我们必须从两件给定的东西开始。第一就是"第一原则"，指的是逻辑法则和一些普遍性命题，如"整体大于部分"。这些第一原则不能被证明，只能被直觉地认识。第二个给定物就是由感官经验呈现的实体。他批评那些"贩卖定义的人"试图不考虑经验事实就从第一原则引出一切。他也批评一些人"和植物没有什么两样"地观察事实。

亚里士多德认为理智有两个方面：主动与被动。被动理智从感官中收集材料。主动理智检验、分析，并从感官给予的物质予料中抽象出形式，试图由此理解这些予料。用柏拉图的术语来说就是，主动理智试图将假想提高到信念和知识。对柏拉图和亚里士多德来说，真正的知识都在于形式而非质料。真正的知识就是理解事物的所是。

亚里士多德哲学中的主动理智到底是什么东西，研究者们意见不一。最通常的理解就是，每个人都有自己的主动理智。但在《论灵魂》中，亚里士多德说，主动理智（他不用个体灵魂这个词）是和身体相分离的。因此有人认为，在亚里士多德那里，只有一个主动理智，它是人类共有的：它或者是宇宙性的理智原则（就如在赫拉克利特、阿那克萨哥拉、普罗提诺那儿一样），或者是某种神。[34]也许亚里士多德并不试图调和《论灵魂》与他对灵魂的一般观点之间的明显矛盾。[35]但亚里士多德主义者要是想证明个体不死的话，就会从这儿入手。

亚里士多德相信，从潜能到现实的运动必须从某处开始。运动都是由另一个运动引起的。但因果链条不能无穷回溯。于是，必须有某个不动的推动者在某点发动整个过程。亚里士多德和其他希腊哲学家一样，不相信世界有一个开端。所以，他的不动的推动者和圣经的上帝不一样，并没有在时间的开端创造世界。在亚里士多德那里，第一推动者能够最终解释万事万物在每时每刻的状态。[36]

每一实体都既有形式又有质料，唯有第一推动者[37]例外：他是纯形式。如果他的本性中有质料成分，那他就还有尚未实现的潜能，这就会推动他向着现实运动。这样一来他就不是不动的了。同样，在亚里士多德看来，他必须不被世界以任何方式影响；否则他就是被推动者，而不是推动者。这样，他对这个世界就必然不具认识（因为认识就意味在某种程度上被知识的对象影响），并且他既不爱这个世界也不在这个世界中行动。

这样的话，他如何能引起运动呢？亚里士多德的回答是，他有着至高的美，以至世界上的事物都朝向他。研究者们把原初推动者比作赛跑者跑向的终点，或是吸引铁器的磁石。我则把他比作摇滚音乐会中的歌星：狂热的歌迷拜倒在他脚下，而演唱者顾自依旧地（看起来）处在神情恍惚中。

亚里士多德区分了四种原因：形式因、目的因、动力因、质料因。它们是广义上的"原因"，以四种方式回答"为什么这个东西是这样？"这一问题。它们包含了"因为"一词的四种意义。且让我们看看如何用四因说回答"为什么比尔在思考？"这个问题。形式因告诉我们：比尔思考，因为他是个人。目的因说的是目标，是某物为何发生的理由：比尔思考是因为他想完成自己的哲学论文。动力因说的是什么东西促成某事发生：比尔思考是因为他的大脑会产生思想。质料因说的是某物的材料构成：比尔思考是因为他的大脑由能够产生思想的物质构成。按照亚里士多德的观点，第一推动者作为目的因而不是作为动力因造成运动。这就引起一个问题：世界运动的动力因又何在？

如果说第一推动者并未动力性地促成事物发生，且他并不认识世界、爱世界，那他都干些什么呢？亚里士多德的回答是：他思想。人们会惊讶，为何亚里士多德在此就突然用起了人格化的语言，因为他的论证到此为止用都是非人格的原则。但这个"神"在想些什么呢，如果他想的不是世界的话？亚里士多德的回答是：他思想他自己。那他在思想自己的什么东西呢？回答：他的思想。第一推动者是"思想着思想的思想"。如果第一推动者思考他自己的思想以外的其他什么东西，那他的思想就会被他物推动。由于他的思想是全然不被推动的，所以它只能由自身引起。

我们该怎么看待这些观点？首先，第一推动者类似哲学家。柏拉图相信哲学家应当作王，亚里士多德相信神是一个哲学家。此外，亚里士多德的神最终是同义反复。神不可能了知世界，否则他会和世界相关联。他的思想不能针对他自身之外的其他东西，否则就会和那些东西相关联。这一思想也不能针对除思想之外的神的其他属性，否则他的思想会被其他东西推动。这样，他的思想到头来成了对思想的思想的思想，换句话说，在这一思想中没有任何具体之物。

柏拉图认为自己在善的形式上找到了终极哲学原则，但善的形式其实抽象且空洞。虽然带着理性的权威，它却没告诉人们任何具体的东西。亚里士多德的第一推动者也是一样：他如此抽象，以致他的心灵中其实什么也没有。

不难发现亚里士多德的第一推动者和圣经的上帝何其不同。圣经的上帝既是世界的目的因也是世界的动力因。他既是宇宙的逻辑开端也是宇宙的时间开端。他察看世界也爱世界，而这并不有损他的绝对本性。这之所以可能，只是因为：正是因着上帝照自己的永恒思想创造出世界，所以世界才会是它所是的那个样子。上帝的心灵中有实在的内容，这内容他已无保留地启示给人类。

我们还要考察一下亚里士多德的伦理学。在亚里士多德那里，所有存在都应按照它的形式（也就是它的本性与目的）行动。他把人定义为有理性的动物，因而，他和所有希腊哲学家一样，认为善的生活就是理性的生活。

理性告诉我们人类生活的目的是幸福。幸福不是快乐，至少不是伊壁鸠鲁式的狭义快乐。幸福是总体上的舒适安逸。快乐至多只是达到幸福目的的手段。一般而言，亚里士多德视善的生活为沉思的哲学生活。（亚里士多德又一次把他的个人性生活提高为普遍法则。）

和柏拉图一样，亚里士多德划分了灵魂的三个方面：植物的、感知的（大概和柏拉图的"激情"相当）、理想的。我们和植物共有第一个方面，和动物共有第二个，第三个则为人类独有。他也把道德美德和智性美德区分开。道德美德相关于意志，智性美德相关于理性。

我们之所以学到道德美德（如勇气、节制、正义），是由于模仿那些 28
体现这些美德的人。这种模仿使我们渐渐形成良好习惯，而这些习惯又造
就了良好性格。智性的美德是审慎，它来自教导。亚里士多德把哲学的智
慧（无利害的、沉思的）和实践的智慧（作出可引向幸福的决定）区分
开。他认为智慧者在所有事情中都寻求中道。通过估量两个极端之间的中
道，我们常常能够决定自己的具体义务。比如说，小丑在什么事上都找笑
料，而闷瓜则把什么事都看得很严肃。但智慧就是这两种极端之间的"宝
贵中庸"。亚里士多德没有给出一个精确程式，来计算两极、决定中庸。
无疑，他知道，任何人用点小聪明就可以把随便什么事都说成中庸（例如
抢劫一家银行是抢劫许多家银行和不抢银行之间的"中庸"）。他也很明
白，有时一个正确的决定就是一个极端，例如，作正确的而非错误的事这
个决定本身。但是他假定，智慧的人有能力在恰当的处境中作出选择。

国家是整体，个人和家庭是部分。因此，国家的利益高于个人和家庭
的利益。但统治者应当寻求臣民的利益。亚里士多德真是无处不在寻求平
衡。但他的倾向和柏拉图一样是国家主义和极权主义，这一倾向也许影响
了他最著名的学生亚历山大大帝。

人们或许会问，我们如何能开始获得道德美德。亚里士多德的回答
是，为了行出道德行为，我们需要道德倾向；但我们又需要实行道德行为
以养成习性，这样才能产生道德倾向。亚里士多德意识到这其中的循环，
他建议人们从做"类似于"道德行为的事情开始。但人们如何能从类似过
渡到现实，却仍未可知。

基督教启示有其答案：神的恩典在罪人心中产生道德倾向并使他们有
能力顺从这些倾向。它同时也回答了亚里士多德伦理学中的另一个主要问
题。亚里士多德假设，只要考察一下我们的本性和能使我们幸福的东西，
我们就能知道有哪些道德义务。伦理学中的"自然法"传统就根源于此。
但正如大卫·休谟（David Hume）所指出的，人们从自然事实中得不出
道德义务。人们从事实性陈述中不能引出什么是我们应当做的；从"是"
中得不出"应当"。我们是理性的，这一事实并不证明，我们就应当照着
理性生活；我们寻求幸福，这一事实也不意味着我们就应当寻求幸福。圣
经以上帝的启示为伦理义务之知识的源泉。因为，上帝既是事实也是价
值。知道上帝就既知道实在的最终根源，也知道伦理义务的最终根源。

总结起来，亚里士多德哲学和柏拉图哲学中的基本对照物是形式和物质（质料）。但最高级的形式（如第一推动者）是全然抽象空洞的，是某种"存在之一般"。而质料在其最纯粹的形式上是非存在。我们再次见到奥林匹斯秩序与传统宗教的"无形无状之流"之间的对比。但在亚里士多德那里秩序是空洞的。他未能真正依据秩序解释运动或伦理义务。在亚里士多德那里无形无状之流比以前要更无形无状。绝对的人格性上帝之缺失，使亚里士多德的哲学不能自圆其说。

斯多葛派

伊壁鸠鲁派和斯多葛派（Stoicism）兴起于希腊化时期，也就是希腊文明在西方和近东文化中广泛传播的时期。亚里士多德的学生亚历山大大帝征服了当时已知世界的多数地区（这无疑是他寻求幸福的方式）。[38]他英年早逝，遗留的王国很快被其手下三名将军瓜分，并最终落到罗马人手中。虽然希腊文化在这一时期达到某种意义上的高峰，但它最富创造力的时期已过。哲学各派仍在探讨先辈开创的问题。

在前面讨论原子论者时已经一起讨论了伊壁鸠鲁，所以我在此将主要讨论塞浦路斯的芝诺（Zeno of Cyprus，公元前334—前262）创立的斯多葛派。斯多葛派是物质主义的，教导唯有物质才是实在。但他们承认，在"物质"这一广义范畴下还有很多差别。即便美德也是物质的，但它们可以和其他物质一样存在于同一处，所以，美德也能位于灵魂中。戈登·克拉克（Gordon Clark）说，斯多葛派的"物质"更像力场而非坚硬材质。[39]或者，也许斯多葛派说某个东西是物质的，其实就是说它是确实的、存在的。或许，对他们来说（不管他们是否意识到），"实在是物质"乃是一个同义反复命题。

斯多葛派认为知识始于自我确证的感觉。对感觉经验普遍的怀疑主义是搬起石头砸自己的脚，因为它只能建立在自己贸然加以怀疑的经验之上。

世界是一个单一整体，由它自己的宇宙灵魂统治。这一泛神论的"神"以自然法统治一切。正如柏拉图的理想国是由哲学王统治，斯多葛派的世界是由神圣的哲学王统治。

万物都按法则发生，故而斯多葛派对生命所持的态度是宿命式的。和今天的开放神学家一样，亚里士多德主张关于未来的命题既不真也不假，因为未来不是知识的对象。斯多葛派则相反，他们认为，如果我说"太阳明天会升起"，而事情又的确是这样的话，那么，当初我说这个命题时，它就已经是真命题了。所以，太阳的升起不能不发生。

斯多葛派寻求行动和自然本性一致。他们努力将自己交托给命运。他们的伦理学不是教人去得到自己想要的，而是教人去想要自己得到的。但他们并不赞同消极被动。和伊壁鸠鲁派相反，他们积极参与公众事务（皇帝马可·奥勒留就是一个斯多葛派）。和所有希腊思想家一样，他们教导人们按照理性生活，而这就是按照自然生活，按照社会的普世秩序生活。他们认为人类社会是普世性的兄弟联结。

斯多葛派是继亚里士多德之后的又一个伦理学自然法思想的主要来源。我在此要重提休谟的问题：人们如何能从本性的事实中推理出伦理义务命题呢？由于缺乏真正的有神论立场，因而无论在斯多葛派还是在亚里士多德那里，这一问题的回答都是：不可能。

斯多葛派试图克服形式与质料之间的二元分立，他们的做法是使整个世界都成为物质，尽管如此，在世界灵魂和世界中的事物之间，仍旧存在另一个二元分立。斯多葛派既不能回答世界灵魂如何能解释个体事实，也不能回答世界灵魂如何能给有限的被造物道德上的指导。

普罗提诺

从柏拉图学园开始的学派持续了数世纪之久，但其间经历了重大的哲学转变。公元前 3 世纪，学园派的好些成员都是怀疑论者：皮浪（Pyrrho，死于公元前 275 年），提蒙（Timon，死于公元前 230 年）；阿尔凯西劳斯（Arcesilaus，公元前 315—前 241）。这有些令人奇怪，因为柏拉图自己是不懈地驳斥怀疑论。但他的对话最后都很少给出令人信服的哲学概念定义，而且，我们已经看到，《巴门尼德篇》在反思形式理论的确定性。因而，学园派的怀疑论转向倒也不是完全不可理喻。

中期柏拉图主义（公元前 100—公元 270）充满对世界的厌倦。政治经济状况并不使人珍视此世的生活，倒使人渴望逃离。神秘主义宗教和诺斯替主义[40]为人们开出各种方子，以超越时空世界与神一体。柏拉图学园也转向宗教，宣称柏拉图学说的重点在于：灵魂属于另外一个世界，需要通过心灵的磨炼回转到那个世界。从这一传统中，走出了普罗提诺（Plotinus，204—270），他开创了被称为"新柏拉图主义"的运动。

普罗提诺以各样论证，反对伊壁鸠鲁派和斯多葛派的物质主义：物质主义不能解释思想。物质主义不能确立知识的主体，就是那个认识着并使用感官来获得知识的主体。如柏拉图所说，最真实的东西，包括人的灵魂，是非物质的。

普罗提诺描述了一系列的存在。位居系列顶端的是至高的存在（"太一"），往下依次为：心灵（nous）、灵魂（psyche）、物质世界。他认为这个阶梯既是上升也是下降的道路。

我们先看下降的道路，它从阶梯的顶端，最高的存在，"太一"开始。"太一"不是用人的语言能描述的。即便是"太一"这个词也不是在字面上来使用的。但普罗提诺认为，统一、一体的理念能表达他想对这一存在所说的主要内容。"太一"没有性质或属性（否则就会有主词与谓词的划分了）。了解"太一"的唯一方式，是在不可言说的狂喜中与其神秘地合一。

不过，普罗提诺关于"太一"说了很多东西：它存在着；它不具有物质世界里的存在物的属性，是非物质的；灵魂可以和它进入神秘的结合。他特别强调，"太一"将自己的优越品性传给了低级的存在。这种传递是流溢，就像光从火中发出来一样。"太一"不是自由地选择流溢，而是，它不能不流溢。[41] 流溢是它的本性。流溢产生了低级的存在。最终，所有的存在都是从"太一"流溢出来的。因而，在某种意义上，一切实在都具有神圣的品性。普罗提诺根本而言是一元论者。

流溢首先产生出的东西，实在的第二等级，就是**努斯**（nous），或心灵。普罗提诺说它是由"太一"的思想产生的。它和柏拉图的形式世界、亚里士多德的主动理智相当。这一等级里出现了多样性：主词与谓词区分了开来，存在许多（具有各自理念的）事物。

第三等级是灵魂（psyche）。心灵产生了思想的对象，由此产生出灵魂或生命。普罗提诺的灵魂像柏拉图的得穆革和赫拉克利特的逻各斯，它从世界内部支配世界。普罗提诺描述了灵魂的三个方面：（1）世界灵魂（它和斯多葛派的世界灵魂可有一比），解释了运动与变化；（2）居间灵魂，它产生出个体灵魂；以及（3）低级灵魂，它产生了形体。人类灵魂是不朽的。

第四等级是物质世界。我们是困在物质形体中的灵魂。这种状况是由某种"堕落"导致的，而这个堕落源于灵魂接受感官的指导而和物质搅在了一块。[42] 和身体的联合本身倒不是什么坏事，只要我们不是沉迷于其中。我们应当通过知识和德性，寻求尽量从身体中提升出来。物质世界的底层是原初物质（试比较亚里士多德对原初物质的看法）。原初物质其实就是无，是空洞的空间（可和柏拉图的"容器"相比）。正如光线消失于黑暗之中，原初物质代表了"太一"的流溢所达最远处。

我们也可以沿着存在的阶梯上升，就像当初沿着它下降一样：首先和灵魂合一，接着是心灵，最后是"太一"。上升的道路也是获得知识和美德的道路。

普罗提诺也许注意到，柏拉图的形式不能解释一切实在。因此他提出了比形式更广更高的原则，来解释一切实在，包括泥土、头发、秽物、恶、消极性、不完美。我们可以把"太一"理解为理性冲动的结果。普罗提诺赞赏巴门尼德的提法："存在和被思想是一回事。"

不过，"太一"显然是完全无法描述的。它没有任何属性。它不是高的也不是矮的，因为它是高之为高和矮之为矮的原则。它不是善的也不是恶的，因为它是善恶的原则，是在善恶之上的。它甚至也不能说是一，因为它是单一与复多赖以建立的原则。因此，"太一"解释一切，又什么都没解释。对一切东西所作的解释，到头来本身成了最不可解释的神秘。

因而，终极性的知识不是来自理性而是来自神秘主义，来自与"太一"不可言传的合一。普罗提诺的极端理性主义就这样转到了非理性主义。正如柏拉图的善是空洞的，亚里士多德的第一推动者是自我指称的同义反复（对思想的思想的思想），同样，普罗提诺的"太一"也没有给我们带来什么知识。

结论

回顾一下我在"希腊哲学概观"导言中所列的那些主题。"形式—物质这一基调"（杜耶沃德语[43]）统领着希腊思想的各个不同分支，我们也已见到了这一基调的许多具体例证。各派哲学虽然极为不同，但都寻求对实在的理解，而又无需绝对的位格性存在的引导。因此他们肯定的，是自己理性的自主。但他们必然也的确注意到，自己的理性不免犯错，并非万能。实在的某些领域（巴门尼德的变化、柏拉图的感官世界、亚里士多德的原初物质，等等）藐视理性分析。希腊人对这些神秘之物的回应是：世界的某些部分本质上是不可知的、非理性的。我们无法认识它们，因为它们是不能被认识的。[44]它们是"无形无状之流"的混沌。它们是幻象（巴门尼德）、非存在或虚无。但无形无状之流到处存在，正如亚里士多德的质料是所有实体的基底一样。所以，如果物质是非理性的，则整个宇宙都是非理性的。这样，希腊的非理性主义就倾覆了理性主义；而如果他们（如巴门尼德）要强制地实行彻底的理性主义的话，就只得否认整个经验世界。

他们的计划就是把自主的理性加给一个非理性的世界。[45]正如我们所见，这个事业是大胆的甚至革命性的，但它并无成功的指望。

唯一的终极替代选择，就是圣经绝对人格性的有神论。上帝创造了一个可知的世界并给了人认知的能力。但人永不可希望能够如上帝那般穷尽地理解世界。所以，确实有神秘——但并不是因为世界存在非理性因素，也不是因为有某种为了让哲学家感到沮丧才不知如何地存在着的非存在——而是因为上帝向我们隐藏了他对被造物的某些理性理解。

想把基督教世界观与希腊世界观结合在一块是行不通的。我们如今可以从希腊人的提问与失败中，从他们在细节问题上表现出的洞见中，学到许多。但我们应当努力避免把理性自主的观念以及形式—物质架构的观念，当作全面的世界观。[46]不幸的是，自中世纪以来，基督教神学家广泛地依赖新柏拉图主义和（自阿奎那之后）亚里士多德主义。例如，阿奎那就在自然理性（它独立于启示而运作）和信仰（它以启示来补充我们的理性）之间进行划界。之后，他一再援引亚里士多德，把他称为在自然理性问题上指引我们的"哲学家"。将基督教和异教思想糅合在一块会引起什么样的问题，对此我们将在中世纪时期部分作探讨。

[34] 阅读书目

Allen Diogenes. *Philosophy for Understanding Theology*，Atlanta：John
Knox Press. 1985. 一本富有洞见、具有相当深度的导论性的书。

Bahnsen，Greg. "Socrates or Christ：The reformation of Christian Apolo-
getics"，in Gary North，ed. ，*Foundations of Christian Scholarship*.
Valecito，CA：Ross House，1976，190 - 239. 立足于基督教的价值观，

对希腊认识论提出了许多有趣看法。

Bakewell, Charles M. *Source Book in Ancient Philosophy*. New York: Charles Scribner's Sons, 1939.

Burnet John. *Early Greek Philosophy*. London: A. and C. Black, 1952.

——. *Greek Philosophy*, Part 1. *Thales to Plato*. London: Macmillan, 1914.

Clark Gordon H. *Thales to Dewey*. Boston: Houghton Mifflin, 1957. 一本写到 1920 年左右的哲学为止的历史。Clark 对哲学家们的论证所作的考察相当深入。他自己是个基督徒哲学家，此书亦包含微妙的护教。

Copleston, Frederick, *A History of Philosophy*, vol. 1. Garden City, NY: Doubleday, 1962. Copleston 是罗马天主教神父。书中有详尽分析。

Dooyeweerd, Herman. *In the Twilight of Western Thought*. Nutley, NJ: Craig Press, 1968. 该书是这位伟大的荷兰思想家的一个引介，他的更深思想可见于他的四卷本 *A New Critique of Theoretical Thought* (Philadelphia: Presbyterian and Reformed, 1955)。对 Dooyeweerd 的圣经观和神学哲学关系观，我持保留看法，故而我不推荐该书的 5—7 章。但此前的各章大都对希腊哲学和非基督教思想有深刻洞见。

Edwards, Paul, ed. *The Encyclopedia of Philosophy*, eight volumes in four. New York: Macmillan, 1967. 其中有关于许多哲学家及哲学论题的有益文章。

Frame, John M. *Apologetics to the Glory of God*. Phillipsburg, NJ: P&R Publishing, 1994. 在此书中我详细论证了伦理学和知识是如何必须以绝对的人格性有神论为前提。

Hoitenga, Dewey J. *Faith and Reason From Plato to Plantinga*. Albany, NY: State University of New York Press, 1991. 作者是一个基督教哲学家，在此书中对柏拉图的认识论提出了一些洞见，并将其和圣经、奥古斯丁、加尔文、普兰丁格加以比较。

Jones, Peter R. *The Gnostic Empire Strikes Back*. Phillipsburg, NJ: P&R Publishing, 1992.

——. *Spirit Wars*. Escondodo: Main Entry, 1997. 以上两本书将诺斯替主义、新柏拉图主义的世界观和当代的新纪元思想进行了重要比较。

Jordan, James B. "Van Til and the Greeks"，影印本，可通过以下地址索

取：Bible Horizons, PO Box 1096, Niceville, FL 32588.

Jowett, B. tr. *The Dialogues of Plato*. Chicago：Encyclopedia Britannica, 1952.

35 Kirk, G. S. and Raven, J. E. *The Presocratic Philosophers：A Critical History with a Selection of Texts*. Cambridge：Cambridge University Press, 1963.

Nash, Ronald H. *The Gospels and the Greeks：Did the New Testament Borrow from Pagan Thought?* Richardson, TX：Probe Ministries, 1992.

——. *Life's Ultimate Questions：an Introduction to Philosophy*. Grand Rapids：Zondervan, 1999. 从基督教立场对一些历史人物（希腊哲学家、奥古斯丁、阿奎那）作了分析，并且讨论了几个哲学论题，如逻辑、认识论、上帝。

Oates, Whitney, ed. *The Stoic and Epicurean Philosophers*. New York：Random House, 1940. 包含这两派哲学的全部现存著作。

Palmer, Donald. *Looking at Philosophy*. Mountain View, CA：Mayfield Publishing Co., 1988. 观点并非明确地基督教的，但其分析有力、准确、机智。有漫画图解。在哲学史书中最有可读性。

Ross, W. D., ed. *The Works of Aristotle*. Chicago：Encyclopedia Britannica, 1952.

Van Til, Cornelius. *Christian Theistic Ethics*. No place of publication listed：Den Dulk Foundation, 1971. 里面既有范泰尔对基督教伦理学的正面阐述，也有他对希腊伦理学及其他伦理学的反面批评。他的这本书及其他著作在 CD-ROM *The Works of Cornelius Van Til* （published by Labels Army Co., available through the Logos Library System） 中均可找到。

——. *A Christian Theory of Knowledge*. No place of publication listed：Presbyterian and Reformed, 1969. 讨论了一些历史人物，阐述了范泰尔自己的认识论。

——. *A Survey of Christian Epistemology*. No place of publication listed：Den Dulk Foundation, 1969. 这是范泰尔对认识论史作的分析。有时他的线索不见得叫人跟得上，但就我所知，在所有人里面，一贯性地从圣经的立场来作分析与批评，唯有他是最费心的。

讨论问题

1. 弗雷姆为何反对将希腊世界观与基督教世界观相结合？试评价他的立场。

2. 希腊哲学家要是还有一些共同承认的命题的话，那会是什么？他们之间的不同又何在？

3. 试区别希腊奥林匹斯宗教与旧宗教中的"无形无状之流"、"命运"与"秩序"。这些概念在希腊哲学传统中是否出现？它们出现在何处？如何出现？

4. 弗雷姆赞同范泰尔的观点，认为每个希腊哲学家都是理性主义与非理性主义的结合。试定义这两个"主义"，并解释它们如何适用于各个哲学家，它们又为何如此普遍。或者，试证明他们两人的观点是错误的。

5. 试描述几个哲学家的伦理观。他们能否告诉我们什么是应当做的？为什么？

6. 试分别给出希腊哲学家中决定论和非决定论的一个例证。他们各是怎样论证自己的立场的？这些论证有说服力吗？谈谈你的看法并论证之。

7. 亚里士多德是否证明了圣经上帝的存在？在何种意义上是，在何种意义上否？

8. 试为希腊哲学当中的决定论与非决定论各举一例。每个例子中的观点是如何论证的？这一论证有说服力吗？试提出你自己的观点并论证之。

9. 弗雷姆说："（希腊哲学）唯一的终极替代选择，就是圣经绝对人格性的有神论。"解释他的说法并评价之。

10. 基督徒是否应当努力综合希腊思想和圣经信息？如果应当，解释两者该怎样彼此融洽。如果不应当，理由何在？

注释

[1]"送礼物的希腊人"一语出自维吉尔（Virgil）的《埃涅阿斯记》（*Aeneid*），其他文献中也可见到。这里的典故指的是特洛伊木马。希腊人送给特洛伊人一匹据说

是礼物的巨大木马。木马被拖入城后，希腊士兵钻出马肚，给特洛伊城带来灾难。

[2] 我把"宗教性的"打上引号，因为，从宽泛的意义来说，所有的世界观都是宗教性的，甚至那些被称为"世俗的"也是如此。一个人的宗教信仰即是他的"终极关怀"（Paul Tillich），是控制他生活的激情或忠诚，不管这信仰是否借着仪式被表达出来。

[3] 我说"几乎"，为的是表达谨慎。我并未研究世界上的所有宗教和哲学，以证明这一否定命题：没有其他哪个世界观包含人格性的绝对。但我的确相信这一概括是对的。圣经教导说，偶像崇拜在堕落的人类中是普遍的。仅仅由着基督的福音才启示出来的上帝之恩典与真理，是必不可少的救治良药。

[4] 伊斯兰教的神是绝对的且表现为人格化的。但是：（1）这一重心的来源最终还是圣经，是穆罕默德对"圣书的子民经典人"的尊重；（2）穆斯林神学对神圣预定的理解是宿命式的，主张神是无上超越的存在以至人类语言不能真实地言说神，所以称不上是位格化意义上的有神论。

[5] 克罗索斯织线，拉切西斯丈量，阿特罗波斯把线剪断。

[6] Herman Dooyeweerd, *In the Twilight of Western Thought*, Nutley, NJ: Presbyterian and Reformed, 1960）, 39.

[7] Ibid.

[8] 让我们想起后来的教会如何册封死去的圣徒为人类活动的保护者。

[9] *Twilight*, 40.

[10] Ibid.

[11] 也就是说，它自我肯定。

[12] 公元前 5 世纪的智者（普罗泰戈拉、高尔吉亚、色罗希马库），后期学园派的怀疑论者（皮浪、提蒙、阿尔凯西劳斯）都否认认识客观真理的可能性。但悖论的是，他们以理性论证的方式得出这个结论。他们从不想抛弃理性。对普罗提诺而言，终极知识是神秘的而非理性的。但通往神秘的道路是理性。（同样悖论的是）于他而言，只有理性才能教导我们如何超越理性。

[13] 这对本章讨论的其他哲学家而言也是一样。多数情况下，我采用的是对这些哲学家的传统解释，虽然专家对其中的许多问题还颇有争议。我在此不能深入针对这些解释的细节争论，我相信，传统解释能够揭示出这些哲学家对后来的历史产生的影响何在。

[14] 范泰尔的讨论可见于他的 *A Christian Theory of Knowledge*, Nutley, NJ: Presbyterian and Reformed, 1969, 41 - 71. 他对柏拉图的具体讨论，见于他的 *A Survey of Christian Epistemology*, Den Dulk Christian Foundation, 1969, 14 - 55. 可参考我的 *Cornelius Van Til: An Analysis of His Thought*, Phillipsburg, NJ: P&R Publishing, 1995), 231 - 238 各处。

[15] Hermann Diels and Walther Kranz, *Die Fragmente der Vorsokratiker* (Zurich: Weidmann, 1985), DK22B12. Daniel W. Graham 译，见于 *The Internet Encyclopedia of Philosophy* 中的"Heraclitus"条，http://www.utm.edu/research/ieo/h/heraclit.htm.

[16] See Graham, Ibid.

[17] 一般认为巴门尼德是宗教导师色诺芬（公元前 570—前 475）的追随者。色诺芬拒斥奥林匹斯众神，而持某种泛神论的一元论。巴门尼德的"存在"大致相当于色诺芬的神。

[18] 批评巴门尼德的人说，动词"是"的存在意义（如："马是"＝"马存在"）不同于它的谓词意义（"马是哺乳动物"）。巴门尼德显然混淆了两者。说"存在者不存在"显然是自相矛盾的，因为在这里"存在者"（"是者"）是在存在意义上使用的。但说"马是非绿色的"，却并不显然是矛盾的，因为这里使用的"是"是谓词意义而非存在意义上的。

[19] 柏拉图也运用神话（如在《理想国》和《蒂迈欧篇》中），来解决哲学解决不了的问题。不妨把它和休谟的"习惯"、康德的"实践理性"、维特根斯坦的"神秘"比较一下。

[20] 原子论者只是在一种意义上是多元论者。他们和泰勒斯一样，相信世界上只有一种东西，就是原子，就此而言他们是一元论者。

[21] 之所以称之为"不相容论"是因为它和决定论不相容。其他的自由观和决定论可以相容。例如，"相容论"就认为，自由不过就是做你想做的事。

[22] 我在我的 *No Other God: a Response to Open Theism* (Phillipsburg, NJ: P&R Publishing, 2001) 和 *Doctrine of God* (Phillipsburg, NJ: P&R Publishing, 2002) 中，对自由意志论做了全面驳斥。

[23] 从物质对象的事实中，能否得出义务来，这一问题在近代重又出现。大卫·休谟否认从"是"中能得出"应当"，G. E. Moore 则把这种企图称为"自然主义谬误推理"。

[24] 对智者运动的政治社会背景的更广考察，可参见 Gordon H. Clark, *Thales to Dewey* (Boston: Houghton Mifflin, 1957), 46 – 48。

[25] 色罗希马库和卡利克勒斯之间的不同，让我们想起马克思和尼采对基督教态度的不同。马克思认为基督教是强者使穷人安于现状的"鸦片"。尼采认为它是弱者用来制约有能力之人的"奴隶宗教"。从同样的（相对主义）前提中竟得出如此大相径庭的结论，这就说明这些前提本身就有问题。

[26] 虽然柏拉图提到，苏格拉底临死前所做的一件事，就是托人向医治神阿斯克勒庇俄斯祭献一只公鸡。

[27] 故而有人把苏格拉底和克尔凯郭尔相比较。

[28] Diogenes Allen, *Philosophy for Understanding Theology* (Atlanta: John Knox Press, 1985), 20. Allen 对这问题的更深讨论颇有帮助。

[29] 要是问到圣经中的上帝和善的关系，则我们的回答是：(1) 善不是某种高于上帝和上帝必须服从的东西；(2) 也不是某种在上帝之下而上帝任凭意志就可加以改变的东西；而是 (3) 上帝自己的本性：表现在他的行为和属性中，并启示给了人类以作模仿。"所以你们要完全，像你们的天父完全一样"（太 5：48）。

[30] 柏拉图的例证是恋童癖之对象的男童美。他和许多希腊哲学家一样，赞同男子与男童间的同性恋关系，这也再次表明，希腊人和圣经启示差得有多远。保罗在《罗马书》1 章中特别把同性恋当作生动例证，以表明拒斥上帝之启示的人其堕落何其深。

[31] 在《斐多篇》，只有高级部分才是灵魂，但在《斐德罗篇》，甚至在进入身体之前，灵魂都包括所有三个部分。

[32] Palmer, *Looking at Philosophy* (Mountain View, CA: Mayfield Publishing Co., 1988), 73.

[33] 亚里士多德的"范畴"指主词谓词的一般类型，是我们所谈论的东西，以及对这些被谈论的对象所能谈论的东西。他在著作的不同地方给出了不同的范畴表，其中包括：实体、性质、地点、关系、时间、姿势、活动、受动。

[34] 罗纳德·纳什（Ronald Nash）对这些解释的讨论很有帮助，见他的著作 *Life's Ultimate Questions* (Grand Rapids: Zondervan, 1999), 111 - 112。

[35] 亚里士多德没有澄清主动理智和灵魂之间的关系，这在认识论上也是同样让人遗憾的。如果主动理智是宇宙性的理智原则，那它如何与个体人相连接呢？宇宙性理智将怎样照亮我的心灵？如果每个人都有自己的主动理智，那么，如何理智可以和身体相分离而灵魂又不能？

[36] 不妨这样设想一下：因果联结要么是时间性的，就如多米诺骨牌一个推倒一个一般；要么是同时性的，就如钟表的齿轮互相推动。亚里士多德的因果链条更像钟表而非多米诺骨牌。因此，它并非一定是时间性的系列，也并非一定需要一个处在时间开端处的第一推动者。毋宁说，全部事件在它发生的那个时刻都需要第一推动者。

[37] 虽然亚里士多德以第一推动者来解释宇宙中的所有运动，但他同时说，天体的每一个圆周运动都需要一个不动的推动者来使它启动。既然他相信宇宙是由围绕地球作同心圆旋转的一系列天体组成的，那么，他就假设了每一天体都有一个不动的推动者。因此亚里士多德是哲学上的多神论者。

[38] 不过，人们会问，中庸学说如何能为这么大的征服行动作辩护。

[39] Clark, *Thales*, 158 - 160.

[40] 诺斯替主义和普罗提诺的新柏拉图主义有许多相似处。诺斯替主义也有一个存在

的阶梯。最顶端的是无名的存在，它通过半神性的诸居间者和物质世界相连。当最小的存在者错误地创造物质世界时，就产生了"堕落"。我们被困在这个物质世界中，必须通过诺斯替教师们教导的各种各样理智的以及道德的磨炼，重新和无名的至高存在合一。不过，普罗提诺反对诺斯替主义。我认为这是一种家庭内争吵。我们看到，在基督教的早期时代流行的诺斯替主义和新柏拉图主义，代表了一种共同的思考方式和世界观（当然差异是有的）。认为神和人处在连续性当中，因而我们通过各种方式可以变成神，这种观念直到今天依旧流行。关于诺斯替主义和"新精神运动"之间的比较，可参考 Peter R. Jones, *The Gnostic Empire Strikes Back* （Phillipsburg, NJ: P&R Publishing, 1992）和 *Spirit Wars* （Escondido: Main Entry, 1997）。

[41] 这和圣经中的上帝正相对照。在圣经中，（1）上帝不是被迫创造，他自由自愿地创造世界；（2）创造产生的世界在本性上不是神圣的，在任何意义上都不是上帝的一部分。

[42] 尚不清楚在普罗提诺那里这一堕落是否自由选择的结果。由于从"太一"到物质世界的整个运动都是必然的流溢，因而堕落看来也是必然的。但谈到人类灵魂的堕落和救赎时，普罗提诺却提及了人所作的选择。

[43] Dooyeweerd, *Twilight*.

[44] 这让我们想到一句俗语："我的网逮不住的就不是鱼"。见 Cornelius Van Til, *Why I believe in God* （Philadelphia: Orthodox Presbyterian Church, n. d.）。

[45] 正如 Van Til 常说的，把抽象形式加在抽象个体上，就像串没孔的珠子一样。

[46] 在微观层次上区分形式和质料，有时是会有帮助的。在某物所由之构成的东西（质料）和它所是的东西（形式）之间作区分，这并非错误。错误的是试图将这种架构套在所有实在上面。因为这样就或者使我们的世界观里不再有上帝，或者使他成为要么形式（如亚里士多德），要么质料，要么这两者。

2

希伯来的世界—生活观

约翰·D·柯瑞德 (John D. Currid)

> 你问希伯来人的哲学是什么？回答很简单——他们没哲学。……
> 总之，我们发现他们不过是一个无知蛮族，长久以来，就既有最肮脏
> 的贪婪和最可鄙的迷信，又最刻骨地仇恨每个宽容他们和馈赠他们的
> 人。不过，我们是不该以火刑待他们的。
>
> 伏尔泰，《哲学词典》（1764）

伏尔泰（Voltaire）的现代怀疑论在当今有着坚定的支持者，他们是一群学者，人称最低限度承认圣经者。[1] 在他们看来，出埃及之前的以色列史基本是虚构的，它不过是犹太版的《伊利亚特》、亚瑟王传奇甚或《小熊维尼》。这些人的一个主要代表，T. L. 汤普逊（T. L. Thompson）如此说："我们发现，圣经的编年记事并非立足于历史性记忆，而是立足于某个很晚才出现的神学框架，这个框架所预设的世界观，是极其地非历史的。有人企图像使用马里文献馆等发现一般，来使用圣经叙事重构近东史，这种做法，不过是基要主义，我们完全可以不予理睬。"[2] 这一立场虽说有些极端，在学术圈里却不乏随从，在最近尤其如此。

最低限度地承认圣经的一个主要危险，就是它不仅试图否认圣经叙事的真实性，而且质疑任何由圣经的可靠性建立的历史或思想。在至少两千年时间里，希伯来的世界—生活观对世界思想尤其是西方信念产生了深刻

影响，这是一个事实。但是，正如德弗（Dever）所问的那样，事情会否迥然不同，假如"古以色列只是由生活在很晚近的犹太人'捏造'的，因而圣经文献不过是虔诚的宣传？……不存在古以色列。在真实的时空里，也不存在经历了真事的什么真人，好让我们希图从他们那里学到什么确有其事的真理，什么永恒的道德和伦理。希伯来圣经的以色列故事，不过是个弥天大谎，残酷地欺骗了无数人"[3]。

　　然而，最低限度承认圣经赖以建立的预设却是错误的，这些预设并非出于圣经中的任何可见证据，而是来自现代的后现代的思辨世界观。圣经与其他近东文献之间的历史联系稳固可靠，使得最低限度承认圣经者几乎不可能为自己的立场辩护。圣经作者将诸如西拿基立入侵（王下 18：13；19：16，20；代下 32：1—22）和尼布甲尼撒入侵（王下 24：1—10；代上6：15）等事件，置于恰为同期古代近东文献所证实的编年框架和背景里——西拿基立柱碑证实了前者，拉吉信件证实了后者。在拉吉和耶路撒冷的考古发现还进一步证实圣经对这些事件的叙述具有历史准确性。如果《列王纪》和《历代志》只是后来的不同作者的文学性自由创作，他们怎么可能把这么多事件都放在"恰当的时间和恰当的位置"中？[4]

　　对希伯来的民族、历史与生活观的谩骂侮辱，并非始于 21 世纪的圣经最弱主义者。历史上，至少早在 2 世纪，马西昂（Marcion）就视犹太人为原始蛮族，认为他们的世界观对观念或进步无所贡献。阿道夫·冯·哈纳克（Adolf von Harnack）如此评论马西昂的希伯来观："旧约的上帝，差不多就如马西昂曾描绘的那样，是有限、狭隘、自相矛盾的民族神，同样会干不道德的勾当；摩西的律法无人满意，特别地狭隘讨厌，是对自然法的扭曲，和异邦宗教相差无几。以色列民族从开始就不是个好种，又被这套律法搞翻了船。"[5]

　　过去二百年间的许多所谓高等批评，都基于这样的预设：希伯来人的大多数观念（如果不是说全部观念）都借自周邻文化。他们并非很有原创性。弗里德里希·德勒茨（Friedrich Deltzsch）的尖锐著作《巴别与圣经》（1903）是这一立场的极致。[6]例如，德勒茨"极为关注《创世记》中的巴比伦成分，并由此得出：圣经是拙劣剽窃"[7]。他强调指出："巴比伦和圣经在每一件事上竟如此相似！"我们由此可见，他对希伯来思想中的任何原创性何其厌恶。[8]德勒茨这类人对现代圣经学术的影响不可低估。

　　我们认为，上述论调严重忽视了希伯来思想的原创性以及希伯来人对后世的影响。希伯来思想显然不是其他古代近东文化的传声筒。即便是著名的高等批评家 H. 衮克尔（H. Gunkel），也承认这一事实："希伯来传说何其卓越地超过巴比伦传说啊！……此外，我们可以说，巴比伦传说以蛮性让我们印象深刻，而希伯来传说对我们而言则人性、贴近得多。"衮克尔把希伯来著述说成是传说，对此我们无法苟同，但他对希伯来人独特的宇宙观和宇宙运行观所持的评价，是我们要肯定的。希伯来的世界观—生活观对全人类的思想，尤其是西方人的信念，已经产生了巨大影响。它在很大程度上塑造了西方的文化结构和道德方向。本章将要讨论的，即是旧约世界观的主要特征，包括：旧约的上帝观（上帝创造、在历史中言说和行动）；旧约的人性论（人性因**上帝的形象**而来的尊贵，以及在时空中的道德失败）；旧约对律法和救赎所持的立约论，及其在个人的公共的道德领域产生的影响。我们主张，上述观念为西方文化提供了智力的道德的基石，直到现代的后现代的世界观对它们提出挑战为止。而巴比伦哲学的影响又在哪里呢？

启示

希伯来世界观的根基，就是认为上帝已经向属于他的人言说了自己启示了自己；这点提醒我们注意：神学性关切对于希伯来人而言是全然核心的。无论如何，神学而非其他问题塑造了希伯来的基本信念。在任何讨论中，神学都不会处在边缘，不管论题是什么，它迟早要冒出来。

相比其他古代宗教和哲学，旧约提出了一个革命性观念：超然的有位格的上帝不是在神话或巫术中，而是在创造作为中，在实际历史中，启示真理；而实际的历史又是借着上帝对先知，对其他传讲信息的人揭显的话语得到解释。希伯来的生活文化从上帝的自我启示中，得到核心信念及丰富的实践方式。启示可以定义为"上帝所启示给人的关乎他本性与旨意的字句真理"[9]。希伯来人相信，上帝以言语和非言语的方式启示。《诗篇》19 篇就是一个显著例子：创造的伟绩显明了上帝的荣耀和智慧。交替的日夜和存在的诸天以具体的方式揭示上帝的智慧和权能。在这里虽说无言无语，但比喻地来看，它们的"声音"却通遍天下，乃至"传到地极"。

以色列及其邻邦的历史事件以及王国的兴衰同样揭显了神的旨意（诗

78；摩 1，2）。上帝言说，以及人类以语言为文化工具，这些都在表明：人类可以正当地提出基本的形而上学问题（伯 11：7；诗 13：1—2），并得到令人信服的虽然未必穷尽的答案（申 29：29；伯 38—40）。《创世记》1：26—28 的文化使命，预设了上帝和宇宙是可知的，以及人活着就在于过承担道德责任的生活。上帝的诫命（出 20）使启示的道德含义明显可见。但《阿摩司书》1—2 章所谴责的行为类别多种多样，这就表明：关乎善恶的知识并非只建立于圣经律法，那些即便没有得知立约之法的民族也有善恶知识。人能够知道关乎上帝、人类、创造的整体秩序的真理，并用人所能懂的语言表达之。

许多现代人士不屑考虑这些观念，他们认为那些记载，尤其是旧约中的那些事件，不过是人编的神话。但希伯来人自己明白表示，"耶和华如此说"指的就是上帝之言。旧约里头没有"神话"这个词。上帝三番五次地严令以色列避而远之的各式邻邦宗教，倒是更像神话。神话性的语言即使出现在圣经中（如伯 7：12；诗 74：13），也是被嘲弄的对象，或是被拿来和启示真理相对比。[10]

希伯来先知数百次地引用"耶和华如此说"这个表达式，在近东它是 41 一个常用的、作为某神明之命令开场白的套语。埃及人"会很熟悉这一表达，因为他们自己的许多文献，例如《死亡书》，就是这样引入神明的指示：'……如此说'。它是一个引入表达式，显明接下来的话语直接来自神祇，不容以任何方式更改。先知的任务是不加变动地传达这些话"[11]。与此类似，先知在《阿摩司书》中不下六十次宣称：他在宣告上帝启示的东西。先知的忙碌的确是带着这样的信念：他发出的言语正是上帝的言语。[12]

常常地，先知的个人品性好像消失了，言说者变成上帝自己。例如，《阿摩司书》1：3 说："耶和华如此说，'大马士革三番四次地犯罪，我必不免去他的刑罚。'"上帝直接以第一人称单数言说，而把这番话宣讲给民众的是先知。

摩西五经的许多章节都以短语"耶和华对摩西说"开始。单在《利未记》中，它就出现至少四十次。圣洁律如是结束："这些律例、典章和法度，是耶和华与以色列人在西奈山藉着摩西立的。"（26：46）整本书卷的结束亦是这么一句话："这就是耶和华在西奈山为以色列人所吩咐的摩西的命令。"（27：34）

上帝有时并不以人为中介，而是自己直接向子民说话。十诫的赐予就是如此（出 20：1—17）。子民如此惧怕神的临在和直接显现，以至他们央求摩西，让上帝以后不要再和他们说话，由摩西替代他们（出 20：18—19）。上帝有时甚至用自己的指头直接写下启示（出 24：12；31：18；申 4：13；5：22）。

新约有三段文字肯定旧约本质上是从上帝来的启示。《提摩太后书》3：16 前半部分说"圣经都是上帝所默示的"，肯定了犹太经典作为"圣经"具有完全权威，来自神启，由此对犹太经典的意义作了一个总结。保罗熟谙希伯来世界观，他以自己广博的拉比背景，肯定旧约是"默示的"。他用的词是 *theopneustos*，其字面义就是"上帝—呼出"：旧约经典是"上帝—呼出"的，上帝的气息通过作者呼出，但并不取消作者的个性和语词选择。希伯来经典从起源到内容都仅属上帝。[13]

使徒彼得也是由发展成熟的旧约世界观造就的，他亦肯定先知预言的神圣性："第一要紧的，该知道经上所有的预言没有可随私意解说的；因为预言从来没有出于人意的，乃是人被圣灵感动，说出上帝的话来。"（彼后 1：19—21）彼得这句话到底是什么意思，常常引起争论，而混乱来自对"解说"一词的误解。对现代读者而言，"解说"暗含了对某问题或争议的解释。但把希腊词 *epilusis* 翻成"解说"有些勉强。它的字面义是"释放"。所以保罗说的其实是：旧约预言从先知那里被释放出来。预言从起源到内容都不是出于人意，而是出于通过人来言说的上帝。

21 节肯定了上述结论，因为它指出：旧约先知只是由于"被圣灵感动"，才能说出上帝的话来。彼得以 phero 一词表达先知与圣灵的关系，这个词常在航海用语中表示一条船被风带着走（参徒 27：15，17）。此处的比喻是显然的：如同一条船被风驱使一般，某个先知（如船帆般）为圣灵灌满，被带往上帝意愿的方向。[14] 因而，使徒彼得同样宣称：神以先知为言语的工具和手段，"呼出"了旧约。[15]

最后，耶稣在登山宝训中谈到默示范围时，也肯定了希伯来启示观。《马太福音》5：17—18 是为耶稣的传道事工做的世界观论辩："莫想我来要废掉律法和先知；我来不是要废掉，乃是要成全。我实在告诉你们，就是到天地都废去了，律法的一点一画也不能废去，都要成全。"英王钦定本把最后一节译成"一勾一点"也不能从旧约中废去，直到基督完成他的全部工作。希腊文在这里用"一勾"指的是希伯来字母表中的最小字母

yod，而"一点"指的是希伯来音节标记，一个用来区分辅音的小圆点。 43
故此，耶稣所表达的，正是充分成熟的旧约启示世界观：圣经是真实的、
神启的、有权威的，甚至在文本最微末的笔画上都如此。[16]有关启示的信
念在那时已经具有完全不可动摇的地位，耶稣正是在这一背景下进行他的
论辩，并把这些信念带到另一个维度。在随后的章节（5：19—48）中，
耶稣以这些信念来支持他的教训，对有关杀人、奸淫、"以眼还眼"、爱仇
敌等律法，给出了一种极不留余地的理解。这样，当我们把保罗、彼得和
耶稣对旧约圣典的默示性与威权性的教导放在一起来看时，就可对圣经的
启示观有更深理解。

神学

启示首要地是上帝对他自己身份的自我揭示。故此它首先是神学性
的。"神学"一词由两个希腊字 theos（神）和 logos（道）组合而成，它
在圣经世界观中既不指上帝，也不指人对上帝的看法——一种人们称为
"宗教"的东西，恰当说来，它指上帝对人所说的关乎他自己的话。在这
一节，我们将扼要考察，关于上帝（他的存在与本性），启示告诉了我们
什么，就是这一启示，奠定了旧约世界观的基础。

一神论

希伯来信仰最基础的神学信念就是一神论，《申命记》6：4 如此概括
这一信念："以色列啊，你要听！耶和华我们的上帝是独一的主。"犹太人 44
称这节经文为"示玛"（shema，"听啊"），它有一个独特写法：把第一个
词的最后一个字母和整节经文的最后一个字母都大写。这种写法为的是提
醒人们注意由这两个字母拼成的希伯来词。这个词就是 'ad，意为"见
证"。此中要点在于，《申命记》6：4 表达了犹太教最具分量的神学主张。
这主张一直延续到新约及以后世代。赫特多论到 1 世纪的犹太教义时说：
"虔诚的犹太人宣告他们忠于一神论信条，这些信条强调以色列的独一神
既有普世权能又独一无二。"[17]

在古代，希伯来人既非最早亦非唯一的一神论者。事实上，人类起初
就是一神论者（创 2—3）。只是到人类堕落罪中，才出现多神论。古代最

著名的一神论者，也许就是埃及法老阿肯那顿（亚美诺菲斯四世，统治期约在公元前 1350—前 1334 年间）。有历史学家说，阿肯那顿的信仰并非真正的一神论，而是单一主神论（就是在崇拜某位神祇的同时，并不否认其他神祇存在）。[18]但事实并非如此。雷福德说阿肯那顿有"一种否认其他神祇存在的，毫不妥协的一神论"。[19]埃德瑞则认为，阿肯那顿的一神论"崇拜全能且单一的神"。[20]

阿肯那顿只崇拜太阳神阿顿，并压制王国内的其他神祇崇拜。他除灭旧宗派的祭司阶层，试图以此将那些宗派扫地出门。在他统治晚期，他禁止人们使用早期文献中的复数形式词"众神"。他自上而下地将一场革命强加给埃及人。在阿肯那顿统治时期，太阳神的名字被刻在王室双边纹章内，并被给予法老才有的名字和称呼。其他神祇都未曾被如此厚待。

有人以阿肯那顿的一神论为据，主张他才是摩西的真正导师和犹太一神论的始创者。西格蒙德·弗洛伊德（Sigmund Freud）比其他人都更笃信这一点："我现在胆敢得出这结论：如果摩西是个埃及人并且把自己的宗教传给了犹太人，那么，这一宗教就是阿肯那顿宗教，是阿顿神宗教。"[21]不过，这种论调既空洞又经不起推敲。没有证据表明，埃及人这种罕有的只对某个神明的专注，影响了希伯来人。事实上，阿肯那顿的"异教"就是对埃及人也没产生持久影响。他才刚死就被加上了反叛分子和异端的臭名，之后的世代也一直未被平反。

45　　虽说希伯来人和阿肯那顿都是一神论者，但以色列的一神论和埃及人截然不同。埃及的阿顿神是被人格化了的太阳，而希伯来的耶和华是一个灵，既非自然的一部分，也非自然的人格化。耶和华是一个位格神，他进入和子民的约定中；他是圣洁的并命令子民过有道德的生活。阿顿是非位格的，它的运作是自然式的，和埃及人（法老也许除外）没什么关系。阿顿以艺术化的形象出现，通常是一个多手臂的圆盘。耶和华从未被描述成任何物质形象。就在行将进入应许之地前，摩西告诉以色列人："你们要分外谨慎，因为耶和华在何烈山从火中对你说话的那日，你们没有看见形象。唯恐你们败坏自己，雕刻偶像。"（申 4∶15—16）

埃及和希伯来的一神论的差别表明，世界观内的诸元素关系，既可以是彼此关联的，也可以是彼此相斥的。例如，阿肯那顿的一神论就从未被真正地整合到埃及世界观内，多神论依旧主宰着埃及世界观。由于阿肯那顿是以统治者的身份推行一神论的，因而这一信仰和埃及信念的其他主要方面（如宇宙观）尖锐对立。事实上，一神论和其他的埃及信念的确是相冲突的，因而它从未得到广泛接受，很快就消失无踪。而另一方面，由于神学性的关切具有统治地位，因而一神论和谐地渗透到了希伯来世界观的方方面面：宇宙论，人性观，对人有能力与位格神相通的信念，以及在诫命中给人所定的最高伦理标准。希伯来的信念与习俗都反映了这一事实：它的一神论——有一个位格神，他既超越自己的创造又内在地运行其中——对它生活的每一方面都产生了强有力影响。正是因为这一点，一神论只是在圣经而非埃及的世界观里才是"管用"的。

旧约一神论的最高宣称，就是断言耶和华不仅在众神中为大，而且他还是唯一的，是其他被称为神者完全不能相比的（赛40—48）。多神论的神祇都是宇宙中某种力量的人格化，和自然界循环中的某些周期性事件相关，亦和由某种自然材料制作出的偶像相连，而以色列的耶和华创造了所有存在，并通过掌控历史与自然的进程（诗104；115：3—8；赛9—17；耶10：1—10），统管万有。许多经文都断言，人所拜的是什么，他们就会变得像什么，个人和国家从他们的神祇那里得到其特性（王下17：15；诗115：8；赛44：9—20；耶2：5）。而耶和华的子民乃是要显明耶和华独一无二的圣洁与义（出19：5—6；利19；代上16：29）。[22] 认为以色列的一神论出自其他一神论，或认为两者有相通可比之处，这都忽略了两者的根本差异。

46

神的名

旧约中的人名常常反映一个人的性格，或他经历的某件大事。例如，"亚伯拉罕"这个名字的字面义就是"许多人的父"，它之所以重要是因为亚伯拉罕成了整个以色列民族的先祖。"亚伯"表示"迅速"，反映出亚伯的一生如何短暂。"以撒"表示"笑"，这指的是在听到撒拉将怀孕的消息时亚伯拉罕的喜笑和撒拉的暗笑。名字有时可以是预言性的，如以赛亚的儿子就被命名为"玛黑珥沙拉勒哈施罢斯"，意思是"掳掠速临，抢夺快到"，指正在行进的亚述军队（赛8：1—4）。

这个原则也适合旧约中上帝的名。以色列从未放弃一神论，但她会用许多名字来称呼上帝，为的是见证希伯来世界里使上帝如此独一无二的众多属性。这些名字中的每一个都表达出上帝特性的某一面，都使他和以色列邻邦的千神万祇相区别。以色列同时代的那些邻邦想象出许多神祇，其中的每一位都掌管某种在自然或人类生活中运行的独特力量。相比之下，以色列忠于一位至高神，他将自己显明在众多特性里，这些特性又通过他的称谓得以表达。我们将考察其中几个称谓，以表明这一原则如何运用。

耶和华（*Yahweh*）。在《出埃及记》3：13—15，上帝以"自有永有"（*YHWH*）来指代他自己，它在现代文献中常被称为"四字母词"（tetra-grammaton，字面义即"四个字母"）。这一名的原初发音没有传下来，原因是传统犹太教拒不读它。它被认为太过神圣，而不可高声读出。犹太人若看到辅音词 *YHWH*，就会在读音中以"我主"（*Adonai*，参考下文）一词替代。尽管读法已失，许多人却相信，它应读作"耶和华"。在旧约中它是上帝的专有名，也是他最常用的名称，出现不下五千次。它常常和其他名字组合在一起。例如，约押的意思是"耶和华是父"；以赛亚的意思是"耶和华的拯救"。

在旧约中，耶和华是上帝令人敬畏的、位格性的、庄严的立约之名。它常常被直接称为"（圣）名"（利 24：11—16）。它来自希伯来的简单动词"是"。它的意思就是："现在正是，我是我所是"。它表明：上帝首要地是自存自足的。就是说，"上帝决定他自己的经历，他无需为自己的存在倚靠任何其他事物。他自主地创造。它还表明，上帝是永远的、不变的。他并非正在变成他物。上帝昨日今日直到永远都是一样的。最后，它意味着上帝的存在是永恒的。他是昔在，今在，以后永在的"。[23]

以利（*El*）。上帝的这一称谓来自意思为"强健、有力"的一个词。它用来表达上帝之的大能的观念。故此，它在上帝的本性与上帝的行为之间建立起牢固联系。当圣经叙述上帝在施行大能作为时，就常以这个名字来称呼神，如《创世记》1 章就用一个由**以利**引申的词单独地指上帝宏伟的创造作为。旧约常常使用好些由**以利**变异或引申的词。

以利-沙大（*El shaddai*）。英语圣经将其译为"全能的上帝"。在旧约中它出现了四十八次。第一次出现在《创世记》17：1。"沙大"（*shaddai*）一词的意思多有争论。它也许由"胸"一词引申而来，因而可能指"胸的祝福"，也就是恩典。这样，整个词也许表示：大能的上帝同时是祝福子民的上帝。《创世记》17：1—2，以及 28：3 就是这般使用该词的。"以利-沙大"主要是族长使用的词（创 28：3；43：14；48：3）。

以利-以伦（*El Elyon*）。它的首次使用是在《创世记》14：18—22，被

47

译作"至高的上帝"。"以伦"来自动词"上升，高扬"。这个词表示，在所有的存在者中，上帝是处于最高处的。他是万有之上的上帝（诗57：2；78：56）。

以罗欣（*Elohim*）。这是旧约中最为常用的引申词，整个《创世记》1章都使用它。它是意为"能力、力量"的一个词的阳性**复数**形式。指希伯来的上帝时，它的用法和单数词一致；但当指其他神祇时，它的用法和复数词一致（例如在出20：3）。上帝之名的复数形式，或许反映出希伯来人的一个语言用法，就是：荣誉性的复数，或复数化尊称（*pluralis majestatis*），在这种用法中，某个单数事物由于某一品质而显得如此独特，以致将复数形式用在这个事物上。也有人试图以此名的复数形式为由为三位一体辩护。高等批评的学者视该形式为多神论残余，就是说，希伯来人原先是拜多神的，但在融合的过程中，多神论进化成一神论。"以罗欣"和"耶和华"合在一起用（如创2：4—3：23）可以表示：上帝既是无上的宇宙创造者，亦是以色列的位格化神。[24]

上帝的特殊称谓

旧约中也有一些特殊的称谓，表达了上帝某一方面的属性。它们可以帮助我们理解上帝是谁，他在创造物中如何行事。我们来考察其中三个称谓。

万军之耶和华（*Lord of Hosts*）。希伯来语中的这一称谓是"耶和华彻包特"。它首次出现在《撒母耳记上》1：3，那儿提到一个叫以利加拿的人，他每年都去祭祀"万军之耶和华"。这里的"万军"有军事意味，可以被直接译为"军队、武装力量"。例如，当希伯来人摆着军阵离开埃及时，他们就被称为耶和华的"军队"（出12：51）。这一称谓的含义是上帝掌管大批军队，任意调遣。他有成营的天使侍立左右（参赛6：2—3）。甚至众星也是"天军"，听从他的号令。更多的提及，可见《诗篇》21：10；《以赛亚书》1：9，24。

耶和华必预备（*Yahweh will provide*）。《创世记》22章记载上帝呼召亚伯拉罕献上儿子以撒，作为燔祭。但在献祭的那一刻，上帝指示亚伯拉罕用一只公羊代替以撒为祭。之后，亚伯拉罕以此地为圣，为之起名"耶和华必预备"（希伯来语就是"耶和华以勒"）。这个名字来自8节，以撒问到忘带的祭物在哪里。亚伯拉罕回答说："上帝必自己预备作燔祭的羊羔。"

这个故事旨在突出：上帝的确为他的子民预备，并且他的预备是丰盛的。他不需要亚伯拉罕献上他的儿子，因为上帝有一天要差他自己的儿子来献为祭！我们还需注意到，希伯来语动词"预备"和"看见"是同一个词。这就凸显出，献以撒的整个过程，为上帝预知且照着上帝的旨意和目的展开。上帝全然掌控局面。

耶和华的使者（*The Angel of Yahweh*）。在《出埃及记》3 章的火烧荆棘插曲里，圣经说"耶和华的使者从荆棘里火焰中向摩西显现"（2节）。这个使者是谁？经文认定他就是上帝，并且他以上帝的口气说话（4节）。《士师记》13：17—22 再次出现这种认定。一些注释者据此主张耶和华的使者就是三位一体中的第二位，尚未道成肉身的基督。例如，约翰·加尔文就说："让我们考究一下：这个使者是谁？……教会的古代导师根据他的中保职责，正确地把他理解为永恒的上帝之子。"[25]

49　　上帝众多的称谓，以及希伯来人使用这些称谓的方式，都清楚表明：在他们的世界观中神学处在核心地位。

宇宙的生成

圣经世界观的一个独到之处就是创造，人们接触圣经时首先面对的观念，就是创造以及上帝的存在。作为以色列思想的首要因素，创造贯穿整个旧约。《诗篇》中崇拜的基础，就是颂扬上帝和上帝的创造作为（例如，诗 8，19，50，95—97，104，145—147）；先知书对人类罪恶的谴责，建立在创造所蕴涵的道德要求上（赛 40—44；耶 5）；智慧文学的反思和劝导，是以创造为前设的（伯 28：12—28；37：1—13；38；箴 8：22—36；9：1—6）。

创造之后的圣经叙事以及这些叙事的各方各面所赖以推进的文本背景，是由创造给出的。它不仅将希伯来世界观和其他古代文化的世界观对立起来，而且，一直到现代，都为西方思想提供了对事物源起的独到解释。[26] 以色列的同时代邻邦，发展了精致的神话来描述宇宙起源，以至神明不过是自然力量的人格化[27]，而《创世记》则在无妥协的一神论框架内叙述创造。美索不达米亚的多神教，认为众神和世界都源自原初物质，世界就在这一源起过程中产生。但在以色列的叙述里，耶和华是独一的创造者和宇宙的至高主宰，他和被造物截然有别，被造物虽说全然是"好的"，却无论如何都不是神圣的（创 1：4—31）。

创造者

50

圣经开篇的几个字"起初上帝……"（创 1：1），使得上帝成为创世叙述的真正主题。对独一创造之上帝（伯 38；诗 24：1—2；104）的信念，在近东其他地区几乎闻所未闻。例如，美索不达米亚就明确相信多个神祇，他们有创造能力并进行创造。[28]

旧约的上帝进行创造的方式被称为逻各斯说。上帝单单凭语词的力量创造了宇宙："上帝说，'要有光'；就有了光"（创 1：3）。《创世记》1 章的整个创世叙述，都在突出上帝以语言进行创造的能力（8—11，14，20，22，24，26 节）。旧约其他段落，如《诗篇》33：6，也支持这一希伯来信念：上帝的创造仅只借着言语的命令。

希伯来叙述表明的创世，是从虚无中（ex nihilio）神圣地完成的。[29] 这一叙述旨在强调：上帝全能、无可比拟、至高无上。他不需要依靠什么代理者。此外，创世并非像美索不达米亚神话所叙述的，是众神相争的结果。在《埃努玛—埃利什》神话里，创世仅来自一场诸神争竞谁为主神的战争。

希伯来创世叙述的独特之处还在于，它不是神明生成论。[30] 近东其他文化都说，神明的出现要么是自我生成，要么是其他神明生成。在古代近东的宇宙论神话里，神明生成论至关重要。[31] 这些神话旨在确立众神的上下等级。希伯来思想从不认为上帝只是出自其他神明的创造努力。事实上，以色列的上帝独自创造，为自然界各种力量划定界限（伯 38），将被造物安置在自然界中，并看顾它们的需求（诗 104）。上帝的独一无二，使先知嘲笑那些虚妄企图：树木和金属本由上帝造，人们却跪拜用这些东西做的偶像（赛 40：18—20；耶 10）。

51

创造

尽管上帝自己没有起源，但宇宙有。旧约的开始，就是"起初……"一词。希伯来语里这个词是一个单字，常用来描述某件事的最初步骤或阶段。创世显然发生在时间的开端。虽然这一观念对希腊罗马思想来说很独特，但在古代近东它并非独一无二，因为埃及人也同样相信创世有实际开端。

希伯来人相信，上帝的创世工作起初无所不包。但他们没有用单独的一个字来描述宇宙。当他们想表达全体实在的概念时，就用"天地"一词，这是个以部分指代整体的词，在这里，就是以两个相反的部分指代全体（参创世记 14：19）。这样，当《创世记》1：1 说上帝创造了天和地时，它说的是上帝创造了整个宇宙。

《创世记》1：2 描述了还在形成中的地。圣经首先说它在 *tohu wabohu* 中，也就是在"混沌和空虚"中被造。这两个词还在旧约的其他两处（赛 34：11，耶 4：23）同时出现过。在那两处，先知都在叙述异象中所见的上帝审判之后地的样子。它将回到起初的荒凉黑暗。

《创世记》以一个六天结构叙述创世过程。第一个三天描述上帝组织被造物，使其有序。这三天的主题是分离：圣经描述上帝将光和暗分开（1：4，18），将空气以上以下的水分开（6—7 节），将天地分开。这样，在第一个三天里，上帝在处理 *tohu*（"混沌"）而给予其形式和秩序。

接着的三天（以及第三天的一部分）描述上帝充满被造物。他命令地发生青草，将光排列在空中，最后，创造动物和人类。这样，上帝就在处理 *bohu*（"空虚"）而以被造物充满其中。

六日创世的叙述结构在福音派学者中引起极大争论，产生了四种不同立场。每一立场都试图以自己的方式，表达创世在圣经世界观中的核心地位。

框架解释。这一观点强调，创世主题的影响无处不在，它从《创世记》的创世叙述开始，一直贯穿到《启示录》中的新创造。这一观点主张，《创世记》1 章中的六天不能按连续性的先后顺序来理解。[32] 事实上，六日是对实际事件的比喻性描述，按照诗节框架被组织，以显明如下所示的主题结构。

王国 （领域）	国王 （统治者）
第一日：光，3—5 节	第四日：光体，14—19 节
第二日：海与天空，6—8 节	第五日：鱼鸟，20—23 节
第三日：陆地，9—13 节	第六日：陆地动物 24—31 节

第七日：安息日

这样，创世的七日被组织成平行的两组三日。第一组三日（第一天到第三天）描述三个王国的被造，第二组三日（第四天到第六天）描述这些王国的统治者被造。作者通过呈现创世事件的不同画面，描绘了创世图景。六日的出现并非如电影镜头一般，一个结束另一个接续。历史中的确发生过这些事件，但其顺序并非对《创世记》1章作字面解读得出的表面顺序。

框架解释主义者说，如果以时间性先后顺序来解读创世叙述的话，人们就得以上帝的超常护理为前设。这样，照圣经的叙述，在将昼夜分开的光体被造之前，就已经有了光和暗。上帝先造菜蔬，然后才造菜蔬所完全依赖的太阳。要坚持以时间性先后顺序解读创世，还得毫不理会某些自然法则。框架解释主义者指出，这些不一致是成问题的。在一个重要研究中，克莱恩说，"《创世记》2：5的预设显然就是：上帝在创世时所作的护理，正是任何读者在今天的自然界中所见到且习以为常的护理。"[33]这样，《创世记》2：5所描述的时间正是"地还没有长出菜蔬之时，这样的环境状况和《创世记》1章所记的六日序列并不相符。这就证明，上帝在创世时所作的护理是普通护理——果真如此，《创世记》1章就须按普通护理来理解。因此，这段叙述是比喻性的"。[34]

一日千年说（协和主义立场）。 当有科学证据表明宇宙是十分古老的时，这一解释就出现了。协和主义者旨在重申，创世说是可靠的，而这对圣经世界观来说至关重要。一日千年说肯定《创世记》1章的创世顺序。但是，每一"日"（希伯来文 *yom*）代表的是某一长度未定的时段；换句话说，一日可以持续亿万年。这一观点的证据就是：希伯来语的"日"，即便在创世叙述中，有时也是指一段相当长的时间（见创2：1—3；诗90：4）。安息日（第七日）好像就有数千年。其他六日何不也是如此呢？

这一理论使人们无需在地理学证据和圣经之间做调和。但协和主义者仍得面对事件发生的先后顺序问题。而且，即便持续一日至千年，也还得面对非自然创造的问题。[35]

拟人化日期说。 关于这个问题，C. J. 柯林斯（C. J. Collins）最近提出了一个不太相同的观点。他说："创世之周的'七日'是对上帝行为的拟人化描述。如果要确定这七日和已知的时间量度的关系，我们或许可以把它们当作几个彼此连续（或许还有一些交叉）、长度不定的时期。这一观点的好处，在于它来自圣经叙述，并且它无需假设'日'一词（颇成问题的）'比喻性'意义，而是把它当作一种拟人化用法，而这种用法谁都知道是怎么回事。"[36]换句话说，《创世记》1 章的创世诸日，是上帝的而非自然界的"日"（24 小时周期）。因此，世俗性的时间不是希伯来创世叙述的主要问题所在。

柯林斯的说法——创世是彼此连续、长度不定的时期——似乎和协和主义的观点差不多。他的说法面对的问题也和协和主义者一样：事件发生的先后序列问题。如果我们坚持《创世记》1 章的顺序，则创造的过程必定是非自然的（例如说，光在太阳之前出现）。

24 小时太阳日说。这一立场常被称作"字面义说"，它主张《创世记》1 章提到的每一日都是字面性的 24 小时周期。并且每日的创造都接续性地跟着前面的一天。这样，在第一"日"，上帝创造了光；在第二"日"，创造了天；如此以至在第六日末了时完成全部创造。它不多不少地就是对创世的历史记录。

字面义说的证据有以下几点。首先，圣经希伯来语有一种语法手段，叫做"回指未完成"。它的目的是以历史性的顺序来呈现事件。旧约的所有叙事体部分都使用这一手法，但在诗歌体中它很少出现。例如，在《约书亚记》中，它出现了不下二十次。在《创世记》1 章中，它出现了五十一次。若不是文本想表达事件的先后顺序，圣经为何要如此频繁地使用这一手法？其次，这一章很少（几乎就没有）例如象征、修辞、隐喻等比喻性语言。被认为是比喻性的一章，却如此出奇地缺乏比喻。第三，值得注意的，是这章里的日期被编了号，而编号意味着顺序。换句话说，清点算数本性上就是按着顺序来的，意味着发生时间的先后。正如凯德纳所评论的："一日一日地排列着，其向前推进之庄严，必然带着严整次序的意味；而且，倘若我们对某段文字的解读，竟可以毫不考虑它在一般读者心中产生的主要印象，那恐怕就太造作了。"[37]

字面义说的主要问题，在于它预设了上帝的超常护理。也就是说，宇宙的被造必须排除自然进程。字面义主义者的回应是，上帝造宇宙不为自然法则束缚。他可以用任何喜悦的方式创造。事实上，从虚无中（*ex nihilio*）创造，这本身就是非自然行为。

反对字面义说的人以《创世记》2：5 为据对此进行辩论。在对这节经文的重要研究中，克莱恩说，"《创世记》2：5 的预设显然就是：上帝在创世时所作的护理，正是任何读者在今天的自然界中所见到且习以为常的护理。"[38]他的观点简单而深刻。《创世记》2：5"所描述的时间正是地还没有长出菜蔬之时，这样的环境状况和《创世记》1章所记的六日序列并不相符。这就证明，上帝在创世时所作的维护是平常维护——果真如此，《创世记》1章就须按普通护理来理解。因此，这段叙述是比喻性的"。[39]

字面义主义者的回答是：克莱恩误读了这节经文。它的前半部分："野地还没有草木"，看起来好像在肯定克莱恩的解释。但它的后半部分却说，"田间的菜蔬还没有长起来。"圣经中的希伯来语动词"长"只是用来指生长过程，而不是指出现（见创41：6，23；出10：5；诗104：14）。这样，似乎就是：菜蔬已经出现在地上，但还没有生长繁盛，因为这时还没有雨水，也没有人耕地浇灌。那它们怎么活下去呢？靠神的超常护理！

以上四种观点都有优点和不足。创世说是圣经世界观中不可妥协的要素，而这四种观点都支持创世说。基督徒持守其中的任一立场都不会与圣经权威相冲突。但不管人们持哪种立场，创世都内在地要求超常护理起作用。无论是虚无中的创世，还是一日接一日的时间连续，或是每日的时间延长，创世都需要上帝的超自然力量作为前提基础。

人类被造

上帝最后造的是人类，因此人常被称为"创造的高峰"。此外，人和所有其他被造物的区别之处，在于他们是照着**上帝的形象**（*imago Dei*）被造的。照圣经的叙述，在创造的第六日，"上帝说：'我们要照着我们的形象，按着我们的样式造人，使他们管理海里的鱼、空中的鸟、地上的牲畜和全地，并地上所爬的一切昆虫。'上帝就照着自己的形象造人，乃是照着他的形象造男造女"（创1：26—27）。有人把这段文字称为"文化使命"，它不仅以最高的赞誉，肯定人的内在价值与尊严，且给了人和其身份相称的，造就文化的使命。《创世记》1章和2章中的其他因素，如婚姻与家庭（1：28）、安息日（2：1—2）、修整看守园子、不可吃分别善恶树上的果子的禁令（2：16—17），进一步提高和加强了人因着具有上帝的形象而来的独一无二的地位与责任。

创世叙述从三方面描述，人照着上帝的形象被造意味着什么。首先，《创世记》1：1—10描述了在创世的头三天，上帝产生出一个有秩序的世界。最初的人要在征服被造物和治理被造物中反映上帝。为此，他修整园子（2：15），特别是为动物起名。此前，上帝通过为万物命名来显明他对万物的权柄。例如，上帝在第一日造光时，就为其起名。第5节这样说：

"神称光为昼，称暗为夜。"类似地，人通过语言媒介，为不同活物起名，而征服治理动物王国。这两种行为都需要某种其他被造物不具备的东西——创造性智识。

在创世的后三天，上帝以众光充满天，以有生命的活物充满地。而亚当同样要以后代子孙充满全地（1：28）。这一责任是由复数形式的人，即男人和女人一起完成的，他们要以具有自己形象的后代充满全地（参 5：1—3）。他们亦以劳作产生丰收，来完成自己作为园丁担负的文化使命（2：15）。[40]

最后，在创世的第七天，上帝安歇了产生秩序和充满天地的工。这就意味着亚当也将六日做工，第七日安息（见出 20：8—11）。

这样，由于是照上帝的形象（imago Dei）被造的，所以亚当的被造就是为了效法神（imitatio Dei）行事。人由着模仿上帝的品性与行为而完成《创世记》1：26—27 的文化使命。无论在何种行为上（思考、说话、做事），人都要模仿上帝，要像他那样行事。

《创世记》1：26—27 中的希伯来词"形象"（tselem），在旧约中出现了十六次。多数情况下，它是用来描述被当作神之像的偶像（见王下 11：18）。它也用来描述某个国王在他征服的某地竖起的自己的塑像（见但 3：1），以显示他对此地此民的治权。这样，tselem 一词描述的就是某个神或王，特别是描述属于这个神或王的统治权与主权。在《创世记》1 章的人类被造里，这个词揭示出人对上帝之造物的治权，意味着男人女人是神之形象的肖似和显现。人之生命的尊贵和价值，还表现在上帝通过对谋杀的禁止（创 9：6；出 20：13）来保护生命，表现在生命和全体创造、和其他生物、和神相比时（诗 8）体现出来的相当的重要性。最重要的，是圣经世界观高扬了人的价值；人堕落后，上帝即投身于和好与拯救的宏伟计划（诗 16；51：10—17；103：1—5）。

堕落

人是上帝之形象的具有者，从这一对人极力颂扬的观点出发，《创世记》3 章接着叙述人如何堕落到罪里面。人没能主宰万物，他拒不使用上帝给他的权柄。他的失败在于未能持守上帝的话。在《创世记》2：16—

17，上帝给了人一道必须遵守的命令："耶和华上帝吩咐他说：'园中各样树上的果子，你可以随意吃，只是分别善恶树上的果子，你不可吃，因为你吃的日子必定死。'"上帝给了人类始祖吃园中一切树上的果子的自由，只有一棵树除外。因为，要是他们吃了那棵树的果子，他们就会死。

在《创世记》3：1—6，蛇接近女人，看她是否明白上帝的命令。一番对话显明她对上帝的话是无知的。首先，她夸张了上帝的禁止。上帝从没有说他们不可摸那果子（3：3）。其次，她略去了那树的名字，就是"分别善恶树"。第三，她在命令中加上了树的位置"园当中"。第四，女人尽可能地缩小不良后果，说"免得你们死"，而事实上上帝说的是"必定死"（希伯来语在这里用的是双重动词，这在女人的陈述里是没有的）。最后，她也尽可能地贬低她具有的权利，说园中的果子"我们可以吃"，而上帝说的是他们"可以随意吃"（这里的希伯来语同样用的是双重动词以示强调）。

57

对上帝话语的无知既是夏娃的错也是亚当的错。《创世记》2：16—17上帝给出命令时，夏娃还没有被造。显然，该由亚当来以上帝的话教育培养女人，就此而言他是失败的。

蛇利用了夏娃对上帝话语的无知，说出了第一个谎言。他说："你们不一定死。"（3：4；注意蛇用的是双重动词，而女人没有用。）这就是《约翰福音》8：44中耶稣所指的起初的谎言。这一谎言的要害在于蛇对上帝之本性的诋毁，似乎上帝不让人性实现其潜能。

一旦禁令被推诿掉，实用的审美的诉求就驱使夏娃来到树前。她看见那树是"可喜悦的"——这一希伯来词和十诫中的"贪恋"（出20：17）是同一个词。女人对那果子有着不可抑制的渴求。这样，人的被骗因着两个原由而来：（1）人对上帝话语无知，以及（2）树对感官具有的不可抗拒的吸引力。

人类堕落于罪中的后果是多样的，而且立刻就显明出起来。人性自身在每个方面都受到极大影响。[41]（1）由于他们的罪，男人女人**与上帝疏离**了。犯罪之后，他们"藏在园里的树木中，躲避耶和华上帝的面"（3：8）。接下来的旧约深化了这一疏离。十诫的头四诫就是以罪所带来的人神疏离为前提的：命令只可敬拜上帝，不可为上帝造像来跪拜，不可妄称上帝的名，必须守安息日（出20：1—11）。人类不断以繁衍众多和文化创造来显明上帝的形象，但却是以扭曲的方式来显明的（创4）。旧约作者笔

58　下的人是罪恶的，需要救赎。恶于人类存在状况而言并非只是附带的，并非只是出现在这一件那一件的恶行里，而更是深植于人性中的。圣经作者认为人的恶是根植于心的（诗 32；51；耶 17：9—10）。旧约抨击各种恶，无论它是表现在意念、思想还是外在行动上（创 6：5；8：21；诗 14：1—3；139）。旧约作者所谴责的恶不仅是个人性的也有集体性的和社会性的。[42] 在旧约历史里，犹大和以色列都公然背离上帝的诫命（王上—代下），他们的悖逆往往比外邦的恶行更甚（代下 36：15—16；摩 1，2），而被先知谴责。虽然与上帝疏离，人通过家庭、劳资、政府等日常组织，仍实行了许多善。但人的罪需要悔过和修复（申 30：1—3；代下 7：14；耶 3：22）。[43]

（2）亚当和夏娃**彼此疏离**。在犯罪前，他们赤裸面对，这象征着完全的敞开和亲密。但现在他们因羞耻遮盖自己。从前人性的特点是纯真，如今它在罪疚中显明自身。正如摩西十诫的头四诫一样，后六诫（出 20：12—17）也是以疏离，就是人与人的疏离为前设，而禁止不孝敬父母、杀人、奸淫、偷盗、作假见证、贪恋。诫命不是被证明出来的，而只是被宣布出来罢了。虽然只是十条，但其他不管什么可以被人正确地肯定为罪恶的或不道德的行为，都可以由此推演出来。在许多世纪里，文明的道德基础就是单单由这些命令架构起来的。旧约的各种律法都以人的罪为前设，这些命令成为道德准绳，以压制罪恶，鼓励荣神益人。虽然旧约没有出现"良心"一词，但罪疚和为罪伤痛，表明希伯来人相信人知道上帝对人的期望（撒下 24：10；伯 27：6；诗 51：1—9）。

（3）他们**和伊甸园疏离**。在《创世记》3：24，上帝将他们逐出伊甸园，所以他们不能再享受其中的快乐，上帝并安置基路伯和发火焰的剑，把守入口。从伊甸园和上帝的临在中被驱逐，这在希伯来世界观里一直是个主题，就在由此产生的背景中，以色列渴望与上帝和好。

59　（4）他们**和永恒的生命疏离**。上帝已告诉他们，若吃那树的果子他们就必死。在旧约的整个后续部分，罪的最终结局就是死（耶 21：8；结 18：4）。在圣经世界观的框架内，首要的问题成了约伯提的那个问题："人若死了，岂能再活呢？"（伯 14：14）**上帝的形象**被扭曲，处在死的判决下。旧约和新约笔下的亚当，作为全人类的立约代表，处在试验期。作为上帝的立约之民中首先的为头的那一位，亚当在试验期里遇到的一切，所有将出生的人也会遇到。因着亚当的罪，所有人最后都是要死的；我们都在亚当的诅咒里有份。亚当的所有后裔就是这般地带着亚当的堕落本性。《创世记》5：3 把这一点讲得很清楚：亚当"生了个儿子，形象和样式和自己相似，就给他起名叫塞特"。这里的两个词"样式"、"形象"和《创世记》1：26 节的用法是相反的，由此突出了如今传下来的人性是扭曲的。

堕落不仅极大地改变了人性，也在整个创造中导致了严重后果。在《创世记》3：17—18，耶和华因着人的罪而诅咒了地："地必为你的缘故受诅咒；你必终身劳苦，才能从地里得吃的。地必给你长出荆棘和蒺藜来，你也要吃田间的菜蔬。"地现在抗拒人的耕作努力，人完成创造使命的企图遭遇拦阻。[44]这样，在人的堕落之后，宇宙自身沦入不结果子的虚妄。申命之约历数作为惩罚的自然灾难，以强化道德悖逆带来的结果（申 28）[45]，这样的论调，在公元前 8 世纪的先知那里一再重复（摩 4：4—10；5：11；弥 6：15）。新约亦在强化罪引起的世界性后果；保罗的说法是全体受造物都为"败坏"辖制（罗 8：21）。宇宙走在变质腐化的路上，而且似乎就要走到头。

旧约中的救赎期盼

堕落不久，上帝就对蛇说话，发出了圣经中的第一个预言。在《创世记》3：15，第一个先知，上帝，如此宣告：

> 我又要叫你和女人彼此为仇；你的后裔和女人的后裔也彼此为仇。女人的后裔要伤你的头，你要伤他的脚跟。

这段文字的开始陈述是："我又要叫……彼此为仇"。希伯来词"为仇"用来指一种将上升到谋杀地步的敌意（见结 25：15；35：5）。上帝在言语中建立了一种新的敌意秩序。

冲突首先将在"你"（即蛇）和"女人"（即夏娃）之间展开。在《创世记》3 章的一开始，在蛇和帮着把堕落带入世界的女人之间的对话里，冲突就已经在展开了。冲突的第二阶段存在于"你的后裔"和"女人的后裔"之间。希伯来词"后裔"常用来指子孙后代或血统。因而，从蛇生出来的和从女人生出来的，将彼此为敌。我们要看清，这里的血系指的是属灵的而非属肉体的意义。没有证据显明蛇（或者说魔鬼）能生出肉身的后裔。但人可以由着他的意愿心思成为撒旦的属灵后裔。《约翰福音》8：44记载耶稣告诉法利赛人说："你们是出于你们的父魔鬼。"

两种后裔间的争斗，在该隐杀亚伯的事件中立即应验。该隐"属那恶者"（约一3：12）；亚伯却是"称义的"（来11：4）。这一冲突主题，贯穿新旧约全书，直到《启示录》所记载的时间末了（启12：13—17）。

这一由来已久的冲突，将在"你"（就是蛇）和"他"两者的面对面中达到高潮。上帝的上述宣告的第二部分，首先提及"他"，然后才说"你"。这就足能表明"他"的优先地位。这就是那伟大的争战，而"他"将要得胜。[46]这从双方的受伤处就能看出：蛇是在头上，是致命伤；"他"是在脚跟处，并不致命。

《创世记》3：15是一个弥赛亚预言。人类刚刚堕落，上帝就在对蛇的咒诅里，发出预言，说他要差派救赎者，除灭仇敌。每个人所处的时代，都是这一预言已经给出的时代。这里的"后裔"指的是谁，乃是显然的：耶稣基督就是《创世记》3：15里的那个"女人的后裔"。新约的家谱如《路加福音》3章，针对性地将耶稣的祖先追溯至亚当和夏娃——耶稣即是女人的直属后裔。路加进一步肯定耶稣成就了《创世记》中的预言：在家谱之后，即是圣灵引导耶稣进入旷野，与撒旦争战，由此拉开一场波澜壮阔的战斗，其高潮便是弥赛亚在十字架上给蛇致命一击。

从《创世记》3章到《启示录》22章，都在叙述《创世记》3：15的预言如何展开。救赎在这一节被应许，整本圣经直到结尾都在紧跟这主题。救赎就是支付赎买金，在旧约中它既以个体形式亦以集体形式出现。在摩西律法里，耶和华给出的一种救赎方式，就是犯罪的个人或全以色列，可以献上祭牲——以这无罪的来替代那有罪的——当作罪的赎价。为除去罪债，赎罪祭是必须的。在日常生活里，赎罪亦起着基本的政治经济作用。从灵性角度看，以色列在埃及为奴和往后被掳巴比伦，乃是罪的结果。这样，以色列从埃及的奴役中得解放（出6：6；15：13），在圣经世界观里就是集体性被赎的原型；此后从巴比伦之囚中被释，重新肯定了救赎乃是神的恩典性拯救之举（赛40：1—5；44：21—28）。在经济生活中，人若失去产业，或是将自己卖为奴，可以由他至近的亲属付相应的赎金得救赎（利25：25—27）。在最基本的救赎景象里，耶和华是一个爱的上帝：他救赎的是生命，这其中就有罪的赦免，和谐的再现，上帝与其子民的和好，以及立约之民彼此的和好（诗111：9；130：7—8）。此外，旧约还有许多其他形式的救赎预言，但其中最重要的是先知预言。[47]

上帝的仆人——先知

旧约先知继续预告由弥赛亚施行的未来救赎。他们说，上帝有一天将救赎他的子民，使他们与他重新和好。先知信息大多围绕上帝将更新和子民的约。例如，先知以西结宣告："并且我要与他们立平安的约，作为永约。我也要将他们安置在本地，使他们的人数增多，又在他们中间设立我的圣所，直到永远。我的居所必在他们中间。我要作他们的神，他们要作我的子民。"（结 37：26—27）先知耶利米描绘了另一幅人类得救的景象：

> 耶和华说："日子将到，我要与以色列家和犹大家另立新约。不像我拉着他们祖宗的手，领他们出埃及地的时候，与他们所立的约。我虽作他们的丈夫，他们却背了我的约。这是耶和华说的。耶和华说：那些日子以后，我与以色列家所立的约乃是这样：我要将我的律法放在他们里面，写在他们心上。我要作他们的上帝，他们要作我的子民……"（耶 31：31—33）

旧约中的弥赛亚主要以两种方式带来救赎和重建。首先，他将以征服之王的身份来临，除灭上帝的敌人，解救上帝的子民（诗 2）。但是，他也将是受苦的仆人，担负子民的苦难，以自己为祭拯救他们（赛 53）。

除了补赎人类的罪之外，旧约还预示了更广范围的救赎。世界性的堕落需要世界性的救赎者。旧约先知预告全体受造都将受益于上帝的救赎之工。宇宙今日扭曲、破碎，受制于结不出果子的徒劳；但有朝一日，它将重现完美。救赎将及至宇宙自身。先知预见到一个新的秩序，在其中宇宙性的咒诅被反转：富足的丰收使耕种的接续收割的（摩 9：13）新天新地带来的是欢喜而不是哭泣和苦痛，劳作不再徒然，受造之物和平相处，不再为了生存相咬相吞（赛 11：6—9；65：17—25）。钟马田（D. Martyn Lloyd-Jones）如此评论：

> 只是到这时，被造物才真正地如上帝造它的那个样子，如它本来的那个样子自由成长。只是到这时，它才完全摆脱种种的破碎可能。我们见到如今的宇宙"服在虚空之下"，在其中有枉然、败坏、腐朽。但到那时，它将摆脱这一切。不再有争斗、不和、病态。[48]

《以赛亚书》11：6—9 和 65：17—25 这些末世论段落表明，希伯来人有一种整全无缺的世界观，它期待人类得救，也期待同样在承受堕落后果的全宇宙得救。在以色列的历史中，这些期望并未实现，但它们维持了对于将在未来实现的希望，旧约思想的世界观继承者，在新约和基督教会的生活里，扩展了这些期望。[49]

历史

我们的讨论至此可以显明：希伯来人的历史观是线性的。他们相信时间和创造有起始（宇宙生成论），相信历经运动发展之后将有完成（末世论）。希伯来人还相信，历史照着那历史的主宰者上帝的计划展开。学者向来就将希伯来的历史观与其同时代文化——埃及、美索不达米亚、迦南——的历史观相区分。许多人认为，后者所理解的宇宙封闭在自然界的无止境循环里，没有方向，只有出生、成长、死亡和再生的周而复始。许多人也由此相信，希伯来人给予世界的最大财富和赐予之一，就是线性历史观。[50]

但问题实际上没那么简单。例如，虽然埃及人认为在整个存在中运行的只是无穷尽的循环，他们却并不是无历史或非历史的。事实上，他们相当有历史意识，这从他们保存的大量文献与记载就可看出。巴比伦人和亚述人同样保存了大量编年与历史文献。[51]他们并非好像就意识不到历史在从一个阶段向着另一个阶段运动。

两种历史观的相左之处，在于历史的基础不同。于希伯来人而言，神学处在世界观的核心，他们因而认为：历史就是"他的故事"（His-story）。他是历史之主，世间万事都照着他的计划展开。他创造宇宙，决定要在其中发生的事，又将历史推向最后的高潮。外邦文化没有这样的观念。因而，虽然都认为历史是线性的，但其世界观基础却大相径庭。我们将看到，希伯来的线性历史观一直就在强烈地影响着人们的思考方式。

以色列在救赎史中的地位

旧约历史的一个主要事件，就是上帝呼召一个民族作他的子民，从中创造一个国家，并将他们安置在应许之地。希伯来人就是这被上帝所选的子民："因为你归耶和华你神为世界的民，耶和华你神从地上的万民中拣选你，特作自己的子民"（申7：6）。以色列的选民观和应许之地观，正确理解起来，揭示的是神学性关切，而非（许多人以为的）种族中心关切，这一点是我们在本章中一再强调的。是以色列的上帝而非种族的地理的以色列形成了首要信仰。的确，以色列的罪常会以种族性言论表现出来，产生人类中心式的骄傲。但他们之声称自己是被选的和被应许了一块土地，却是以上帝的丰盛恩赐而非任何内在性优越为前提。并且，他们的地位——被选且被赐予一块土地——意味的是巨大的责任：必须在国民生活中显明道德上的正直和以上帝为中心的种种品质。[52]

上帝和以色列的关系是由约来规范的，而约可以界定为"至高者所赐以血为誓的纽带"。[53]这约是神人之间有约束效力的约，由上帝倡议并掌管。它包括上帝的应许和人的义务这两方面。约的范围无所不包，死生都在里面。约的核心是上帝与人同在原则（"以马内利原则"），也就是耶和华一再申明的："我要作他们的神，他们要作我的子民。"（耶24：7；30：22；31：33；32：38）把希伯来世界—生活观的各个方面整合起来的首要因素，就是约。它还可作为原型，来解释一般性的神人关系，以及特定的耶和华与以色列的关系。甚至，宇宙有条不紊地运行中的日夜恒常，也是由约来给出框架的（耶33：20，21）。耶和华说他要作以色列的神，就是这一宣告，将他们双方连在一起。上帝把自己和子民拴在一块，赐给他们各样祝福，就如信实、慈爱、守约的爱（申7：6—11；诗103：4；赛63：7；耶9：24；何2：19）。人则完全归向上帝，绝对顺从他，守他的诫命（出19：5—6；申13：4）。

上帝为何要与某个特定的，而且看起来极不起眼的民族立约？旧约的回答是：上帝拣选以色列民，不是因着他们人的多少，而只是因着要守对先前列祖所起的誓，以向世人显明他守约的爱（申7：6—11）。使徒保罗论到这个问题时，说犹太人有"上帝的圣言交托他们"（罗3：2）。当摩西把上帝的律法给以色列的时候，他说："又哪一大国有这样公义的律例、典章，像我今日在你们面前所陈明的这一切律法呢？"（申4：8）

在西奈山，当上帝把律法（包括十诫）给以色列人时，他对他们说："如今你们若实在听从我的话，遵守我的约，就要在万民中作属我的子民；因为全地都是我的，你们要归我作祭司的国度，为圣洁的国民。"（出19：5—6）上帝拣选以色列担当崇高的灵性工作：作祭司之民。他们将作为一个国度在上帝与万国之间作中保作祭司。他们将成为耶和华所派的神职大使。

此外，照着在西奈的呼召，以色列要作"圣洁的国民"。希伯来语"圣洁"一词的字面义就是"分开、区别、独特"，这是一个选择性的词，表明以色列被耶和华挑选分别，进入与他的盟约关系。地上的其他国家和民族都无法这样形容自己。

部分《出埃及记》和整卷《申命记》，记载了耶和华与以色列的盟约关系中的最重要因素。《利未记》19 章是这一盟约的缩影。它告诉我们希伯来世界观的具体表现，以及"圣洁"如何贯彻到日常生活里。这一章的开头就明言：希伯来人的生活应当显明什么是圣洁——以色列人在生活中就该分开和区别出来——因为神是圣洁的（2 节）。余下的各节命令或禁止种种特定行为，以保守那圣洁。一些命令所处理的行为，我们传统上可能会视之为"宗教性的"，就如：守安息日（3，30 节），杜绝偶像崇拜（4 节），以合适的方式献祭（5—8 节），不可滥用上帝的名（12 节）以及禁绝交鬼行巫术（31 节）。这些律例规范着以色列的宗教行为。它们使以色列的崇拜和其周邻外邦的习俗相区分，保护了上帝的圣洁。做上帝不许可的事，或不照上帝所命令的行，都属背约。但是，信实的顺服会维系上帝与立约之民间的个别关系。

这一章的其他律例覆盖了希伯来文化构成的各方各面。婚姻与家庭中的圣洁有：孝敬父母（3 节），不可使女儿为娼（29 节），尊敬老人（32 节）。对约的守信也表现在农作尤其是收割上。9 节和 10 节要求，希伯来人收割庄稼或摘葡萄时，不可拾取净尽，倒要留余，"给穷人和寄居的"。23—25 节要求，到了应许之地后，果子的采摘当有节制，以保证果树成熟。其他规条以一般性的命令，保证个人的财产权益，如不可偷盗，不可欺压抢夺邻舍（11、13 节）。圣洁亦在特殊意义上要求人即刻支付工价（13 节）。圣洁不仅体现在收割规条为穷人考虑上，还体现在 14 节保护聋子和瞎子不被人利用他们的不便来欺负他们和占他们便宜，体现在 33、34 节禁止偏待外人和寄居的人。如有诉讼争端，行审判的人不可偏袒穷人也不可重看富人，只要照着公义审判（15 节）。律法也覆盖了希伯来的经济生活。照 5—37 节，尺秤升斗都要公道，使在市场上买卖的人们得所当得（35—36 节）。值得注意的，是律法超越外在行为，指向人的动机；希伯来人不可心怀怨恨，倒要爱人如己（17—18 节）。最后，细节性的条文涵盖的各方各面可谓广泛，例如：家畜的生产、种地、制作衣服（19节），吃带血物、剃发、文身（26—28节），这就表明：希伯来生活和外邦文化相区分的方式多种多样。

故而，希伯来的圣洁律渗透到生活的各个层面。圣洁并非只位于生活的某部分——本性而言是个人性的、"宗教性"的那部分——而是弥漫于整个文化活动，以至人们不得不说：全部生活都是宗教，而非那些被狭隘地定义为崇拜活动的才是。这种广博的宗教观念使希伯来的世界—生活观显为独特。盟约的要求深入到日常劳作、法律审判和商业买卖，由此保证上帝的治权不是某种抽象之物，而能在最广的范围以具体的方式要求人。耶和华的治权，从对宇宙的超然掌管，延展至内在治理，通过深入日常事务的道德法则，使希伯来人为自己的行为向上帝负责。[54]

作为一个祭司先知的国度，以色列被上帝呼召作万国的光（赛42：6）。他们要为耶和华的真理作见证，见证耶和华是历史的主、万物的主。《出埃及记》18章记载着一个杰出的见证例子：摩西向他的岳父叶忒罗讲述"耶和华为以色列的缘故向法老和埃及人所行的一切事，以及路上所遭遇的一切艰难，并耶和华怎样搭救他们"（8节）。叶忒罗听了这一救赎信息后，回答说："耶和华是应当称颂的，他救了你们脱离埃及人和法老的手，将这百姓从埃及人的手下救出来。我现今在埃及人向这百姓发狂傲的事上，得知耶和华比万神都大"（10—11节）。这件事或许可以说明叶忒罗皈依跟从了耶和华。

以色列的见证核心，是弥赛亚的降临。以色列的首要目的，就是为将来的救赎者，最终最后的拯救者铺平道路。在旧约中它主要以两种方式出现。（1）**直接的字面预言**，即是单单地、直接地以语言来预告像弥赛亚的来临这类未来事件。例如：撒迦利亚预言弥赛亚将"谦谦和和地骑着驴，就是骑着驴的驹子"（亚9：9）。这里预言的就是基督荣入圣城（见太21：1—11）。（2）**预表**，它可以说是"一种预定的、存在于代表者与被代表者之间的关系，在这一关系中，代表者是某些人物或事件或习俗，被代表者是在以后出现的、救赎史中的相应人物或事件或习俗。"[55]换句话说，新约的作者常常在旧约的某些人物、事件、风俗上看到新约真理的前兆。这样，约拿在鱼肚中受磨炼三昼夜，又奇迹式地得救，就预示了基督的死与复活（见太12：39—44）。在出埃及事件中，上帝以血祭救赎以色列脱离奴役，则预示了基督为其子民代赎的工作（见林前5：7）。[56]

事实上，"直接字面预言和预表都在传达预言，只是方式不同。前者直接以语言，后者通过历史，预告将来事件。因而它们的区别是形式的而非实质的"。[57] 就旧约中的弥赛亚预言来说，这两种方法在上帝的启示中都有重要地位。旧约的核心是弥赛亚预言。

结论

简短地分析了希伯来思想后，我们现在可以回答本章开始时伏尔泰的提问。他的提问是："希伯来人的哲学是什么？"伏尔泰的回答是他们没有哲学；对此我们无法赞同。希伯来人不仅有界定清晰、深思熟虑的世界—生活观，而且这一世界—生活观还对以后的历史尤其是西方历史产生了深远影响。虽然无法面面俱到，但希伯来思想对西方的影响还是可以总结为以下几点。

1. 希伯来的上帝观对西方神学有深刻影响。特别是希伯来人理解的一神论观念，一直就是西方神学的基础。另外，有一个上帝，他对人类言说并启示自己，这一观念亦是直接从希伯来人来的。

2. 西方的现代人学大多教导说，人生来就有尊严和不可剥夺的权利。这一信念同样直接来自希伯来思想：人是以上帝的形象被造的。这点和古代异邦民族大为不同，他们大都认为，神造人是为了让人服神的苦差。在圣经里，人被造是为了做上帝的神圣管家，管理万物，并以此工作来荣耀上帝。

68　　3. 人性中**神的形象**决定了希伯来人如何生活：在生活的各方各面都**效法上帝**而行。《利未记》19：1—2 节概括了该原则："耶和华对摩西说：'你晓谕以色列全会众说：你们要圣洁，因为我耶和华你们的神是圣洁的。'"对希伯来人而言，这一原则适用于生活的各个领域：如何吃、如何穿、如何敬拜，甚至如何从事农业这类事情，也应当**效法上帝**。

事实上，全部生活都被这原则影响，例如政府、经济、家庭、司法。希伯来人如何知道在这些不同领域中该怎样行动呢？他们有记录下来的上帝的启示之言：圣经揭显了上帝的本性和他对子民的旨意。例如，在经济领域，上帝要求希伯来人使用"公义的"[58]。（申 25：15）但希伯来人如何知道什么是"公义的"砝码？回答是：上帝自己就是"公义的"（诗 7：

11；但 9：14），他的道是公义的，而这些都已在他自己的言语里启示给了子民。希伯来伦理就是这样植根于上帝的存在和本性之中。

新约信徒立足于同一原则：**效法上帝**，但上帝是在上帝之子耶稣基督里面。耶稣是上帝的真实之像（林后 4：4；西 1：15—16），人被呼召活出那形象。要做到这一点，唯有"在基督里"（弗 1：1，3，5，7），渐渐像他。这一过程在神学上称为成圣，就是：圣灵在信徒心内培育神性和基督之像。这是个简单的事实：基督徒应当以他在此世的生活方式反映出耶稣基督的品性。

无论人从事什么，这一原则都要变革他生活的每一领域。正如保罗所说："所以，你们或吃或喝，无论作什么，都要为荣耀上帝而行"（林前 10：31）。他又说："无论作什么，或说话、或行事，都要奉主耶稣的名，藉着他感谢父上帝"（西 3：17）。存在的每一领域，生活的全部，都要被救赎，都要以耶稣基督为主。

4. 上帝与人的关系是亲密的、个人性的。古代的异邦宗教绝非如此。他们的神和人疏远，尽可能不接触人。希伯来人则因着立约与上帝联合，约的这种用法在近东其他地方可说是闻所未闻。今天，个人与上帝之间的亲密关系被过度强调，以致这一关系中的社群性一面被消解了。

5. 由希伯来人首次教导的那种线性历史观，正是西方理解的历史观。据说，亨利·福特（Henry Ford）有一次说过："该死的一遭又一遭事儿。"历史不是那样的。它不是单纯的偶然。相反，它有一个开端，向着终点展开，由上帝之手推动引领。

6. 英国习惯法明确地建立在赐给希伯来人的圣经律法上。例如，如果一头牲畜曾经伤害过人，那么，如果它以后再伤害人的话，牲畜的主人就要被判重罪，罪名是犯罪过失。这条法律的原型，可在《出埃及记》21：29—36 所记关于牛的条文中找到。

7. 弥赛亚主义，即盼望、期待着有一个将来的救赎者和君王，来拯救他的人民，在西方从来就是许多人的核心希望。旧约的一个首要信息，就是对由弥赛亚带来的荣耀未来的盼望，在其他古代近东文化里，我们见不到这样的盼望。

上述讨论清楚表明，希伯来的世界—生活观与其邻邦的宗教和文化迥然不同。正是希伯来思想对往后悠长的历史产生了深远影响。我要再问一次：巴比伦哲学的影响在哪儿呢？

阅读书目

Alexander，T. D. *From Paradise to the Promised Land*. Grand Rapids：Baker，2002.

Baker，D. W.，and B. Arnold，eds. *The face of Old Testament Studies：A Survey of Contemporary Approaches*. Grand Rapids：Baker，1999.

Block，D.，and A. Millard. *The Gods of the Nations*. Grand Rapids：Baker，2001.

Currid，J. *Ancient Egypt and the Old Testament*. Grand Rapids：Baker，1997.

Hess，R.，and D. T. Tsumura，eds. *"I studied Inscriptions Before the Flood"：Ancient Near Eastern，Literary，and Lingustic Approaches to Genesis* 1—11. Winona Lake，IN：Eisenbrauns，1994.

Kaiser，W. C. *A History of Israel：From the Bronze Age through the Jewish Wars*. Nashville：Broadman and Holman，1998.

——. *The Messiah in the Old Testament*. Grand Rapids：Zondervan，1995.

Kitchen，K. A. *On the Reliability of the Old Testament*. Grand Rapids：Eerdmans，2003.

Long，V. P.，D. W. Baker，and G. J. Wenham，eds. *Windows Into Old Testament History：Evidence，Argument，and the Crisis of Biblical Israel*. Grand Rapids：Eerdmans，2002.

10. Millard，A.，J. Hoffmeier，and D. W. Baker，eds. *Faith，Tradition，and History：Old Testament Historiography in Its Near Eastern Context*. Winona Lake，IN：Eisenbrauns，1994.

⁷⁰ 讨论问题

1. 为何有人在比较旧约和近东文献之后，就说它是"拙劣的剽窃"？你会如何回应这一说法？

2. 你如何向非基督徒证明，旧约的确是上帝的话，上帝在其中启示了他自己以及他对人类的计划？

3. 旧约里上帝的称谓如何帮助我们理解上帝的本性？

4. 你认为希伯来创世叙述的主旨何在？

5. 我们今天当如何完成文化使命？

6. 旧约的救赎方式是什么？人如何能从罪里得救？

7. 你认为历史是什么？

8. 希伯来的世界观—生活如何影响西方世界的思想信念？

注释

[1] 阐述这一立场的有三本重要著作，分别是：P. Davies, *In Search of "Ancient Israel"* (Sheffield: JSOT Press, 1992); K. Whitelam, *The Invention of Ancient Israel: The Silencing of Palestinian History* (New York: Routledge, 1996); T. L. Thompson, *The Mythic Past: Biblical Archaeology and the Myth of Israel* (New York: Basic, 1999)。

[2] T. L. Thompson, *The Historicity of the Patriarchal Narratives: The Quest for the Historical Abraham* (Berlin: de Gruyter, 1974), 315.

[3] W. Dever, *Who were the Israelites and Where Did They Come From?* (Grand Rapids: Eerdmans, 2003), ix.

[4] 引自 J. Currid, *Ancient Egypt and the Old Testament* (Grand Rapids: Baker, 1997), 173。

[5] A. von Harnack, *Marcion: The Gospel of the Alien God* (Durham, NC: The Labyrinth Press, 1990; 1924 original), 136.

[6] F. Delitzsch, *Babel and Bible* (Chicago: Open Court, 1903).

[7] E. A. Speiser, *Genesis* (Garden City, NY: Doubleday, 1964), lv-lvi.

[8] F. Delitzsch, *Babel and Bible* (New York: Putnam, 1903), 175.

[9] C. F. H. Henry, *God, Revelation and Authority*, vol. 1 (Waco, Texas: Word, 1976), 44.

[10] 参见 Michael A. Grisanti 撰写的词条"水"（Mayim），见于 VanGemeren 主编的 *Dictionary of Old Testament Theology and Exegesis*, vol. 2 (Grand Rapids: Zondervan, 1997), G. Ernest Wright, *God Who Acts* (London: SCM Press, 1952), "Myth Become Fact" in C. S. Lewis, *God in the Dock* (Grand Rapids: Eerdmans,

1970），"Revelation and Myth" in Carl F. H. Henry, *God, Revelation and Authority* (Waco, Texas: Word Books, 1976)。

[11] J. Currid, *Exodus I* (Darlington, England: Evangelical Press, 2000), 114.

[12] 人类的堕落、对耶和华神命令的抗拒（见下文），讽刺性地产生了显著的认识论后果——谬误和假预言滋生。先知或许自称传讲"耶和华的话"，但所讲的其实是谎言和从自己的想象得来的异象，它们把神的子民更深地引向谬误，远离对真理的追求。在希伯来的世界观里，认识真理拥有真理从来都有赖于顺从伦理法则，它绝不只是理智认知而已（耶 23：16—22；5：20—21；结 13：6—8）。

[13] 一种常见的主张是，被默示的是圣经作者。这个观念当然是正确的，但圣经用"默示"一词首先是指写出的作品本身。参考 A. M. Stibbs, "The Witness of Scripture to Its Inspiration", in *Revelation and the Bible*, ed. C. F. H. Henry (Grand Rapids: Baker, 1959), 107-118。

[14] M. Green, *The Second Epistle of Peter and the Epistle of Jude* (London: Tyndale, 1970), 91.

[15] 这并不意味着机械式的记录，因为圣经很清楚地显示出不同书卷作者的个性与特点。

[16] 神学家们称之为完全且字面的默示。于基督徒而言，旧约启示性质的关键，在于耶稣如何理解它使用它。耶稣认为，旧约正是上帝的话，因而在每一方面都有神圣威权。这表现在以下几点。首先，耶稣毫不犹豫地将论辩建立在旧约某段经文上。（参太 21：16；21：42；22：43—44；26：64；27：46；路 20：17；20：42—43；22：69；23：46）他也很强地（有时是完全地）依靠旧约的权威来证实自己的身份。在《马太福音》27：35—46，十字架上的耶稣以《诗篇》22：1，"我的上帝，我的上帝！为什么离弃我？"，来回答仇敌改自《诗篇》22：8的讥消。耶稣引用犹太人出于嘲讽而引用的同一首弥赛亚诗篇，以强调他的宣称：他就是盼望中的弥赛亚。与此类似，新约作者也视旧约对教会有完全权威。在为某一福音真理做见证时，他们常常将信息聚焦到某段旧约经文上。例如，《使徒行传》13章记载的保罗的福音见证，就基于来自《诗篇》的两处引文。一处指到基督是大卫之子，另一处指到他要复活。同样，在《使徒行传》2：22—28，彼得也引用《诗篇》16：8—11来宣讲基督复活的信条。旧约于教会的教义和神学有着最高权威，它如此重要以至所有的新约作者都引用它，并广泛提及它。在关乎旧约权威的问题上，教会传统几乎众口一词，视之为就是以色列圣者的言语。它不是从人类自己的想象力或创造力里生发的言语，而是上帝向圣经作者"呼出"的他自己的言语。由于圣经是神圣之言的宣告而非人的文学创作，因而它全然可信赖，满有权威。

[17] L. Hurtado: "First-Century Jewish Monotheism", *JSNT* 71 (1998): 26.

[18] 与此同义的一个词是"独一偶像"。见 H. Cohn，"From Monolatry to Monotheism"，*JBQ* 26（1998）：124 - 126。

[19] D. B. Redford，*Egypt，Canaan，and Israel in Ancient Times*（Princeton，NJ：Princeton University Press，1992），381.

[20] C. Aldred，*Akhenaten，King of Egypt*（London：Thames and Hudson，1988），240.

[21] S. Freud，*Moses and Monotheism*（New York：Random House，1939），27.

[22] 参考下文对"神之形象"（*imitatio Dei*）的论述。

[23] Currid，*Exodus I*，91.

[24] 希伯来人习惯将不同的上帝之名用于人名，这点也见证了上帝之名的重要性。

[25] Currid，*Exodus I*，81.

[26] 因着对宇宙、人类史、上帝的约民之起源的叙述，圣经世界观直到 19 世纪都仍优于自然主义观。《创世记》1—3 章使犹太—基督教传统拥有一个独特的优势，胜过其他的自然主义世界观，因为它们都没有对起源作叙述。其他世界观，无论是出自原始自然神话还是出自如希腊那样的文明化理性化背景，都或者视宇宙为无限追溯得出的结果，或者把宇宙当作某种先存物质的产物。查尔斯·达尔文的《物种起源》（1859），讲述了一个"创造故事"作替代，填补了自然主义世界观的这个空白；某个达尔文主义者由此说，这个故事让他能够"做一个在理智上被满足的无神论者"。

[27] "圣经的创造叙述，可说是古代创世叙述的去神话。《诗篇》（74：12—17；18：10—12 [11—13]）和《约伯记》（3：8；26：12）提及创造时，仍会使用神话式词语。但在《创世记》中，神话因素被彻底驱除；事实上，我们发现的是对创世神话的公开抵制。多神论被除去，一同除去的还有神明生成论、诸神相争说，而这些因素在美索不达米亚神话中都至为关键。" A. H. Konkel 撰写的 "混沌"（"bohu"）词条，见于 VanGemeren 主编的 *Dictionary of Old Testament Theology and Exegesis*，vol. 1（Grand Rapids：Zondervan，1997）。

[28] A. Heidel，*The Babylonian Genesis*（Chicago：University of Chicago Press，1951），96 - 97.

[29] 新约《希伯来书》11：1—3 明确肯定创造出自虚无。

[30] "神明生成论"叙述某神如何由其他神创造出来。

[31] 托马斯·加希尔在"月光中的神庙：原始宗教经验"一章里，描述了苏美尔人的史前世界观，这一世界观主张神祇的多神起源和自然界的无限循环。接着，他将这一世界观和"黑暗中的旅程：难以估量的革新"——《创世记》中的世界观革命，进行了比较：亚伯拉罕叙事中表现的位格性、超验性的上帝，是和其子民"面对面地"互动的上帝。Thomas Cahill 在 *The Gifts of the Jews：How a Tribe of Desert Nomads Changed the Way Everyone Thinks and Feels*（New York：

Random House，1998）一书中历数犹太人的恩赐时，专注于历史这一犹太人的关切，以强调：历史事件的具体性和特别性，对于犹太人的世界观来说乃是基本的。Cahill 的著作属于是他的"变革"系列丛书的第二辑"历史的转折"，这套书旨在考察历史中的各个转折点。

[32] 这一立场的具体例子，可参考 M. G. Kline，"Because It Had Not Rained"，*WTJ* 20（1958），146 - 157；以及 M. Futato，"Because It Had Not Rained：A Study of Gen 2：5—7 with Implications for Gen 2：4—25 and Gen 1：1—2：3"，*WTJ* 60（1998）：1 - 21。

[33] Kline，"Because It Had Not Rained"，150.

[34] J. Currid，*Genesis I*（Darlington，England：EP，2003），36.

[35] D. Kidner 是一日千年说的主要支持者，参考他的著作 *Genesis*（London：Inter-Varsity，1967），55 - 56。

[36] C. J. Collins，"How Old is the Earth? Anthropomorphic Days in Genesis 1：1—2：3"，*Presbyterion* 20/2（1994），120 - 121.

[37] Kidner，*Genesis*，54—55. 其他证据可见于我最近为一本《创世记》注释书（Currid，*Genesis I*）所写的一篇导论，见该书 34 - 43。

[38] Kline，"Because It Had Not Rained"，150.

[39] Currid，*Genesis I*，36.

[40] 因此，最初的文化活动是农业（agriculture，来自拉丁语的 *ager*［土地］和 *colere*［耕作、培植］），完善补充农业的是其他的文化活动——畜牧、音乐、冶炼（《创世记》4：21，22）。

[41] 参考 Albert M. Wolters，*Creation Regained*（Grand Rapids：Eerdmans，1985），其中有从结构和方向的角度对创世所做的杰出的世界观分析。被造物从上帝的手中出现时有序且美善；但罪破坏了它的每一方面，由此，必须有一个救赎计划，来恢复罪扭曲的一切。

[42] 在评估人类行为时，旧约在个体性与集体性两种视角间保持着精微平衡。在许多情况下，个体性义务是追究道德责任的首要因素。《以西结书》18：1—9 和《耶利米书》31：29 陈明了个体性原则，从族长（比如亚伯拉罕和以撒掩盖自己的婚姻状况）到以色列犹大列王（如大卫的通奸）犯罪的大量例证，都可让我们看清什么是承担特定罪行的个体性责任。但在多个著名例证中，道德责任之追究，是由集体性义务来决定的。《出埃及记》20：5 和 34：6—7 肯定了集体性的罪责和义务。亚干的犯罪，支派探子的不信，以及经济生活里的不公（例子可见《阿摩司书》），使得全以色列被审判，这些例子都可叫人看清什么是旧约宣告的集体性罪责。

[43] 参考下文关于立约的讨论。

[44] 注意：劳作并非由堕落而来的诅咒。按照圣经的世界观，上帝在堕落之前就设立了劳作，由此我们得以完成上帝的呼召（使命）而荣耀上帝。人在做工中模仿上帝在创造中的做工；堕落之后，劳作将更为艰辛，这是咒诅的结果（参罗 8：18—22）。

[45] 这当中最为形象的，或许就是："你头上的天要变为铜，脚下的地要变为铁。耶和华要使那降在你地上的雨变为尘沙，从天临在你身上，直到你灭亡"（申 28：23—24）。

[46] 解经者常有争论，说"他"指的是经文前半部分的"后裔"。可参考例如 C. Westermann, *Genesis*（Neukirchen-Vluyn：Newkirchener Verlag des Erziehungsvereins, 1966），335。不过，最近的研究表明，《创世记》3：15 所用的结构里，"他"指的是个体而非普遍的人。见 J. Collins," A Syntactical Note（Genesis 3：15）：Is the Woman's Seed Singular or Plural?" *TB* 48（1997）：139 - 148。

[47] 对旧约中各式弥赛亚预言的讨论，可参考 W. Kaiser, *The Messiah in the Old Testament*（Grand Rapids：Zondervan, 1995）。

[48] D. Martyn Lloyd-Jones, *Romans：An Exposition of Chapter* 8：17—39（Grand Rapids：Zondervan, 1975），76.

[49] 参考 Wolters, *Creation Regained*。

[50] T. Cahill 通俗易懂地阐述了这个观点，见于他的著作 *The Gifts of the Jews：How a Tribe of Desert Nomads Changed the Way Everyone Thinks and Feels*（New York：Anchor, 1999）。

[51] 参考 J. Pritchard, *Ancient Near Eastern Texts Relating to the Old Testament*（Princeton, NJ：Princeton University Press, 1955）。

[52] 旧约先知书关注的最重要主题，就是处在异邦包围中的以色列如何一再拒不彰显上帝的圣洁公义。参考 Alex Motyer, *The Message of Amos*（Downers Grove, IL：Intervarsity Press, 1974）。

[53] O. P. Robertson, *The Christ of the Covenants*（Phillipsburg, NJ：P&R Publishing, 1981），4.

[54] Chrsitopher J. H. Wright 的两本书讨论了希伯来世界观的文化和道德，分别是：*An Eye for an Eye：The Place of Old Testament Ethics Today*（Downers Grove, IL：InterVarsity Press, 1983）和 *God's People in God's Land：Family, Land and Property in the Old Testament*（Grand Rapids：Eerdmans, 1990）。两本书都探讨了世界观对旧约个人伦理和社会伦理的意义。

[55] H. A. Virkler, *Hermeneutics：Principles and Processes of Biblical Interpretation*（Grand Rapids：Baker, 1981），184.

[56] 这一材料主要来自 J. Currid," Recognition and Use of Typology in Preaching", *RTR* 53（1994）：115 - 129。

[57] Currid, *Genesis*, 54.

[58] 中文和合本圣经译为"公平的"。——译者注

3

新约世界观

维恩・S・博伊斯勒斯（Vern Sheridan Poythress）

新约给出了什么样的世界观？新约书卷出自好些不同的人，这些作者写作时所处的环境不尽相同。他们在主题和重点上的差异，也许是我们所能意料的。不过，他们在更深的层面上是一致的，这不仅因为他们都来自1世纪教会，也因为他们都有同一个神圣的写作来源。父上帝自己使书卷作为他的言语被记下。为此，他选拔了那些自己在旨意中已经得造就的人（参徒1：17—26；加1：15）。耶稣基督的权柄被交托给了他们（可3：14—15；徒1：8），和旧约先知一样，他们在教导和写作中都"被圣灵感动"（彼后1：21）。

从圣灵而来的共同源头意味着作品在思想上有共性。我们当然可以分析单独的每卷书所表达的世界观，但也可以把它们当做一个整体来分析。

权威

是什么动机促使人们关注这些书卷？对我们[1]这些基督徒而言，动机就是跟随基督。新约的核心是福音，就是由耶稣基督而来的救赎信息。救赎来自信耶稣基督。这是上帝的恩赐。然而，与之相连的就是跟随。做基督的门徒或"奴仆"（罗1：1的ESV版本边注；林前7：22）就包括承认他无所不在的主权。

承认基督是主意味着相信他的教导，遵从他的命令。如果我们选择自己所愿意的东西来相信遵从，则承认基督是主就没有任何意义。如果我们去选择的话，则到头来，我们只是在遵从自己的意愿。相反，做门徒意味着拥有从上帝来的清楚话语，这话语绝非我们能够自我发明的东西。

基督肯定了旧约的权威（如太 5：17—20，路 24：25—27，44—49；约 10：35）。因此，做门徒的要求之一，就是以旧约为上帝的话并接受旧约，而旧约包含了一个世界观。新约支持旧约及旧约世界观，并且建立在旧约世界观上。旧约反过来则有这么一个观念：上帝的立约之言被集中保管着（申 31：9—13），由上帝派来的先知会在以后延续这些话语（申 18：15—22）。在新约里，耶稣差派使徒并赐给他们权柄，这就预示了新约正典将会产生。

今天，作为耶稣的门徒，如果我们想要倾听从耶稣那里来的我们必得遵循的话语，我们就要转向新约。新约由此有着和旧约同样的权威。旧约和新约给我们的都是上帝自己的话语。但事实上，新约和旧约相比起来在如下方面具有功能上的优先性，就是：它诠释了之前的上帝之话语，并且，它给我们的信息，正是针对救赎史中我们所处的阶段，而非在这之前的已经过去的阶段。例如，动物祭献的条文（利 1—7）虽说对基督徒仍有教益，但因着基督已然以自己为祭，这些祭献就不再有用了。

总体而言，上帝在旧约新约中，在两约的历史性关联中，向我们说话，与我们相遇，并给我们可信赖的指导。[2] 我们得到的不只是有益的观念，也有关乎上帝和上帝之道的权威知识。这一知识给予我们许多东西，包括一种世界观的根基。

在许多关键点上，新约给出的世界观都不是新东西，而是建基于旧约世界观。旧约深刻地影响着 1 世纪的大多数犹太人，他们以旧约为上帝的话。我们先来关注一下新旧约的重要共同点。

第一部分：　新旧约世界观的相同部分　　　　　　以及两约之间的犹太教

上帝

73

新旧约世界观的核心是上帝观。只有一位上帝，他以大能创造、掌管、护理万物。旧约和新约都和主宰周边文化的多神论截然相分。[3]

一旦成为基督的门徒，无论犹太人抑或外邦人都接受基督的启示：天父是"独一的真神"（约 17：3）。他们认可基督的宣称：他是父的独生子，是唯一能将父表明出来的（太 11：25—27）。他们接受基督关于旧约的权威性的教导。因此，他们绝对地、唯独顺服旧约"忌邪的"上帝。

这意味着什么？意味着他们不得拜罗马帝国的偶像，只能崇拜独一真神。他们认识到整个世界是被造的，因此不将属灵能力归给被造物。他们清楚地将创造者和被造物分开。

上帝的言说。顺从基督话语的人延续旧约已经显明的模式。旧约要求人绝对地顺从上帝并以上帝为主。而旧约和新约的上帝是一个言说的上帝。他的权威和能力超越世界。但他又以大能的行为和言语内在于世界。为实现自己的计划，他通过成文的圣经，来特别地、永恒地体现自己的话。圣经宗教区别于周邻异教之处，就在于它拒斥通过其他渠道，如神谕、占卜、观兆（申 18：9—18；徒 16：16—18），获得超自然知识。[4]

上帝对被造物的主权。上帝出于自己智慧的旨意，统治掌管万物（伯 1：21；哀 3：37—38；42：2；弗 1：11）。由于新约时代的犹太人已然认可上帝的主权，故而新约只是让人重温此点，并未对此作论证（太 6：25—34；路 12：22—34）。不过，当保罗向外邦人宣教时，就得讲明这点（徒 14：15—17；17：24—29）。被造物不同于造物主。它们清楚地显明了创造它们养护它们的上帝的神性（罗 1：19—20），但并不是崇拜对象（罗 1：20—23）。[5]

人性

新约同意旧约对人性的基本假设：上帝以自己的形象造人（林前 11：7；雅 3：9）。人的地位较动物要高，虽说就他们由上帝"用地上的尘土"所造，以及具有生育能力而言，他们和动物有亲缘性。在上帝的带领下，人治理动物和所有较低的被造物（创 1：28—29；9：1—3）。人类在道德上向上帝负责，这其中包括个体和社会集体两个层面。亚当的堕落使全人类都陷入罪的奴役（罗 5：12—21）。[6]

救赎

不过，死亡、罪、咒诅，并非最后定论，因为上帝的救赎应许从堕落之后便立即开始了（创 3：15）。上帝的救赎信息和行动，在旧约时代有序地逐步展开。《创世记》3：15 对亚当夏娃的应许、亚伯拉罕的呼召、出埃及的救赎、大卫王权的建立，以及上帝的其他行动，都朝向那伟大的、尚待临到的救赎高潮。[7]

第二部分： 新约中的转变

新约展示在主基督其人与工作中成就的救赎高潮故事。它既接受了旧约的可靠性和真实性，也接受了旧约的导向；即是说，新约期盼上帝在将来要成就的事情来到。旧约的"盼望"现在成为了现实。先知的所望之物已经来到（路 4：21；10：24；24：25—27，44—49）；这就是那已付的"定金"（ESV 本圣经弗 1：14 的边注）和头期款项，而它的完全兑清是在将来的新天新地（启 21：1—22：5）。

新约和旧约有根本的不同，因为它宣告基督现在已经来临。因着基督的来到，我们在上帝定旨的总体计划里的时间位置已经决定性地向前迈进了。正如《希伯来书》所说：

> 上帝既在古时藉着众先知多次多方地晓谕列祖；就在这末世藉着他儿子晓谕我们，又早已立他为承受万有的；也藉着他创造诸世界。（希 1：1—2）

基督的临到推进了上帝的启示内容，这不仅是因为新约继续着启示（"藉着他儿子晓谕我们"），也是因为这一启示是高潮性的、最终的。子比众先知都大（路 10：24；11：31—32；20：9—18），他以最终且永久的方式显明了父上帝——"他是上帝荣耀所发的光辉，是上帝本体的真像，常用他全能的命令托住万有。"（希 1：3）

推进还表现在完成救赎的各样行为里。"他救了我们脱离黑暗的权势，把我们迁到他爱子的国里，我们在爱子里得蒙救赎，罪过得以赦免。"（西 1：13—14）《耶利米书》31：31—34 期盼一个新约：上帝把律法写在子民心上，但这种内心中的根本转变，只是当圣灵在五旬节浇灌下来时才实现了。撒迦利亚盼望这样的时刻来临：上帝将"在一日之间除掉这地的罪孽"（亚 3：9）；但只是当耶稣被钉之时，这一"除掉"才发生。通过基督的生、死、复活，上帝成就了救赎之工。我们应当认识到：在此之前，这一工作并未完成。以基督的被钉和复活为分水岭，历史被永恒地分为此前此后。[8]

新之所在

虽然旧约预言了基督的来临和他的救赎工作（路 24：25—27，44—49），但他来临的具体方式和全部意义仍是奥秘（弗 3：1—6；西 1：26—28）。1 世纪的犹太人期盼的主要是一个政治、军事上的解救者，能把他们从罗马统治的压迫下解放出来，重新赢得政治独立、国际地位、繁荣、和平、尊贵。耶稣事工的非传统方式，出乎他们的意料，甚至让他们觉得被冒犯。许多人说他是先知（太 16：14），但只是因着上帝的启示，彼得才认清他就是弥赛亚，是"永生神的儿子"（太 16：16—17）。

76 这样，新约引入了"出人意料"的元素。旧约导向新约，但并非让我们预先就知道新约的启示。相应地，新约导致对旧约的再评估和再解读。当已然看见并经历"历史的终点"时，我们重溯历史的早期，就能更深地洞见到其中的含义。有时变化会来得剧烈，一如扫罗在去大马士革的路上所遇见的。他曾逼迫教会，逼迫他解读为谬误的弥赛亚宣称。但基督使他的整个世界发生了翻转，他从天上说："我就是你所逼迫的耶稣。"（徒 9：5）扫罗不得不重读旧约，且因着他信念的轰然坍塌，重新评价他自以为知道的东西。

因此，我们需要看看，新约是怎样丰富或者说转化了旧约教导。

三位一体

新约加深了我们的上帝观。旧约表明上帝只有一位（一神论，参考申 6：4），预示和征兆了上帝的三一性。而基督的临到和新约，带来了更多亮光，让我们清楚看到：神性内有位格之分。要详尽讨论和论证三位一体教义，我们可以求助于系统神学。[9] 在此我们将仅总结一下新约中的相关材料。

首先，整本新约都建立在旧约关于上帝的教导上，而不是否认或攻击这些教导。大多数新约书卷作者都是犹太人，他们从小就知道只有一位上帝。新约在对外邦人宣讲时，肯定了上帝的独一性。（林前 8：6；徒 14：15—17；17：22—31；罗 1：18—32）

其次，新约肯定了基督的神性而宣称：他是上帝（约 1：1；20：28），是永恒的（约 1：1），在创世中有着中保地位（约 1：1—3；林前 8：6；西 1：16；来 1：2）。"主"（kurios）的名号被用在他身上，而这个词在希腊文中被用来翻译上帝的特殊名称"耶和华"。新约某些段落中的"主"一词并不指上帝。但《罗马书》10：13 中的"主"一词在这节经文的上下文中是指耶稣；而这节经文又是引自《约珥书》2：32，在那节经文里，希伯来文的"主"一词用的是上帝的特指专有名字：四字词 YHWH（"耶和华"）。在其他段落中，这一名号的至高性更为明确（如：约 20：28；腓 2：10—11）。在《启示录》中，耶稣的名号是"阿拉法和俄梅戛"（启 1：8；22：13；参 1：17），这正是父上帝所有的名号。

这些用法令人极为震惊，因为真正的上帝是忌邪的，要求人对他全然尽忠，决不与被造物分享荣耀（出 20：3—5；赛 42：8）。如果耶稣基督不是上帝，那么，将这些荣称归给他就会是渎神的。此外，新约常常似乎更多地假定耶稣的神性，而不是直接教导耶稣的神性，这就显明，耶稣的神性正是新约中深度的而非表层的因素。

《约翰福音》特别直接地阐明了上帝的本性。它在开篇文字里就强调地肯定了基督的神性（约 1：1—3）。接着，它清楚地区分了父与子，讲明了他们之间的关系。在 17 章，子把父当作另一个不同的位格与之交流。子肯定了父住在子里面，子也住在父里面，而如果父与子之间没有差别和不同的话，这种肯定就没有意义（约 17：21）。同时，"住"的表达暗示了父与子之间合一的奥秘，这种合一，子在另一个地方也说过："我与父原为一"（约 17：21）。约翰以丰富多样的方式，既表达了神性的合一，也表达了位格上的区分。他并未"解决"这一人的有限知识不能解决的奥秘，而是肯定之，接受之。

《约翰福音》也清楚地显示了圣灵的神性，指出圣灵所到之处即有基督自己的同在（约 14：23；16：16）。凭着旧约背景，我们可以很清楚圣灵不会低于上帝；但圣灵是否有独立的位格，则不是那么清楚。约翰让这一点变得清楚明白，他说：圣灵是"另一位保惠师"（约 14：16）。这里的用词"另一位"显明圣灵和圣子是不同的。圣灵是由父和子所差派的（14：26；16：7），他和父、子都不同。

使徒保罗并没有使用约翰的术语，但我们可以看到，他的宣认和约翰的宣认是一致的。基督是创造者，有神圣的居先地位（林前 8：6），有耶和华的名（罗 10：13），有"神本性一切的丰盛"（西 2：9），又和父相区别（林前 8：6；腓 2：11）。

当《启示录》把父、子、圣灵并列为恩惠与平安的源头（启 1：4—5）时，它是以三位一体思想为前设的。《希伯来书》在开篇就肯定基督的神性（来 1：1—3）。

《马太福音》28：18—20 以三位一体观念为前提，而有这等施洗用语："奉父、子、圣灵的名给他们施洗"（太 28：19）。这里的"名"用的是单数词，突出地表达了神性的合一。放在旧约上帝的圣洁和忌邪本性的背景下来看，这一施洗用语不可能是把创造者和被造物相提并论。因此，这一用语是以子和圣灵的神性为前提的。在这之前的基督受洗中，父、子、圣灵各自以不同的角色出现（太 3：16—17），这是以位格的区分为前提的。从天上来的声音说："这是我的爱子"，这就表明这声音是出于父上帝。

78　　新约学者常常注意到：新约对神性的描述**主要地**集中在救赎和实际问题上。也有例外情况。《约翰福音》1：1—2 描述独立于被造世界的上帝自身。[10] 而其他的几乎每一处，描述的都是上帝和整体世界以及特别地和人之间的关系。新约的多数篇幅都在表达上帝的救赎行动，这一行动在耶稣基督身上得以实现，臻于高潮。换句话说，新约首要地专注于上帝的"经世"性，或者说他和我们之间的功能性关联，而非上帝自为自我地存在时具有的"本体论"特性。

新约并非对上帝和世界之本性"一向如何"的哲学论述，而是对"及至时候满足"（加 4：4）、"在这末世"（来 1：2）里，上帝的所作所为的宣告。在这一宣告的背景中，上帝在基督里与我们和好（林后 5：18—21），好使我们认识他（林后 4：6）。这样，以救赎之来源为背景，我们就的确能有对上帝的真知识，这一真知识使人不再顽梗，不再拒绝认识上帝。

新约的实际性救赎性关注，使某些人有心要在新约的功能性关注之外开启门户，去思辨终极性的本体论。这些人的理由是，上帝比我们所见的和已然启示出的，要更为终极。的确，在某种意义上是这样的（林前 13：12；提前 6：16）。他无法测度，以至于我们永不可说自己在知识里"掌握"了他。但他不会偏离自己所启示的。正是出于它可贵的实际性关注，新约极力抗拒任何以思辨性地越界的方式来超出它的启示范围的企图。新约有两种实际的抗拒方法。

第一，在基督里启示的最终性和独一性，确保我们在基督里所认识的，正是关于上帝的真理（来 1：1—3）。

> 他是上帝荣耀所发的光辉，是上帝本体的真像。（来 1：3）

79

> 腓力对他说："求主将父显给我们看，我们就知足了。"耶稣对他说："腓力，我与你们同在这样长久，你还不认识我吗？人看见了我，就是看见了父，你怎么说'将父显给我们看'呢？我在父里面，父在我里面，你不信吗？"（约 14：8—10）

> 我就是道路、真理、生命，若不藉着我，没有人能到父那里去。（约 14：6）

> 一切所有的，都是我父交付我的。除了父，没有人知道子；除了子和子所愿意指示的，没有人知道父。（太 11：27）

其次，崇拜要求我们单单崇拜神，不可拜偶像。如果新约书卷中通过基督启示他自身的上帝，不是那个处在他的本来面目中的上帝，那我们所拜的，就是上帝的替代体，我们的敬拜也就是枉然。倘若我们要如上帝所呼召的那样单单只敬拜真神，我们就必须在实践上杜绝任何要在启示出的上帝与本来的上帝之间作分别的企图。想要在实践中树立这种分别的思辨家，已然游离在新约教会的崇拜之外。他不再单单借着耶稣基督接近上帝，于是，他就背离光，重回黑暗。

后来的三位一体信经条文准确地概括了由新约宣告而来的应有之义。这些条文并非完全依赖新约的表述和用语。自然，它们是在引申应有之义。故此，常有人批评它们太过"哲学化"或"理论化"，甚至指责它们是新约活力的衰退。但如果我们恰当地理解这些条文，就会发现，它们所宣认的正是新约所宣认的，它们并未试图解决于人类知识而言仍属神秘的东西。此外，最重要的，是它们对一切徒劳都提出了警告，这些徒劳想把神秘归结为某些理性化的"解释"，而这种解释或者是最终把上帝降低为人的精致概念，或者就是在思辨中制造另一个神——这个神并不是那个在基督里确定地、最终地启示了自己的上帝。

在基督里的启示所具的独特核心位置，使一些人走到另一极端，认为上帝的启示只是在道成肉身的基督里。不过，基督还在世的时候，就肯定了旧约作为上帝的话是真实的。此外，《约翰福音》1：1 表明，永恒的子在道成肉身之前就作为上帝存在。正是通过道成肉身，我们看到上帝的启示比道成肉身要广，看到道成肉身的那位在他道成肉身之前就是上帝。

80 **创造**

新约深化了旧约关于创造和护理的教导，解释了圣子在这两者中的作用。子从永恒以来就是上帝的真像，在万物的被造中，他是居间者（林前8：6；西1：15—17；来1：2；约1：4）。《约翰福音》1：4说"生命在他里头"，表明在六日创世中，创造生命的行动背后有基督非被造的生命。

约翰以创世为开篇和预备，为的是表明基督在**救赎**中的中保地位。如今受制于死亡的人，在基督里有救赎之永恒生命的泉源。"我实实在在地告诉你们，那听我的话、又信差我来者的，就有永生；不至于定罪，是已经出死入生了。"（约5：24）"因为父怎样在自己有生命，就赐给他儿子也照样在自己有生命。"（约5：26）约翰聚焦于圣子的功能性地位：他来是为赐给我们救赎的生命。为了圣子的这一功能，圣父把生命交给了圣子。但是，很正常地，救赎伴随着启示：具有圣三一性的上帝是谁；我们也可以得出：启示出的上帝和原本的上帝是一致的。父与子同享永恒的生命。因着他们之为父与子而有的位格关系及互相内住，子就很合宜地在创世和救赎中担起了中保角色。

使徒保罗也阐明了子为创世作中保和为救赎作中保这两者之间的密切关联。在《歌罗西书》1章，15—17谈到创造，18—20就谈到了救赎中的再造。同样，《希伯来书》亦把创造和救赎性的罪得洁净相提并论（来1：2—3）。

护理

创世之工展示出的上帝主权和护理展示出的上帝主权是一致的。新约和旧约一样，相信上帝至高地主宰着万事万物，无论那是福（诗65）还是祸（伯1：21），是一般（哀3：37—38）还是具体（王上22：34；伯2：10；太6：25—33；10：29—31）。[11]基督徒在基督里已经与上帝和好，在他们身上发生的一切都是因着天父的照管而发生（路12：22—34）。基督徒要寻求上帝的国上帝的义，因为他们知道，天父会看顾一切（太6：33，路12：31）。

发生在我们身上的事不仅出于父也出于子，子"常用他权能的命令托住万有"（来1：3）。基督之掌有治权，既是由于他是三一中的第二位，也

81 是由于他是从上帝来的人子，他因着受苦，就被提升，坐在上帝的右边

（腓 2：9—11；参太 28：18—20；来 10：12—14）。作为掌有王权的末后亚当，他为着更新的人性而统治。[12]

神迹

上帝有能力叫平常的事情发生，也有能力叫超常的事情发生。在旧约中，他分开红海的水（出 14—15），在旷野降下吗哪（申 8：2—3）。在新约里，他先是通过耶稣，后是通过使徒，神奇地治病赶鬼（路 9：1—2，16—17；徒 19：11—12，等等）。这些神迹首要地是救赎的象征。它们不只是奇事而已，更象征和明示上帝的国度在权能中降临。最伟大的神迹就是基督从死里复活，它不仅代表了基督工作的顶点，也代表了上帝的印证许可，代表了新创造的开端（参罗 6：9；启 1：18）。福音书的宣告以基督复活为中心，人们正是由这一核心事件被呼召信靠基督（徒 17：30—31）。

在现代西方，圣经中的神迹见证已成为许多人的绊脚石，现代世界观使这些人以为这等事情是不可能的。但古代人并不比我们幼稚简单。他们知道这等事非同寻常，所以报之以惊叹。新约认为这等事情之可能乃是当然的，因为上帝就是上帝，他随自己的意思行事（诗 115：3）。[13] 神迹的非同寻常性质很适合它们所承担的功用：将人们的注意力转向上帝在基督身上所行之事的重大意义。它还形象地表明了重生、与上帝和好这些奇妙的事是什么，表明了新天新地中的宇宙性更新应许是什么（启 21：1—4）。如果基督的确是道成肉身的上帝之子，如果上帝的确就是上帝，那么，有神却没有神迹，这才真是不正常。

人性

旧约已经表明人是照着上帝的形象被造，新约以之为当然（创 1：26—28；9：6；林前 11：7；雅 3：9）。但新约还说基督是上帝的像（西 1：15；参来 1：3；腓 2：6）。《歌罗西书》1：15 以此宣认为开始，阐述圣子作为创造中保的作用（西 1：15—17），由此表明：基督甚至在参与创造**之前**，就已经是上帝的像。同时，"像"一词清楚地将这些表述在主题上和《创世记》1 章中人的被造相连起来。将这些经文串在一起后，我们可以得出结论：道成肉身前的子就是原初的像，而人是在引申的意义上按着上帝的形象被造。这样，因着上帝造人的行为，在永恒的圣子与人性之间就存在着类比联系。

我们已经看到，新约把救赎实现的更新视为再造。救赎自然是针对人，他们如今是"新造"的（林后 5：17）。这一再造之物亦是通过"像"的用语得以表达。基督徒要"穿上新人，这新人是照着上帝的形象造的，有真理的仁义和圣洁"（弗 4：23）；同样，《歌罗西书》说，"你们已经脱去了旧人和旧人的行为，穿上了新人，这新人在知识上渐渐更新，正如造他主的形象。"（西 3：9—10）

《歌罗西书》3 章的用语——"形象"、"被造"及"创造主"联在一起指向《创世记》1 章。不过，救赎的更新并非导向不偏不离地重回亚当的境遇，而是导向与新人耶稣一致。《歌罗西书》在紧接着 3：10 节的 11 节就写到："在此并不分希腊人、犹太人，受割礼的、未受割礼的，化外人和西古提人，为奴的、自主的，惟有基督是包括一切，又住在各人之内。"由着第一次的、最初的创造（并且当然是考虑了堕落），才有希腊人和犹太人、受割礼的和未受割礼的、化外人和西古提人、为奴的和自主的这些划分。而新创造是建立在与基督的联合之上。

此外，《以弗所书》4：24 和《歌罗西书》3：10 中"旧我"（Old self）、"新我"（New self）的翻译并不准确。这两个词的希腊语字根是"人"、"人类"（anthropos）。在新创造中，基督是首先的原初的人。其他人都是照着基督树立的形状得以更新。《哥林多前书》15：45—49 以将来的复活为背景，清楚地讲明了这个观念：

> 经上也是这样记着说："首先的人亚当成了有灵的活人"；末后的亚当成了叫人活的灵。但属灵的不在先，属血气的在先，以后才有属灵的。头一个人是出于地，乃属土；第二个人是出于天。那属土的怎样，凡属土的也就怎样；属天的怎样，凡属天的也就怎样。我们既有属土的形状，将来也必有属天的形状。

最后一节说，我们"将来也必有属天的形状"，也就是，基督带着复活的身体高升的形象。我们身体的复活发生在将来。但是，因着现在和基督的联合，我们已经进入到基督开启的新秩序里面。人在此世生命中的更新，有其朝向的目的，即和基督之形象一致。

《哥林多后书》3：18 有一类似的观念，就是基督徒反映着基督的形状："我们众人既然敞着脸得以看见主的荣光，好像从镜子里返照，就变成主的形状，荣上加荣，如同从主的灵变成的。"

人性自身因此必得和基督相联结才能得理解。在亚当里的、最初的人 83 性是从尘土造的，属于起初的创造。亚当是所有那些从他而出的后代的原型和代表。复活的基督是所有和他联合之人的原型和代表。我们在堕落中已然扭曲破碎的人性之重建，不是因着重回伊甸园中亚当的最初境遇，而是因着朝向和基督之形象一致的目标往前迈进。当人在信心中与基督联合，并借着在圣灵中的生活被更新时（林后 5：17），新人性就产生了。我们正在朝向那全然的更新，它的实现就在我们末日身体复活被改变的时候（林前 15：35—49）。

按着上帝的形象被造的人在更广的创造秩序里居于中心地位。在更新完全的时刻，情况似乎也会如此，但基督将占据中心，他代表着全部的新人性。故而，在《罗马书》8 章，我们发现，基督的儿子地位是我们的养子地位的模范："因为他预先所知道的人，就预先定下效法他儿子的模样，使他儿子在许多弟兄中作长子"（罗 8：29）。我们的儿子地位现在就已是事实，正如圣灵的见证所表明的：

> 因为凡被上帝的灵引导的，都是上帝的儿子。你们所受的不是奴仆的心，仍旧害怕；所受的乃是儿子的心，因此我们呼叫："阿爸，父！"圣灵与我们的心同证我们是上帝的儿女；既是儿女，便是后嗣，就是神的后嗣，和基督同作后嗣。如果我们和他一同受苦，也必和他一同得荣耀。（罗 8：14—17）

收养的完全是在将来，正如《罗马书》8 章中的另一处所说的："不但如此，就是我们这有圣灵初结果子的，也是自己心里叹息，等候得着儿子的名分，乃是我们的身体得赎"（罗 8：23）。基督的儿子名分是我们的儿子名分的榜样，而我们的儿子名分又和其他创造物的自由相连："但受造之物仍然指望脱离败坏的辖制，得享上帝儿女自由的荣耀"（罗 8：21）。事实上，基督就是万物的总归："要照所安排的，在日期满足的时候，使天上、地上、一切所有的都在基督里面同归于一"（弗 1：10）。[14]

罪

新约接受和重新肯定了旧约的观点，认为罪是对上帝的冒犯，是对他的公义与圣洁的违背。新约还肯定，罪是普世性的（罗 3：9—20）。然而，基督的来临使这一观点更加深刻。基督的临到亦是圣者和义者的临到，他 84

的被钉显示出人心何其邪恶："你们弃绝了那圣洁公义者，反求着释放一个凶手给你们。你们杀了那生命的主，上帝却叫他从死里复活了"（徒3：14—15）。

真光借着基督临到，显出黑暗的本性："光来到世间，世人因自己的行为是恶的，不爱光倒爱黑暗，定他们的罪就是在此。凡作恶的便恨光，并不来就光，恐怕他的行为受责备；但行真理的必来就光，要显明他所行的是靠上帝而行"（约3：19—21）。

基督的登山宝训及其他教训表明，罪不单在于对明显的道德准则的外在违背，也在于内心的思想意念（太5：2—7：27，特别是其中的5：20—48）。"惟独出口的，是从心里发出来的，这才污秽人。因为从心里发出来的，有恶念、凶杀、奸淫、苟合、偷盗、妄证、谤渎，这都是污秽人的。至于不洗手吃饭，那却不污秽人"（太25：18—20；参太23；可7：1—23）。

耶稣的教导和神迹使罪愈加重了："我若没有来教训他们，他们就没有罪；但如今他们的罪无可推诿了。恨我的，也恨我的父。我若没有在他们中间行过别人未曾行的事，他们就没有罪；但如今连我与我的父，他们也看见也恨恶了"（约15：22—24）。约翰并未表示在旧约时代就真的没有罪。毋宁说，他用绝对性的语言陈述一个对照性的比较（耶稣与耶稣之前），以突出效果。凶恶佃户的比喻的要点与此类似。佃户恶待园主的仆人，这就已经够坏了。但当他们杀害园主的儿子时，他们的邪恶就无以复加了（太21：33—34）。

虽说罪有许多种，但核心的罪是对来临之光所犯的罪："不信的人，罪已经定了，因为他不信上帝独生子的名"（约3：18）。

认识论

旧约告诉我们，对上帝的认识和敬畏是智慧的要旨，也是真生命的要旨（箴1：7）。在新约里，上帝的启示在耶稣基督那里被集中显明和推向高潮（来1：1—3）。旧约启示尽管真实但也只是此高潮的影子与预备。这样，新约可以振聋发聩地宣称：关于上帝的真知识只有通过基督才能得到（太11：25—27；约14：6，9—11；8：19；林前1：30；西2：3）。

通过上帝在所造之物里的启示，人人都必然对上帝多少有点知识（徒14：15—17；17：24—29；罗1：18—23）。但人们"行不义阻挡真理"（罗

1：18）。人们把对上帝的知识扭曲成偶像崇拜（罗 1：21—23）。他们是在黑暗里面（约 3：19—20）。他们把自己交给黑暗的权势、撒旦的国度（西 1：13），任由撒旦网罗（提后 2：26；约一 5：19）。这些不信之人已经被撒旦"弄瞎了心眼，不叫基督荣耀福音的光照着他们。基督本是上帝的像"（林后 4：4）。

堕落的人在知识上遇到的问题是绝望的、无法弥补的。他的问题不只是出于无知，好像真理未曾显示于他。相反，人已经知道了上帝的真理，知道他的神性和永恒大能（罗 1：20），但他们拒绝且压制这一真理。人恨上帝，处处寻求抵挡上帝（诗 2：1—3）。我们的问题在于，我们处在知识上有罪且无可推诿的黑暗里。

外邦人"存虚妄的心行事。他们心地昏昧，与上帝所赐的生命隔绝了，都因自己无知，心里刚硬"（弗 4：17—18）。就属灵的事和属灵的知识，就上帝来说，他们已经死了：

> 你们死在过犯罪恶之中，他叫你们活过来。那时，你们在其中行事为人，随从今世的风俗，顺服空中掌权者的首领，就是现今在悖逆之子心中运行的邪灵。我们从前也都在他们中间，放纵肉体的私欲，随着肉体和心中所喜好的去行，本为可怒之子，和别人一样。（弗 2：1—3）

那么希望在哪里？必得是上帝带着复活的大能，在恩典中来临做工：

> 然而，上帝既有丰富的怜悯，因他爱我们的大爱，当我们死在过犯中的时候，便叫我们与基督一同活过来。你们得救是本乎恩。他又叫我们与基督耶稣一同复活，一同坐在天上。（弗 2：4—6）

没有这一给予新生、更换心志的做工，即便是光来到，也被拒绝："光来到世间，世人因自己的行为是恶的，不爱光，倒爱黑暗，定他们的罪就是在此"（约 3：19）。

总之，人的认识能力已被罪侵蚀，唯有借着上帝在耶稣基督里的亲自救赎才能被修复。圣经中包含的福音是开启人类的整全性存在的认识论钥匙。唯有上帝对人心意的救赎性更新，才使人有基础整全地、照其所是的那样看待世界——一个由上帝所造，其存在揭显着上帝之荣耀与属性的世界（罗 1：20）。[15]

86 **成就的救赎**

　　新约的首要重点，倒不是罪的网罗，而是上帝"在这末世"（来 1：2）借着耶稣基督来临、行动，完成了唯一的救赎。旧约见证上帝拯救和怜悯他的子民，无论是在族长时期，在出埃及时，在旷野中，在征服迦南地时，还是在士师时代、王国时代，抑或被掳回归之时。但所有这些拯救都是暂时的、部分的。这些事件本身并不导致"内心的割礼"，而只有它才能使人从罪的内在统治中永久地摆脱出来（申 30：6）。先知盼望着荣耀而完全的救赎之日来到，那时，将有心灵的更新（耶 31：31—34；结 36：25—27）。

　　新约宣告上帝的国已经临到，这就是说，因着基督的工作，救赎的决定性时刻已经来到。基督的临到意味着，盼望上帝之降临的一系列先知预言已经实现。上帝将决定性地救赎以色列，万国都将因着看见上帝的救恩而转向他（赛 2：2—4；52：20；56：7）。在早期事工中，基督宣告这一时刻已经来到："天国近了，你们应当悔改"（太 4：17）。在拿撒勒会堂，读罢《以赛亚书》61：1—2 后，他说："今天这经应验在你们耳中了"（路 4：18—21）。

　　多数旧约先知都预言了上帝在将来要临到，要施行拯救的事，但他们并未给出事件发生展开的细节。耶稣时代的许多犹太人都希望上帝为了犹太人的益处行事，把他们从罗马人的统治下解救出来，给犹太国带来繁盛与和平。他们希望这一切的发生都在顷刻之间。他们没有想到，决定性的事件不是以他们希望的样子发生的，而且会有时间上的延续。

　　芥菜种的比喻回应了这一普遍期盼，它表明：上帝的国的临到需要时间（太 13：31—32）。它始于不起眼的微小形状，而终于庞然。对芥菜种比喻及其他比喻有多种解释。不过，从前述《马太福音》4：17 的宣告来看，耶稣似乎将他事工的起始等同于上帝的国降临的起始。这一起始是"微不足道"的，他的同时代人有错失和误解它的危险。而结局的伟大，在于它是上帝救赎旨意的完全达成，正如《但以理书》2：34—35 以及 44—45 节所描绘的：上帝的国有如一块石头，"变成一座大山，充满天下"。

末世论

　　旧约预言的实现，以及上帝的最终旨意的达成，是分阶段的。研究新

约的神学家很正确地谈及"已经开展的末世论"。"末世论"一词在这里是 87
广义的，它所指的事件不只与新天新地的创造有关（太 19：28；24：35；
启 21：1），也与旧约所预言的救赎高潮行动的实现有关。这些高潮行动集
中于上帝之子的地上事工——出生、受死、复活。《启示录》21：1 的新天
新地还未作为宇宙性现实来到，但救赎者基督已经来了。上帝借着基督降
临。因着他的来临，因着他完结了在地上的工作，他已经救赎了世界，开
创了新的救赎时代。

旧约的许多预言都描述了正在来到中的上帝救赎之工的高潮，但并未
清楚地将这一工作分成若干明确的先后阶段。整个过程被编织成单一的复
杂描述，因为根本而言，正是在一个过程中，不同的方面和阶段才能有彼
此的紧密联系，有过渡，有延续。有的旧约预言直接专注于上帝：上帝临
到，带来救恩（赛 40：10—11；耶 31：33—34；结 36：24—28）。有的则
以人类领袖（弥赛亚）为主导性角色（赛 11：1—10；52：13—53：12；结
37：24—28）。这些预言都在耶稣基督身上得到完全实现：他作为弥赛亚来
临，既是上帝亦是人（约 1：1—18；见赛 9：6—7；但 7：13—14）。在以
自己的行为完成救恩的这个人身上，救赎的不同阶段得以统一。

新约记载了基督的第一次来临和第一个阶段。它向全世界宣告已经发
生的事件，宣告这些事件的意义所在。《使徒行传》10：38—43 可说是使
徒教训的总结：

> 上帝怎样以圣灵和能力膏拿撒勒人耶稣，这都是你们知道的。他
> 周流四方，行善事，医好凡被魔鬼压制的人，因为上帝与他同在。他
> 在犹太人之地，并耶路撒冷所行的一切事，有我们作见证。他们竟把
> 他挂在木头上杀了。第三日，上帝叫他复活，显现出来；不是显现给
> 众人看，乃是显现给上帝预先所拣选为他作见证的人看，就是我们这
> 些在他从死里复活以后和他同吃同喝的人。他吩咐我们传道给众人，
> 证明他是上帝所立定的，要作审判活人、死人的主。众先知也为他作
> 见证，说："凡信他的人必因他的名得蒙赦罪。"

第二个阶段基督再临成为目前对未来之期盼的核心。彼得以耶稣的复
活，指明了这一点："他是上帝所立定的，要作审判活人、死人的主"（徒
10：42）。他的复活不只是印证了他的教训的真实性，他关乎自己的一生
所作的宣告的真实性。逻辑地说来，他的复活也部分地体现了他的自我辩

白，而正是这自我辩白，导致了他的升天与掌权：

> （他）既有人的样子，就自己卑微，存心顺服，以至于死，且死
> 在十字架上。所以上帝将他升为至高，又赐给他那超乎万名之上的
> 名，叫一切在天上的、地上的，和地底下的，因耶稣的名无不屈膝，
> 无不口称"耶稣基督为主"，使荣耀归于父上帝。（腓2：8—11）

当基督复活与升天时，他被赐予了掌管死的权柄，这就意味他有权柄
让一切事物更新：

> 我曾死过，现在又活了，直活到永永远远；并且拿着死亡和阴间
> 的钥匙。（启1：18）

基督现在的权柄，确保了我们行将见到的完全得胜，那时"死亡和阴间也
被扔在火湖里"（启20：14）。新耶路撒冷"由上帝那里从天而降"（启21：
2），城的当中是"上帝和羔羊的宝座"（启22：1，参21：22）。被杀的羔
羊配得从坐宝座的手中拿过书卷（启5：1—10），让上帝的旨意成全，产
生全新的天地、全新的人性（启5：9—10）。[16]

这样，耶稣业已成就的对死亡的得胜，和在终点之时死亡的全然去
除，这两者之间就有着内在的统一。耶稣的得胜其实正是圣徒复活之时得
胜的模范：

> 那属土的怎样，凡属土的也就怎样。我们既有属土的形状，将来
> 也必有属天的形状。（林前15：48—49）

以大能大力让耶稣复活的圣灵（罗1：4）如今已经赐给了那些属基督的
人。圣灵是"我们得基业的凭据"（弗1：14；参林后1：22），是付给我们
的将来完全拥有之物的定金。就是现在，我们也已经借着圣灵得到了新生
命，这圣灵又带领我们期望那将来的复活的生命。

> 基督若在你们心里，身体就因罪而死，心灵却因义而活。然而，
> 叫耶稣从死里复活者的灵若住在你们心里，那叫基督耶稣从死里复活
> 的，也必藉着住在你们心里的圣灵，使你们必死的身体又活过来。
> （罗8：10—11）

已然未然

因着现在的定金与将来的完全基业之间的连续性，新约以类似的语言描述现在与将来。早先我们已经谈到，《罗马书》8 章给我们确据：我们如今已是上帝收养的儿子了（罗 8：14—17，参加 4：5—7），但往后几节经文又把我们的子嗣地位放到了将来："不但如此，就是我们这有圣灵初结果子的，也是自己心里叹息，等候得着儿子的名分，乃是我们的身体得赎"（罗 8：23）。

圣灵的恩赐现在就给了我们属灵的生命（罗 8：10）和对未来复活生命的应许（罗 8：11）。《约翰福音》5 章和 11 章亦在现今我们借着基督而有的"生命"与身体复活之时有的"生命"（约 5：24—25；11：23—26）之间来回穿插。在灵性上，我们已经"与基督一同复活"（西 3：1），在身体上，我们将在未来耶稣再来的时候复活（帖前 4：16—17）。

在《使徒行传》2：38 和 10：43，彼得宣告"罪得赦"乃是当下的事实。而的确耶稣在世的时候就如此宣告（路 5：20；7：48；参 19：9—10）。这一现今的赦免，意味着最后审判时的赦免之最终明证（罗 8：30—39）。[17]

救赎的诸方面

基督的救赎所达到的果效在深度和广度上都覆盖了罪的果效。实际上，这一果效超过了罪，因为基督不是简简单单让我们回到伊甸园从头再来，而是把我们带到了完全的地步。救赎触及生命的每一方面。相应地，对这一果效所及的范围也有一系列叙述。我们曾是罪的奴仆，但如今成了上帝的儿子（罗 8）。我们曾与上帝隔绝，但现在与他和好了（罗 5：8—11；林后 5：17—21）。我们从前不是上帝的子民，但如今成了属上帝的人（弗 2：11—22；参太 21：43）。我们原先是罪人，处在审判与咒诅之下，但如今脱离了咒诅。我们曾是有罪的，但现在被算为清白的义人（罗 4）。我们曾是撒旦的掳物，但现在基督击败了撒旦（西 2：15）。我们曾为死亡辖制，但基督胜过了死（罗 6：9—11；来 2：14—15；启 1：18）。我们曾是贫穷的、瞎眼的、被掳的，但如今却在禧年里得自由（路 4：18—19）。我们曾在黑暗中，但现在得见光（约 1：9—13；3：18—21；8：12；9：39—41；弗 5：8—14）。从前我们愚昧无知，但如今是有智慧的（林前 1：

18—31；弗 4：17—18）。我们曾是污秽的，但如今成为圣洁了（来 10：10）。从前我们的本性是恨，但现在我们爱（约一 3：11—24）。以前我们是说谎的，但现在知道真理（约一 2：18—27）。

有人在后来对救赎进行反思时，试图将问题极端化，先是强调基督工作中的某个方面，进而否认与该方面相补的其他方面。我们看到基督胜过了撒旦。我们可否继而就推断，说基督无需为我们担罪？（彼前 2：24）这是错误的。

基督徒的直觉，以及新约的明白教导，都使我们肯定基督救赎之工的全面特征。我们赞美基督，尊他为大，而这么做亦是荣耀父上帝（约 5：23）。我们见到基督的工作可用在生活的每一方面。新约世界观因此肯定，它所宣告的救赎在每一方面的真实性。新约以之为当然的乃是：这些方面是互相支持、互相补充的解释，而非彼此排斥、彼此取代的不同解释。[18]

与基督合一

基督在救赎之完成中所居的中心地位也包括当人们接受救赎带来的益处时他所居的中心地位。基督所成就的事情是为他人所成就的。那些属基督的人得到的益处丰富多样。但这些益处中最重要的是基督自己。那些属基督的人与他合一。特别是在保罗书信中，与基督合一常被表达为"在基督里"，以及这一表达语的变体："在主里"、"在他里面"、"藉着他"、"与他一同"。约翰谈到我们住在基督里面和基督住在我们里面（如约 14：20—23；17：22—26）。但分有基督的观念并不限于一套固定表达。

与基督合一包括多个方面。我们可以从个人性的、与复活的基督之团契开始。借着赐下圣灵，基督应许：他将以另一种方式继续与地上的门徒同在（约 14：18—21）。我们在祷告中对他说话（如林后 12：8），而他也通过圣灵对我们说话（约 16：13—15；林后 12：9）。

与基督合一包括：我们住在基督里面，基督也住在我们里面（约 14：20）。活着就意味着"基督在我里面活着"（加 2：20）。"你们受洗归入基督的，都是披戴基督了"（加 3：27）。

合一也包括：基督在地上的工作里代表我们，在天上也代表我们，这就像亚当作为人类的头代表人类一样（罗 5：12—21；林前 15：22，45—49）。因着基督由复活而来的辩白和"宣告无罪"，我们也被宣告无罪，被称为义了（罗 4：25；5：18—19）。他担当了我们的罪，为的是我们可以得到他的义（林后 5：21；彼前 2：24）。基督"成为我们的智慧、公义、圣洁、救赎"（林前 1：30）。发生在基督身上的特殊事件也同样被归于我们，典型的用语就是"与基督一同"。例如："我已经和基督同钉十字架"（加 2：20）；"你们若是与基督同死"（西 2：20）；"你们若是真与基督一同复活"（西 3：1）；"他又叫我们与基督耶稣一同复活，一同坐在天上"（弗 2：6）。因着耶稣是子，我们也成了儿子："神就差遣他的儿子……叫我们得着儿子的名分"（加 4：4—5）。

借着基督，我们继承了旧约的应许。"你们既属乎基督，就是亚伯拉罕的后裔，是照着应许承受产业的了"（加 3：29）。"你们来到主面前，也就像活石，被建造成为灵宫，作圣洁的祭司，藉着耶稣基督奉献上帝所悦纳的灵祭"（彼前 2：5）。

> 弟兄们，我们既因耶稣的血，得以坦然进入至圣所，是藉着他给我们开了一条又新又活的路，从幔子经过，这幔子就是他的身体。又有一位大祭司治理上帝的家。并我们心中天良的亏欠已经洒去，身体用清水洗净了。（来 10：19—22）

旧约预言，会有一日，外邦人也因着亚伯拉罕和他的后裔从上帝得福（创 12：2—3；22：18）。一些外邦人，如喇合和示巴女王，甚至在旧约叙事框架内就从上帝得福。但是，具体众多外邦人将如何有份于应许中的最后救恩，还不清楚。现在，基督来临，事情就很清楚了。外邦人和犹太人一样，都因与基督的联合得救。"这奥秘就是外邦人在基督耶稣里，藉着福音，得以同为后嗣，同为一体，同蒙应许"（弗 3：6）。

> 你们从前远离上帝的人，如今却在基督耶稣里，靠着他的血，已经得亲近了。因他使我们和睦，将两下合而为一，拆毁了中间隔断的墙。……因为我们两下藉着他被一个圣灵所感，得以进到父面前。这样，你们不再作外人和客旅，是与圣徒同国，是上帝家里的人了。并且被建造在使徒和先知的根基上，有基督耶稣自己为房角石。（弗 2：13—14，18—20）

与基督合一意味着与父上帝合一和与圣灵合一（约 14：16—23；弗 2：18）。这一联合是牢不可破的——"谁能使我们与基督的爱隔绝呢？"（罗 8：35）圣灵是"初结果子"（罗 8：23），他给我们确据：如今和基督有的合一将会有完全之日（约 6：39—40）。在我们这一方，信心就是我们参与合一的关键点（约 6：40）。但除非父上帝自己吸引我们而赐下信心，否则人不会产生信心（约 6：44，65）。在我们的信心发生之先，父上帝已经在子里面爱了我们（约 10：14，27—29；弗 1：4—5）。得荣耀的是上帝，不是人（林前 1：28—31；2：5；4：7）。[19]

92 教会

　　与基督合一带来的更新、再造和新的存在，既是个体性的也是群体性的。当一个人与基督联合的时候，他也和所有与基督联合的人联合。基督里的救赎意味的不仅是个体性的救赎，也是社群之中的救赎与更新。

　　神学家以及基督教的信仰者有时会在行动中把这一问题极端化，似乎救赎的个体性方面和群体性方面互相排斥。但作为被造物的人既是个体性存在也是社会性存在。因此，去除罪之影响的更新再造工作在这两方面都发生。上帝旨意中的耶路撒冷城有群体性的合一，但同时，每一个体也都可以自由地来到上帝面前，自由地获得无上祝福（启 22：3—5）。人性的完善带来的完全不仅是个体性的，也是群体性的。个体并未被压碎挤入一元性的统一体，在其中个性被消解无踪（路 22：28—30）。有着群体性的团契与统一的团体也不可化归为彼此隔离的不同个体（启 19：7—8，21：9）。最终，个体和群体是和谐的。个体正是在和上帝的团契中，也因而是在和所有那些被上帝的荣耀与同在充满的人的团契中，才有自己的完善。群体性的团体恰是在弘扬上帝的荣耀中才有它的完善，而这种弘扬是通过它的各个组成部分完成的，这就意味着必须肯定每一个体的价值。

　　目前，教会正朝向最终之完全这一目标，但它现在只是在途中。教会已经是一个新造的人，但其身量尚未长成（弗 4：13）。教会表现了和谐中的个体性与群体性两种维度，为的是和那最终之完全目标一致。新约说教会是基督的身体（林前 12 章；罗 12 章），是圣灵的殿（林前 3：10—17；弗 2：19—22；彼前 2：5），这就表明个体与团体之间首先是和谐的关系。身体的各肢体为身体服务，而身体亦为每一肢体的健康服务。但一切都是为了基督的荣耀服务。

　　每一个体的生命都不应内向地只为自己；人人都应服侍上帝，在献身上帝中得到祝福。由于上帝的命令是爱上帝也爱邻舍，我们故而在彼此服侍中得到生命与祝福。类似地，整个群体——教会——的生命不应当主要地转向内，而应当转向服待上帝。教会被命名为 *ecclesia*，"聚集"，这个词在世俗希腊语中指政治集会。但在神学上，它的主要观念性背景是旧约中上帝子民的聚集。有各样的聚集：在西奈山的聚集中，群众因着上帝的话被塑成上帝的子民；在上帝面前的各个节日里的聚集中，人们欢祝上帝的良善，为丰收感恩；在禁食、悔改、祈求的聚集中，人们呼求上帝的拯救。

教会是上帝所召集的集会，人们聚集在上帝面前。教会是基督的身体，因着信心与他联合。教会还是圣灵中的团契，既居住在个体（林前6：16—19）也居住在群体（林前3：10—17）中的圣灵给她大能大力。圣三一的全部三位都参与其中。新人性始于教会，成就于新天新地，但并非以人类中心为终结。人性自身无论是因着创造还是因着预定，都不是在自身而是在与上帝的关系中才能找到意义。教会因此是以上帝为中心的，无论是在现在还是将来都如此。

虽说教会首先而言应被理解为无形的实体，但这一实体是在具体的人类活动中显明自身的。基督徒们聚在一起（徒2：42—47）。他们在具体的相爱行为中彼此服待（雅2：14—17）。他们成为光和酵，影响周围的人（太5：14—16）。不断有人从外头进入信仰中加入教会（徒2：37—41；4：4；5：14；6：7；等等）。这一团体无论在规模还是成熟度上都在增长（弗4：9—16）。

同时，存在于此世的基督徒团体仍有不完美之处。其中有假冒为善者、假教师、纷争结党的人、不讲道德的人（加1：7—9；5：12，19—21；6：12；约一2：18—23；约二7—10；约三9—10）。教会必须惩戒那些在罪中沉溺的人新约基督教在真理上是排他的；它断然拒绝自己内部的假教导，断然拒绝异教（徒14：15—16；林前10：20；加1：7—9；约一4：1—6；启13：1—18）。在成员资格上，它也是排外的，会剔除那些不悔改的成员。但同时，它欢迎一切悔改的人（路19：10；林后2：7—11）。

社会学学者有时假设：由非官方的、"有超凡能力的"个体而来的变革性的不稳定力量，和由官方的、体制化的领导而来的保守的稳定力量，这两者之间有着张力。无疑，在有罪的人性中，在仍旧被罪困扰的教会里，这一张力是真实的。但教会使命的前提是：有圣灵的不同恩赐的个体之间根本上是和谐的。正如《以弗所书》告诉我们的：上帝只有一位，主只有一位，圣灵只有一个（弗4：4—6）。上帝给的恩赐有："教师……帮

助人的、治理事的"，这些是典型地较为稳定的；也有"先知……行异能
的"，这些是较具革新性的（林前12：28）。各教会长老的设立（徒14：
23；参腓1：1；帖前5：12；提前3：1—13；来13：17；彼前5：5），并不
表示对圣灵来说从此就"熄灭了自由"，毋宁说，这是圣灵的运动，为的
是在基督的转变大能下，使治理和管辖这些从圣灵自己来的恩赐可以更好
地发挥功用。当然，治理权会被滥用（太20：25—28），但同样，求诸
"自由"亦会流于放荡无序（彼后2：19—22）。当基督的身体也就是教会
处在健康和成长中时，稳定性与革新性这两面就各自和谐地发生作用。有
了基石的稳定性，我们才能成长（弗2：20—22；太16：18）。

94

  在《使徒行传》所记载的教会中，在新约书信所写给的那些教会中，
我们都见到这两者在同时起作用。《使徒行传》既告诉我们特别的个体如
吕底亚（徒16：14—15）、哥尼流（徒10）如何来到基督面前，也告诉我
们人们如何成为充满活力的、增长的团体——教会——中的一部分（徒
2：42—47；4：32—37；14：23）。它还告诉我们，人们如何努力地适应基
督徒在一起生活的新现实（徒6：1—7；15：1—35）。基督徒生活的新样
式被罪破坏的威胁仍旧存在（徒20：29—31）。1世纪的教会并非因着与
基督的联合而来的教义与生活的完美样板，他们和以后的教会一样会被异
端、纷争搅扰（加；林前1：11—13）。虽然有这些失败，但教会作为一个
整体，仍然以她宣讲的真理和彰显的爱的生活（太5：14—15）吸引着犹
太人和外邦人。[20]

伦理

  基督徒如何得到自己新生活的方向？在这个问题上，新约同样建立在
旧约的基础之上。旧约宣称：上帝是绝对的主。唯独上帝才是伦理指导的
最终源头。他有权柄向自己的被造物发出命令，他的公义和善使得他的命
令是可宝贵的，他以大能奖赏顺服，处罚悖逆。此外，人照着上帝的形象
而造，在自己的本性中就有善恶感。虽说罪会借着压制真理蛊惑、败坏良
心（罗1：18），但人不能逃脱对上帝的责任（罗1：32；2：13—15；提前
4：2）。

  基督里的救赎更新了我们对上帝的知识以及我们与上帝的关系，也更
新了我们的道德能力和道德方向。保罗正是在谈到伦理与行为时，呼吁要
有持续性的转变："不要效法这个世界，只要心意更新而变化，叫你们察

验何为上帝的善良、纯全、可喜悦的旨意"（罗 12：2）。

基督是上帝对人的最终启示（来 1：3）。故此，基督也是上帝的公义与良善的最终启示。基督徒的道德目标就是要和基督的形象一致（林后 3：18；弗 4：13—16，22—24）。这一更新还和圣灵紧密相关，圣灵就是作为基督的灵来的（罗 8：6—11）。保罗在"肉体的事"与"圣灵的事"之间所作的对比，应验了旧约在生的路与死的路，智慧的路与愚昧的路之间的对比（箴 6—9）。

圣灵会在哪个具体方向上动工？在新约里，对上帝和邻人的爱处于教导的中心（加 5：14；林前 13；来 13：1；约一）。这爱生自旧约爱上帝爱邻舍的命令（太 22：34—40）。真正的爱完全了上帝的命令，而不是与之冲突（约 14：15；罗 13：8—10；加 5：14）。因着基督之爱的榜样（约 13：34—35），因着圣灵给出的能力（约 14：15—26），爱被深化。

由于上帝无论在旧约还是新约中都是公义的上帝，因此新约接过了旧约的基本道德原则。无论基本原则还是具体细节都在基督创始的上帝之国里得到成全（太 5：17—20）。但成全之道就包括改变、除去那原来是暂时性的、影子似的东西，因为它们已经被基督的现实代替（可 7：19；徒 15：9—10；西 2：16—17；来 8—10）。

新约伦理有明确的目标，就是荣耀基督的名（腓 2：11）。我们盼望一个新天新地，在那里，上帝和羔羊是中心（启 21：1—22：5）。我们的长期战略和短期策略，都当出自这一觉悟：我们是基督的战士，处在属灵的争战中（弗 6：10—20；提后 2：3—4；启 2—3）。新约向我们揭示这一天使、魔鬼、人都卷入其中的战争，并不只是为了深化我们对世界中的各种存在物的认识，亦是为了让我们实际性地认清忠于元首和指挥者是何等重要。我们是属天的子民（腓 3：20；弗 2：19），在地上只是朝圣的、寄居的（来 11：13—16；12：22—29；启 7：13—14）。[21]

文化

人们也许会幼稚地以为，基督徒有着属天身份，这就意味着他们和地上的事没有什么干系。而以后的修道主义、禁欲主义在某些方面也确实引出了这一结论。但这一结论并无根据。无论在耶稣的教导抑或新约书信中，爱邻舍的命令都居核心地位，这就要求人参与他身边人群的事务，而不是脱离逃避。另一方面，参与绝不是和周围非基督教世界的种种恶习沉瀣一气。耶稣为门徒的祈祷精炼地概括了这一点："我不求你叫他们离开世界，只求你保守他们脱离那恶者"（约 17：15）；并且"他们不属世界，正如我不属世界一样"（约 17：16）。我们必得以整本新约乃至整本圣经为鉴，来思考这些话对我们的文化参与意味着什么。

96　　基督徒的生活动力既不是对"文化"的肯定态度，也不是对"文化"的否定态度。驱动力应当不是事物或人的作为，而是上帝。上帝的国度才是首要的：

> 所以，不要忧虑说："吃什么？喝什么？穿什么？"这都是外邦人所求的。你们需用的这一切东西，你们的天父是知道的。你们要先求**他的国和他的义**，这些东西都要加给你们了。（太 6：31—33，黑体是我加的）

我们是王的仆人，无论作何事，我们的动机和动力都当是渴望荣耀他、服侍他、讨他喜悦。保罗给作为教会领袖和传道者的提摩太的劝诫，适合所有基督徒："凡在军中当兵的，不将世务缠身，好叫那招他当兵的人喜悦。"（提后 2：4）保罗在另一处同样强调了这种排他性的忠诚，指出各样世务都是暂时的：

> 弟兄们，我对你们说，时候减少了。从此以后，那有妻子的，要像没有妻子；哀哭的，要像不哀哭；快乐的，要像不快乐；置买的，要像无有所得；用世物的，要像不用世物；因为这世界的样子将要过去了。（林前 7：29—31）

一些研究者认为，保罗之所以这么说，是因为他预见到将有严酷的逼迫时期，而情况可能的确如此。但从早期基督徒对基督再来的热切盼望看来，"时候"、"这世界的样子将要过去了"的说法，看来不仅只是出于对当时的艰难境况的关注。的确会有逼迫，但"这世界的样子"之最根本的逝去，发生于基督再临之时。即便基督并未在我们事务缠身的操劳中再临，《雅各书》也告诉我们：我们不知道自己的死日（雅 4：14—15）。

《提摩太后书》2：4 的"世务"，可以被人严格地解释成意味着真基督徒不应当结婚、做生意、和他人同乐。按照这种"退出世界"的解释，"世务"指的是任何与世界有关的事。但在《哥林多前书》7：29—31，使徒保罗已经表明这种解释是彻底的误解。基督徒也有嫁娶、哀哭、快乐，用世物，但他们如此行的时候要像"不用世物的"。保罗这样说，到底在实践上指什么？

如果我们仔细思考，就会发现，《哥林多前书》7 章的这段话和新约其他部分所强调的以上帝为中心是一致的。以上帝为中心涉及的原则有：使用上帝给的恩赐（7 节），"照主所分给各人的，和上帝所召各人的而行"（17 节），全然委身让主喜悦（32，34 节）。动力来于凡事服侍主。问题并不在于排斥某些活动，就像我们说的那样："你可以做生意，但是不可结婚"，或"你可以结婚，但不可作税吏"（见路 3：13），或"你可以作税吏，但不可为罗马人当兵"（见路 3：14；徒 10）。一些活动如偷盗的确是不道德的（弗 4：28），但这是因为上帝在他的道德律中禁止了这些行为，而不是因为它们是和"世界"相接触的行为。

在凡事上服侍主还包括凡事都根据上帝的计划来考量，而上帝的计划是向着基督再来和最后审判的。凡事的总归就是基督（弗 1：10），而上帝则是"在万物之上，为万物之主"（林前 15：28）。和异教徒不一样，基督徒**不可**再活在幻象之下，以为现今我们是活在常态的或最后的光景之中（彼后 3：4—8）。

这个世界的物质性构成——植物、动物、岩石、江河——属于上帝，这既是因着他的护理，也是因着他的创造："地和其中所充满的都属乎主"（林前 10：26）。新约和旧约一样，肯定被造秩序的美善，反对任何形式的禁欲自苦（见提前 4：3—5）。

新约也承认，人类的习俗制度就其和上帝的道德律法相一致而言，有美善之处。基督徒以婚姻、家庭、商业中的合宜正当行为服侍上帝（弗 5：22—6：9；西 3：18—4：1；彼前 2：13—3：7）。上帝为了我们的益处设立了政府的权柄（约 19：11；罗 13：1—7；彼前 2：13—17）。

但我们不可把这些东西变成偶像。而且，在新约的末世论教导下，也不可以为目前形式的这些事物和制度是永恒的。将来的身体复活是旧事物的变形而非毁灭（林前 15：12—57）；但它是变形，和旧事物之间有着某种断裂（林前 15：42—49）。正是这一对未来的希望，给我们动机去积极服侍，而不是被动地退出世界。

在论复活的那章著名经文末尾，保罗描绘了一幅汲汲参与的图画：

> 所以，我亲爱的弟兄们，你们务要坚固，不可摇动。常常竭力多作主工，因为知道你们的劳苦，在主里面不是徒然的。（林前 15：58）

在《以弗所书》里，保罗在具体地针对婚姻（弗5：22—33）、家庭（6：1—4）、商业（仆人与主人，6：5—10）进行教导之前，指出"在基督和上帝的国里"的份（弗5：5），指出"上帝的忿怒必临到那悖逆之子"（6节），并指出和基督的复活相连的降临之光：

> 所以主说："你这睡着的人，当醒过来，从死里复活，基督就要光照你了。"你们要谨慎行事，不要像愚昧人，当像智慧人。要爱惜光阴，因为现今的时代邪恶。不要作糊涂人，要明白主的旨意如何。（弗5：14—17）

正是在参与世界的具体处境中，我们事奉主，而非拜偶像式地事奉事物或制度。

结论

新约建立在旧约世界观上，是旧约的推进而非颠覆。它包括了由基督的救赎高潮带来的新启示和新深度。基督完成的工作和给予的教导让世人惊奇，可叹服地展示了上帝的智慧、权能与恩典（林后3：7—18；弗3：8—10）。

福音书的信息让犹太人惊奇，他们从未想到上帝的应许会以这种方式实现。这一信息让有自己的属世智慧观念的（见徒17：22—32）希腊人思想困惑。事实上，它让犹太人希腊人都反感，正如保罗自己所说的："犹太人是要神迹，希腊人是求智慧；我们却是传钉十字架的基督。在犹太人为绊脚石，在外邦人为愚拙"（林前1：22—23）。但因着上帝的能力，犹太人希腊人中都有人信了："但在那蒙召的，无论是犹太人、希腊人，基督总为上帝的能力，上帝的智慧"（林前1：24）。

对于所有那些接受福音的人，无论他是犹太人还是希腊人，福音都带来了一场革命：生命上的、力量上的、世界观上的革命。即便是那些已经熟悉旧约的人，如虔诚的犹太人或"敬畏神"的外邦人（如哥尼流），也发现自己需要重新领会思考大多数他们自以为明白的东西。至于那些直接从异教进入信仰的人，所经历的革命尤其深刻：他们要拒斥过去的假神、迷信和种种宗教习俗，拥抱那借着基督得以认识的真神上帝。"他救了我们脱离黑暗的权势，把我们迁到他爱子的国里；我们在爱子里得蒙救赎，罪过得以赦免"（西 1：13—14）。

阅读书目

Frame, John M. *The Doctrine of God*. Phillipsburg, NJ：P&R Publishing, 2002. 深入地阐述了圣经的上帝论，包括三一论的圣经基础。

——. *The Doctrine of the Knowledge of God*. Phillipsburg, NJ：P&R 99 Publishing, 1987. 圣经认识论。

Gaffin, Richard., Jr. *The Centrality of the Resurrection：A Study in Paul's Soteriology*. Grand Rapids：Baker, 1978. 主要讨论由基督的工作带来的历史转变。

Guthrie, Donald. *New Testament Theology*. Downers Grove, IL：Inter-Varsity, 1981. 分主题对新约神学作的探讨。

Ladd, George E. *A Theology of the New Testament*. Grand Rapids：Eerdmans, 1974. 主要讨论"已然未然"的末世论。

McCartney, Dan G. "Ecce Homo：The Coming of The Kingdom as the Restoration of Human Vicegerency", *WTJ* 56/1 (1994)：1-21. 主要讨论基督作为末后的亚当所做的工作。

Poythress, Vern S. *Symphonic Theology：The Validity of Multiple Perspectives in Theology*. Grand Rapids：Zondervan, 1987. 讨论新约书卷多样性中的和谐。

Ridderbos, Herman. *The Coming of the Kingdom*. Philadelphia：Presbyterian and Reformed, 1969. 阐述对观福音中基督的工作。

——. *Redemptive History and the New Testament Scriptures*. Phillipsburg, NJ：Presbyterian and Reformed, 1988. 讨论新约的权威。

讨论问题

1. 新约如何能既引入新教导，又不与旧约冲突呢？

2. 为什么说上帝的三一性是新约教导的重要方面？这一教导对基督徒的实际生活有何重要性？它如何保护我们不陷入某些臆测，这些臆测声称有对上帝的更"终极"的解释？

3. 虽说上帝是不可见的，但基督却是上帝的像（西1：15），这一事实有何重要性？

4. 在何种意义上，不信者也是认识上帝的，又在何种意义上，唯有信者才有认识上帝的特别权利？

5. 基督救赎带来的益处既有个体性一面也有群体性一面，一些人是如何忽略了其中的一面呢？

6. 秩序与自由在教会里是如何协调的？

7. 基督徒既要生活在世界中，又不得和其中的恶缠搅在一起，这会导致什么结果？你能以自己在生活中遇见的某个挑战说明这一点吗？

注释

［1］我会经常性地使用第一人称复数（"我们"），就像新约书信那样，为的是提醒我们这些跟从基督的人何等应当领受新约的教训。

［2］这方面的杰出讨论，可参考 D. A. Carson 和 John Woodbridge 编辑的 *Scripture and Truth*（Grand Rapids：Zondervan，1983）；John Woodbridge，*Biblical Authority：A Critique of the Rogers/McKim Proposal*（Grand Rapids：Zondervan，1982）；D. A. Carson 和 John Woodbridge 编辑的 *Hermeneutics*，*Authority*，*and Canon*（Grand Rapids：Zondervan，1986）；Benjamin Warfield，*The Inspiration and Authority of the Bible*（Philadelphia：Presbyterian and Reformed，1948）。

［3］参考 Donald Guthrie，*New Testament Theology*（Downers Grove，IL：InterVarsity，1981）。

［4］John M. Frame，"God and Biblical Language：Transcendence and Immanence"，in *God's Inerrant Word*，ed. John Warwick Montgomery（Minneapolis：Bethany Fellowship，1974），159 – 177；John M. Frame，"Scripture Speaks for Itself"，in *God's Inerrant Word*，ed. John Warwick Montgomery（Minneapolis：Bethany Fellowship，1974），178 – 200；Guthrie，*New Testament Theology*，953 – 982。

［5］Guthrie，*New Testament Theology*，75 – 115。

［6］Ibid.，116 – 218。

［7］这方面的杰出讨论，可见于 Geerhardus Vos，*Biblical Theology：Old and New*

Testaments (Grand Rapids：Eerdmans，1948)；Edmund P. Clowney，*The Unfolding Mystery：Discovering Christ in the Old Testament* (Colorado Springs，CO：Navpress，1988)。

[8] 这方面的杰出讨论，可参考 Geerhardus Vos，*The Pauline Eschatology* (Grand Rapids：Eerdmans，1961)；George E. Ladd，*A Theology of the New Testament*，rev. ed. (Grand Rapids：Eerdmans，1993)；Herman Ridderbos，*Paul：An Outline of His Theology* (Grand Rapids：Eerdmans，1975)；Thomas R. Schriner，*Paul，Apostle of God's Glory in Christ：A Pauline Theology* (Downers Grove，IL：InterVarsity，2001)。

[9] 可供参考的有 Louis Berkhof，*Systematic Theology* (Grand Rapids：Eerdmans，1941)，82 - 99；John M. Frame，*The Doctrine of God* (Phillipsburg，NJ：P&R Publishing 2002)，619 - 742。以圣经神学为架构的讨论，可见于 Guthrie，*New Testament Theology*，219 - 407。

[10]《约翰福音》1：1—2 仍是用人的语言写的，这一语言有其细节化的质地构造，因而当然离不开创造，在特别的范围内它离不开希腊语法的具体特点，在更广的范围内它离不开周围的希腊文化背景。当然，哲学家、神秘主义者、宗教学者关乎上帝所谈论的东西也是如此。如果我们坚持非得使用独立于世界的语言，那我们就什么也说不了。相比之下，新约自信地谈论上帝，这就拒绝了上帝不能被认识或不可被言及的观念。的确，上帝超出了我们的理解，但他并不是不可知的，也不是不可说的。

事实上，虽然新约谈到"奥秘"，但首要的奥秘就是在旧约里被部分地隐藏遮盖，而现在又已然显明且公开传扬的事（罗 16：25—27；弗 3：1—12）。新约教训的公开透明，是十分显著的，和当时与之相争的诺斯替主义、秘密宗教以及秘传性教义具有的观念正相对照。秘密难解的只为少数阶层所通达的知识，成为这类知识的拥有者的骄傲资本。相比之下，新约教训决意摧毁人的骄傲，为的是唯独上帝被荣耀（林前 1：18—31）。

[11] Guthrie，*New Testament Theology*，79 - 80.

[12] 参考 Dan G. McCartney，"Ecce Homo：The Coming of the Kingdom as the Restoration of Human Vicegerency"，*WTJ* 56/1 (1994)：1 - 21.

[13] 参考 C. John Collins 在 *The God of Miracles：An Exegetical Examination of God's Action in the World* (Wheaton，IL：Crossway，2000) 中的出色讨论；以及 Vern S. Poythress，*Redeeming Science* (Wheaton，IL：Crossway，2006)，18 - 20 和 177 - 195。

[14] 参考 Vos 在 *The Pauline Eschatology* 中的杰出讨论。

[15] 对这一问题的讨论可参考 John M. Frame，*The Doctrine of the Knowledge of*

God（Phillipsburg，NJ：Presbyterian and Reformed，1987）。

[16] Guthrie，*New Testament Theology*，790 - 892.

[17] 参考 Richard B. Gaffin Jr.，*Resurrection and Redemption：A Study in Paul's Soteriology*（Phillipsburg，NJ：Presbyterian and Reformed，1987）；Ladd，*A Theology of the New Testament*。

[18] Guthrie，*New Testament Theology*，409 - 509.

[19] 参考 Ridderbos 的 *Paul：An Outline of His Theology* 及 Schreiner 的 *Paul* 中的杰出探讨。

[20] Guthrie，*New Testament Theology*，701 - 789. 参考 Edmund P. Clowney 在 *The Church*（Downers Grove，IL：InterVarsity，1995）中的杰出讨论。

[21] Guthrie，*New Testament Theology*，893 - 952.

从早期教父到查理曼大帝时期的基督教

理查德·C·甘博 （Richard C. Gamble）

基督诞生后的头八个世纪，西方文明在智识和文化上的表现引人注目。1 世纪末，基督教在近东和小亚细亚只是一个小团体，占整个罗马帝国人口的百分之一略多。2—3 世纪时，基督教向西迅速扩张，但也经历了来自罗马当局一浪接一浪的逼迫。出人意料的是，基督教从细小发端，不断成长，到 350 年时，已发展到占据人口的半数以上，再到查理曼统治时，则遍布西欧。本章旨在追溯直到查理曼大帝时期的基督教世界观的兴起与成长，正是这一阶段的人物和运动使圣经已然确立的世界观得以展开。

使徒后教父

要观察新约之后最早期的思想世界，有一个最好的方法，就是读一读那个时期现存的基督教著作，这些著作被人们称为使徒后教父（the Apostolic Fathers）。"使徒后教父"一词首次出现于 17 世纪，用来指那些在使徒见证之后的时期出现的人物和著作。这些著作和后来成为新约正典的其他著作同时出现。由于使徒后教父常会对刚出现的基督教世界观作出解

释，进行运用，因此这些著作能反映出教会在面对临近的逼迫与异端时的
关切所在。下面这些具有代表性的使徒后教父，向我们揭示了新约之后最
早时期的基督教世界观。

罗马的克莱门

罗马的克莱门（Clement of Rome）据说是使徒彼得的第三代传承弟
子。对他的早年我们所知甚少，但他最后成为一名卓越的罗马主教。[1]
图密善皇帝在位（81—96）末期，哥林多教会的一些会众和领袖之间起
了纷争。克莱门写了一封信，叫《克莱门一书》，又叫《达哥林多人
书》，[2]劝告会众要顺从领袖。[3]这是新约之后最早为人所知的基督教
著述。[4]

教会内部起了纷争，一些领袖被拒斥。和保罗非常相似，克莱门写信
来解决这些争端，吁求合一、纪律与爱。他在信中坚持上帝已经预先定下
了敬拜应当进行的时间、场所和方式。[5]当信徒遵守上帝的律法时，他们
就不犯罪。但若他们未能顺从，则结局就是死。[6]克莱门还教导说，上帝
已经赐给那些被按立为圣职的人权柄，这种权柄在祭司阶层身上造就的印
记是不可磨灭的。人们正确地把这封信视为罗马天主教会的教会权利观念
的始作俑者。[7]

安提阿的伊格纳修

安提阿的伊格纳修（Ignatius of Antioch）在图拉真皇帝统治时期
（98—117）于罗马殉道。在被押去处决的途中，他写了七封书信。[8]在士
每拿的时候，他写信给在以弗所、麦格奈西、特拉勒的教会，劝导他们要
顺服，并感谢他们对他的忠心。他也写信给罗马，劝那里的基督徒不要为
他代求，使他不能殉道。在特拉奥，他写信给非拉铁非城和士每拿城，以
及长老波利卡普。伊格纳修要这些教会派代表为逼迫中的生还者祝贺。伊
格纳修的信表明各教会之间有着紧密的联系和共同的身份意识，这使她们
在重大的问题上会寻求一致。这些信肯定：在逼迫中持守的信仰具有极高
价值，在逼迫的环境下一个基督徒所能作出的终极见证——殉道，具有极
高价值。

士每拿的波利卡普

按照传统，士每拿的波利卡普（Polycarp of Smyrna）在殉道（约155）之前受教于使徒约翰。他写了《达腓利比人书》，为基督的道成肉身和十字架之死作训导辩护。他吩咐要为当局祷告。[9]关于波利卡普殉道时如何英勇，以及他如何拒不崇拜皇帝的生动描述，使2世纪的教会面对扩散开来的逼迫更加自信，并见证了新约福音如何从一开始就让跟随者有勇气为信仰献身。

《巴拿巴书》

《巴拿巴书》（The Epistle of Barnabas）出现于哈德良皇帝统治时期，更像神学册子而非书信。书信的作者肯定不是使徒巴拿巴，而有可能是一个外邦皈依者，写自亚历山大城，目的是为了传播信仰和"完全的知识"。[10]书信包括理论和实践两部分。书信宣称基督是先在的。它教导是洗礼使人成为神的儿子，使信徒成为圣灵的殿。在当时的背景下，书信要求基督徒保护婴儿，不可堕胎（19：5）。

作者的释经方式[11]为以后数世纪的解经定下基调。作者认为，旧约最好不应被理解为历史，而应被理解为"寓言"。按照寓意法，以色列史中的事件的重要性不在于其历史意义，而在于其属灵意义或道德意义。按这一方法，旧约所清晰谈论的乃是新约将成就的事件。[12]

书信讨论了基督徒将崇拜日由星期六改为星期日的问题。作者强调了十诫中守安息日[13]的命令，还强调了约中的应许：当安息日被从心底里接受时，上帝的爱就会浇灌在子民身上。他称安息日为"创造的起始"。[14]

作者对创造之工在六日内完成作了寓意式的详细解释，相信它的意思是主会在六千年内终结地上的历史。每个创造日代表一千年。论到《以赛亚书》1：13，上帝在那里说他厌恶犹太人的月朔和安息日，这段经文的意思倒不是说现在的安息日是不受欢迎的，而毋宁是说：将来会有一个时刻，上帝要把一切事物都带到安息中，那时他要造一个新世界。新世界将持续八天，而这可能意味着另一个世界的开始。这段时日是喜乐的时日。[15]

以色列的饮食律法禁止吃猪肉，这也是寓意性的。这条律法其实是禁止我们和那些活得像猪一样的人交往过密。[16]最后，作者将注意力转向旧约呈

103

现的基督。在祷告中的摩西伸开的双臂中，在摩西在旷野举起的铜蛇中，他都见到十字架。此外，他还相信《利未记》16：7—10 的替罪羊说的正是要来的基督。[17]巴拿巴的寓意法在初期教会被广泛接受，许多人因此探寻隐秘含义，而不是接受字面的、历史性的意义并以之为自己世界观的基础。

《黑马牧人书》

《黑马牧人书》（The Shepherd of Hermas）是一本"启示"之书，据信是罗马基督徒黑马所作。发出这些启示的是两个天使：一个老妇和一个牧人。该书的第一部分有四个意象和一个过渡章节，接着是第二部分，其中有十二诫命和九个寓言。[18]该书和《巴拿巴书》一样十分依靠寓意。黑马看见教会是一座塔，由取自水中的石头筑成。该书说，这些石头一旦有

104

损坏，就只能有一次机会被洗净，这种说法在教牧上产生了巨大影响。它使得许多人推迟受洗，怕的是在受洗后还会犯罪。

《十二使徒遗训》

《十二使徒遗训》（The Didache）这部作品的全标题是《主通过十二使徒给外邦人的教训》。虽说并非由十二使徒写成，这部书却对早期教义、伦理准则、教会实践做了一个总结。[19]书的第一部分（一至十章）是道德论述，讲明生命之路与死亡之路。有六章为刚受洗的人讲明这两条道路。它们以十诫中的引文，以及不可堕胎、不可杀婴、不可从事观兆法术等伦理禁令，来总结生命之路。生命之路培养那些在外人看来也是可叹的品质，要求人采取与最高伦理准则相一致的种种态度：谦卑、良善、忍耐，以及对艰难处境的接受而非反抗。相比之下，在死亡之路的名下列有一长串罪的清单，包括显然的外在行为如谋杀、拜偶像，以及骄傲、伪善、自夸、对弱者无怜悯心、欺压穷困人。七至十章是对基督教洗礼、禁食、祷告、圣餐的礼仪方面的建议。第二部分（十一至十五章）有关于主教、执事、先知的纪律性规条及劝导。最后一章论及主的再来。这样看来，整体而言，《遗训》是一本资料集，并不像我们希望的那样是一本前后思想连贯的著作。[20]不过，书信的世界观是以一个有着紧密联系的社团为前提的，这个社团谨守有着明确界定的、和周围文化泾渭分明的绝对道德法则。

这样，使徒后教父让我们对新生的基督教世界观有了最初一瞥。他们告诉我们 2 世纪时教会秩序的关切所在：组织、礼仪、道德。文献还显示

出明确的自我意识：随着基督教的出现，全然不同的新视角临到了。他们毫不含糊地劝导要顺从圣经的伦理标准，这就与周围的异教风俗形成对比；他们助成了早期基督教信仰与行为的规范化。他们的著述，在圣经启示与以后发展更完备且更均衡的基督教世界观之间，搭起了首座桥梁。

异端

除了上述相对而言数量并不多的文献之外，古代教会的早期历史里还出现了一批被我们称为"异端"的人，他们的观念和圣经世界观，和教会正在建立的传统，都截然相异。截然相左意见的出现，体现了真理与谬误之间的对立，而这种对立在旧约新约乃至整个历史中一直都有。其中的两个运动——马西昂主义和孟他努主义，特别值得注意，因为它们在 2 世纪时对圣经基督教是最大的威胁。

马西昂

马西昂（Marcion）的父亲是一个主教，来自黑海附近的某个区域。显然，他自己的父亲因为他拥护的错误神学立场而驱逐了他。马西昂来到西方，访问了士每拿，在那里见到为首的波利卡普，接着又去罗马。冲突似乎一直伴随着他，在 144 年 7 月，由于拒绝撤回异端观念，他被主教会议革除教籍。他的作品《对立》（*Antitheses*）声称旧约的上帝是残酷、无知且变化无常的神祇，而新约的上帝则是充满慈爱、怜悯和宽恕的上帝，二者十分不同。为了支持自己的极端二元论，他提出一份正典作品，其中有他自己的作品，有经过删改的《路加福音》（将其中所有赞同旧约的部分除去），有类似的被删改的保罗书信。这样，权威经卷的第一个单子是由一个异端分子开出来的，这就迫使教会拿出自己的清单来应对。马西昂死于 160 年。[21]

孟他努和孟他努主义

约 156 年时，一个从异教皈依的主教孟他努（Montanus）出现在弗里吉亚的小镇阿达堡。他自称得到从上帝来的特殊属灵启示。更为重要的，是他声称圣父圣子特别是圣灵在他里面工作，对他说话，而他必须向全教会传达这些启示。他还说天上的耶路撒冷很快就要降临，在这之先，会有圣灵的普遍临到和充满，而上帝已经指派他作这一伟大事件的先驱者。为了预备天上的耶路撒冷临到，教会应当有某些禁欲操练，尤其是禁食。[22]

从世界观的角度来看，诺斯替主义和孟他努主义（Montanism）对于基督教信念和实践是深刻的威胁，因为它们的极端观点旨在替代圣经教导和正形成的教会教义。这些自封的领袖和新出现的、与教会实践相左的风俗，驱使教会领袖制定规范，以抵抗谬误的思想体系和误导性的宗教活动。

通过对文献的上述简要考察，我们可以看出，基督教是作为一种世界观扎下根基的。不同形式的著述，表达着一个强有力的信仰，它们关注的方面有：教会的统一与组织，圣礼的举行，与圣经教导一致并挑战人过有生气的基督教生活的伦理原则。但是，假教导和超凡魅力团体出现了，它们和圣经的真理与实践都相距甚远，是与之相竞争的世界观，这就要求年轻的信仰拿出清晰的标准或规范。

护教者

2—3 世纪时，出现了一批人称"护教者"的作家，捍卫遭受异教攻击的基督教。基督教的完整性在内部受到早期异端的攻击，而在外部，亦有来自多个势力的压迫。罗马把认信基督教定为死罪，自哈德良皇帝之后，就有信徒写作书信或册子捍卫基督教，抵制敌对性的误解诽谤。罗马的知识界对"新"宗教多有贬损和恶意中伤。[23]作为回应，护教者阐明：皈依基督教既非叛国，亦非理智上的自杀。[24]

护教者以基督教为"哲学"，且是唯一的真哲学，以和希腊的宗教与世界观相抗衡。有人认为，因着这一目标，护教者采纳了希腊化时期哲学思考的方法、语言甚至立场。这条道路可说是基督教的"希腊化"。[25]另有护教者视哲学为基督教的首敌，认为基督教信仰和哲学思辨势不两立。

雅典的亚里斯蒂德

已知的最早护教书系由原先在雅典作哲学家的亚里斯蒂德（Aristides of Athens）写给皇帝哈德良（约 140 年）。亚里斯蒂德声称自己是因着对世界及世界中的和谐所作的沉思，进到基督教知识里；他以斯多葛派的语言谈论上帝。照他看来，上帝的属性只能被否定性地给予限定。我们只能说上帝不是什么。这种神学被称为**否定神学**。亚里斯蒂德指出，基督教也是一种哲学，和其他哲学有得一比，因为它和理性一致，并对哲学提出的问题作出了回答。他用**归谬法**批判多神论，系统地证明其他各个宗教都是崇拜假神。[26]

107

殉道者查士丁

殉道者查士丁（Justin Martyr）生于巴勒斯坦，父母是异教徒，他或许是最重要的护教者。在皈依基督教之前，他的世界观思考涉及斯多葛派、亚里士多德主义、毕达哥拉斯派、柏拉图主义等学说。在以弗所皈依之后，他在哲学家的外衣下，毕己余生捍卫基督教。[27]

查士丁写了不少书。和许多护教者一样，他的《护教书》（*Apology*，约 150—155）是写给皇帝的。书信的第一部分大胆指出，政府仅只是因为信徒信仰基督教，而不是因为他们被证明做了不道德的事，就惩罚他们，这是不义的。他抗议总督乌尔比库斯仅只是因为信徒是基督徒就砍他们的头。既然基督教信仰并未被证明为有罪，则皇帝比起当初杀害苏格拉底的雅典人来说，乃是更为不义。基督徒不是无神论者；他们是各种真理的理智上灵性上的继承人。护教书的第二部分通过正面陈述教义为基督教辩护。

查士丁还写了《与推芬对话》（*Dialogue with Trypho*），这是一本大部头著作，有 142 章，记录的是和一个博学的犹太人（可能正是密西拿提到的拉比塔芬）两天的对话。导言叙述了查士丁的皈依。书的主要内容包括：表达基督教的旧约观，辩护基督的神性，指出基督徒是"新以色列"。[28]

查士丁以上帝为自己世界观的核心，认为上帝是无源起的，没有名字（《护教书》2，6）。不幸的是，他叙述的上帝听起来更像柏拉图所说的"得穆革"。此外，查士丁的基督论里有一个逻各斯居间者，并且逻各斯显

108   然从属于圣父（《护教书》2，6）。查士丁称耶稣是"教师"。查士丁的
"逻各斯基督论"为异教哲学和基督教找到了一个结合点。他认为上帝的
道成肉身的理性（逻各斯）即基督比所有哲学家都高级。查士丁以斯多葛
派的语言论证说，哲学家有逻各斯的种子（*logos spermaticos*），这种子是
所有人的真理源泉。但基督徒有的不只是种子，他们还有逻各斯自身。在
基督教之前出现的真理中，有逻各斯居于其中。例如，柏拉图哲学不过是
从摩西剽窃过来的。但犹太人希腊人都认识了真理。凡是按照理性生活的
人就是真正的信仰者，虽说他生活在无神的人群中。不过，只是在基督徒
里，逻各斯才完全地被启示出来并结出果子。

  查士丁的人性论对 5 世纪帕拉纠主义和 17 世纪阿明尼乌主义的发展
有相当的重要性。查士丁相信人有无限的意志自由，相信人是完全独立
的。查士丁试图捍卫人类责任，把道德自主当作拒斥斯多葛派的命运观和
决定论的武器。照他看来，上帝只是预知而非预定人类事务。意志自由的
观念之所以进入基督教教义里面，正是因为护教者试图联结希腊哲学与基
督教（也就是说，世界从柏拉图的理念那里独立出来）。

叙利亚人塔提安

  叙利亚人塔提安（Tatian the Syrian）到罗马后成为基督徒，受教于
查士丁。他反对婚姻、饮酒、吃肉。他有一部著作叫《致希腊人》（*The
Discourse to the Greeks*），写于 165 年。这本书的真实意图恐怕不是为基
督教作辩护。不管书的目的何在，塔提安和他的老师截然不同，对希腊宗
教持彻底拒斥和尖锐批评的态度。书的四部分把基督教和异教的思想并列
对照：宇宙论、魔鬼学（魔鬼的本性与占星术）、希腊社会批判、基督教
的道德价值。

雅典的阿萨纳戈拉斯

  基督教护教者中最能辩的阿萨纳戈拉斯（Athenagoras of Athens）对希
腊文化的态度比塔提安要温和。[29]《为基督徒申辩》（*The Supplication for
the Christians*）作于 177 年。阿萨纳戈拉斯驳斥对基督徒通常提出的三桩罪
名：不信神、吃人、乱伦。《论死人复活》（*On the Resurrection of the Dead*）
旨在从理性的角度证明复活教义。死人复活无论如何都不会有碍上帝的本
性。另外，它与人性一致——上帝是为着永生而创造人的。阿萨纳戈拉斯亦

表达了护教者持守的早期的三位一体说。他的学说小心地避开了从属论[30]，并主张圣灵是神。他相信，真正的智慧有赖启示（《申辩》7）。

安提阿的提阿非罗

安提阿的提阿非罗（Theophilus of Antioch）是从异教背景皈依的。他的作品有《致欧特里卡斯》（*Ad Autolycum*，约 180），在作品中，他面对异教朋友欧特里卡斯的诘难为基督教辩护。他为圣经所作的辩护的重要性，在于这是圣经之后第一部主张圣经启示说的著作，它表明，圣经的无误性和旧约新约的连续性从最初就被接受为当然之理。提阿非罗称福音书和保罗的书信是"上帝的神圣言语"（2：22；3：13 以下）。[31]

撒狄的墨利托

我们对撒狄的墨利托（Melito of Sardis）所知甚少。我们知道他写了一篇护教书（约 170 年），其中的部分出现在优西比乌的《教会史》中。另一部著作《论受难》（*Homily on the Passion*）只是在最近才被发现，其中有出埃及和逾越节的事迹，都是用作基督救赎行动的预表。墨利托宣传基督的神性、基督的先在、基督的道成肉身，以及原罪教义。

护教者是在困难的处境中著述的，他们努力以逼迫他们的人能够接受的方式来表达基督教。他们的作品清楚表明在敌对的环境中基督教信仰被持守；表明人们已经发现，有必要为信仰辩护，以证明它是某种真实、重大的东西，某种值得在理智上恪守的东西。虽说有的护教者采纳了希腊哲学范畴以捍卫基督教，但另一些人拒绝了哲学。

对属上帝子民的逼迫

在转折性的 313 年，君士坦丁堡大帝承认了基督教信仰的合法地位，而在此之前，它一直是受逼迫的宗教。逼迫成为教会史中的独特一笔并深刻地影响了教会思想。逼迫史具有世界观上的重要性。就历史而言，《使徒行传》就是对基督教最初所受逼迫——先是在犹太人手上[32]，后是在外邦人手上——的叙述。在两百多年时间里，逼迫断断续续，一直都有。[33]

罗马政权的逼迫

基督教之为非法宗教始自图拉真皇帝时期（98—117），他首次宣布基督教是被禁宗教。他恢复以前的法令，禁绝一切秘密结社聚会。图拉真的政策在一个多世纪里成为对待基督徒的样本。在图拉真治下，安提阿的伊格纳修在罗马被扔给野兽撕碎。

戴克里先时期，逼迫的恐怖笼罩整个罗马帝国，自303年起持续到311—313年，超过以前所有的官方逼迫。法令越来越严酷：摧毁教会建筑；焚烧圣经；所有担任公职的基督徒都被开除；所有基督徒都被要求向异教神祇献祭，否则处死。著名的教会史家优西比乌见证了在埃及的逼迫，叙述了教堂如何被铲平，圣经在集市上如何被焚烧，神职人员如何被追捕折磨。基督徒面对死亡或野兽利牙是经常之事。优西比乌说，逼迫的血腥酷烈之剧，甚至野兽都因屡屡扑向无辜基督徒而倦怠。

逼迫的意义或对它的诠释

早期教会的逼迫境遇引发不同反应，而要作出恰当解释并非易事。今日的信徒必定想知道，上帝会否给他们力量承受折磨甚至日常骚扰。他们可以想象一下，所有财产都被查抄，只能在暗中敬拜，该是什么感受。

有几个诠释因素必须考虑。首先，逼迫是断断续续的。逼迫不是持续不断直至313年。尽管如此，爆发的可能性一直存在。[34]许多人主张，之所以有这种情况，是因为普通民众对教会无例外地抱有敌意。[35]这种现象的原因可能是多方面的，但最主要原因在于，基督教要求人过某种特定的生活。在一般罗马公民的眼里，基督教世界观是个什么东西呢？

首先，当时的人都把基督徒看做我们今天所说的"扫兴的人"或"死脑筋"。《致第奥根尼书》（*Epistle to Diognetus*，约130）说，"世界恨基

督徒，因为基督徒虽说未错待它，却反对世界的快乐"。我们也可以在明尼斯克·菲利克斯的《屋大维》里见到这样的抱怨："你从不参与文明人的快乐"——也就是，戏剧和角斗。[36]

有的文献责怪基督徒对公众事务兴趣不高，和社会隔离，逃避自己的社会责任。罗马人发现，基督教如此不受欢迎，以至塔西陀说基督徒是"一群因恶行被憎恶的人"。而苏维托尼乌斯的《尼禄生平》则称基督教是

"新兴的恶毒迷信"。[37]人们觉得基督教是可恶的，哲学家也跟着一起来批斗。哲学家看到基督教是理智上的敌手，看到人类思想王国在渐渐脱离他们的控制。[38]

问题的愈发复杂之处，在于多数人对基督教并没有什么了解，他们对基督教的多数"了解"都并非真实。例如，由于只允许基督徒领受圣餐，因此就生出了好些并非建立在亲身观察之上的谣言流传。

基督教的敌视者最终提出了好几项一般化控诉来反对新信仰。许多人称基督徒是"无神论者"，因为他们并不崇拜一个可见的神。[39]而在罗马文化中无神论还另有含义。"无神论"意味着不关心公民的社会责任、政治责任，意味着对国家不忠。[40]由于基督徒不参加日常的文化活动——这些活动多数包含不道德的生活方式，无神论就显得像是合法的指控。其他指控集中于圣餐礼。流传的荒谬夸张说基督徒用自己的儿女献祭，说他们吃人、乱伦（基督徒彼此圣洁地"亲嘴问安"，又互相称弟兄姊妹）。基督教护教者告诉指控者信仰的真相，从而挡开了这类攻击。

由于上帝是掌控万物的，因而总结对基督教的逼迫缘由时，就需要承认上帝在许可万事发生时的至高怜悯。但是，特别是 2 世纪时的逼迫，其显著特征在于它是零星的，由暴民发起的。[41]起来反抗这一宗教的是民众；他们视之为新奇之物，源自蛮族，并且，最重要的，认为它缺少国家基础，是盲目的非理性信仰。同样显著的事实，是一般的基督徒看起来都没什么"文化"或"社会地位"，大都是穷人。基督徒缺少"爱国热情"（即使在现代美国，这也被视为罪过），看上去"严肃得令人发闷"。[42]

总的说来，护教运动和对基督教的逼迫，至少在两方面有益于教会。护教者让基督徒在敌对的理智环境中能够坚定自己的信念。在对信仰的严正捍卫中诞生的世界观，就显现在一个个信徒顶着压力为信仰而活之中。逼迫让教会在苦难中经历成长。正如德尔图良的名言所说的，"殉道者的鲜血是教会的种子"。让男女信徒拒绝向皇帝献祭的信心力量，见证了福音的可信。基督教信仰成为值得为之献身的东西。即便是在逼迫来到时，归信的人还在增加，这更促进了福音的传布。基督教及其世界观的迅速崛起，很大程度上要归功于男女信徒面对逼迫和殉道时仍旧活出自己的信仰而表现出来的单纯信靠、忍耐、镇定。[43]

早期东西方的著述家

除了使徒后教父和护教者外，早期教会还涌现出一批神学家，他们使基督教信念的本性更加丰满起来。护教者为信仰辩护，东西方的思想家们使基督教教义得到深入发展。小亚细亚、亚历山大、北非的学派都提供了独特视角，拓展了基督教思想整体上的广度深度。

小亚细亚学派：里昂的爱任纽

里昂的爱任纽（Irenaeus of Lyons，约 130—200）生在小亚细亚的士每拿。他从高卢（法国）被派往罗马，帮助解决孟他努派引起的问题。[44] 爱任纽在基督教世界观发展过程的好几个领域中都有重要地位。作为一个护教者，他对诺斯替主义发起了致命攻击。在为圣经的权威教会的教导辩护时，他表述了最早的全面神学，来驳斥关于基督教的假教导。

《论甄别和丢弃虚伪且假冒的诺斯替》是他的主要著作。[45] 拉丁文题名一般译成《驳异端》。这部著作攻击瓦伦廷派、马西昂派及其他诺斯替派，因为这些教导都和使徒著述相抵牾。没有哪个秘密教导像诺斯替派声称的那样，是确实从耶稣和使徒而来的。真正的基督教不是出现在典型的诺斯替式的秘密神话和矛盾教导中，而是出现在与圣经文本、教会传统相一致的"真理法则"中。爱任纽表明，他自己的教训反映了他的老师波利卡普从使徒约翰那里所继承的东西，由此揭露诺斯替派的谬误。爱任纽抵制诺斯替主义对物质世界的贬损，肯定圣经中的上帝既是精神世界也是物质世界的创造者和救赎者，而这一点有着重大的世界观含义。[46]

《驳异端》包含一种独特的基督论和人论。例如，爱任纽在思辨中得出，耶稣必定活了大概五十岁！这一和福音书内容相左的教导，是他的概括理论的副产品。他把《以弗所书》1：10 解释为：基督不同于犯罪的亚当，他带来了救赎，而这是因着他在无罪的顺服中概括了（或者说总结了）人类生命的各个阶段。这一概括使得基督必得要活到老年，而这样的年限比圣经叙述的三十岁要长。此外，有研究者指出，爱任纽是圣经神学的创始者，因为他坚持上帝在这个世界内积极地做工运行。诺斯替派的神唯恐自己两手被玷污，这一观念为伊格纳修所反对，在他的思想里，上帝从创世直到末了都不仅触摸世界而且还进入其中做工。

爱任纽频频诉诸传统来拒斥诺斯替派。不过，要确切说出他所谓的传统到底为何，并非易事。有时，他似乎诉诸古罗马信经（和我们的使徒信经相似）。还有时，他引用主教和长老的权威。主教将真教导传给长老。对爱任纽尤其重要的是那些可以追溯至 1 世纪的主教，他们能确保使徒真理的延续。

爱任纽的引用来源多样，是使徒之后教会出现的首个重要神学家。他的著述着力于彻底地建构福音信息的合理性和一致性，表述了创造、堕落、救赎等主题，并拒斥和圣经信息显然相悖的观念。他的一些提法现在已被抛弃，而且他对圣经的某些处理导致的问题比解决的问题还多。[47]但总体说来，他忠于使徒教导，面对试图起而代之的其他世界观，为之积极辩护。

北非：德尔图良[48]

114

昆图斯·塞普提米乌斯·弗洛伦斯·德尔图良（Tertullian，约 160—225）生于迦太基城，父母是异教徒。他在罗马成为一个杰出律师，约193—195 年间皈依，此后离开罗马回归故里，在那里牧养一间教会。稍晚些时，但肯定是在 207 年之前，他加入一个人称孟他努派的团体。凭借自己的才能和领导力，他成为一个被称为"德尔图良派"的小组的首领，这个派别一直持续到奥古斯丁时代（350）。他被认为是仅次于奥古斯丁的最重要且最具原创性的拉丁教会作家。[49]在奥古斯丁出现之前的西方，他的著作在神学视野上最为广博。[50]

德尔图良的文字作品可分成好些类别。和基督教思想行为有关的几乎每个论题他都涉及过。在他的护教作品中[51]，最重要的是《护教书》（A-pology，197）。他把这部书呈交给罗马行省的总督，以表明基督徒如何因为他们拒绝拜假神而受敌视。他证明基督徒并非国家的敌人，并反驳以基督为新神的观念。他论证说，基督教是神圣的启示。他说《解蝎毒药》（Scorpiace）是用来对付蝎子毒钩的。蝎子毒钩就是诺斯替主义。诺斯替派说基督教许可殉道乃是愚蠢的，德尔图良则赞颂殉道。《论基督的肉身》（On the Flesh of Christ）反对否认基督肉身实在性的幻影说。《肉身的复活》一书攻击异教异端及撒都该人。他以理性推断，既然身体灵魂都是上帝所造的，则它们都会受审判。他引用许多圣经经文来证明道成肉身的重要性。

　　他的著作中有一类是论辩文章。[52]《异端的时效》（*The Prescription of Heretics*）试图终结"大公教会"基督徒与异端之间的争论。拉丁词"时效"（*praescriptio*）是罗马法中的一个专业词汇，指被告对原告上呈案件的方式的反对。合法的反对必须在案件审议之前即以书面形式写下，故名为"预先书写"（*praescribere*）。基督徒和异端之间的争论涉及圣经。德尔图良说，异端甚至不得使用圣经。这一反对非基督徒使用圣经的时效论证说，圣经不属于他们，不是他们可用的。有人认为这是德尔图良最有价值的著作。[53]

115

　　德尔图良在其他著述里发展了基督教的核心概念。《灵魂的见证》（*The Testimony of the Soul*，197）论证灵魂知道上帝存在，知道有死后生命。[54]德尔图良说，信徒必须以上帝的启示而非异端思想来认识世界。《论洗礼》（*On Baptism*）是尼西亚之前论圣礼性质的唯一著作。在这本二十章的书里，他以过红海的以色列、从磐石中流出的水、施洗约翰等形象作为基督的预表。[55]《驳帕克西亚》（*Against Praxeas*）在尼西亚公会之前就已经清楚地表达了教会在三位一体教义上的教导。帕克西亚是一个"圣父受苦派"，主张既然圣父圣子圣灵只是一位神圣存在不同时期的样式或显现，则在十字架上受苦的实际上就是圣父。为了表达神性的一与三，德尔图良造了一个拉丁词"三一"（*trinitas*）。这部书对于三位一体教义而言十分重要。[56]

　　德尔图良笔端触及的基督徒生活中的世界观问题几乎是无穷尽的。他把新约伦理严格地用于婚姻、家庭、异教文化以及基督徒的文化参与。从头至尾，他都要求过一个在道德上绝对顺从的生活。《论表演》（*The Shows*）谴责基督徒参与任何公众娱乐。《论女性的装束》（*On the Dress of Women*）是德尔图良加入孟他努派之前的作品，他在文中警告女性不要被异教的时髦支配，倒要在装束上端庄。他谴责首饰品化妆品源于魔鬼，禁止穿戴金银珠宝物件。德尔图良禁止基督徒染发或在脸上涂色，认为这样就变更了创造主的杰作。他禁止和异教通婚。《写给妻子》（*To His Wife*）意在表明基督徒婚姻如何不同于异教婚姻。他劝告妻子在他死后要做个寡妇，因为再婚是没有什么好理由的。《劝君守洁》（*Exhortation to Chastity*）写给一个新近丧妻的朋友。[57]《一夫一妻》（*Monogamy*）拒绝所有再婚。《处女当蒙头》（*The Veiling of Virgins*）支持这一习俗，因为当时的礼节就是这么要求的。[58]

德尔图良深化了对礼拜虔敬之事与教会纪律的思考。《论祈祷》（*Concerning Prayer*，198—200）是现存最早的论主祷文的文章。《论悔罪》（*Concerning Repentance*）论辩教会和解。德尔图良相信和解需要罪者当众忏悔。《禁食》（*Fasting*）以严格的孟他努派观点攻击大公教会。《论谦恭》（*On Modesty*）争辩说，钥匙的权柄（教会纪律）不在罗马也不在某个特别的主教，它是"属灵的"，也就是说是和使徒起源相连接的。在《大披肩祭服》（*Pallium*）一文中，他声称自己的着装乃是神职法衣即大披肩祭服，而不是罗马外袍。

德尔图良的两句话使人们对他的哲学观颇有议论。他说基督教信仰之所以是真的，是因为它是荒谬的；此外，这一著名诘问也出于他："雅典和耶路撒冷有何相干？"虽说被斥为非理性唯信主义，德尔图良却只是以使徒明了直接的圣经教导来反对希腊思辨的精微曲折。倘若哲学洞见和基督教的整体世界观一致，他是赞同使用的。他相信，借着人类理性和对创造的思考，上帝的存在和灵魂的不朽是可以认识的。他相信，上帝的永恒和广大借着类似方法也可以认识到。[59]

德尔图良阐明了一个成熟的世界—生活观。他对护教学、哲学、神学、伦理学的贡献，为西方教会中他的后继者们奠定了基础。他在这些领域的贡献表现出对思想和生活具有的广博视野。他对哲学对伦理问题的反思，表现出一种早期形式的道德禁欲主义，它导致了修道主义而非文化建构之参与。[60]

亚历山大学派：亚历山大的克莱门

提多·弗雷维乌斯·克莱门（Clement，约150—215）生于约150年，父母是雅典的非基督徒，他的大部分教育来自父母。当他成为基督徒后，就在帝国境内四处寻求最好的老师。最终他定居名城亚历山大，在那里就学于潘代努斯（Pantanenus）[61]，并且后来成为学校校长（约200年）。几年后，为躲避塞提木·塞维鲁的迫害，前往卡帕多西亚避难，在那里去世。

克莱门阅读广泛，引用过360多位异教作者的作品，他对圣经的知识虽不能说精通但也是很熟悉。[62]在《劝告外邦人》（*Warning to the Gentiles*）一书中，他以基督为新世界的真导师，对异教世界作了一番批评。

116

117

《教导者》（*The Teacher*）一文则继续告诉自异教皈依的新基督徒该如何生活。[63]《地毯》（*The Carpet*）一文不是很有组织性和结构性，谈的是希腊哲学。克莱门相信哲学从希伯来圣经借鉴良多。[64]《何等王国会被拯救？》（*What Kingdom will Be Saved?*）证明：甚至国家也会被救赎。国家不会被拒在天国之外。只有那些不悔改的罪人会被排除出天国。他以使徒约翰与年轻人的传说为证明。[65]

《杂记》（*Stromata*）是一个不成系统的集子，里面集录的是宗教与神学思想，从中可以看出克莱门的深刻思想和广博的哲学素养。[66]

克莱门推进了哲学与基督教信仰之间的关系。他使用的一种"方法"于神学的发展而言很重要。他反对那些拒绝一切哲学思考的人，贬称这些人是"正统主义者"。他们是反理智的。克莱门相信，哲学和基督教绝非对立的，它能极大地有助于基督教。他并没有说哲学会导致信仰，但是，它能使基督教吸引外人。他还主张，"信仰"先于哲学。这里所说的信仰不一定是基督教信仰——一些不信基督的人也会有这种信仰。这种信仰是普遍的，就是说，它是对思考的基本原则的直觉或感知。这一信仰知道为了恰当地进行推理我们需要追随什么方法。

柏拉图和亚里士多德体现了这种信仰。在克莱门看来，信仰和理性都出于上帝。这样，哲学和基督教都是上帝所赐的。哲学是上帝和希腊人立的约，正如律法是上帝和犹太人立的约。真理之河有不同支流。这样，基督徒可以用希腊哲学来理解基督教。[67]上帝赐哲学给希腊人是为了把他们带到基督里。[68]克莱门对希腊哲学的理解也不是全无批判的——他反对智者，但相信我们应紧随柏拉图和亚里士多德。[69]

奥利金 [70]

奥利金（Origen，185—254）生于约185年，父母是基督徒。他的父亲202年殉道。为了阻止儿子步父亲的后尘，他的母亲将他的衣服藏了起来。18岁时，奥利金就受任当时已多半被毁的亚历山大基础教义学校的校长。他过着禁欲生活，显然就是这导致他因误解《马太福音》19：12而阉割自己。[71]

起初，奥利金教授所有预备课程，以至后来负担过重。于是他找了一个助手，此后只教授高年级学生。他也听被称为新柏拉图主义创始人的哲学家亚摩尼乌斯·撒卡斯（Ammonius Saccas）的课。[72]

奥利金著述极丰。[73]讲课的时候他的教室里有七个甚至更多速记员。他从事文本批判，编辑了《六部合参》（*Hexapla*），其主要内容包括：旧约的希伯来语文本，为了辅助读音而以希腊字母拼写的希伯来文本，阿奎拉翻译的希腊文版本，一个希腊文译本，七十士译本，另一个希腊文译本。奥利金对圣经的每一卷书都有评述。

奥利金的著述可以按主题进行划分。第一组是护教类作品，其中最主要的当为《驳塞尔修斯》（*Against Cesus*），写于 246 至 248 年间。奥利金针对的是塞尔修斯写的《论真教义》（*The True Word*），这本书对基督教基本信仰的攻击可说是不遗余力。塞尔修斯是个能干的柏拉图派哲学家，为了让基督徒改宗自己的信仰，他使用了各种手段，包括以犹太人的论证来反对基督教。他嘲笑基督只是个术士和骗子，辩说希腊思想更为高明。奥利金的长篇驳斥可说是早期教会护教著述中最为详尽的。虽说不时诉诸寓言，奥利金却是在为福音内容的真理性及历史可靠性争辩，由此说明福音要高于希腊哲学思辨。

奥利金最重要的神学著作是《论第一原理》（*First Principles*），它被认为是第一部真正的系统神学著作（220—230）。不幸的是，希腊原稿无一存留。最早的现有抄本是教父鲁费努斯的拉丁文译本。[74]奥利金的神学是"综合性"世界观的最突出代表：他试图把希腊与基督教思想的基本洞见互相结合起来，尽管它们之间有巨大鸿沟。奥利金使基督教"科学化"，按照这个词在那时的理解，就是透过希腊哲学思想的眼光来解释基督教。举例来说，奥利金在他的体系中融入了柏拉图哲学对灵魂前世存在的信仰。[75]这就把堕落从实际历史中移到了创造之前的存在中。所有灵魂在他们尚未肉身化之前就已经选择了要离开上帝。这样，在圣经中，人的罪是在历史时空之中发生的堕落（这就以既以个体责任解释了罪，又在人类始祖那里找到了我们的共性）；而在奥利金这里，人的罪是一个在宇宙之先发生的神话（每个人之所以是罪人，只是因为他在历史开始之前就个人性地做了选择）。奥利金主要从教育的角度来理解救赎过程。得救需要人通过**神化**（*theosis*）或圣化的过程变得像神一般，这个过程还会导致所有道德性存在物的和解——这是一种普救论。[76]

奥古斯丁

奥古斯丁（Augustine，354—430）对西方的教会、哲学、神学、文

120 化的影响在历史上少有人可与之相比。他对基督教真理的深刻洞察与拓展，他的著述与兴趣之广博，[77]都超过了前人，并使他成为"教会博士"之一。华菲德的这一说法并不夸张：奥古斯丁不仅只是开创了"教会史中的新篇章，而且决定了西方直到今天的历史"。[78]最近，还有研究者说，奥古斯丁和他的任何前人比起来，无论在对世界还是在对圣经本身的看法上，都更符合圣经。[79]

奥古斯丁来自北非的塔加斯特，父亲是异教徒，母亲莫妮卡是虔诚的基督徒。奥古斯丁接受的是哲学教育，内容有语法、辩证法、修辞、音乐、几何、天文和数学。阅读西塞罗的《解惑》（*Hortensius*，已佚）就像是"皈依"。[80]不过，奥古斯丁反抗他的基督教熏陶，说基督教是老妇的宗教。但在米兰，安波罗修的布道让奥古斯丁看到基督教在理智上是可接受的。[81]奥古斯丁经历的真实挣扎，记载在他的《忏悔录》中[82]，这本书是他对文学史最具创造的贡献之一。[83]

121 奥古斯丁将普罗提诺的心灵概念和《约翰福音》中的逻各斯观念相结合，作为他的世界观之认识论基础。[84]光照论吸收了希腊的理念论和圣经的启示观，奥古斯丁由此证明，无论是哲学还是神学都当对基督教思想给予尊重。

奥古斯丁皈依后的首本著作是《驳学园派》（*Contra Academics*，386），在其中他拒斥了新学园派在认识论上的怀疑主义，为自己的世界观打下基础。如果真如怀疑主义者说的那样，知识是不可能的，那么，即便是最基本真理的宣称，例如关乎我们自己存在的宣称，也是不可能的了。更重要的是，对上帝的寻求在一开始也将是不可能的。奥古斯丁以他的光照论为解药来对付怀疑论。奥古斯丁引用短语"我相信，为了我能理解"（*credo ut intelligam*）[85]来肯定：在追求真理的过程中信仰先于理性。[86]事实上，所有的知识都建立在人类心灵对不可怀疑之事的信仰上。虽然将信仰列于理性之先，奥古斯丁并不主张唯信主义。他还结合了柏拉图主义的先天形式，这一先天形式经由《约翰福音》1章中超验的逻各斯所改造。奥古斯丁相信，逻各斯是"真光，照亮一切生在世上的人"（约1：4，9）。这一理智之"光"是赐予普世人类的礼物，它给予我们如种子一般的观念，如善、正义、美，借着它们，心灵得以做出理性判断。我们借以思考的这些范畴或者说光，和上帝所造的宇宙秩序是相应的。这样，所有的人都被赋予了逻各斯或者说"被光照"，这就使客观真理成为可知的。知识因而有赖先天的、上帝所赐的、位于人心灵之内的理念作为先决条件。这些理念会听从存在于心灵之外的超验的逻各斯（约1：4，9）。这一内在之"光"与外在之"光"的悖论，既肯定了人类思考的个体性，从而使人们可以去把握真理，又确证了超越人之主观性的真理的存在。[87]

奥古斯丁从这一认识论基础出发，处理所有的哲学神学问题。他在多个领域都有重要贡献，这些贡献无不表现出充分且完全的圣经立场。奥古斯丁在北非的头十年[88]卷入和摩尼教的长期争论中，而他自己以前就是这个二元论宗教的信奉者。摩尼教教导两个敌对世界之间的二元论：一个世界是善的，有一个完满的神；另一个世界是恶的，有一个完满之神的邪恶对头。这一世界观最好不过地反映了奥古斯丁皈依之前的内心挣扎。[89]

奥古斯丁的反摩尼教著作拒斥其二元论、宿命论，以及物质与恶之间的内在联系，代之以更高的关于创造与恶的圣经真理。摩尼教设定两个同等终极的存在——善与恶，与此相反，奥古斯丁肯定唯独上帝掌管治权。二元论的形而上学在逻辑上就是不可能的，因为不可能有两个同样终极而又互相对立的第一原则。因此，唯有上帝是终极的，是一切存在的独一源头，他**从虚无中**（*ex nihilo*）创造了宇宙。恶不但不是和上帝同等终极的，而且并无实体性的存在，因此算不上是创造物中的任何"东西"。所有的被造物都出自上帝之手，都是善的，包括我们的身体。故而我们最好把恶看成是一种缺乏。虽然恶有时只是善的缺乏（例如瞎眼是视力的缺乏），但在创造物内施行毁坏的常常是一种主动的缺乏，例如身体的疼痛和疾病的肆虐。恶最终的起源是罪，起初是魔鬼犯罪，然后是人犯罪，而罪就是意志悖逆地转离上帝，不以上帝为真实存在所朝所向的终点或目的。这样，奥古斯丁就给了恶的起源与存在的问题一个坚定的基督教回答。在他看来，这个问题不是一个由宇宙的存在论结构生发出的形而上学问题，而是一个由悖逆而来的道德问题。

有十年之久，奥古斯丁卷入和一个急剧增长的分裂派别——多纳徒派的论争之中；在奥古斯丁的时代，这个派别的人数在北非实际上已经超过教会。这一派自称是上帝所拣选的可见纯洁教会，他们将自己从教会中分离出来，称教会在纪律上松散，在祭司制度和圣礼施行上有观点错误。作为回应，奥古斯丁仔细区分了仅由选民组成的不可见教会与由混杂人群组成的可见教会。但是，信徒共同体也是"圣徒共同体"（*Communio sanctorum*），"数目无缺的真实选民"是不可见教会。奥古斯丁相信，大公教

122

123

会之内的一些人并非选民，而有一些选民又在教会之外。他把这一思想建立在耶稣麦子与稗子的比喻上。教会的神圣性因而不是建立在带领人的品性上，而是单单建立在上帝的恩典上。

奥古斯丁希望，通过发传单、写文章、辩论的方式，可以劝说和赢回分离派。当这些方法都失败后，奥古斯丁认为，既然上帝在他的旨意里已经把国家的力量交到了教会手中，那就让国家来结束这一分裂。从前教会只有开除教籍这一属灵的权柄，而现在奥古斯丁诉诸一个在以后的许多世纪里都产生致命后果的政策。奥古斯丁引用《路加福音》14：23耶稣的话："勉强人进来"，敦促以国家武力来终结异端，重建教会统一。对待那些持守错误观念的异端，国家机关可以没收财产、罚款，或施以其他压力。虽说这一政策最终结束了分裂，但它开创了一个先例，其影响延续至中世纪及以后。奥古斯丁的意图是把强迫当作最后不得已的实用手段，来让分裂主义者和异端头脑清醒。但后来，教界政界领袖却斗胆地以强迫为宣教策略，使5世纪日耳曼入侵者的后代"基督教化"。他们以刀剑迫使"野蛮人皈依"基督教，加入神圣罗马帝国。[90]

还是来看积极的一面吧。许多人认为，《论三位一体》是奥古斯丁最重要的著作。他花了20年（399—419）完成这部书。[91]虽说他对理性有信心，认为它是上帝给人的独特恩赐[92]，但是，因着三方面的缺陷，人对三位一体之本性的思考是不能从理性开始的。首先，人的理性其运作是缓慢的，即便有一生的时间，也不够在关乎上帝的事情上得出正确结论。其次，人的理性被罪所污染，不能恰当地发挥作用。最后，人类理性只有借着默想才能带着确据地把握上帝，而默想又需要从理智或感觉经验开始。但是，上帝的本性是这两者都不能直接达到的。为解决这悖论，人需要转向启示真理。否则，人对上帝的观念会有内在错误。

大致来说，《论三位一体》有两个主题。奥古斯丁首先界定了基督教信仰的内容。然后，他举出了几个类比，帮助读者理解三位一体的本性。基督教的基本内容就是耶稣的神性。奥古斯丁承认，确有几处经文，好像在关乎耶稣神性的问题上造成困难，在那几处，似乎耶稣不知道将来的事，似乎他并未肯定人称他为"善的"。奥古斯丁对这几处经文的理解是，圣经不仅把基督表现为有能力的神之子，也把他表现为谦卑的仆人。[93]这样，虽然子是由"父"所差派的，他在存在上却并非从属于父。[94]从这一基础出发，奥古斯丁讨论了旧约中的神显。和早先的著述者不同，奥古斯丁为了强调一体中的三位的平等性，主张那些神显并不全都只是圣子在道成肉身之前在地上的显现，它们也是圣父的显现。[95]奥古斯丁考察了神显和道成肉身这些神迹性事件，以论证耶稣的神性。[96]在此之上，他论证圣三一中三位格的平等。[97]

奥古斯丁表述三位一体的三位格平等之时，正值教会面临来自阿里乌及其他人的争论。虽然他集中关注基督的本性，但他并未忽略圣灵。[98]奥古斯丁说，圣灵和圣父圣子本性上是一样的。圣三一的三位格区分不是在存在的程度上，而是在因果性上。奥古斯丁相信，圣父是神性的"起始"。另两个位格则是就发出与被生而言与圣父相关。事实上，圣灵是神性的"统一性"原则，因为圣灵既出于圣父也出于圣子。[99]

在这一点上，奥古斯丁对神性中的三位格的论述和他的希腊同行截然不同。他可能并不完全清楚就"实体"（ousia）与"本质"（hypostasis）的本性所作的复杂讨论。对奥古斯丁而言，神性的区分不应当从本质或实体方面进行，而应当从关系方面进行。不过，这种特殊方式有它的内在问题和局限，幸运的是，奥古斯丁清楚这一点。虽然卡帕多西亚神学家们对三位一体的讨论有三神论的倾向，但奥古斯丁的表述，会被人看成有一位一体论倾向。[100]即是说，"位格"一词想要表述的是上帝不可言说的"本质"。但上帝只有一个"本质"，这就是，他是上帝。这样，人们可能会说，三位一体只有一个"位格"（一个本质）。奥古斯丁拒绝这种说法，而极力用一种前后一致且又能被人理解的方式来表述他的学说。他明白，称某个人为"一位"，就意味着承认这个存在者具有人类的人格性。这就使得奥古斯丁走向他的第二个主题。

上帝以自己的形象造了人，奥古斯丁相信，这就意味着三位一体的三个位格都在人类中有反映。奥古斯丁意识到，所有的类比都只是用来帮助我们理解三位一体的"映像"，因而并不充分。人从来都不能达到关于上帝自身的真实知识。上帝与人之间的第一个类似之处就是爱。人类心灵在自身内知道什么是爱，由此而知道什么是上帝，因为上帝就是爱。[101]恰当说来，人类心灵要爱自身，就应当先了解自身。这样，就有了心灵自身、心灵对自身的知识、心灵对自身的爱这样的三位一体。[102]圣三一的第二个类比就是记忆、理解与意志。它们中的每一个和另两个都是互相平等的，否则它们就不能彼此包含。[103]

在《论三位一体》中，希波的奥古斯丁继承了拉丁基督教的丰富传统；他的三位一体教义就特别有赖德尔图良、普瓦蒂埃的希拉利（Hilary of Poitiers）、马里乌斯·维克托努斯（Marius Victorinus）的学说。[104]它扩展了阿塔那修、卡帕多西亚教父等人的观念。最重要的是，他的三位一体说有力地替代了古典思想。荷马诸神虽然是人格化的，但都有道德缺陷且彼此相争，而按照三位一体说，有着三个神圣位格的上帝却是宇宙的至高主宰。三位一体为人格性的价值尤其是爱奠定了牢固基础，而这是柏拉图的抽象善和亚里士多德的不动的推动者做不到的。奥古斯丁的三位一体说挑战他的同时代人改变自己崇奉的原则，将文明从原先的自然自足基础转移到由三一神给出的基督教基础上来。

126　　奥古斯丁在和当时罗马相当知名的教师，不列颠的修士帕拉纠的争论中，形成了一种人性论。[105]于帕拉纠而言，道德具有最高的重要性。在此神学前提下，帕拉纠挑战任何这类主张：人只是木偶，全然为恩典的运动操纵。故此，帕拉纠体系的核心观念就是无条件的意志自由和责任。帕拉纠并未主张人可以游离上帝的治权[106]，虽然他的一些追随者是这么主张的。

　　帕拉纠思想的根源就是否定在人性中存在因堕落而来的向罪偏向。如果真有这种向罪偏向的话，意志就不能自由地在善恶之间作选择。同样，既然人并没有向罪偏向，则至少在理论上说来，人有可能顺从上帝的诫命不去犯罪。[107]为了使讨论进一步深入，帕拉纠的追随者发展和传播了他的学说。凯利斯提乌（Celestius 或 Coelestius）强调指出（虽然帕拉纠自己并未这么强调），亚当无论有没有犯罪都是要死的，因为他被造出来时就是会死的。此外，南意大利的俄克拉农的朱利安（Julian of Eclanum）断言，人完全独立于上帝。

　　奥古斯丁的回应[108]产生了到那时为止发展得最为成熟的关于堕落、原罪、预定的圣经观念。帕拉纠眼中的人性从亚当以来就是一成不变的，而在奥古斯丁那里，它经历了三个历史阶段。在堕落之前，亚当有着道德上的自由，可以犯罪也可以不犯罪。[109]但罪的进入改变了人性，其结果是丧失了道德上的自由——人再也没有能力不犯罪[110]，而这正是保罗在《罗马书》7：15—20 和《以弗所书》2：1 对人性所作的描述。亚当的悖逆使人类受制于原罪，这种内在的罪责与玷污使人的意志不再能行出任何善，除非上帝的无上恩典临到他。因着原罪，唯有单单从上帝不可测的智慧来的预定恩典才能将人从罪的奴役中释放。人性的第三个也是最后一个

阶段就是在天国里的被赎，那时人要经历最终的自由——他们将再不会犯 127
罪。奥古斯丁的人性三阶段说深刻地影响了西方哲学与神学的思想史。由
此奥古斯丁不仅拒绝了帕拉纠主义、摩尼教、希腊古典哲学，也拒绝了先
前基督教思想的种种不完善形式（如奥利金学说）。

奥古斯丁的最后一部主要著作《上帝之城》在 413 至 426 年间分成几
部分陆续出版。这是一部护教著作，但它和早期"护教者"为了自己的生
命而作的辩驳意义不同，它是面对这一指控——信仰耶稣基督使罗马帝国
覆亡——而为基督教作辩护。奥古斯丁的回答是，罗马的败亡不是因为它
采纳了基督教，而是因为它的内在腐朽——它还不够基督化。《上帝之城》
是（圣经之外的）第一部真正的历史神学著作。"世俗"历史和"神圣"
历史不可分割；人性发展的真实历史就是信仰与怀疑之间逐步展开的战
斗。奥古斯丁重复了他以前的许多主题，也发展了一些新观念，这些观念
在西方文化中日趋重要。值得注意的是，虽然奥古斯丁在上帝之城与人类
之城之间清晰划界，指出它们因着各自的忠诚所向不同，而一者属上帝，
一者属自我或世界或魔鬼，他却并未放弃对文化和个人进行改造的希望。
因为信者和不信者在世俗之城都寻求和平，所以他们在单只和人类生活相
关的事情上可以有共同事业。[111]

这样，奥古斯丁通过他的许多著述，留给了西方一个对圣经作出诠释
的全面世界观，它给出的权威立场为中世纪立定根基。奥古斯丁启发他的
解释者将这一世界观运用于生活各方面：教会的神学与实践，各个思想领
域里的哲学思辨，政治力量的运用以及文化差别。

早期基督教的教会生活

使徒时代

在上帝所命定的关系中，基督徒当彼此顺服：妻子顺服丈夫，儿女顺
服父母，奴仆顺服主人，他们又都顺服执政掌权的。基督徒被召是要成为
圣洁。教会当抵制异教社会。此外，教会内部不当有社会区分。不过，使
徒时代的教会并未试图取消奴隶制。[112]

劳动或者工作在基督教社会里有了新意义。一个基督徒有三重工作动 128

机：一是作一个基督徒不应成为他人的负担，二是可以有盈余，三是给做工的非基督徒良好印象，向他们见证信仰。希腊人视做工为奴隶性活动，罗马人则认为它有损公民尊严。教会不接受这些异教观念，认为自由的男女做工是合宜的[113]，并且认为，即便是最低形式的工作——作奴隶，也是有尊严的。

2世纪时，教会越来越强调行为的正当。例如，堕胎就是被禁止的。斯塔克在《基督教的兴起》（*The Rise of Christianity*）中指出，基督教对杀婴和堕胎的禁止和当时流行的异教风俗形成鲜明对比，它是基督教迅速崛起而异教世界观衰落的重要因素。[114]这两种恶习在希腊罗马世界都相当流行，而于早期的基督徒而言它们都是可憎恶的。德尔图良对堕胎器具及程序有过叙述。教会内逐渐发展出一套规条或禁令，指出什么是可做的，什么是不允许的。基督教生活开始被界定为遵从"一套规则"。有些规则禁止从事某些行业，如看相、行巫、占星。参军这时还不属被禁之列。基督徒仍然大多来自社会底层。但在教会内，出身的卑微并不妨碍进阶。我们知道好些大教会的牧者都是奴隶出身。

教会亦强调要有节制，反对吃穿奢侈。基督徒拒绝参与许多异教节庆。我们所知的被禁条目，多过被当作可接受的休闲活动而建议去做的条目，虽说，现存的一段文字谈到，有三个朋友从罗马走到海边为的是在海里划桨。教会要求基督徒将时间用于属灵交谈或欣赏自然。

第三世纪

到第三世纪的时候，对基督徒的文化参与的看法还在深入。基督教影响着信众对工作的态度，一些规则禁止他们参与某些行业。教会对皈依者列出了一些需要做的社会改变，我们不妨来看一看。《使徒传统》（*Apostolic Tradition*）说："如果这个人是个男妓，他就得放弃自己的行为，否则教会必须拒绝他。如果他是个雕刻师或画师，则应当要求他不得制作偶像；如果他不约束自己，教会就必须拒绝他。如果他是个戏剧演员或哑剧演员，他应当放弃自己的行为，否则教会必须拒绝他。孩童的老师最好是放弃自己的行为，但如果他没有其他职业，那他或许可以……"[115]

随着基督教越来越广地涉入生活，规则也变得越加复杂详细。例如，吃肉是许可的，但不能烤着吃只能煮着吃！不过，基督教世界观最显著的特点还是体现在基督徒的怜悯与爱的态度上。同时代的希腊罗马人，他们所崇奉的诸神鄙弃怜悯与同情，他们自己对众神与人之间的爱毫无概念，更别说对人与人应当彼此相爱的伦理观有什么概念，而相比之下，基督徒因着其怜悯与同情的行为而著称。德尔图良在《护教书》中宣称："我们照看无助的人，以行动去爱，而就是这，让众多敌手看我们极不顺眼。他们说：'只要瞧瞧，瞧瞧他们是怎么彼此相爱的！'"[116] 由于施怜悯是基督教中义务性和基础性的方面，所以，基督教促成了相关组织的产生，以使慈善工作的开展最有效率。

尼西亚公会议之后的社会生活

我们知道，基督教这时仍是从业阶级的宗教，而教会一直就在劝告人应当努力工作，应当节俭。教会此时仍在禁止信众从事某些行业。在被禁行业里这时多了一个条目——借贷。尼西亚公会议的一条法规要求，所有曾借贷取利的牧者都当被解职。东西方的许多教父都谴责在教会内放高利贷（讨要过高利息）。高利贷问题在以后的教会史中不时出现。

这时仍然有饮食上的训诫。食物是为了身体的营养而不是满足奢侈。针对基督徒的教牧训诫建议一天只吃一餐，这样，二十四小时里就只有一小时用在满足身体上。用餐前总要祷告。

至于休闲娱乐，基督徒得到的劝诫是：不去剧场，不参与公众体育赛事，不可聚众饮酒，酒店则门也不要进。他们应当在家休息、读圣经。不过，在家中他们可以简单地招待基督徒朋友，在属灵交谈中渡过时光。

最近的研究详细地表明基督教如何快速增长，其世界观又如何为西方文化提供新的道德视野。[117] 虽然人们早已认识到，旧约和新约的道德绝对性为道德法则提供了全新的超验基础，但人们很少关注这种基础如何在细节方面起作用。我们已经看到教父、护教者、早期神学家如何在基督教传统内发展出一些关键原则。由于先天道德原则已经发生显著变化，而这些原则会在日常行为中得到具体表现，所以，基督教的同情与怜悯在许多文化领域内都显明出来。除本章上面提到的内容外，我们现在再来看看在4世纪的时候，从基督教世界观如何直接地产生出对病人和穷人的照顾。

希腊罗马文化对弱势者、病人、临死者是没有什么人道关怀的。在瘟疫来临时，不信者往往遗弃传染区。弃婴，置病者、垂死者不顾，在当时是常事。罗马人的**大度**（*liberalis*）是施与那些以后将会回报他们的人，而基督徒的**爱**（*caritas*）却只是为了使对方受益。故此，罗马人一般不会施与穷人、病人或弱势者，而同情成了基督徒公众行为的显著特点。[118]基督徒建起了孤儿院，收集财物从事慈善，并组织了**社团**（*collegia*）来为孤儿寡老分发救助。[119]公众福利事业得到鼓励。一有可能，食物就会被分给极度贫困的人。

基督教之爱的另一直接结果就是建立医院。希腊罗马文化中的医院只是为士兵和角斗士设立的。普通公民有病或受伤不能求助医院。施密特谈到，古典时期的一个"巨大空缺"就是没有医疗。由于害怕被瘟疫病人传染疾病，人们常常离开他们而不是送他们去治疗。[120]但随着 313 年基督教的合法化，基督徒得以公开地将自己的道德原则付诸实践。尼西亚会议要求主教在教区内建立医疗设施。济困收容所为穷人和朝圣者提供医疗和住处。施密特注意到，卡帕多西亚的凯撒利亚的著名主教巴西尔于 369 年修建了第一座医院，这所医院是一片大修道区的一部分。其他主教在东西方——君士坦丁堡、罗马、北非——纷纷效法。施密特把这些机构称为"世界上的首批自发慈善机构"。[121]

君士坦丁之后的教会结构

总体而言，君士坦丁为帝之后，教会的发展有了重大转变[122]，进入一个可称为帝国国家教会的时期。君士坦丁认可基督教的合法宗教地位，由此开始了上述转变。到 321 年的时候，教会已经被合法地建立起来，星期日在帝国境内成为圣日，主教有权裁决法律事务，国家出资建造教堂。教会如今和帝国秩序关联在一起。对"异端"的处理方式不再一样：现在他们被当作"违法者"处置。这种帝国式的变化在东方教会要多于西方教会。[123]

新的教会结构也影响了地方性的教会组织。地方性的牧者（主教）被置于新的官员或都主教的管辖下，而后者与前者的城市可能根本没有什么联系。此外，这些常设性的牧者现在是国家公职人员。[124]

君士坦丁治下的政教合一[125]既有正面后果也有负面后果。它对教会纪律也带来影响。阿里乌论争以及此后的其他论争在帝国内部造成的危机使得针对那些脱离信仰者的纪律被强化，出炉了如何接收他们回教会的固定程序。随着教会和国家的关系愈加紧密，民事处罚和教会处罚挂起钩来。例如，普利西廉主义者就被处之以死刑，异端被认为是最大的社会危害。

在以极高的热情处理神学异端的同时，教会对实践性的错误和道德问题变得放松。此外，因着教会与国家之间的联姻，教会的"世俗化"也开始了。和世俗化一道而来的，是教会如今得站在从异教世界来的大众一边，而他们还未经历救赎带来的内在更新；凡此种种，都影响了教会的领袖。

渐渐地，主教更在乎的是世界的肯定，不再有勇气以纪律要求会众中的显贵。约翰·克里索斯托可说是个例外，他甚至以纪律来要求皇后，这在风气松散的时代倍显突出。[126]

另一个显著例外是米兰的安波罗修。事情的发生是在约 390 年。主教不许在神学上正统的皇帝狄奥多西一世（Theodosius I）领圣餐，甚至根本拒绝他来到圣餐桌前。原因是皇帝由于帖撒罗尼迦的平民暴动处决了七千人。在被停领圣餐八个月之后，皇帝当众忏悔，宣布此后他再施行死刑时，将总是先等上三十天，这样就不会因着怒气行事，且在必要的时候能得以取消刑罚。

显然，东方教会和早期的西方教会都捍卫主的圣餐，与此不同，今天的西方教会容许任何自己觉得合宜的人领圣餐。此外，自 390 年起，东方教会不再在执事或司祭的监督下施行指定的忏悔。

修道主义 [127]

逼迫时期的教会内部对修道主义没有什么热情。教会一直在和世界的风气对立，且当面临来自世界的积极逼迫时，这么做相对来说并不难，但情况改变了，教会不再处在隐秘的地下墓室，而是突然发现自己有了国家宗教的种种特权。随着基督教作为国家宗教兴旺，对修道生活的热情也高涨起来。

这样，自君士坦丁时代开始，一种被称为"修道主义"的新禁欲主义生活方式逐步得到发展。最早的也是最极端的形式是隐居或退隐。这些修士远离世界，据信是在荒野中和魔鬼作战。修道主义始于埃及，而尤其是从 4 世纪开始传播迅猛。它先是向东后是向西传播。[128]

到 4 世纪末时，修士人数已达数千。仅帕科米乌修道团的修士就达七千人——确实发展惊人！在宗教改革之前，基督教世界的文化主要保存在修道院。[129]宗教改革之后，罗马天主教和希腊正教仍保有修道院。

在起初阶段，修道运动的动力是某种形式的"殉道"。这是一种自愿的殉道，一种宗教性的自杀——慢慢地、在不快乐中毁灭自己。

修道主义的几种形式。修道运动起初有三种形式。首先，有些神职人员过着禁欲生活，但并不游离日常的社会生活。这类人可说是半修士。其次，有一类人从所有的工作和社会关系中脱离出来。他们常常穿着兽皮，只吃面包和盐，住在洞里。由于西方的气候较为严酷，故而这类修道运动在西方并不兴盛。最后一类是住在修院中的人。修院生活主要是在体力劳动和敬拜祈祷中渡过，多余的食物被分给穷人。

修道运动得到教父希波的奥古斯丁的帮助。当他从意大利回到北非时，他聚集了一群愿意献出自己财物的人，并为他们的团体生活订立了规条。这标志着奥古斯丁修会的开始，从这个修会里最终走出了马丁·路德。

当然，修道主义也有极端表达。不管人们会对修道主义运动做什么评价，一些自我抑制的故事都是值得一听的。这类故事虽说很多，且多半也只是个故事，但有几个还是可以核实的。我们知道，有一个修士一周只吃一餐，睡觉时靠着一根柱子站着睡。有的修士从不吃面包。有的会整整七天不吃不睡。还有一个叫西蒙的修士，整整三十六年都住在一根三四十英尺高的柱子的顶上，在那上面祷告、禁食、布道，一星期只吃一顿饭。这些修士几乎从不剪头发胡子，或者只在复活节的时候剪上一次。他们中有的人整个成年生活都在一间房子里度过，从不出门。

不过，修院生活有时不过就是某种让虔敬变得"制度化"的有着高度组织的生活。一个修道院可能会这般描述他们的生活。在日出前起床，唱赞美诗，祷告，读经，之后工作。九点、十二点和下午三点的时候还会祷告。工作完毕，他们会简单用餐，吃的是面包、盐，有时会有蔬菜。感恩诗唱完后，便在麦秆床上就寝。

从奥古斯丁到查理曼大帝

野蛮人在罗马 [130]

正当修道主义发展的时候，帝国也在改变。378 年，皇帝瓦伦斯（Vallens）在亚德里亚堡之役阵亡，全军覆没。他和他的军队败在一群"未开化"的人手中，他们被称为西哥特人，这一失败引发罗马帝国和已然进入帝国境内的日耳曼民族之间的新一轮危机。在接下来的两个世纪里，神圣罗马帝国将被这些蛮族征服、瓜分。

蛮族和罗马军队之间有许多互动，包括蛮族在罗马军中服役，人数越来越多。日耳曼部落为罗马商品提供了市场。双方之间有着缓慢的文化互渗。也大概就在这一时期，日耳曼部落开始接触基督教。

要在罗马人和哥特人之间截然划界并不容易。日耳曼部族钦慕罗马文化，在许多方面都想融入罗马文化。但在 5 世纪初，西哥特人向孱弱的帝国发动进攻，先是在东部征服了希腊，远至斯巴达，并在 410 年攻占了君士坦丁堡。在 410—455 年间，罗马的力量与权威在不列颠、法国、西班牙、北非以各样的方式被摧毁。[131] 由于蛮族国王希望成为罗马的伟大文化与"权威"的一分子，所以他们往往保持罗马仆人的名义，但这时的罗马已经不再有往日的雄威了。

战乱之时居显要位置的往往是军队，同样，那时控制罗马帝国的是军事将领。到 5 世纪末的时候（即 476 年），蛮族完全控制了意大利，之后一直占据着统治地位，直到皇帝查士丁尼一世统治时期（527—565）为止。

查士丁尼试图重新夺回帝国西部。他先从汪达尔人手中夺回北非，又成功地从东哥特人手中夺回意大利。汪达尔人和东哥特人在神学上都是阿里乌派，于是，"神学上的"阿里乌派在很大程度上就这样被击败了。[132] 135
查士丁尼之后，再没有人能和日耳曼人作战，而到 568 年时，伦巴德人又重新侵入意大利半岛。[133]

教皇制的兴起 [134]

从 4 世纪起，罗马主教达玛苏（Damasus，366—384）就开始把罗马教会称为"使徒的教座"。他试图加强罗马教会在西部教会甚至东部教会中的首要地位。到 4 世纪末时，罗马教会在帝国西部和东部的教会中都已经有了特殊权威和位置。

利奥一世（Leo Ⅰ，440—461），也称大利奥，试图进一步确立教皇制；从技术上说，他可以算是首任教皇。他坚持彼得在众使徒中是居首的，并且彼得的继承人即教皇继承了彼得在教会中的最高领袖与教师的地位。利奥甚至已经谈到，彼得通过教皇说话。451 年的卡尔西顿公会议巩固了教皇制，说彼得已经通过利奥之口说话了。最后，罗马皇帝为教皇制锦上添花，宣布教皇对于至少是西部教会的那些省份拥有绝对权力。

罗马主教的权力上升和蛮族对帝国的入侵同时发生。随着帝国的力量日渐衰败，教皇的力量日渐增长。一当帝国失控，罗马力量的可见代表——教皇，就显得极为重要。罗马主教现在既象征使徒权威也象征罗马力量。

这一力量转移导致了东西方教会的不和。在菲利克斯三世（Felix Ⅲ，483—492）期间，罗马教会将君士坦丁堡牧首革除教籍。这是记载最早的建制教会内的"宗派分裂"。这一分裂在 519 年的时候和解，其结果是教皇的权力进一步扩张。

约一个世纪之后，格列高利一世（Gregory Ⅰ，590—604），也称大格列高利，上台掌权。[135]这个时候，西哥特人和伦巴德人已经放弃了阿里乌主义。教皇格列高利着手使盎格鲁—撒克逊人皈依，他将这份使命交给了修士奥古斯丁及其同伴。威利布罗德（Willibrord）和卜尼法斯（Boniface）则在 8 世纪上半叶时开始在弗里希亚（今日荷兰）人和日耳曼人中间宣教。[136]

136 国王与教皇

大体说来，从罗马覆亡到查理曼大帝期间的政治权力都是地方性的，其区域较罗马帝国力量所及之处要小得多。一直到中世纪晚期时，还没有那个国王拥有组织良好的官僚体系。教皇拥有的管理体系仍然是最好的，他手下的神职人员虽说相对低效但在体系上最庞大。[137]此外，基本而言只有教士才有读写能力，教皇为国王提供的服务因而极为有用。法律文书及政治建议的写作都需要教士。

教皇掌握的权力不只是文化方面的。教皇还可以为国王加冕。例如，矮子丕平（Pepin the Short）想被加冕为法国国王，向教皇提出了加冕要求。教皇答应了，差遣传教士圣博尼费加冕丕平为法兰克人的国王。加冕是在 752 年。[138]没多久，教皇就得到来自丕平的救助。丕平领军翻越阿尔卑斯山，挡住了进攻意大利的伦巴德人。第二年也就是 756 年，他又一次翻越阿尔卑斯山，重创伦巴德人。丕平从战败的伦巴德人手中夺过土地，将其直接捐给教皇。这一著名的丰厚礼品，史称"丕平捐赠"。按照法理上的时间理论，由军事征服而给的土地捐赠是合法礼物。[139]很有可能，丕平伪造了后来的"君士坦丁捐赠"。这一"捐赠"给予教皇对罗马帝国西半部的直接政治主权。[140]

丕平死于 768 年。他把王国分给了两个儿子，即查理（也被称为"查理大帝"，由此而来"查理曼"）和卡洛曼。正是查理曼使帝国得以在西方重新建立。值得注意的是查理曼在西方的长久统治（768—814）期间所控制的土地，要大过君士坦丁堡的皇帝所控制的土地。[141]

查理曼是个杰出领导者。他任用大批忠于他的贵族和教士。他的帝国幅员辽阔。他和萨克森人打了二十三年的战争，使他们接受了基督教。他击败亚细亚诸部落，迫使他们也皈依基督教。值得一提的是他只吃过一次败仗，就是在西班牙和巴斯克人的战斗。[142]

查理曼的管理体系比较简单。每个自由民宣誓效忠，每个领主负有某些要为国王尽的义务。虽然他可算得上是独裁者，但他清楚自己作为一个统治者对上帝应尽的责任。[143]

"查理大帝"和教皇（利奥三世，Leo Ⅲ）之间的关系很有意思。查理从不认为教皇是他政治上的上司。他最多把教皇视为有用的合伙人。查理曼承认教皇贵为教会之首、上帝的代理人，但他自己也自由地召集宗教会议，宣布某些主教为异端，解决教界争端。事实上，在罗马贵族和教皇利奥争论期间，查理要求被指控多项罪名的教皇发誓他的确是清白的。这样，查理实际上就在审判教皇了。

800 年圣诞节，教皇利奥三世在罗马的圣彼得大教堂为查理大帝加冕。学者们怀疑这一加冕到底是查理的授意，还是如他自己所说的那样，是利奥自己加之于他的。依据不同文献，人们可以得出不同结论。

结论

在本章所跨的八百年间，基督教世界观发生巨变。基督教从地下墓室来到大教堂。各样的基督教文献数量猛增，传播信仰的要道、礼拜仪式、道德高标准。当逼迫严酷时，基督徒在恶毒的敌意中坚守信仰，护教者为信仰申辩。不同的学派和神学家发展了基督教教义，使之在信仰上实践上都和异端以及各样的不信清楚地区别开。虽然早期思想家的着重点各有不同，但教会召集了公会以界定教义和抵制错误观念。基督徒目睹了强大的罗马帝国覆亡，以及"野蛮的"日耳曼力量兴起。教会和来自外界的逼迫斗争，又自己变为针对内部异端的"逼迫者"。教会既反对又在接受同时代哲学思潮的影响。信徒既和国家抗争，又在某种程度上帮助国家治理。这些都为接下几章要描述的深入发展埋下伏笔。

¹³⁸ 阅读书目

Bruce，F. F. *The Growing Day：The Progress of Christianity from the Fall of Jerusalem to the Accession of Constantine*. Grand Rapids：Eerdmans，1953.

Chadwick，H. *The Early Church*. Penguin History of the Church. Grand Rapids：Eerdmans，1968.

Cochrane，Charles Norris. *Christianity and Classical Culture：A Study of Thought and Action*. New York：Oxford University Press，1944.

Duchesne，Louis. *Early History of the Christian Church from Its Foundation to the End of the Fifth Century*. London：Murray，1965.

Gamble，Richard C. "Medieval Monasticism"，*TableTalk*，January，1995.

Kelly，J. N. D. *Early Christian Doctrines*. 5th ed. ，London：Black，1972.

Kidd，B. J. *A History of Christian Church to AD 461*. Oxford：Oxford University Press，1922.

Le Goff，Jacques. Translated by Julia Barrow. *Medieval Civilization 400—1500*. Oxford：Basil Blackwell，1988.

Markus，R. A. "Victorinus and Augustine"，in *The Cambridge History of Later Greek and Early Medieval Philosophy*. Cambridge：Cambridge University Press，1970.

Nash，Ronald H. "The Christian Rationalism of St. Augustine" in *The Word of God and the Mind of Man：The Crisis of Revealed Truth in Contemporary Theology*. Philipsburg，NJ：Presbyterian and Reformed Publishing，1982.

Nash，Ronald H. *The Light of the Mind：St. Augustine's Theory of Knowledge*，Lexington，KY：The University of Kentucky Press，1969.

Needham，N. R. *2000 Years of Christ's Power．Part One*．London：Grace Publications Trust，1997，2002.

Quasten，Johannes．*Patrology*，Westerminster，MD：Newman Press，1951.

Schaff，Philip．*History of Christian Church*，2 vols．Grand Rapids：Eerdmans，1979.

Stark，Rodney．*The Rise of Christianity：A Sociologist Reconsiders History*．Princeton：Princeton University Press，1996.

Stark，Rodney．*The Rise of Christianity：How the Obscure，Marginal Jesus Movement Became the Dominant Religious Force in the Western World in a Few Centuries*，San Francisco：Harper and Row，1997.

Warfield，B. B. *Studies in Tertullian and Augustine*，New York：Oxford University Press，1930.

Wiles，Maurice，and Mark Santer，*Documents in Early Christian Thought*，Cambridge：Cambridge University Press，1975.

讨论问题

1. 什么是尼西亚信经，它对今天的教会为何重要？
2. 什么是卡尔西顿信经，它对今天的教会为何重要？
3. 伪狄奥尼索斯的学说和影响何在？罗马的波依修斯是谁？
4. 学习教会史为什么有帮助？试给出五点理由。
5. 试列出五个使徒后教父（或护教者）的名字，并以一句话述说其生平。
6. 里昂的爱任纽是谁？谈谈他的生平、著作、神学。
7. 阿里乌是谁？谈谈他的生平、神学。
8. 谁是阿塔那修？谈谈他的生平、著作、神学。
9. 谁是尼撒的格列高利？谈谈他的生平、著作、神学。
10. 试描述一下逼迫期并评价之。
11. 罗马帝国为何覆亡？
12. 皇帝君士坦丁真是一个基督徒吗？

139

13. 修道主义为何兴盛？

14. 在这一时期，教皇和皇帝的关系如何？

注释

[1] 参考 Johannes Quasten, *Patrology* (Westerminster, MD: Newman Press, 1951), 1: 42 - 44。

[2] 英译本见 Alexander Roberts and James Donaldson, trans., *The Ante-Nicene Fathers* (Grand Rapids: Eerdmans, 1950—), 1: 1 - 23。

[3] Ernst Shaehelin, *Die Verkündigung des Reiches Gottes in der Kirche Jesu Christi. Erster Band, Von der Zeit der Apostel bus zur Auflösung des Römischen Reiches*, Basel, 1951), 85。

[4] Bertrand Altaner, Alfred Stuiber, *Patrologie: Leben, Schriften und Lehre der Kirchenväter* (Freiburg: Herder, 1978), 45. Karl Heussi, *Kompendium der Kirchengeschichte* (Tübingen: Mohr Siebeck, 1991), 26. Quasten, *Patrology*, 1: 43.

[5] Hans Lietsmann, *Geschichte* (Berlin u. Leipzig: Walter de Gruyter, 1932), 1: 203。*The Ante-Nicene Fathers*, 1: 16, 40 章："他命我们献祭物，做礼拜，应守一定的日期和时间，不可轻忽或错乱。他照其至尊的旨意，规定用些什么人，在些什么地方来行这些礼节，以便一切事情得以虔诚地依他旨意作成而蒙他所悦纳。"

　　本条及下一条注释的引文中译均出自《基督教早期文献选集》，中国三自和中国基协出版，2003 年，41—42。——译者注

[6] 英文翻译可见于 *The Ante-Nicene Fathers*, 1: 16, 41 章。"所以凡是不合乎主旨意而擅自行动的，必承受死亡之罚。"他接着写到，"上帝既以重大的责任托付在基督里的人，所以他们选派一些如上所述的职员，这又有什么可奇怪的呢？例如有福的摩西，既在主的全家里是一个尽忠的仆人（民 12: 7），就将他从主所受的命令都记录在圣书上；以后的众先知也照着他，为他们所定的法规作证"，43 章。

[7] Lietzmann, *Geschichte*, 1: 204. Shaehlin, *Die Verkündigung*, 1: 116. 参考 Heussi, *Kompendium*, 26. J. N. D. Kelly, *Early Christian Doctrines*, 5th ed. (London: Black 1977), 35。

[8] Shaehlin, *Die Verkündigung*, 1: 90 - 93. 参考 Heussi, *Kompendium*, 26.

[9] Heussi, *Kompendium*, 26.

[10] Shaehlin, *Verkündigung*, 1: 96.

〔11〕 Lietzmann，*Geschichte*，1：229.

〔12〕 Shaehelin，*Verkündigung*，1：96. 作者所说的"比喻"可能就是我们所说的"预表"。关于比喻的更多内容，可参考 Kelly，*Early Christian Doctrines*，70。

〔13〕 Shaehelin，*Verkündigung*，1：97.

〔14〕 希腊原文见于 *MSG*，2：727 及以下。

〔15〕 *The Epistle of Barnabas*，chap. 15，1—9. 见 Shaehelin，*Verkündigung*，1：97 - 98。

〔16〕 Lietzmann，*Geschichte*，1：231。见 *Barnabas*，10，1 - 8。

〔17〕 论摩西，见 *Barnabas*12，1 - 7。关于替罪羊，见 *Barnabas*7，6 - 10。

〔18〕 英译文见 *Ante-Nicene Fathers*，2：9 - 55。

〔19〕 这部书直到 1883 年才为学者所知。由于它是个汇编文献，所以很难界定准确写作日期。学者估计它写于叙利亚或埃及，时间是 100 至 150 年间。见 K. Heussi，*Kompendium*，26。

〔20〕 Shaehelin，*Verkündigung*，1：88. Lietzmann，*Geschichte*，1：213.

〔21〕 Lietzmann，*Geschichte*，1：265 - 81. K. D. Schmidt，*Grundriss der Kirchengeschichte*，69.

〔22〕 Shaehelin，*Verkündigung*，1：110.

〔23〕 Altaner and Stuiber，*Patrologie*，60. 皇帝马可·奥勒留 176 年颁布一项法律，封禁新宗教，这项法律显然是直接针对基督教的。

〔24〕 Heussi，*Kompendium*，33.

〔25〕 Heussi，*Kompendium*，33 - 34. 他指责这些护教者不仅采纳了希腊化思想的方法，而且还应对"基督教思想世界的希腊化"负责。

〔26〕 他以否定性词汇谈论上帝，并赞同上帝的不可知，这些都有悖圣经的这一教导：上帝已经启示了他自己的属性，以便生活自身的至高目的就是认识上帝。这一时期的另一个人物是夸德拉图斯。我们对他的全部了解都来自优西比乌的《教会史》。他在约 125 年时向皇帝哈德良呈交一篇护教文，文中以耶稣的神迹证明他是救赎主。

〔27〕 查士丁在皇帝安东尼努斯·庇护（138—161）期间于罗马建立了一座学校。约 165 年的时候，他和六名同道被罗马斩首，从此得"殉道者"之名。

〔28〕 查士丁的其他著作包括 *Against All Heresies*，是反马西昂的；*Discourse Against the Greeks*；*On the Sovereignty of God* 和 *On the Soul*。

〔29〕 Quasten，*Patrology*，229.

〔30〕 很不幸，从属论在其他护教者当中很普遍。

〔31〕 Kelly，*Early Christian Doctrines*，69.

〔32〕 在著名的巴尔—科克巴战争期间（132—135），犹太教受到严厉限制，起义领袖

强迫所有基督徒要么加入要么被杀。起义遭到失败，犹太教几近被罗马政权毁灭。在许多学者看来，写于 2 世纪末的塔木德以及写于 430—521 年间的巴比伦塔木德，都是内在地反基督教的。

[33] 要对迫害作一分类且统计其次数并不容易。有的人如奥古斯丁在《上帝之城》中，统计出迫害的次数是十次。拉克坦修引证的有六次；其他古代作者认为是九次。确切次数并不那么重要。我们需要的是考察各种背景因素，以得出早期教会所受各次逼迫的普遍性结构。总体而言，基督教存在于城市环境中，而这就为逼迫提供了背景。

[34] B. J. Kidd, *A History of Christian Church to AD 461* (Oxford: Oxford University Presss, 1922), 227.

[35] 早在公元 64 年的时候，尼禄就知道，民众对基督徒的不满程度，足以拿他们当替罪羊。见 F. F. Bruce, *The Growing Day: The Progress of Christianity from the Fall of Jerusalem to the Accession of Constantine* (Grand Rapids: Eerdmans, 1953), 15。

[36] Kidd, *History*, 228.

[37] Bruce, *Growing Day*, 15.

[38] L. Duchesne, *Early History of the Christian Church from Its Foundation to the End of the Fifth Century* (London: Murray, 1965), 146.

[39] Bruce, *Growing Day*, 15.

[40] Kidd, *History*, 233.

[41] Kidd, *History*, 233.

[42] Philip Schaff, *History of Christian Church* (Grand Rapids: Eerdmans, 1979), 2: 103.

[43] 参考 Rodney Stark, *The Rise of Christianity: How the Obscure, Marginal Jesus Movement Became the Dominant Religious Force in the Western World in a Few Centuries* (San Francisco: Harper, 1997)。

[44] 后出的神话说他因殉道而死，但证据并不充分。

[45] 我们已无希腊原文抄本，但有拉丁文译本。

[46] 在另一部篇幅较小的著作 *Demonstration of the Apostolic Preaching* 中，爱任纽也在为基督教真理辩护，但用词比《驳异端》(*Against Heresies*) 更简明。他以旧约证明耶稣既是大卫之子也是弥赛亚。在结尾处他说基督徒当活在圣洁中。

[47] 例子之一就是他的千禧年主义。见 Kelly, *Early Christian Doctrines*, 469。

[48] 关于德尔图良，尤其是关于三位一体的更多内容，可参 B. B. Warfield, *Studies in Tertullian and Augustine* (New York: Oxford University Press, 1930)。

[49] Quasten, *Patrology*, 2: 247.

［50］Altaner and Stuiber，*Patrologie*，148. 他的拉丁文十分难懂；有许多学者研究他的文风。Quasten，*Patrology*，2：247. 他常用新词和生僻形式。

［51］其他作品包括 *To the Heathen*，写于 197 年，内容和 *Apology* 相仿。*To Scapula* 写于 212 年，有五章。Scapula 在 211—213 年间任北非的地方总督，德尔图良的信是关于逼迫的。Against the Jews 在澄清两个改宗者之间的争论。德尔图良可能使用了查士丁的 *Dialogue with Trypho* 中的部分内容。更多内容可参考 Altaner and Stuiber，*Patrologie*，153；Shaehelin，*Verkündigung*，1：143。

［52］德尔图良的其他论战性著作还包括《驳马西昂》（*Against Marcion*，写于 207—212 年间），我们关于马西昂的知识主要就是来自于它，以及 *Against Hermogenes*，迦太基的 Hermogenes 是一个诺斯替主义者，这部书写作于 200 年之后。他还写了 *Against the Valentinians* 和 *Against Quintilian*。

［53］Altaner and Stuiber，*Patrologie*，153 - 154.

［54］该文可见于 Maurice Wiles and Mark Santer，*Documents in Early Christian Thought* (Cambridge：Cambridge University Press，1975)，49。

［55］Altaner and Stuiber，*Patrologie*，156.

［56］见 Wiles and Santer，*Documents*，基督论部分第 10 段。

［57］Altaner and Stuiber，*Patrologie*，156 - 160.

［58］一些文章谈的是基督徒和国家之间的关系问题。*The Crown* 谈的是基督徒服军役的事，论证基督徒不当戴冠冕。在 *Concerning Flight in Persecution* 中，德尔图良主张基督徒不应当躲避。*Concerning Idolatry* 一文更细致地阐述了 *The Crown* 一文中的主题，但多了几项禁忌：教会里不该有艺术家和文学从业者。

［59］Altaner and Stuiber，*Patrologie*，160.

［60］其他西方作家追随德尔图良。希坡律陀（约 170—236）和罗马主教卡利斯图斯有争论，后者对重婚主教处置松散，在神学上也有可疑之处。希坡律陀自立为罗马主教，被称作是罗马大公教会史上的第一位“反教皇者”。诺瓦提安是 250 年的罗马教会领袖，他因导致一场以他的名字命名的分裂而著名。他说教会应当永久地开除那些在逼迫期背道的信徒。诺瓦提安在早些时候的书信中主张，当一个背道信徒真的悔改时，特别是如果这个信徒行将去世时，他应当被赦免。诺瓦提安主张唯有上帝知道他将怎样处置这些人，知道这些人的内心光景。迦太基主教西普里安（死于 258 年）对不合宜的装束提出警告，从中我们可以看出德尔图良对他的影响；但他的一篇具分量的文章 *On the Unity of the Church* 和德尔图良观点相左。他也主张应当容许那些在逼迫期背道的人历经一段长期忏悔后重回教会。

［61］他显然是个皈依的斯多葛派哲学家。见 Williston Walker，*A History of the Christian Church* (New York：Scribner，1985)，72。

[62] Shaehelin，*Verkündigung*，1：169. 见 Altaner and Stuiber，*Patrologie*，190‑196。也见 Schmidt，*Grundriss der Kirchengeschichte*，101。

[63] Altaner and Stuiber，*Patrologie*，192.

[64] Ibid.，193.

[65] Ibid.，194. 见 Shaehelin，*Verkündigung*，1：170‑180。

[66] W. Walker，*History*，73.

[67] W. Walker，*History*，73. "克莱门会像斐洛解释犹太教那样解释基督教：用哲学把它解释成科学化的教条。"

[68] Clement：*Stromata*，1：5，"它是一个教师，像律法师带领犹太人一样，把希腊人的心带到基督那里"，这是 Walker 在 *History* 73 页中的引文。

[69] 针对这一观念，我们应当明白，克莱门的方法有其真理性一面，也就是说，基督徒不应有意地去反哲学。改革宗神学并不定然要求我们必得以柏拉图和亚里士多德为全然谬误。我们的确主张（如在第一章）柏拉图世界观和圣经启示世界观（见第二、三章）之间有着根本对立。但是，虽说柏拉图的体系整体而言和圣经相对立，他也确实说出了某些真理。不过，克莱门并未充分认识到亚当堕落的本性和后果。他本当意识到：因着罪对于知性的影响，异教哲学家会努力地躲避上帝的启示，而这一点正是保罗在《罗马书》1 章里所谴责的。克莱门并未认清基督教与非基督教立场之间的对立性。

[70] 见 John A. Southwell，*Origen：His Life at Alexandria*，trans. R. Cadiou (London，1944)。William Ralph Inge，*Origen* (London：Cumberlege，1946). Charles Bigg，*The Christian Platonists of Alexandria* (Oxford，1913)。Walker 说："有着更单纯的灵魂，更高远的目标的人，不会粉饰古代教会的历史"（*History*，74）。

[71] Walker，*History*，74. 奥利金未被委于神职，这导致他后来成名后与亚历山大主教相冲突。于是，来自耶路撒冷和凯撒利亚的其他主教为他按立了圣职，而这引起的麻烦更大。231 年的一次公会议开除了奥利金，他遂离开亚历山大，就教于凯撒利亚（232—253 年间）。德西乌斯皇帝逼迫期间，他被捕入狱受折磨，死于 253—254 年间，享年 69 岁。

[72] 这是优西比乌说的，见他的 *History*，6. 19. 6，亦为 Walker 引用，见他的 *History*，75。Shaehelin，*Verkündigung*，1：180. Schmidt，*Grundriss*，101ff.，106，161‑162. Altaner and Stuiber，*Patrologie*，197‑208.

[73] 照哲罗姆的说法，他的著述有两千本。照 Epiphanius of Salamis 的说法是六千。不过，因着教会 6 世纪对他的谴责，我们"仅仅"知道其中八百部著述的名字！

[74] Walker，*History*，75. Walker 说这部著作"不仅是对基督教的首次系统性阐释，而且它的思想和方法从此主宰了希腊教义发展"。

[75] 参考柏拉图在《理想国》最后一章叙述的"厄洛斯的神话"。

[76] 在早期教会的几处历史背景下，奥利金在许多问题上的看法都受到严厉批评。553 年的第二次君士坦丁堡公会议谴责了他的思想。

[77] 奥古斯丁的著述保存下来的有很多。我自己对照了一下米恩版的奥古斯丁集，他的全集估计有约三万个小号字体印刷页码。在奥古斯丁长长的一生中，这也需要他每年写上近一千页！奥古斯丁自己统计，到 427 年（他去世三年前）的时候，他已经写了 93 部著作和 232 卷书。此外还有讲道集和信件。他的著述大部分都保存下来了。

[78] B. B. Warfield, *Studies in Tertullian and Augustine* (New York：Oxford University Press，1930)，306.

[79] Cornelius Van Til, *A Christian Theory of Knowledge* (Nutley, NJ：Presbyterian and Reformed，1969)，118. 关于奥古斯丁和哲学，Van Til 说："奥古斯丁虽说在某种程度上还遵从柏拉图主义尤其是新柏拉图主义的原则，但他比之前的任何人都更明确地从圣经中得出一些概念。这些概念使后来者能清楚地把基督教的圣经观念和真理体系与各样非基督教的思辨分开。"

[80] R. A. Markus, "Victorinus and Augustine", in *The Cambridge History of Later Greek and Early Medieval Philosophy* (Cambridge：Cambridge University Press，1970)，342. "它让奥古斯丁冲出纯粹的修辞教育带给他的观念局限：这本书他不是用来'使自己的语词犀利'，而是跟从着'它的教导走向了哲学'。这本书使他有了新的目标新的兴趣，就是追求永恒的智慧……回过头来看这段经历时，奥古斯丁会把这一哲学转向视作回归上帝之旅的起始。"

[81] 奥古斯丁从安波罗修那里所得甚多。奥古斯丁从他那里学到类比的或者说"预表的"旧约解经法（这一方法在今天并不被看好）。它除去了奥古斯丁对旧约的一些紧张不安。在米兰期间，奥古斯丁开始熟悉新柏拉图主义。这一哲学框架帮助他理解（作为精神实体的）上帝与在世界中显现的（作为一种缺乏的）恶之间的关系。

[82] 见该书 6—8 卷。

[83] 在《忏悔录》中，奥古斯丁叙述了他的道德失败，包括他年幼时的狂放堕落和后来追求理性知识时的骄傲。更重要的，是《忏悔录》正面性地见证了上帝——他将他从邪恶中救赎出来，重建了他的灵魂；这见证如今成了他最深确信的根基。

[84] J. G. Davies, *The Early Christian Church* (New York：Holt, Rinehart and Winston，1965)，224.

[85] 到中世纪晚期时，托马斯·阿奎那等神学家所抱持的正好相反："我理解，以便我能信仰"（*intelligo ut credam*）。神学家、哲学家、护教者对于奥古斯丁和托马斯的认识论的优缺点各有争论。他们都肯定信仰和理性是互容的，但是，就何者

在认识中居先，他们观点不一。

[86] 奥古斯丁从《以赛亚书》7：9得到启发，他把这节译为："你们若是不信，定然不能理解。"

[87] 这一悖论避免了人类自主或泛神论的错误。参考 Van Til，*Christian Theory of Knowledge*，118－142，其中讨论了奥古斯丁从早期作品到晚期作品中的认识论的发展。参考 Ronald H. Nash，*The Light of the Mind：St. Augustine's Theory of Knowledge*（Lexington，KY：The University of Kentucky Press，1969）和 "The Christian Rationalism of St. Augustine" in *The Word of God and the Mind of Man：The Crisis of Revealed Truth in Contemporary Theology*（Philipsburg，NJ：Presbyterian and Reformed Publishing，1982）。

[88] 皈依且受洗后，奥古斯丁到了北非的希波，在那里组织了一个小的修道团体。他成为一名长老，后来被按立为主教。

[89] 当某个人成了摩尼教的"被拣选者"时，他会认为自己属于善的或纯净的世界、光明世界。有一段时间，他被困在这一黑暗世界里。当把身体作为某种外在的该丢弃的东西加以拒绝时，出离黑暗的救赎就来到了。这种观点曾经很合他灵魂中的深切渴望及情感特征。

[90] 从一种对付异端的手段，到使不信者归信的宣教策略，对奥古斯丁的这一政策上的转变所做的详细讨论，可见于 David J. Bosch，"The Medieval Roman Catholic Paradigm"，*Transforming Mission：Paradigm Shifts in Theology of Mission*（Maryknoll，NY：Orbis Books，1992）。

[91] 安波罗修（米兰主教）和奥古斯丁之间有往来，但要证明这两人的三一论神学之间的密切联系并不容易。安波罗修肯定圣三一有三个位格，肯定他们统一于一个实体和神性。他的圣灵说在《论圣灵》（*De Spiritu Sancto*）中得到论述。

[92] 参考前面对奥古斯丁认识论的讨论。

[93] *De Trinitate*，Book 1. 奥古斯丁对道成肉身之子的分析并不赞同基督的认识会有什么实际上的局限。例如，基督事实上就知道他将在何时带着权柄回返地上。

[94] Ibid. 在基督的"差派"中，圣三一的三个位格都参与其中，包括以鸽子形象降下的圣灵。

[95] Ibid.，Books 2－3. 11. 有一些问题奥古斯丁并未处理，例如，为什么"属灵的"圣父会有可见的形象。

[96] Ibid.，Books 3－4.

[97] Ibid.，Book 4. 20.

[98] 就在他论证圣灵的平等地位之前，奥古斯丁论证说，圣子是从全能者发出的，所以，他自己也是全能的。

[99] *De Trinitate*，Book 4. 20. 29. 这一"双重的发生"，即圣灵出自圣父和圣子

（*filioque*），后来被人论争，且不幸助成了东西方教会的分裂。

[100] 卡帕多西亚教父们把"实体"与"本质"的概念当做"普遍"与"个别"来用。

[101] *De Trinitate*，Book 8. 10. 14.

[102] Ibid.，9. 4. 4. 首先是平等性。爱和知识是平等的。其次，是本质上的同一；在爱自身和认识自身中，整个心灵都参与其中。第三，它们都是完全的——一个实体一个本质。第四，这里包含了言语的产生和灵魂的发生。当心灵拥有真正的知识时，就在我们的内里产生了一个语词或概念，而它和心灵是同等的。

[103] Ibid.，Book 10. 11. 17 - 18.

[104] 对 Marius Victorinus 和 Hilary of Poitiers 的最新研究表明，奥古斯丁的三位一体学说也许并不像原先人们以为的那样纯属他的独创。

[105] 帕拉纠的活跃期在 384 年至 400 年间，他可能是在 420 年之前去世的。他的著作有《书信及对保罗书信的阐释》。

[106] Kelly，*Early Christian Doctrines*，358.

[107] 为公平起见，我们要知道，帕拉纠并未设想当基督徒还在世的时候，可以在某种状态中不仅达到而且持续地居留在某种完全状态中。相反，完全状态只有通过不断的努力奋斗才能保持住。

[108] 帕拉纠之争并不是奥古斯丁关于恩典与自由意志的思想的催化剂。相反，在和帕拉纠论争之前他就已经发展了自己的思想。

[109] 亚当因着有能力不犯罪（*posse non peccare*）而有着真正的道德自由；他也有或者死或者不死（*posse non mori*）的自由。

[110] 奥古斯丁用短语"没有能力不犯罪"（*non posse non peccare*）来表达原罪状态。

[111] 见 City of God，Part 5，Book19，Chapter17。

[112] 虽然古代罗马的奴隶制可能是残酷的，但它和新大陆的奴隶制有着显著的不同。1 世纪时，罗马及意大利半岛居民的几乎 35％～40％的人都是奴隶。罗马时代的奴隶是跨种族的，奴隶来自各个种族。奴隶从事的职业相当广泛，有家务料理、教书、经商、手工业。许多奴隶有自己的财产。由于自由从业者常常生活贫困，奴隶的经济及生活状况因而常常比自由民要好得多。因此，许多自由从业者为了经济上的改善而将自己卖为奴隶。故此，获得自由常常会让一个人在社会及经济上处于更为不利的位置。如果没有家庭提供的纽带，一个被释放的奴隶将缺乏社会的、法律的、职业的关系。新约并未明确反对 1 世纪奴隶制的一个实际原因可能就是：释放一个奴隶常常并不能让他的状况改善多少。虽说成了自由民，但他在原先主人家里的光景可能还是一样，唯一改变的只是他的法律地位。有趣的是，1 世纪大多数奴隶都很合理地希望自己在三十岁的时候被释放。

[113] Heussi，*Kompendium*，93.

[114] Rodney Stark, *The Rise of Christianity* (Princeton, NJ: Princeton University Press, 1996), 115 – 125.

[115] *Ante-Nicene Fathers*, vol. 1.

[116] Stark, *Rise*, 87. Stark 把基督教伦理追溯至新约的彻底性伦理：既对邻人亦对仇人行善。他的评论是："它的意义是革命性的。实际上，它为在诸多惨剧中呻吟的罗马世界之复兴提供了文化基础"（212）。Stark 不是把基督教的兴起叙述当做一种胜利展示来以此护教，毋宁说他是对基督教在头四个世纪的快速崛起进行社会学阐释。参考本章开头的评论。

[117] 参考 Stark, *Rise*, 以及 Alvin J. Schmidt, *Under the Influence: How Christianity Transformed Civilization* (Grand Rapids: Zondervan, 2001)。早期的研究，例如 Charles Cochrane, *Christianity and Classical Culture: A Study of Thought and Action* (New York: Oxford University Press, 1944)，证明奥古斯丁的三位一体说是如何为古典文化提供了替代法则。

[118] Schmidt, *Under the Influence*, 125 – 132.

[119] Ibid., 136 – 137.

[120] Schmidt 考察了各种机构如神殿、医院及其用途（Ibid., 151 – 154）。

[121] Ibid., 157.

[122] Heussi, *Kompendium*, 81.

[123] Ibid., 81 – 82.

[124] Ibid., 83.

[125] Schaff, *History of the Christian Church*, 356 页以下。

[126] 克里索斯托对圣餐主管人说："靠近主的圣餐之桌的人若是不配，即便他是将军，是总督，甚至来自皇室，你也要挡住他；你的权柄比他更大……你要当心，免得惹动主怒，给的不是喂养而是刀剑。再者，倘又有一个犹大要靠近主的圣餐，你要挡住他。当惧怕上帝，不要惧怕人。若你惧怕人，他必以轻蔑待你；若你惧怕上帝，你会更为人所敬重。"见 Philip Schaff, *History of Christian Church* (New York: Charles Scribner's Sons, 1910)，§ 68。

[127] Richard C. Gamble, "Medieval Monasticism", *TableTalk*, January, 1995.

[128] Heussi, *Kompendium*, 89 – 90.

[129] Thomas Cahill, *How the Irish Saved Civilization: The Untold Story of Ireland's Heroic Role from the Fall of Rome to the Rise of Medieval Europe* (New York: Anchor, 1996)，论证西方文明的学术通过爱尔兰修道院得以保持。

[130] Jacques Le Goff, tr. Julia Barrow, *Medieval Civilization 400—1500* (Oxford: Basil Blackwell, 1988), 3 – 36.

[131] Le Goff, *Medieval Civilization*, 17："最壮观的一幕是 410 年阿拉里克领军西哥

特人对罗马的围攻与劫掠。"

[132] Heussi，*Kompendium*，116.

[133] Heussi，*Kompendium*，116. 查士丁尼一世也反对一性论派。

[134] Walker，*History*，151.

[135] Heussi，*Kompendium*，119.

[136] Le Goff，*Medieval Civilization*，21.

[137] Stewart Easton，*The Western Heritage*（New York：Holt，Reinhart & Winston，1961），184 - 190.

[138] Le Goff，*Medieval Civilization*，21："8 世纪实际上就是法兰克人的世纪。"

[139] Walker，*History*，186：这一"捐赠直到 19 世纪都仍是教皇保有自己在意大利的土地的法律凭据"。

[140] Le Goff，*Medieval Civilization*，23. 沃克在 186 页强调，早在 15 世纪 30 年代的时候，人们就知道这一捐赠是伪造的。该"捐赠"的法律地位一直保持至 1870 年梵蒂冈公国在意大利境内建立。

[141] Stewart C. Easton，*The Western Heritage*（New York：Holt Reinhart，1961），190 - 194.

[142] 见 Walker，*History*，178 页的地图。

[143] Hans Von Schubert，*Geschichte der Christlichen Kirche im Frühmittelalter*（Tübingen，Germany：Mohr，1921），346.

5

中世纪神学与现代性之根源

彼得·J·赖特哈特（Peter J. Lelthart）

　　以文化上智识上都陷于四分五裂的现代性和后现代性的视角，来回过头看中世纪世界，便会觉得它有迷人的统一性。在很久很久以前的一个很远很远的地方，有一种由单一的世界观统合起来的文化。这当中的吸引力于基督徒而言尤为强烈，因为中世纪的全部思想生活都浸透在基督教中。而现代基督教的一个固定主题，就是中世纪复兴。

　　如下的描述虽说怀旧，却在多方面道出真情。中世纪的思想者写作者试图以基督教信仰之镜理解世界的每一方面。政治思想全然被神学渗透。[1]公道的价格和公平的借贷，这些在中世纪居主宰地位的经济话题，是通过圣经引文和神学原则来谈论的。美学是神学的一部分而不是一个独立的思想部门。[2]郎根斯坦的亨利着手科学著述时，他的文章框架仿照的是《创世记》中的七日创造。[3]柏拉图、亚里士多德、新柏拉图主义者（如普罗提诺、波菲利）的哲学成就要视其是否和圣经、基督教传统相一致而被估价。基督教的主题与原则充满美学与艺术，戏剧的内容是圣经故事（神秘剧）和比喻（道德剧）。普罗大众的生活是按照基督教的礼仪与节期，来安排的。[4]走进大教堂，信徒就融入了教会，并且在想象中经历救赎史的一个又一个事件。

　　我们甚至可以更具体些，因为中世纪的思想和文化几乎着迷一般地以符号的本性和阐释为中心，而这里的符号包括了语词符号、文学意象、艺术象征、意义性的礼仪与姿势、建筑中的图画、彩色玻璃。奥古斯丁在经典著述《论基督教教义》（*On Christion Teaching*）中有对符号的论述，亚略巴古的伪狄奥尼索斯有一套等级制符号的哲学；中世纪人通过他们的论述，以"符号化的世界观"看待生活。马西亚·寇里希说，"人们读论述中世纪心灵的书时，常常能在书的第一页，就读到对这一主题的断言：'中世纪人用符号思考。'"[5]寇里希对这种说法虽说并不满意，却也未提出争辩。她倒是接着解释，如何"中世纪的四个主要人物确实认为在真理的探寻和传播中，符号很管用"。[6]

中世纪生活和思想的这种统一性或许是被夸大了，而学者们近来更密切得多的关注所在，是中世纪世界内部的纷争裂痕。[7]举一个例子就可说明中世纪思想的多样复杂。13世纪的一个法国教士纪尧姆·勒克莱尔（Guillaume le Clerc）写了一本动物寓言韵文集，里头查考了许多或真实或传说的动物，一一描述了它们的习性与象征特点。关于独角兽，纪尧姆写到： 142

> 现在我跟你讲独角兽，这种野兽只有一只角，角儿长在额头正中间，这种野兽很鲁莽，胆大包天又好斗，敢和大象对着干……就是猎人，它也不怕。想要捕获它的人，会先前去探一探，那时它已经出去玩耍了，要么去了山顶上，要么去了谷底间。他们找到巢穴了，记下它的踪迹了，就请来一位年轻姑娘，一个确实就是纯洁之女的姑娘。他们让姑娘坐下，等着，就在它洞边等着，好抓那兽。独角兽回家了，一看到那女子，就直奔她去了，就在她怀里蜷下了。姑娘捏把它，它对她很顺服。它就这样和姑娘好一顿玩耍，然后在她怀里睡去。在旁边窥探的那帮人立刻冲出，把它拿住，把它绑住，又在国王面前驱赶驾驭它，随它怎样挣扎，强行驱赶驾驭它。[8]

中世纪作家从这首诗里会读出：独角兽是道成肉身的合适象征，因为基督也是既不可驯服却又将自己交在处女的怀中驯服地被杀。[9]中世纪人显然相信独角兽存在并且有这般习性，这固然道出了中世纪思想文化特征的一个重要方面；而他们却又在独角兽的习性里找出基督的比喻，这就道出了中世纪思想文化特征的更基础性的方面。

如果我们想到：就当纪尧姆创作他的动物寓言诗时，巴黎的一帮学院神学家却在钻研亚里士多德，论辩天使的本性、本质的意义、存在的意义，辩论是否有全人类共有的单一"主动理智"；那么，中世纪的图景就会变得愈加复杂和迷人。我们该如何评价这些人的"世界观"？他们一边轻信处女能驯服独角兽，一边又着迷般地以基督为中心，要把独角兽习性的传说视为道成肉身的比喻？我们又该如何评价这种文明的"世界观"呢？它既有对独角兽的轻松描绘，也有厚重僵硬却诚挚的形而上学论述？如果这里真有什么统一性的话，它至少不会是那种显然的表面之物。[10]

143

对世界观的考查

世界观范畴本身也引起了其他问题。"世界观"这个概念够用来对付中世纪文化思想这种够杂够乱的东西吗？追根究底，我们在谈论谁的世界观？托马斯·阿奎那试图以亚里士多德范畴洞悉事物本性，但在他大学住处外的大街上叫卖英国羊毛纺织品的巴黎商人和他的世界观会一样吗？他懂托马斯说的头一句话吗？而且，该到哪里去找中世纪世界观呢？"中世纪世界观"，这说的是中世纪人头脑中的一串范畴还是一幅宇宙图式？并且，是哪些人的头脑？还是，它位于文本中，而如果是这样的话，又是哪种文本——哲学，诗歌，还是书信？还是，它就位于文本作者的预设中，位于人人都以之为想当然而无需言明的事物中？又或者，它体现在习俗、机构、艺术品中，体现在哥特式玫瑰花圆窗的纹饰，向领主效忠的盛大仪式，或者圣体节期间的戏剧欢庆中？而且，就在这种戏剧欢庆中，"世界观"和"文化"之间还有什么实质区分吗？我们又有什么理由断定某一独特历史时期内的人会有某种共同的"世界观"？这是一个假设还是形而上学的或道德的必然？抑或经验证据可以表明确有其事？

为了在千头万绪中有所把握，我将主要谈论中世纪的"神学"[11]进展，以及这些进展的社会文化背景与后果。虽然"世界观"通常比"神学"更广泛，但我聚焦于神学也是有理由的。首先，如上所述，中世纪思想浸染着基督教的语言、象征与观念，今天被当作哲学家来研究的许多中世纪人物（如司各脱、奥卡姆）首先都是神学家。对中世纪思想家来说，"神学"是一个广泛的主题，就如"世界观"于当代福音派人士是一个广泛的主题一样。其次，追踪神学中的进展正好可以抓住前理论化的信念与

判断，而这正是"世界观"分析人士感兴趣的。最后，我受的训练是神学   144
而不是文学、哲学或艺术史，因此，我在这方面更有信心可以给读者一些
有用帮助。

故事轮廓

　　叙述中世纪神学故事的方式多种多样。对许多福音派人士来说，托马
斯·阿奎那是故事中搞杂凑的恶棍，以他的作恶天分，在正统旗号的掩护
下，把亚里士多德偷偷运进教会，由此助长了现代文化之恶：理性与自然
的自主，政治与社会中的世俗主义，基础主义的认识论，知识中科学模式
的首要性，知识被当作对世界的功能性控制。最近，约翰·邓斯·司各脱
（John Duns Scotus）也成了讨厌鬼。和托马斯主义的存在类比（参考下
文）不同，他赞成存在的单义性，这就生出了各种激烈的矛盾，这些矛盾
互相冲突的过程正是现代性的发展过程。[12]

　　叙述该故事的另一方法，就是追踪海德格尔（Heidegger）所说的
"本体—神学"的发展。一般认为，海德格尔反对任何就世界之本来面目
作形而上学判断的神学。但对海德格尔来说，"本体—神学"指的是这样
的神学：它屈从并受制于神学之外的哲学承诺。对于本体—神学而言，
"上帝"之进入世界，"只能按照哲学出自它自己的需要和本性而要求并决
定上帝当如何进入世界"。对于那种可以被哲学控制的上帝，海德格尔有
的只是蔑视：我们"对这个神既不能献祭也不能祈祷。在**自因**（*causa sui*）
面前人不能在敬畏中屈膝，在这位神面前人也不能歌唱跳舞"。[13]基督教
的上帝是创世者、救赎者，是带领人出埃及、让人从死里复活的上帝，是
照他自己所喜悦的时间与地点进入世界的神，是干预其中、出人意料的上
帝，是不被任何东西——更不用说人的脆弱观念——束缚的上帝。

　　我采纳了这种版本的故事线索，因为我认为，现代思想文化得以发展
起来的某些种子无疑就包含在中世纪里。没有哪个中世纪思想家会走到让
神学服从哲学概念的地步。但要使本体—神学得以发展，哲学和神学首先
就得彼此分开，以便它们可以互相争夺统治权。如果哲学被当成只是神学   145
的内在部分，则本体—神学是不可能的。[14]而哲学和神学的分离过程恰始
于中世纪盛期，也就是教皇格列高利七世改革之后的两个半世纪。我在此
想证明：哲学和神学的分离之所以实现，主要是通过把神学与哲学的"问
题"与对圣经文本的阅读与解读相分离。[15]

　　我的故事和一般故事有两点不同。首先，在教父时代甚至使徒时代的基督教里，并没有原初的基督教纯洁性。新约是上帝无谬误的言语，但许多人是经由扭曲的希腊化概念听到福音的。人们读殉道者查士丁时不会意识不到，他的思想世界和使徒保罗十分不同。希腊化的僵化甚至使福音在最伟大的教父那里也被扭曲。奥古斯丁几乎就要完全摆脱新柏拉图主义的根底了，但最终却仍在被造物质是善是恶的问题上摇摆不定，这一点在他对性冲动的含混态度上表现得尤为明显。基督教神学在西方的发展故事不是早期教父如何兴起，后来的托马斯派（或司各脱派）又如何衰微。它的图景要复杂得多，在中世纪期间既有显著进步，也有重大背离。

　　其次，我给出了第三个候选人来当故事中的恶棍，就是彼得·阿伯拉尔（Peter Abelard）；这个选择可以表明：中世纪思想的错误转折早在托马斯或司各脱之前就已出现。我不是因为标新立异（这种爱好会把我也变成我所说的那类恶棍）才给出这个候选人，而是有两点理由：第一，阿伯拉尔提出的问题和使用的方法正是在他之后的中世纪思想家的问题与方法；第二，对阿伯拉尔的研究有助于我们弄清神学中的转向是如何发生的，即中世纪神学如何变成了"本体—神学"。在此，关注细节是很重要的，因为中世纪思想的**实质**就许多方面而言在 1050 至 1400 年间并没有什么变化。在这段时间的开始，每个思想家都相信有一个全能的创造者，他的创造是善的，但被罪侵蚀，于是他便在肉身中拯救世界，聚集属于他的教会，带领历史走向荣耀的完全。在这段时间的结尾，每个思想家仍旧相信这些。转变的发生与其说是在思想**实质**上，不如说是在思想讨论与深入的**风格与语言**上。阿伯拉尔标志着这一转变中的重要时刻，它不仅在风格上有变化，而且在神学的内容上也有微妙变化。这两个变化都是中世纪更广范围之变革的一部分。[16]

146

阿伯拉尔和经院主义的冒险

　　多茨的卢柏（Rupert of Deutz）嗅到了一只老鼠，想把它搜出来逐出教会，再给它一个体面安葬。1117 年，他从自己在里格的圣罗兰的修道院出发，前往会晤两位神学大师——香槟的威廉（William of Champeaux）和拉昂的安瑟伦（Anselm of Laon）。[17] 卢柏是博学的圣经注释家，他"对圣经中丰富多样的叙述形象以及文本中大量互相映衬的图景，十分着迷"。[18] 他迷恋"圣书的每个细节，考究定式与关联、在新约中有其对应的旧约章句、应验的预言"。[19]他并不反对人文教育，但只是把它当做圣经研究的工具，而不是自身值得研究的独立科目。他说，没有圣经研究，人文学科就不过是"咯咯傻笑的丫头"。当它服务于圣经的研读、诠释、宣讲时，就能成为神学的**婢女**。

威廉和安瑟伦已经卷入一场和卢柏就恶的问题展开的笔战中。威廉和安瑟伦区分了上帝的许可性旨意与赞同性旨意，企图以此调和上帝的全能与恶的存在，而这一区分部分而言出自对人类意志的行为的观察。[20]卢柏的抗议是，这一区分缺乏圣经根据；他坚持应当以圣经的语言来讨论恶的奥秘。在《约伯记》当中，我们看到的不是许可性意志，而是"上帝的忍耐，这种忍耐并不是以某种'特殊的'方式意愿恶，而只是善、克制和怜爱"。[21]如果这并不能解决理智上的困惑，那就只能这样由它去。卢柏并不觉得安息于奥秘之中，在信仰的漆黑之镜前站立有何不妥。

卢柏和威廉、拉昂的安瑟伦之间的论争是多面的。卢柏意识到圣经的权威处在危险境地，他争辩说："游离圣经而设想出来的任何东西，或出于论辩而发明出来的任何东西，都是不合理的，它们与对全能上帝的赞美敬畏毫不相干。"[22]卢柏坚持所有的神学都当以圣经为中心，而这也正是培养他的修院学校的特征。相比之下，威廉和安瑟伦是在主教坐堂的学院里形成思想，在那里老师（而不是修道院长）教学生（而不是新修士）。修士神学家和学院神学家之间的社会性差别是泾渭分明的。修士扎根在某个地方；而学院里的教师是流动的，后来在俄国小说中随处可见的无根的西方知识分子，就是起源于他们。修士是顺服的；教师则在竞争性的环境中谋生，这就鼓励了创新，为的是赢得学生。修士是圣经学者，以修辞和语法为手段使圣经浅显易懂；教师则运用辩证法（逻辑）来解决"问题"。修士通过默想和对文本的某种无拘束的自由联想，寻求与上帝合一；教师通过运用逻辑和设计论辩，来求得命题性真理，并试图对基督教真理做出概括，将其组织成体系。[23]卢柏对教师的抗议，可说是与新神学的战斗中的初期摩擦；而这种新神学不再关注对圣经的研究，或是追求智慧（*sapientia*）。相反，教师们的神学渐渐地被视为由逻辑论证构筑起来的"科学"。[24]虽然更早期的经院学术是从圣经中产生的，出于修院礼仪的实际需要[25]，但新的经院学术是出于纯粹的人类好奇心。

147

11 世纪的基础

事情的某些重要方面在 11 世纪中期时就已经被注定了。在制度上，教皇格列高利七世借着与亨利四世的著名争执，宣告且达到了教皇对皇帝的胜利。更重要的，是格列高利的改革运动在中世纪早期社会里居主导性的两极之间造成了分裂。按照中世纪早期的理念，基督教世界是一个教会（ecclesia），由祭司和王公一起统治。教界职位和行政职位都被视为圣职。数世纪里，中世纪都以国王加冕礼为圣礼，和按立礼是一样的。但格列高利的计划在多方面分裂了这一原本统一着的社会政治现实。格列高利坚持祭司独身，这就把教士和构筑社会的亲缘网络相割离，以致教士变成一个独立的"阶层"。格列高利认为亨利四世"只不过是"俗人，他的激烈言辞暗含地把政治权力"世俗化"了。一个世纪后，国王的加冕从完全圣礼降格为"圣礼性的"。教士被认为等同于"教会"和"真祭司"，平信徒只是"象征性地"为祭司。也许并非出于本意，但格列高利的改革事实上把双重统治下的合一社会分成了两个社会：一边是教会，一边是"国家"或社会。格列高利由此为以后学术领域中的分裂打下了制度基础。在格列高利之后，就有可能合理地把"政治"当做一个不同领域加以研究，而"神学"则被认为只和教会相关。这些过程的完成用了数世纪，但格列高利是起点。[26]

格列高利的教皇改革之灵感来自本尼迪克修道主义的内部改革。11 世纪中叶时，许多修士都对始于上世纪的克吕尼修道主义复兴运动感到失望，认为克吕尼修士太过屈从让步。他们恢复了早期教会更严格禁欲的修道主义。这些改革派修士（如格列高利七世）掌握教会权力之后，就致力于把这一禁欲理念推广到整个教会乃至世界。至少，可以把教士打造成神圣的禁欲阶层。[27]

11 世纪中期的其他文化转变也有助于经院主义的诞生及本体—神学的发展。对耶稣人性的全新关注，强调耶稣作为人受难的重要性的安瑟伦代赎说，对圣经字面意义的重新关注，所有这些都是新出现的对物质被造世界的美善特征的肯定。[28]11 世纪中叶，伊斯兰教已经陷入某种停滞，对欧洲不再是威胁。欧洲开始出击，进入地中海世界和中东；11 世纪末，十字军已经在圣地和穆斯林作战。和伊斯兰的战争成为早期中世纪尤其是卡洛林时期的寻常特征。法兰克人在战争中击退了穆斯林的进攻。到 11

世纪，轮到欧洲人处于攻势。技术革新同样有助于新世界观的形成："马
轭与马镫的输入使马匹的使用效率极大提高"，此外，"欧洲人开始使用水
力"来拉磨锯木。[29]人口与财富的增长，城市化的开始，都为时代注入活
力。克里斯托夫·道森说："毫无疑问，11 世纪是欧洲历史上的决定性转
折——黑暗时期已过，西方文化诞生……进步性的运动在这一世纪开启，
并且几无止息地一直持续至今。"[30]

查尔斯·M·瑞丁（Charles M. Radding）和威廉·W·克拉克
（William W. Clark）对中世纪的建筑发展与学术发展所做的比较给人颇
多启发，他们提醒我们注意 11 世纪的建筑师和教师有着共同的试验精神：

> 建筑师和教师（学者）到 1100 年时，已经自我转变成有着自我
> 意识的自觉革新的专业人员，而以前他们只是接过旧有学识与形式，
> 使其适应当代需要的工匠。12 世纪 30 年代，理智思辨水平为着满足
> 需要有了巨大飞跃：教师和工匠不再只是关注个别问题的解决，而是
> 着力于通过整体性的系统建构来解决理智问题或审美问题。教师们从
> 注释孤立的文本段落或以特定答案来解决某个问题，转为思想体系之
> 建构，而在体系中，对一个问题的答案会影响到对其他同样复杂的问
> 题的解答……建筑师……不是致力于构筑愈其复杂综合的空间，而是
> 必须在设计细节的同时，注意到每个部分对整体产生的影响。[31]

在 11 世纪的轰动案例——由贝伦加的圣餐理论引起的辩论中，新方
法现身学界。[32]在建筑界，新精神表现在罗马式建筑的创新性运用中，为
以后的哥特建筑准备了道路。罗马建筑虽然多样，但背后却有一个基本的
设计方案，瑞丁和克拉克称之为"模块化概念"。例如，建筑师把构成教
堂的不同空间当做由立柱、半柱等隔离开的分散空间。[33]撇开细节不说，
我们很容易发现这两者的相似性：建筑上把半独立的更小单元组合成更大
整体；学术上经院主义把神学论争总结为一条条"问题"，而它们又是更
大的系统化结构中的一部分。[34]

这一新的乐观主义精神或说冒险精神之进入中世纪头脑的制度性明
证，就是大学的建立。E·哈里斯·哈比逊（E. Harris Harbison）说：

> 从理智史的角度来看，12 世纪上半叶是罗马覆亡之后最令人兴
> 奋的五十年。长久以来为着生存而进行的战斗终获胜局，欧洲现在开
> 始感到能量迸发。十字军东征开始了，西欧学者穿行西班牙、西西里

和小亚细亚，在穆斯林图书馆里四处搜罗，把阿拉伯人保存评注的古代希腊科学哲学著作译成拉丁文。理智上的兴奋广布四方，但巴黎很快就成为中心。12 世纪的巴黎成了中世纪世界所知的首个"教师城"。[35]

对生活的新态度在文学里最为明显。有两个与之相关的明显变化。从 11—12 世纪开始，在法国南部四方游走的"吟游诗人"（troubadour）开始创作后来所说的"典雅爱情"诗。C. S. 路易斯说典雅爱情是"人类情操的真实改变"，而这种改变是很罕见的："就记载而言也许［这类改变］只有三四次。"行吟诗人"带来的变化涉及我们的伦理、想象、日常生活的各个方面，他们使我们和过去的古典时代，和现时代的东方之间有了不可逾越的鸿沟。和这一革命相比，文艺复兴不过在文学的水面上惊起了一些小波纹"[36]。

按照典雅爱情"理论家"安德烈·卡佩拉努斯（Andreas Capellanus）的定义，爱是因着看见一个异性的美而受到的痛苦。[37]爱是一道创伤，来自爱神之箭，这箭从眼睛进入，穿透心房。这一主题的经典文献见于 13 世纪的法国寓言《玫瑰的浪漫》，以及叙述特洛伊罗斯的热烈思念的乔叟著作《特洛伊罗斯和克瑞西达》。对求爱者来说，爱是痛苦的，因为被爱者不可企及——或者已婚或者对求爱者不屑一顾。求爱者将自己的身心全然献给他的女主人，以致她几乎替代了他的封建领主，而求爱者的激情引发他承当冒险性伟业。故此，在典雅爱情传统那里，爱使求爱者在各个方面都成为更好的人。典雅爱情的这一特点可能是它的所有特点中最具创新性的。古代作家常常奔放地叙述爱如何挖掘人的潜力，陶造性格，但他们叙述的是男性之间的爱。只有这种男人与男人之间的爱才会激发美德。而对典雅爱情诗人而言，对女人的爱有同样作用。[38]

典雅爱情诗很快和当时出现的冒险文学交织起来。照马克思主义历史学家麦克·内里希的看法，这标志着西方历史中重大永久的新发展。冒险故事在古代就有，但内里希认为，古代冒险与中世纪冒险有基本不同：古代冒险者（如奥德修斯）是不情愿地被抛入冒险中，但对于 12 世纪之后的中世纪人而言，"冒险是在自愿的基础上进行的，冒险者**寻求**冒险（la quete de l' aventure），冒险者自己和这一寻求由此都获得荣光。""冒险"这个词的意义也经历了重大变化："**冒险**一词在求爱文学之前的文学中表示命运或机遇，而在骑士—王室的叙述背景里，它变成骑士必须寻求和经历的事件，虽说这一事件仍是不可预测的，是来自命运的意外之物。"内里希考察了这些中世纪的主题因素在资本主义经济实践的发展过程中所起的作用，而这两者之间的联系仍可在"风险资本"、"商业冒险"这些用语中得到反映。他甚至断言，第一个真正意义上的现代人就是 12 世纪诗人克雷蒂安·德特罗亚（Chretien de Troyes）——亚瑟王传奇最初的和最伟大的作者。[39]

11 世纪的这些文化和文学发展，为神学特别是神学方法的重大转变提供了背景。此外，这些转变标志着中世纪世界观的主要革命之一，这一革命起初就是和彼得·阿伯拉尔的冒险性著作以及被称为"经院主义"的运动相联系的。

"神学" 的发明

对许多现代人而言，"经院主义"带有贫乏和保守的意味，散发着有毒的陈腐气息。但在 12、13 世纪，经院主义是革新性的运动，弄潮于前述的那些冒险和试验。经院主义一词的由来，在于经院主义的实践者都在"学院"而不是修道院中任教，他们的神学方法反映了早期大学的竞争性背景。[40]表面上，经院主义是一种系统地组织神学，解决传统中的表面矛盾的方法。中世纪神学家继承的丰富多样传统并不总是内在一致。当奥古斯丁说 X，安波罗修说 Y，圣经说 Z 时，我们该怎么办？这到底是矛盾呢，还是他们说的本来就是不同的事，还是他们在以不同的方式说同一件事？要是再把亚里士多德掺和进来，经院神学的主要来源就都齐全了。经院主义还试图调和信仰与理性，证明基督教信仰的真理和逻辑推理并不冲突。这种努力在亚里士多德重新进入西方之前就已经有了：如安瑟伦在 11 世纪就已经在为代赎作理性辩护，对三位一体教义作语言上的精妙处理，为上帝的存在作本体论"论证"。但是，把亚里士多德掺和进来使事情变得无比复杂。

另一方面，经院主义一开始就有更为"保守"的冲动。无论是在智识上还是政治上，经院主义神学都奋力驯服正在急剧改变的、有时混乱的世界。斯蒂芬·图尔明（Stephen Toulmin）在一本论现代性的引人入胜的著作中论证到，笛卡尔及其后学是一批反弹分子，旨在把文艺复兴的智识政治能量置于可控之下。[41]12、13 世纪发生的事情与此类似。当欧洲正在摇晃学步的成长中自负时，经院主义干预进来教化它。[42]R．W．萨真

（R. W. Southern）如是解释这一目标：

> 从学术的观点看来，正是 12 世纪的革新者首次把系统性秩序引入堆积的智识材料中，这些材料他们多半是以混杂的形式从古代世界那里继承过来的。他们工作的大体目标是给出全面系统的知识，且通过批评对之进行精炼，使之更为清晰，将其呈现为有能力的判断者们的一致意见。在学说上，达到一致意见的方法是从评论开始，接着提问，再从提问过渡到系统化。这个过程的实际目标在于使基督教对世界的正统观点得到界定且被理解、被辩护，以反对来自内部异端及基督教世界外的不信者的攻击。

和这一"保守"动机相伴的实际行动，其野心之勃勃，让人吃惊。经院主义的背后愿望，是对亚当的堕落进行一个大反转："原则上，他们的目标是尽可能为堕落的人类恢复被造之时已拥有或可拥有的完美知识体系"。[43]

153　　在早期经院著作中，彼得·伦巴德（Peter the Lombard）的《语录》（*Four Books of the Sentences*）对后世的影响最大，但经院主义的理性探寻之动力泉源却是彼得·阿伯拉尔。[44]阿伯拉尔在许多方面都值得我们关注。他的传奇一生，包括导致他被人阉割的一场爱情，常被叙述，且首先是由他自己讲述。对三位一体的思辨，使他和明谷的伯尔纳（Bernard of Clairvaux）等教会领袖关系紧张。他是最早提出所谓"唯名论"的人之一，这一哲学立场主张凡真实存在的事物都是个体（参考下文的奥卡姆）。诺曼·康托（Norman Cantor）指出，阿伯拉尔的自传《我的苦难史》（*The History of my Calamities*）和他的哲学活动具有同样的性质。通过强调自己生平的独特性质，阿伯拉尔抗议"柏拉图式地以普遍吞没个体"。[45]对我而言，阿伯拉尔的重要性和贡献在于他将神学和哲学分开，发展了从事神学的新方法。阿伯拉尔是最早一批将神学视为"科学"事业的思想家之一。他把"大全"（summa）确立为神学单元，并按主题而不是圣经线索来组织神学。

安瑟伦追随奥古斯丁，说自己的神学是一件"信仰寻求理解"之事。阿伯拉尔则在他的自传中说自己的学生向他讨要的恰是一种相反的神学，因为人不能相信他首先还没理解的东西。[46]虽然阿伯拉尔害羞地通过学生之口道出理性神学的要求，但这当然也是他自己的神学旨趣所在。他说自己有能力洞悉三位一体的奥秘，从这个声明我们看得出，他是严肃认真地要以理性的能力来洞察阐释基督教信仰。当受到挑战时，阿伯拉尔抗议说自己并没有想让基督屈从于哲学。在一封被多次引用的致爱洛伊丝的信中，他写道："我永不会去做一个哲学家，如果这意味着和保罗相对立；也不会去当亚里士多德，如果这意味着和基督相分离。"[47]但是，他对逻辑的运用使他走向了本体—神学。

谈到作为"科学"的神学，阿伯拉尔的工作对"神学"之作为一门专业而被发明，至关重要。[48]在原先的数世纪里，修道院的作者们"从事神学"的方式乃是解释圣经文本，将圣经运用到所碰到的场合。他们不称自己为"神学家"而称自己是"掌握圣书的人"。这种诠释学术不被当做"专业"和其他专业并列，它只是对圣经的布道性使用，各门人文学科也为此服务。这种修道式解经以经文研究为中心，故而更多地使用语法和修辞而非辩证法或逻辑。在那些最先把"神学"一词来指某种特定论述和某门独立研究科目的人中，阿伯拉尔算是一个。从伯尔纳的反应中我们就可看出这一用法的新鲜性质。他在和阿伯拉尔的论战中从不用"神学"一词指自己的著作，而只是贬义性地用来指阿伯拉尔的著作，并常常把它和自己生造的词"蠢学"（*stultilogia*）当做同义词来用。[49]

和那个提问的时代相应，阿伯拉尔的神学方法亦是提问式的。对经文的疑问不可避免，早期中世纪的解经者常常离题转而解释某些词或语法形式，或解决从经文而来的某些神学问题。阿伯拉尔一般也会用这个方法，按照论题在经文中出现的先后顺序对之进行论述。但阿伯拉尔总是快速地跨过这一以经文为基础的方法，进入一种更多由逻辑带领的方法。按照曼奇的总结，对阿伯拉尔来说，"'经卷阅读'只是对上帝进行研究的传统方法，而相反，神学家的方法是从第一原则进行推理"。[50]阿伯拉尔不满足于评注解释性的"阅读"方法，而试图给出"理由"来满足人类理智。[51]渐渐地，"提问题"的方法游离了"阅读"背景，以致神学和释经分离，最终理性和信仰分离，哲学和神学分离。

阿伯拉尔将神学实质与圣经形式相剥离，他这么做有着很深根由，且至少部分而言是有意为之。将形式与内容对立起来，这在他著作的不同语境中反复出现。他建议自己的儿子阿斯特雷贝不要因为自己的爱好或对方的雄辩就接受一个教师或作者。相反，最好的老师说话平实，逻辑地系统地组织自己的教导。风格和个人品性（气质）被悬置起来，代之以某本书或某个教师的超脱的、非个人性的逻辑。[52]他的伦理学如此关注意图，以至于他会这样说："外在事物不会把我们引向上帝"，这种说法换在一个世纪之前，几乎人人都要拒绝。斯蒂芬·雅格（C. Stephen Jaeger）说，阿伯拉尔引入了全新的教育体系和全新的学术方法："整个教育体系处在传统的与新兴的教学方式之冲突中，前者旨在培养人的品质，后者旨在获得知识和进行理性探寻。"[53]

虽然伯尔纳在活着时赢得了和阿伯拉尔的争论，但赢到最后的还是阿伯拉尔，因为彼得·伦巴德（约 1095—1161）是以阿伯拉尔式的基调整顿神学的，而他的教材在中世纪的许多年里一直占统治地位，直到后来被托马斯的《神学大全》所代替为止。伦巴德的《语录》作为对基督教传统的汇编与调和，还是相当朴实的，并不像后来经院式的《大全》那般庞大系统。但两者间的联系显而易见。切努说，彼得·伦巴德的《语录》这类书"已经让我们预见到，问题在以后将如何变得比被评注的经文更重要"，[54]不过，他并没有指出阿伯拉尔在这一过程中的核心重要性。毕竟，阿伯拉尔在伦巴德之前就已经写了《是与否》，而伦巴德是阿伯拉尔著作的认真学习者，有可能听过他的课，且照着他的早期论述写作了自己的《语录》。[55]表面看来，伯尔纳与阿伯拉尔之间的论争只是关乎几个不相干的神学论题及神学方法上的深奥问题，但它实际上关乎的却是基本的"世界观"，其中涉及人类理性的作用，上帝和人的关系，教育与研究的目的。这场论争充满了未来。

156 信仰与理性的综合： 托马斯·阿奎那

阿伯拉尔种下的经院神学种子到 13 世纪才结出丰硕果实。其中一个关键性的新因素就是亚里士多德的各种逻辑著作被重新发现，导致"新逻辑"产生。亚里士多德的一些逻辑著作由于波依修斯的缘故久已为西方所知。12 世纪下半叶时，他的其他著作被首次译成拉丁文，开始在神学中被运用。[56]除了这些著作，阿威罗伊（Averroes）和阿维森那（Avicenna）的阿拉伯文注释也被译成拉丁文而被广泛使用。14 世纪，但丁还说阿威罗伊是"伟大注释"的作者，虽然他无疑还是把阿威罗伊限在地狱中。

很自然，西方权威对亚里士多德狐疑满腹，这既因为他是异教徒也因为他是由伊斯兰学者引到西方来的。许多人相信亚里士多德（或者说其评注者）在教导和圣经相反的东西，例如：物质的永恒性，存在一个为所有人的理智都参与其中的单一的"主动理智"。布拉班特的西格尔（Siger of Brabant，1240—1284）和其他人玩弄起阿威罗伊主义的"双重真理"观念，说哲学真理虽不同于信仰真理，但是一样有效。许多教会权威都发出谴责，最重要的是 1277 年的大谴责，斥责好些亚里士多德信念，认为它们不符合上帝至高全能的基督教信条。

托马斯的自然与超自然

照某些人的说法，托马斯（Thomas Aquinas，1224—1274）之所以能实现信仰与亚里士多德哲学之间的调和，靠的是某种"双重真理"说。 157
法兰西斯·薛华承认，"现代人的起源可以追溯到好几个时期"，不过他是以阿奎那开始的。薛华认为，托马斯把实在分为两层，在此基础上展开自己的学说。居上层的是恩典（包括的概念有上帝、天堂、不可见存在、灵魂、合一），居下层的是自然（被造物、地界、可见存在、人的身体）。托马斯之后，人们奋力要统一起自然与恩典。因着托马斯的工作，"人类理智变得自主"。自主的自然界采纳了"自然神学"的形式，通过这种方法，阿奎那将哲学与神学分开，破坏了基督教世界观的统一性。[57]虽然薛华并没有在术语上如此表述，但托马斯为学术、哲学、政治、经济等无需诉诸圣经或启示的"世俗"领域开启了大门。[58]

这种托马斯观近年来在好些阵线上遭到挑战。在天主教神学内部，主要的攻击来自亨利·德·卢巴克（Henri de Lubac），以及他影响的一批"新神学家"。[59]照他的说法，托马斯既未把实在分为两层，也未给自然理 158
性任何自主性。此外，人们对托马斯思想中的新柏拉图主义结构与路线兴趣日增。托马斯也经常引用伪狄奥尼索斯，虽说不如运用亚里士多德来得多，而他对奥古斯丁的经常性运用也可说明新柏拉图主义的影响。[60]新近的学术界不是把托马斯看作彻底的亚里士多德主义者，而是把他看成某种柏拉图主义者。

照这种学术观点，则但丁对托马斯的解读可能比许多人料想到的还要准确。但丁（Dante）《天堂篇》的几乎第一个字就是"荣光"，而这一主题主宰着多数诗句。[61]往后，诗句中的托马斯·阿奎那，这位中世纪最伟大的神学家，就借着光的形象更充分地解释了这一被造之荣光。"会灭亡不会灭亡的万物/反映着思想的光辉，这思想由父神藉着爱产生"（《天堂篇》，13. 52—54）。阿奎那用"思想"指的是上帝的永恒之子，圣三一中的第二位，他在耶稣里化为肉身。他是圣父的"思想"，因为他就是父的道，在他里面父的旨意得以完全表达。阿奎那也把圣子称为"活的光"，从父上帝"流出"。父上帝是光也就是圣子的"灿烂源头"，但是光"从不离开"源头"即父上帝，也不离开"将三者联为一体的爱"即圣灵（《天堂篇》13. 55—57）。

所有被造物都反映圣子的"光辉"，之所以如此，是因为"活的光"即圣子"在他自己的恩典里送下道道光芒，仿佛/借着九种实存被反映/却又永远是他自己"（《天堂篇》，13. 58—60）。九种实存可能指天堂九重天，也可能指伪狄奥尼索斯说的九阶天使，但到底指何者并不重要。圣子的光从天界高处移动着往低处扩散。正如射入水中的光线到底部时变得暗淡，不同部分的被造物也以不同程度反映圣子之光。虽然被造全体的不同部分显出的荣耀程度有别，但各样事物有序地排列着，熠熠生辉地彰显华彩。但丁在《天堂篇》首行所说的"荣光"是那"使万物运动起来者"的荣光。正如每件事物都以自己的特定程度反映圣子之光，同样，它们也都向着与自己荣光程度相宜之处运动。

这一光的理论既来自伪狄奥尼索斯（其著作在 12 世纪开始广泛流传）也来自托马斯，它对修道院长舒格的建筑理论与实践有直接影响。舒格设计了法国圣德尼斯的修道院，为的是证明一切被造之物都为神圣之光照耀。乔治·杜比（Georges Duby）如是叙述：

159

> 正是在新教堂的唱诗班部位……发生了审美中的突变。舒格自然而然地将闪耀的中心置于教堂长方形廊柱大厅的另外一端，这里是礼拜仪式朝着太阳升起的方向得以完成的地方，在这里，和上帝的接触最令人炫目。在这里，他决定除去高墙，让建筑师尽可能地使用当时还不过是石匠的权宜之计的建筑构造技巧：拱肋。这样，在 1140 至 1144 年间就建起了"由一系列小礼拜堂组成的半圆回廊，透过最为灿烂的窗户，整个教堂都沐浴着令人惊叹的无间光辉"。[62]

倘若但丁对阿奎那的解读是对的，那么，阿奎那必定会欣悦舒格的成就。没有几个中世纪人读过阿奎那，但那些在圣德尼做礼拜的人却在大理石和玻璃中读到了他。

对阿奎那的这些不同解释之间的差异对我来说不是那么重要，我关心的是托马斯是否有折衷主义之嫌这么一个全盘性问题：他是否将基督教信仰和亚里士多德主义或新柏拉图主义形式相糅合，或者说，是否以亚里士多德主义和新柏拉图主义为工具为婢女，来阐释基督教信仰？

看似如此 (Videtur Quod)

托马斯似乎的确区分了自然与恩典，给了自然及自然理性足够的自主，因此成为世俗现代性及现代的本体—神学的祖师。许多托马斯文本似乎都支持薛华的解读。首先的证据就是他大量使用亚里士多德。虽然托马斯并不总是赞同亚里士多德，并且以某些根本性的方式改变了亚里士多德哲学，但他在许多方面都有赖亚里士多德的范畴。例如，他对圣餐中的真实临在的处理就完全是在亚里士多德的"实体"与"属性"的范畴中进行。就此而言，他显然认为亚里士多德对事物的自然本性的叙述是对的，而同样显然的是，亚里士多德的观念并不来自启示。

另外，托马斯常常在信仰与理性之间进行区分，而他的区分方法，似乎意味着一种二元论的实在观。他在《神学大全》的开头写到："虽说有的事情超出人的知识，不能被人通过理性追求到，但一旦它们被上帝启示出来，就必定会被信仰接受"（《神学大全》I，1，1）。托马斯后来在《神学大全》中问，人是否不依赖恩典也能认识。他引用奥古斯丁对《诗篇》50 篇的评注给出肯定回答。他以光作比喻，解释了人靠自然之光进行的认识和靠外来的超自然之光进行的认识之间的区别（《神学大全》I—II，Q109，a1）。[63]

160

托马斯也在哲学与神学的兴趣与对象之间做了区分。哲学相关于自然理性起作用的领域，神学相关于恩典起作用的领域。[64] 哲学也谈论神学问题，但是后一种形式即神学"比哲学家所教导的神圣科学还要高，因为它出自更高的原则"，也就是启示和信仰的原则。而上帝存在的证明进一步表明托马斯相信自然理性有某种程度的自主，因为他明白地辩护这一观念：人可以不依赖恩典的助力由自然理性认识上帝。[65] 像这一类证据还可以找出来很多，特别是在《神学大全》的开头部分里。

实则不然 (Sed Contra)

正如托马斯常说的，"但是"（sed contra），托马斯的其他文本指出了另一个显然不同的方向，在这些文本中信仰和理性不是被当做反题或彼此相异的认识方式，在这些文本中哲学和宗教互相融合。换句话说，在这些文本中，阿奎那不是在自然与超自然之间作二元区分，而是给出了一个深刻地统一着的基督教世界观。[66]

161　　对刚入门者而言，《神学大全》最初的、明显的特点就是：它是从头到尾的"神圣科学"（*scientia Dei*）。托马斯在一篇简短引言中说，大公真理的教师应当不只是教导高阶人士，也应当"教导入门者"，他宣称自己正是为了那些入门者（！）写作《神学大全》的："我们在这本书中的目的，是处理和基督宗教相关的一切内容，且处理的方式应当考虑对入门者的教导。……我们试图在上帝的帮助下，以主题所允许的简洁性和明晰性来展开这一神圣科学容纳的一切。"

　　托马斯在《神学大全》的开始部分，通过对不同科学的起源划分定义了这一"神圣科学"。有的科学源于理智之光，有的科学源于由更高科学给出的原则。神圣教义之所以是一门科学，是"因为它源于由一门更高的科学即上帝和有福者的科学确立的原则。这样，正如音乐家有理由接受数学家教给他的原则，神圣科学建立在神所启示的原则之上"。这样，真正的神学——神圣科学——就是那些有福者和那些得到了上帝之异象者的知识。神学性的科学并不能达到这种程度，而只是从中引申出来的东西。托马斯就是在这种背景下，对上帝的存在进行论证，采纳亚里士多德的概念与范畴，讨论美德。

　　《神学大全》在结构上是一篇神学论文。全部著作分为三部分，其中的第二部分又由两部分构成（分别为：Ⅰ，Ⅰ－Ⅱ。Ⅱ－Ⅱ，和Ⅲ）。阿奎那在第二问的开始解释了每部分的要旨："因为神圣科学的首要目的是教导关于上帝的知识，并且这知识关乎的不只是上帝自身，也关乎上帝之为万物特别是理性被造物的起源和终结——正如前面就已经明白说过的；所以，我们在努力阐述这门科学时，试图处理：（1）上帝；（2）理性被造物之朝向上帝；（3）基督，他作为人正是我们通往上帝的道路"（《神学大全》Ⅰ，2）。[67]

　　费古斯·克尔（Fergus Keer）在研究这段文字时注意到，托马斯的整个工作具有叙事性与末世性取向："托马斯的神学完全由这一应许支配：人类可以分得上帝自身的福境"，而"方案是显然的——把道德生活视为朝向幸福的旅程（第二部分），它处于中间位置，在这之前处理作为万物之源起与终结的上帝（第一部分），在这之后处理作为新创造之起始的，

既是上帝又是人的基督（第三部分）。这样，神圣教义的阐述，就具有旅
途叙事的结构：从创世的上帝，到使死者复生，赐下祝福的上帝——从创
造到祝福"。正如克尔在别处所言，托马斯给出的不是笛卡尔式的理性基
础主义，倒是"末世论式的基础主义"。知识的基础并非笛卡尔所说的每
个人都可以得到的无可置疑的真理，而是有福者在荣耀中得到的直接的、
直觉性的知识。这就赋予整个托马斯神学一种显著的末世论结构。[68]

在此背景中，我们可以更好地理解托马斯对亚里士多德的运用，他正是
常常以此运用来阐释基督教信仰。[69]举一个例子可以说明问题。托马斯时代
对亚里士多德的运用中的一个关键问题，就是耶稣的灵魂与他受死处在墓中
的身体之间的关系。麻烦出在将亚里士多德质形论的人类学用于基督教。
"质形论"由两个希腊词组成：物质（*hyle*）与形式（*morphe*）。照亚里士多
德和阿奎那的说法，每一被造的实体或事物都是质形的，即由物质与形式构
成。托马斯将这个说法运用于人，坚持灵魂是人的形式，是原则，它将物质
材料"形成为"某种特定存在即人。这就给基督教的死后生命观念造成了显
然困难。死亡的时候，身体和灵魂分开，这既意味着形式可以独立于物质存
在（这是亚里士多德否认的），也意味着身体在坟墓里转回成原初的无形式
的物质。具体而言，从耶稣受死到复活的这三天里，他的身体发生了什么变
化？是不是耶稣的身体不再存在，只是在复活的那一刻才重新存在？为了回
应这个问题，中世纪的一些思想家增加了人的形式数量。除了灵魂（或实体
形式）以外，每个人还有一个"身体形式"，就是它使身体在死后仍保持
存在。

托马斯坚守亚里士多德学说，贯彻质形论。他相信人只有一个实体形
式，这种理论被称为"实体形式单一说"。事实上，他把问题逼回到耶稣
的神性与人性之实体性统一。使耶稣受死的身体和复活的身体相联结的，
乃是圣三一中的第二个位格与耶稣的灵魂身体之间的合一性质。耶稣身体
的保持根本不依赖他的人类灵魂，而是有赖于圣子与人性的联合。正是因
着顽固地坚持亚里士多德，托马斯反而比他的对手更充分地契合了基督教
的独特信念即道成肉身（《神学大全》III，50，5），这是很值得人们注意
的。于托马斯而言，哲学性神学是用来探索与阐释神圣教义的工具，而不
是某种自身独立的研究。

实际上，这一点在他认识论的基本观点上也表现得很明显。拉尔弗·
麦克因内尼说，"分有"概念是阿奎那思想中贯穿始终的一个核心观

162

163

念。[70]他虽然是个亚里士多德主义者，却在这一点上将亚里士多德柏拉图化了，正如新柏拉图主义将柏拉图亚里士多德化了一般。所有的理性都因为分有神圣理性而是理性的。这不仅仅适用于对神圣事物进行思考的理性，或由恩典额外赐予的领域。**所有的**理智之光都是对神圣理性的分有。于托马斯而言，"被造物的理智能力被称为理智之光，不管这能力应被理解为自然能力还是某种额外赋予的恩典性完满或荣耀性完满，它都好像是出自神圣之光一般"（《神学大全》Ⅰ，12）。此外，"内在于我们之中的理智之光，不过就是那并非被造的光被分有的相似物而已，而后一种光包含了永恒原型。因着神圣之光在我们里面烙下的印记，我们得以认识所有事物。"（《神学大全》Ⅰ，84，5）[71]

因而，理性与信仰的不同不是类别上的，只是在分有程度上有差异。故而，托马斯说恩典乃是神圣之光的强化："人的知识得到恩典启示的助力。因为理智的自然之光因着恩典之光的注入而更有力量；人的想象活动中的形象有时是被神圣地形成的，为的是可以更好地表达神圣事物……可感事物甚至声音有时都是被神圣地形成的"（《神学大全》Ⅰ，12，13）。神学和科学不是截然相分的科学，而是科学连续体中的两端。神学无疑处在教导位置。神圣教义"并不像依赖某种更高事物一样依赖其他科学，而是把它们当做在它之下的东西，当做婢女来使用"（《神学大全》Ⅰ，5，2）。[72]自然理性不是自主的，需要启示的修正。[73]以后，在第一问的第六条里，他引用《哥林多后书》10 章总结到："其他科学中发现的任何与这一科学的任何真理有抵触的东西，都当视为谬误。"托马斯乐意使用亚里士多德，但如果亚里士多德和信仰相冲突的话，则亚里士多德是要让步的。

托马斯认识论的末世性基础主义建立在本体论的末世性基础主义上。万物都因分有神圣理智而被认识，并且万物都照其对神圣理智之分有而存在。确实，被造物在静态意义上都是处在上帝心灵里的事物之像。然而，既然上帝是万物的最终目的，因此它们之为形象也是在动态意义上的：它们渐渐地、愈加地成为自身；或者，不如说：它们的本质不在于**现在**是什么，而在于**将是**什么。这是基督教末世论与亚里士多德目的论的某种综合，但是于托马斯而言，这里的目的论是神学性的：某物之到达其目的，乃是因为它"以自己的方式摹仿上帝，且如上帝里面的知识一般地趋向存在"。[74]

托马斯的末世性本体论也体现在对"善"的陈述中[75]，而他正是以"目的论"或"末世论"的方式来界定善。说某物是"善"就是说它已经被实现了，而不管它是多么不完全，因此，不加限制地说某物是"善"，就意味着它是全然地得到完满的，是完成了的。当某物越来越接近实现时，它就越来越善，而只是在最后阶段它才成为完全的善，或者说，它才完全存在。[76]托马斯以亚里士多德的原因学说表达上述观念。在托马斯看来，事物的第一因是其最终和最后的目的。当木匠开始制作一张桌子的时候，他企图用桌子服务于某个目的——比如说写字——而这一目的，用亚里士多德术语来说，就是桌子的"目的因"，虽然它其实出现在其他原因之前。只是当木匠已经计划了一个特定目的之后，他才开始搜集木材（质料因），使用各式工具（动力因）来制作桌子。同样，作为宇宙之起因的上帝创造任何事物都有一个特定目的，而这一目的就是该事物的存在终极理由。一件事物之存在着，乃是为着被完全地实现，为着全然成为它所是的东西。在完全的意义上，我们说某件事物是"善"时所指的就是这个。[77]

上述一切都支持着马可·乔丹（Mark Jordan）的结论：在托马斯那里，哲学和神学的关系是"部分与整体"的关系，并且托马斯的目的是"以神学来改造性地收编哲学"。[78]借用杜耶沃德的话，托马斯思想的"基本主旨"深刻地具有基督教特质，并且极其出人意料地合乎圣经。托马斯设想的世界不是静止无变化的，而是动态地处在生成之中，它不断运动，在上帝的引导下朝向自己的最终目标。故此，造就托马斯的认识论和本体论的乃是福音的"已然未然"结构。倘若篇幅允许，我会指出十字架与复活在托马斯架构中的核心地位，它们起着手段与道路的作用，万物通过它们得以在永活之头首基督里被引导着朝向自己在上帝之国里的最终目的。从这点看来，托马斯给上帝的首要名字不是"存在"（参考下文），而是圣经中的名字——"阿拉法，俄梅戛"。[79]

回答 （*Responsio*）

但是，在另外一个维度，托马斯无可否认地使基督教神学让步于哲学的语言与概念。《神学大全》的语言及相当一部分结构都是哲学性的，虽说其内容常常是圣经性的。为基督教神学套上一个哲学外表之所以无关紧要，乃是因为阿奎那已经采纳了阿伯拉尔在形式与实质之间的分离。我们只需举一个例子就足够说明这点。

托马斯的形而上学建立在一系列相关对比上——形式与物质、现实与潜能、存在与本质。[80]虽然这些对子并非可以互相替代，但它们有着如下关联：一边是形式—现实—存在，另一边是物质—潜能—本质。托马斯接受亚里士多德的看法，认为实体是形式与物质的结合。物质自身是无法存在的，因为没有形式的话它只是潜能而已，没有现实性的存在。（这里的"形式"不是指"形状"，虽然和它有类比关系；它指的是形而上学原则，借着它无特性的物质成为某种特定物质。）一当原初物质被某种形式"形成"，它就成了某一特定实体。青铜被诉诸雕像的形式而成为一座雕像，虽然青铜自身就已经是被制成的物质：原初物质和青铜的形式相结合就形成了青铜。

对于中世纪神学家而言，亚里士多德的实体说引起了一个问题，就是天使。天使是非物质的，但他们是实体。他们既然并非形式与物质的结合，是如何成为实体的呢？或许天使是纯形式，但这样我们就有了一个相反的问题：天使又如何与上帝自身相区分？

阿奎那的解决之道是：天使也是复合的存在物，但不是因为他们是形式与物质的结合，而是因为他们是"本质"与"存在"的结合。本质指"某物的所是"，存在指"某物存在"。本质自身只是潜在的。我们可以在对天使是否真的存在一无所知的情况下，仍旧对天使做出界定，正如我们可以并不相信奥克魔怪或霍比特人的实际存在，却仍旧可以对他们做出描述一样。对于天使而言，为了能够存在，则必须将存在加在本质上。相比之下，上帝是全然单纯的[81]——是纯存在、纯活动、纯形式，没有任何的复合性。上帝的本质就是存在，因为只有他才是必然的存在。当我们定义上帝的时候，我们是在定义一个存在着的存在者，他正是存在自身。这一解决方案使阿奎那在两方面持守正统立场：天使不是物质的，但并不与上帝同等，因为他们是复合的而上帝是单纯的。

这些东西都很微妙，而结论却是根本性的正统，因为的确上帝是必然存在的。托马斯在探索这些问题时的一个压倒性主旨，就是捍卫上帝与被造物之间的形而上学分别。不过，同样明显的是，看来他已经变更了讨论上帝之特性的语境，使得圣经对上帝的描述被远远地遗留在后。[82]托马斯诉诸《出埃及记》3：14（"我是我所是"）[83]，但他对这句经文的哲学性阐发只是凸显了这一事实：托马斯更多凭借亚里士多德式的理性探寻而不

166

是解经来发展他的上帝论。托马斯显然不是以圣经叙事来阐述哲学观念，相反，他将某节经文从圣经叙事语境中抽离出来，用作哲学思辨的基础。在形式上，如果不是说在内容上，这就是本体—神学——这种神学的运作界限，是由外来哲学体系划定的。[84] 和阿奎那及其辩护者相反，圣经中上帝的首要名字不是"存在"。事实上，上帝的"名字"彰显在创造、历史、行动、叙事，以及律法中——而这些言语与行动又是在耶稣那里达到了顶点，并将上帝的名揭显为圣父圣子圣灵。这样一个上帝是不能由"存在"之名来限定的，个中的重要原因既在于这个词听起来有点"蛮荒味"（切斯特顿），也在于我们感到："存在"一词只是对某种含混事物的命名，这种事物"就像呼吸，但是更无声"（J. L. 奥斯汀）。[85]

167

后期中世纪神学：司各脱和奥卡姆

托马斯无论怎么说也是经院主义的高峰，将前所未有的严谨带到经院世界。在许多人看来，后期中世纪神学处在堕落与衰退中。当然，欧洲文化的特征就是常有危机——自然的、政治的、教会的危机。14 世纪中期，黑死病肆虐欧洲，带来史无前例的灾难与恐慌，激发先知预言基督再临。七十年之久，教皇被囚阿维农，当他最后重返罗马时，教会却陷入公然分裂。中世纪后期的文明危机引发的反响是不同的。有的团体断定教会的腐化已经无可救药，于是自己组织宗派，其中几个派别被教会斥为异端。在教会的边缘地带，"共同生活兄弟会"组织平信徒家庭男女一起照"使徒的"方式生活，凡物公有。再超出这一边缘地带，就是各样的离奇派别了：瓦勒度派、洁净派、波各米派等等。一度激荡人心的、创新的经院主义运动，如今僵化成几个学派，在法兰西斯团和多米尼克团的旗帜下互相攻讦，全然成了党派之争。贫瘠的经院式体系化，带来神秘主义的反动：避开教义与思辨，转向个人性的虔敬。公会议至上运动开始生根，其目的是通过普世公会议解决教皇职位之争。这一运动虽说在康士坦斯公会上有些许成功，却很快失去动力，最终使教皇权力比以前愈加稳固，教会比以前更为集权。

168

人们常将反教权主义、反教皇主义和马丁·路德及其他改教家相联，但改教家的提法——教皇是敌基督——却来自中世纪。14 世纪的英语寓言著作，威廉·朗格兰（William Langland）的《农夫皮尔斯》，是中世纪对教权进行批判的生动例证。[86]诗的开头描述一片人口富庶，由金钱和私利统治的平原（代表朗格兰所处的世界）。序言部分则交代了另一种生活观：恪守七种美德并献身于爱。真正的基督徒生活因此在诗的一开始就处在边缘位置。世界之所以对义人不利，既是因为恶人在数量上超过义人，也是因为法律的设立就是为了助长自私而非奉献。朗格兰的批判到第二段或说第二章时更为集中，矛头所向，乃是"报酬"女士（象征财富）以及照《启示录》中所说的大淫妇巴比伦的模式建立起来的假教会。在"报酬"的统治下，一切事物都为售卖存在——这种消费主义是由法律所定的，并且法律本身就是可售卖的。就是教会也为"报酬"的价值取向侵蚀，而神学的代表者为此种统治辩护，说金钱使社会有了凝聚力，将主人和仆人联结在一起。

正如朗格兰所观察的，中世纪后期体制上的主要缺陷是缺乏灵性指导。统治教会的人并不是为会众提供属灵喂养的牧场里的忠实"农夫"，而是那些以人民为鱼肉，全然听命于"报酬"的僧侣。朗格兰笔下的困惑人物郝凯恩（"积极生活"，Haukyn）体现着普通信众的处境。僧侣轻易地接纳他的悔过，使他放纵自己犯罪，堕入贪婪与放荡里面。在真农夫皮尔斯的照料下，郝凯恩被洗净，穿上新衣，开始了悔改的生活。朗格兰把基督教世界的病症归于一个根本性原因：神职人员没能引导信众。

类比还是单义

在这文化与政治的动荡背景下，神学经历巨变。中世纪后期最伟大的神学家和哲学家，司各脱和奥卡姆的威廉（William of Ockham），都明显不同意托马斯在信仰与理性之间所做的综合。在中世纪后期的共同生活兄弟会等运动与神学上的运动之间有着家族相似。我们在这两者当中都可见到一种对堕落世界之影响的反动，看到捍卫信仰之疆界的努力。共同生活兄弟会从属世教会退出，进入虔敬的世外桃源；司各脱和奥卡姆从属世哲学退出，为的是捍卫自己的法兰西斯会信念：上帝只能通过启示而不能通过理性被认识。[87]不幸的是，他们在为神学清除自然理性之污染付出努力的同时，也接受了自格列高利七世和阿伯拉尔以来就已经确立起来的，在社会性的世界与理智性的世界之间做的二元区分。他们非但未能拒绝以前将神学与圣经相分离的做法，反而接受甚至是深化了这一分离。他们坚持神学不应当被搅扰，但付出的代价是允许哲学保持自主。[88]

对这一趋向的详细说明可以把这一问题揭示得更清楚。托马斯有一个学说，被后人称为"存在的类比"，正是在这一学说的基础上，他解释了为何人类语言可以谈论上帝。语言的三种用法即是"类比"、"单义"和"多义"。当一个语词在不同的语境里意思完全相同时，它就是"单义"的，而如果一个语词在不同的语境里意思不一样，它就是"多义"的。例如，"牛市"一词在这两个句子里的使用是多义的："他今天去牛市买了一头花奶牛"、"今天的股票行情是牛市而不是熊市"。而"人"一词在这两个句子里则是单义的："苏格拉底是人"、"邓斯是人"。在神学中，语言的单义或多义导致的情况都是不利的。如果神学语言是多义的，那么我们将无法真实地谈论上帝；如果它是单义的，则上帝将沦为和被造物同等。

托马斯相信解决之道在于指出神学语言是"类比"的。当我们说"上帝是智慧的"和"苏格拉底是智慧的"时，我们是在类比地使用"智慧"一词。我们既不是以完全相同的意义，也不是以完全不同的意义，来使用"智慧"一词。而是，这两个用法里有某种"类比"或者说"相似性"。托马斯把这一点运用到上帝的所有属性，包括最基本的属性"存在"。在上帝那里，存在就是本质，但这对于其他存在者来说，情况并不是这样。这样，在"上帝存在"和"我的脚趾甲存在"这两个句子里面，"存在"一词的使用就是类比的。

相比之下，司各脱（1266—1308）捍卫"存在的单义性"。这一争论虽说只是关乎神学语言，其含义却深远得多。[89]司各脱并不否认类比本身。谓词在上帝和被造物那里的运用并不完全一样，而司各脱相信，类比是必要的，因为"被造物只能不完满地表现上帝"。但他说，倘若类比里面没有某种单义，那么类比也无法进行。简言之，"类比预设了单义"。详细地说，就是"如果两件事物中的一个是另一个的尺度，则它们必须要有某种共通的东西，使得第一个可以用来衡量第二个，第二个被用来衡量第一个。如果两件事物之中的一者在程度或量上超过了另一者，那么，无论这程度或量有多大，它们之间总要有某种共通之物，正是在这共通之物上，一者超过了另一者"。[90]

"动物性"就是一个共通之处，使得在人和驴子之间进行对比成为可能。没有它，比较毫无意义。

司各脱认为这点也适用于谈论上帝和被造物的语言。上帝比人更完美，但这就引起了问题：在哪点上更完美？共通的谓词是什么？上帝在"智慧"和"公义"上更完美。但如果说这句话还是有意义的话，那么，"智慧""公义"就必须是单义的。除非我们对于"智慧"形成一个既包括上帝也包括人的智慧的概念，否则类比是不可能的。

司各脱想把这点同样运用到"存在"概念上。司各脱说，有可能形成这么一个存在概念，它"在上帝的存在和被造物的存在之间保持中立，在两者中都被包含"。[91] 我们故而可以形成一个"简单的"存在概念，在将其用到上帝或人那里时，再给它加上限定。对这一存在的限定就是"无限的"和"有限的"。司各脱并不相信这种"简单而言的存在"实际地存在于某处。一切存在着的存在者要么是无限的要么是有限的，要么是创造者要么是被造者。所谓简单的存在只是通过抽象得到的概念，只存在于我们的头脑之中：针对那些以特定方式存在着的不同存在者，我们通过抽象形成一个去掉了特定性质之后的存在概念。

要解释司各脱并不容易，这不仅因为他是出名的精细，也因为他的多数著作都是片段性的，不成体系。在某些方面，他为单一性做的论证看来有些道理，但他的方法对于神学哲学之关系有着巨大意义。理查德·克罗斯（Richard Cross）指出，上帝的不可言说，上帝相对于人对他的所有言说而有的超验性，在司各脱的叙述下都被削弱了，以至于"我们还是很能够知道上帝的"。[92] 这种说法恐怕还是太温和了。就更深程度而言，司各脱的观点悖论性地既导致了一元论也导致了二元论的取向。虽说司各脱主张，"上帝和人之间没有什么实在上的共同点"，可以用来既包括人也包括上帝，但他单义的存在概念却使人走向另一面，意味着有某种共通的形而上学原则即存在，它既包括了上帝也包括了人。其结果，上帝处在与被造物相连续的位置，创造者与被造物之间的界限变得模糊。上帝是无限的存在，但这不过是说：他是有限存在的无限版本，由此导致了一元论取向。

同时，司各脱也引入了某种二元论取向，它以神为纯粹的、无限大能的意志，而将神置于和被造物的反对关系中。尤其显明的一点，是司各脱否认被造物（包括人）被赋予冲动，以实现自我超越。正如我们所见，在托马斯那里，每一实体都努力实现它的善，而这实现最终是在上帝里面。于司各脱而言，既然被造物已经处在"存在"里面，在某种意义上已经是无限存在的"一部分"，因而它们并没有自我超越的冲动。人处在连续体的一端，上帝处在另一端，人并没有被赋予的联合冲动。上帝和人并没有在立约或沟通中不可阻挡地相联合，而是彼此遥望，中间隔着一片无限广袤的、名为无差别存在的地带。[93]

和本章的核心主题相一致，我们将考察司各脱如何理解哲学与神学的关系，考察他是否以及如何促成了本体—神学。他的促成是多方面的。借着把上帝和人分成某一单一概念（"存在"）的两种"程度"（无限的和有限的），他抹平了创造者与被造物之间的界限。此外，由于形而上学是存在的科学，它就显得像是无所不包的科学，神学也从属于它。虽然我们可以合理地从司各脱的思想中作这样的推论，但这并不是他的方向。相反，二元论的取向内在于他的存在一元论，他由此而将神学和哲学以阿奎那意料不到的方式分开。

作为科学的神学

托马斯与司各脱之间的差别，也表现在对神学的"科学"地位所持的不同概念上。阿奎那相信神学是一门科学，一门特殊的科学。按照他的亚里士多德主义，所有的科学都是公理性的演绎系统，正如现代数学一样。有的科学的公理是在自身内的，如毕达哥拉斯定理就是在几何学之内。在这些科学里，第一原则至少对那些掌握了这门科学的各个原则的人而言是自明的。其他科学的第一原则来自它们之外的科学。阿奎那和波那文图拉都认为神学是第二种科学，并称之为"从属的"科学。波那文图拉说神学的第一原则是从圣经来的，而如我们所见，阿奎那则说那些原则来自有福者对上帝的直觉性知识。

这些说法都已经是很成问题了，因为这些方案都在把神学塞到从亚里士多德那里借来的知性框架内。司各脱把问题弄得更糟。照他看来，理论上，上帝有可能直接向神学家启示自己，这样神学就无需再是从属科学。如果没出现这种情况的话，神学家就只有依靠圣经来建构神学，而这种神学"和那门可能的科学远不能相比"。[94]这不仅意味着圣经神学是一种不幸的、"第二等次"的神学，而且还再清楚不过地表明：神学已经何其远离了对圣经文本的独特关注。司各脱让哲学与神学互不为谋的程度之远，光从这一事实就可以看出来：他在任何哲学性论述中都不把神学原则当做决定性证据加以引用。[95]司各脱既是哲学家也是神学家，但他不是一个哲学家—神学家。作为哲学家的司各脱和作为神学家的司各脱生活在两个不同世界里，说着两种不同语言。司各脱致力于保护神学研究的独特性，而为此他把整个哲学世界，乃至政治的、审美的、经济的、社会思想的世界，都割让给了非神学家。

什么是实在？

1277 年大谴责对中世纪后期的神学发展至少有两点影响。第一，它清楚表明神学论断高于哲学论断。第二，因着强调上帝意志的全能和至高，它鼓励神学家把上帝的意志当做他的首要属性（意志主义）。这两点影响都在奥卡姆的威廉那里表现明显。

奥卡姆和司各脱一样反对托马斯式综合，对神学或哲学中的亚里士多德主义持疑。他认为，柏拉图主义或亚里士多德主义的"共相"概念是哲学史中最糟糕的错谬。例如，我们以"马"这个词来指示无数的个别的马，但其中的任何一匹马都和其他所有马在颜色、大小、形状、经历、力量、速度等方面大为不同。这样，当我们说"马"却又不加进一步限定时，到底是在指示什么？对柏拉图和亚里士多德而言，我们是在指称某个"共相"、某个实在（有人会说，就是"马性"），它确确实实就在我们的头脑之外存在。柏拉图认为这一共相存在于由理念组成的超验世界，而亚里士多德则说共相就位于具体的个体之中。但他们都认为：共相是实在。许多世纪以来，多数基督教思想家都采纳这一架构，按照基督教特色加以修改。有人更多具有新柏拉图主义倾向，把理念置于上帝的心灵中；有人更具亚里士多德主义倾向，相信共相只存在于实际被造物之内。相信共相实际存在的人都是"实在论者"。

奥卡姆拒绝了这整个架构。共相不过是概念或语词（"名称"，nomina），它在心灵之外并无实在。我们通过抽象原则得到概念。当我们对许多的个别马有所认识后，就会意识到它们何其相似。我们抽去所有的多样性因素，得到马的概念，这个概念可用在所有已认识或将认识的马身上。奥卡姆的反实在论形而上学对认识论有直接影响。实在论认为，人通过共相的中介作用认识个别事物：我们只能通过"马"这一共相来认识"西比思"这匹马，而且从来都不能在很强的意义上"认识"个体。而奥卡姆相信，共相只是一个名字，一个工具，用来在生活中指引道路。我们可以直接地、无需中介地认识个别事物，无需借助共相之镜。

173

奥卡姆和现代性

奥卡姆的"唯名论"认识论常被看成现代科学形成过程中的重要一环。他强调经验作为认识方法的重要性，这和现代"科学方法"相似。比较一下托马斯和奥卡姆对事物秩序的不同理解，我们就可看出，从奥卡姆那里发展出来的科学是很特别的。奥卡姆在著作中运用了"消灭原则"。按照这一原则，"每个在主体及空间上和其他绝对事物相区别开的绝对事物，在（任何）其他绝对事物被毁灭的时候，都还能因着上帝的力量存在。"[96]一件事物倘若在所有其他事物都被消灭的时候不能保持其存在的话，那它严格来说就算不上一件事物。事物仅当它能自我持存（当然所有事物都直接依赖上帝）时，才是事物。奥卡姆为认识个体事物提供了哲学基础，但这些事物根本而言彼此分离。而在以前的托马斯概念中，事物不仅处于和上帝的"秩序"之中，也处于和其他事物的秩序中，以致一件事物只是作为由世界内的事物组成的网络中的一分子，才能被理解。现代科学建立在奥卡姆的观念上，研究个体事物，并把它们分成组成性的各部分，略过每件事物事实上处于其中的更大网络和关联。只是到了最近的这个世纪，科学才开始游离这一奥卡姆传统，发展出把相关性看得和个体性同样重要的科学理论。

奥卡姆的独立主义在美学中也导致了变革。在托马斯那里，美学就内在于世界的本性，内在于人的认知行为。当我们认知的时候，在上帝的理智与我们的理智之间就有了某种比例或说和谐，托马斯称之为"参与美"。所有的认知都是某种"艺术"。托马斯认为万物都在美的和谐中本体性地彼此关联，就如但丁天堂中的舞蹈。奥卡姆的个体与其他被造物之间的关系是自我独立，而非融成和谐的舞蹈。任何有美感的秩序都得由人的心灵构建起来。而非如托马斯所说的，从事物的实在本性中"神圣地发出"。这就不仅削弱了审美的地位，而且也使审美成为一种单独问题，而不是神学内在关注的一部分。[97]奥卡姆对艺术的其他影响在于强调个体事物与个体人的独特性。正如艾柯所言，司各脱和奥卡姆的独立主义，使得哥特建筑在后期表现得"更关注部分而非整体"，更注重事物的多样性，而非"分辨闪烁于诸多事物之中的形式"。弗兰芒的微图画家如凡·艾克（Van Eyck）所描画的世界正是最先由奥卡姆设想的世界。[98]

奥卡姆激进的个体主义实在观和他对上帝的本性，对上帝与世界的关

174

系的理解是一致的。奥卡姆和其他后期中世纪思想家一样，追随大谴责，强调上帝的意志，区分上帝"绝对的"与"定旨的"力量。这一区分对中世纪后期的救赎观尤其是称义观有重要影响。[99] 就某些方面而言，中世纪后期神学为宗教改革铺了路。和所谓的**现代路线**（*via moderna*）也就是加百列·比尔（Gabriel Biel）的半帕拉纠主义一起复兴的是奥古斯丁主义，其领头人是托马斯·布拉德瓦丁（Thomas Bradwardine）等人。"共相"的消除为对恩典做新思考扫清了道路。

不过，中世纪后期的世界观有几个关键性的缺陷，导致了人学、政治学、社会中的剧变。约翰·米尔班克（John Milbank）证明，中世纪后期神学家不是在圣三一的框架内讨论上帝的意志问题，而是把上帝和世界的关系看成"神性中的光秃秃的单一体，和他所命定的其他不同单一体光秃秃地面对"。并且，既然上帝被看成原初性的意志，则人作为上帝的形象，正是在运用不受阻碍的意志力时最和上帝相像："人……在享受不受限制的、无阻碍的财产权，以及在行使'不应制约自己'的统治权时，才最接**近上帝的形象**"。神学家就这样建构了"世俗的"社会领域，建构了社会的、经济的、政治的竞技场，在其中作主宰的，是不由任何宗教原则制约的统治管辖权。[100] 这样的神圣权力观对于后期中世纪世界刚登上舞台的极权主义政客来说倒是很合胃口。奥卡姆在政治论述中企图保持精神权威与世俗权威间的平衡，但他使教会独立于世俗的精神化取向，为将来的世代开了一个不祥先例，而他对神圣权力的强调，吸引了掌权者。[101] 难怪他的最后年月是在路易四世的宫廷里为帝权辩护。

从根本上看，这些变化都是自 11—12 世纪开始发动的诸进程带来的结果。世俗领域之所以能形成，只是因为格列高利已经自卫性地在教士与俗人之间挖了一道壕沟。上帝之所以能被当做抽象的绝对力量，乃是因为哲学性的"神性"概念和神学性的"神性"概念已经分离。而这一切之所以在理智上还能行得通，也只是因为神学已经和三一的爱的上帝的圣经性启示相分离。

中世纪的问题和现代思想的进展

爱德华·格兰特（Edward Grant）研究了中世纪对理性与逻辑的运用，

指出中世纪既是"信仰的时代"也是"理性的时代"。他认为，中世纪对
"问题"的关注，发展成为现代科学技术与社会科学的探寻精神："问题式架
构在四个世纪之久的时间内被广泛运用。它在 17 世纪被抛弃，并被对某一
主题进行阐述的论文取代，但这时，自然哲学的提问方法已经深铭于西方思
想。"[102]格兰特不无风趣地说，中世纪盛期留给西方"'四处张望'的精神与
文化"。

　　这个说法很好地总结了我们的考察，但它还尚未道出中世纪盛期革命
的确切性质。毕竟，好些世纪以来基督教思想家就已经在提问了，这一提
问的起始就是奥古斯丁的《忏悔录》，它和《哈姆雷特》一样通篇满了追
问。经院主义的新奇所在不单是问题源于圣经之外，而且是答案也常源于
圣经之外。哲学思辨游离了圣经文本的细致解读，理性在形式上（倘若不
是在实质上）被当作相对自主的真理源泉。这种**提问**（*quaestio*）与**解读**
（*lectio*）的分离是中世纪思想盛期和后期的决定性变革。宗教改革提出抗
辩，发起反动，但后期新教在许多方面重陷后格列高利与后阿伯拉尔在思
想文化上的二元论窠臼。在许多方面，这一裂缝尚待弥合。

阅读书目

Chenu, M. D. *Nature, Man, and Society in the Twelfth Century:
Essays on the New Theological Perspective in the Latin West*. Chicago:
University of Chicago Press, 1968.

　　Colish, Marcia L. *Medieval Foundations of the Western Intellectual
Tradition, 400—1400*. New Haven, CT: Yale, 1997.

　　Duby, Georges. *The Age of the Cathedrals: Art and Society, 980—
1420*. Translated by Eleanor Levieux and Barbara Thompson. Chicago:
University of Chicago Press, 1981.

　　Eco, Umberto. *Art and Beauty in the Middle Ages*. Translated by
Hugh Bredin. New Haven, CT: Yale, 1986.

　　Evans, G. R., ed. *The Medieval Theologians: An Introduction to
Theology in the Medieval Period*. Oxford: Blackwell, 2001.

　　Funkenstein, Amos. *Theology and the Scientific Imagination:*

176

From the Middle Ages to the Seventeenth Century. Princeton, NJ: Princeton University Press, 1986.

Grant, Edward. *God and Reason in the Middle Ages*. Cambridge: Cambridge University Press, 2001.

Jaeger, C. Stephen. *Ennobling Love: In Search of a Lost Sensibility*. Philadelphia: University of Pennsylvania Press, 1999.

Jaeger, C. Stephen. *Envy of Angels: Cathedral Schools and Social Ideals in Medieval Europe, 950—1200*. Philadelphia: University of Pennsylvania Press, 1994.

Kantorowicz, Ernst. *The King's Two Bodies: A Study in Medieval Political Theology*. Princeton, NJ: Princeton University Press, 1957.

Kerr, Fergus. *After Aquinas: Version of Thomism*. London: Routledge, 2002.

Lewis, C. S. *The Allegory of Love: A Study in Medieval Tradition*. Oxford: Oxford University Press, 1936.

Lewis, C. S. *The Discarded Image: An Introduction to Medieval and Renaissance Literature*. Cambridge: Cambridge University Press, 1964.

de Lubac, Henri. *Medieval Exegesis*. 2 vols. Grand Rapids: Eerdmans, 1998, 2000.

Macy, Gar. *Treasures from the Storeroom: Medieval Religion and the Eucharsit*. Collegeville, MN: Liturgical Press, 1999.

McInerny, Ralph, ed. *Thomas Aquinas: Selected Works*. New York: Penguin, 1998.

Oberman, Heiko. *The Harvest of Medieval Theology*. Grand Rapids: Baker, [1983] 2000.

177 Southern, R. W. *The Making of the Middle Age*. New Haven, CT: Yale, 1969.

Southern, R. W. *Scholastic Humanism and the Unification of Europe, Volume I: Foundations*. Oxford: Blackwell, 1995.

Van Engen, John. "The Christian Middle Age as an Historiographical Problem", *American Historical Review* 91 (1986): 519 – 552.

讨论问题

1. "符号化的世界观"是什么意思？基督徒应该养成这种世界观吗？

2. 神学和哲学的恰当关系应该如何？在我们养成自己的世界观与哲学时，圣经的地位应该如何？

3. 什么是经院主义？它是一种回答神学问题的好方法吗？神学应该被当作一门"科学"吗？在何种意义上应该被当作一门科学？

4. 列举几个当代例证，来说明人类之爱的"典雅爱情"观。提示：有上千个。

5. 在中世纪，观念会表达在文化作品中，例如但丁的诗篇、舒格的建筑。你将如何在诗歌、绘画、雕塑或建筑中表达所在教会的神学？

6. 试从圣经角度评价托马斯的"质形论"人性观。

7. 你认为形式和实质可以分开吗？例如，你能既不改变一首诗的形式，却又用散文来概括它吗？你能既把圣经系统化，又不改变它的意义吗？

8. 说上帝是"存在"，这是什么意思？这种说法对吗？

注释

[1] 参考 Walter Ullmann, *A History of Political Thought*: *The Middle Ages* (Baltimore: Penguin, 1965); 以及 *Principles of Government and Politics in the Middle Ages* (London: Methuen, 1961); Ernst Katorowicz: *The King's Two Bodies*: *A Study in Medieval Political Theology* (Princeton, NJ: Princeton University Press, 1957)。至于中世纪（乃至教父时代与文艺复兴时期）的政治神学文本材料的杰出选集，可参考 Oliver and Joan Lockwood O'Donovan, eds, *From Irenaeus to Grotius*: *A Sourcebook in Christian Political Thought* (Grand Rapids: Eerdmans, 1999)。

[2] Umberto Eco, *The Aesthetics of Thomas Aquinas*, trans. Hugh Bredin (Cambridge, MA: Harvard, 1988); *Art and Beauty in the Middle Ages*, trans. Hugh Bredin (New Haven, CT: Yale, 1986).

［3］ G. R. Evans，*The Language and Logic of the Bible*：*The Earlier Middle Ages* (Cambridge：Cambridge University Press，1984)，vii.

［4］ John Bossy，*Christianity in the West*，*1400 - 1700* (Oxford：Oxford University Press，1985)．

［5］ 参见 Marcia Colish，*The Mirror of Language*：*A Study in the Medieval Theory of Knowledge* (rev. ed.；Lincoln, NE：University of Nebraska Press，1983，vii)。有趣的是，这个断言在 Colish 自己书上的第一页就出现了。

［6］ 同上。对这一主题的一般论述，还可参考 M. D. Chenu，*Nature*，*Man and Society in the Twelfth Century*：*Essays on the New Theological Perspectives in the Latin West*，trans. and ed. Jerome Taylor and Lester K. Little (Chicago：University of Chicago Press，1968)，chap. 3：“The Symbolist Mentality”；Bernard J. Cooke，*The Distancing of God*：*The Ambiguity of Symbol in History and Theology* (Minneapolis：Fortress，1990)，chaps. 5 - 7；Michal Kobialka，*This is My Body*：*Representational Practices in the Early Middle Ages* (Ann Arbor：University of Michigan Press，1999)；Eugene Vance，*Marvelous Signals*：*Poetics and Sign Theory in the Middle Ages* (Lincoln：University of Nebraska，1986)；Stephen G. Nichols Jr.，*Romanesque Signs*：*Early Medieval Narrative and Iconography* (New Haven, CT：Yale，1983)；Ross G. Arthur，*Medieval Sign Theory and Sir Gawain and the Green Knight* (Toronto：University of Toronto，1987)．

［7］ 参考 John van Engen，“The Christian Middle Ages as an Historiographical Problem”，*American Historical Review* 91 (1986)，519 - 552。

［8］ 转引自 Rodney Denys，*The Heraldic Imagination* (New York：Clarkson N. Potter，1975)，163 - 164。

［9］ Louis Charbonneau-Lassay，*The Bestiary of Christ* (NewYork：Arkana，1991)，365 - 375.

［10］ 当然，不单只是中世纪呈现外貌上的多样。扒开任何时代的表面，你都能看到令人困惑不解的多样性。

［11］ 下文会谈到，“神学”一词也是含义复杂的。它有一部充满论争的历史。

［12］ 司各脱及中世纪后期的意志主义运动尤其是极端正统运动神学家的攻击对象。参考 John Milbank，*Theology and Social Theory*：*Beyond Secular Reason* (Oxford：Blackwell，1990)，14；Catherine Pickstock，*After Writing*：*On the Liturgical Consummation of Philosophy*，Challenges in Contemporary Theology (Oxford：Blackwell，1998)，121—166；Conor Cunningham，*Genealogy of Nihilism*，Radical Orthodoxy (London：Routledge，2002)，16 - 58。

［13］ 均转引自 Merold Westphal，*Overcoming Onto-Theology*：*Toward a Postmodern*

Christian Faith (New York：Fordham University Press，2001)，2。

[14] 反面的情况似乎也成立：如果神学根本就被忽视的话，正如在许多现代哲学中那样，那么本体—神学也是不可能的。不过，海德格尔指出，哲学总是有一个隐秘的神学框架，因此总是内在地具有本体—神学性质。

[15] 换一个方式来表述这一点的话，就是：从 12 世纪开始，人们对神学方法有了兴趣。我在一篇评论文章中对方法作了批评，载于 *Pro Ecclesia* 9：3 (2002)：356 - 362。

[16] 我要点明一个无疑已经很清楚的预设：我拒绝这种将形式与内容分离的现代发明，而这种发明的最初形式就见之于阿伯拉尔。和"世界观"、"神学"一样，这个概念也有一部历史。

[17] *PL* 170，482 - 483，Chenu，*Nature，Man，and Society*，270.

[18] Evans，*Logic and Language of the Bible*，13 - 14.

[19] Ibid.，14.

[20] Chenu，*Nature，Man，and Society*，271.

[21] Ibid.，271 - 272.

[22] 转引 ibid.，272。

[23] 坎特伯雷的安瑟伦（不是拉昂的安瑟伦）自成一类，他既体现了修院方法，又显然地游离于这一方法之外。安瑟伦的著作都以沉思和祈祷开始，但他根本就很少引用圣经，更不会随意给出对圣经的寓意解释。参考 Evans，*Language and Logic*，17 - 23；更详细介绍可参考 R. W. Southern，*St. Anselm：A Portrait in a Landscape* (Cambridge：Cambridge University Press，1990)。

[24] 关于神学作为一门"科学"的发展，参考 M.-D. Chenu，*La theologie comme science au XIIe Siecle*，2 nd ed. (Paris：Librairie J. Vrin，1943)。

[25] R. W. Southern，*The Making of the Middle Ages* (New Haven，CT：Yale，1953)，186 - 187.

[26] 这些观点的更详细讨论与证据可参考我的文章 "The Gospel，Gregory VII，and Modern Theology"，*Modern Theology* 19：1 (2003)：5 - 28。注意：新的社会性实体即"国家"，其形成时间先于对这一实体进行论述的理论即政治科学。

[27] Norman Cantor，*The Civilization of the Middle Ages* (New York：HarperCollins，1993)，243 - 249. Cantor 称格列高利改革是西方欧洲历史中的第一场"世界革命"。

[28] Southern，*Making of the Middle Ages*，chap. 5："From Epic to Romance."

[29] Ibid.，228 - 229.

[30] Christopher Dawson，*The Making of Europe：An Introduction to the History of European Unity* (New York：Times Mirror，1952)，239.

[31] Radding and Clark, *Medieval Architecture*, *Medieval Learning*: *Builders and Masters in the Age of Romanesque and Gothic* (New Haven, CT: Yale, 1992), 57.

[32] Ibid., 22 - 27.

[33] 例如，在图鲁兹的圣色宁教堂，教堂东端的半圆穹顶后堂为半环形回廊包围，回廊的另一边是五个壁龛式小礼拜堂，它们像是从主厅辐射出来一般排列着。每个小礼拜堂都像是一个模块单元，以某种方式（如立柱或半柱）和回廊区别开。这就带来两个实际好处：后续工程的建筑师可以在原先方案的基础上继续工作，无需变更整体计划；而模块也可以继续增加，不会破坏整体性（Ibid，37 - 44）。

[34] 中世纪神学与建筑之间的关系之经典研究成果，是 Erwin Panofsky, *Gothic Architecture and Scholasticism*: *An Inquiry into the Anology of the Arts*, *Philosophy*, *and Religion in the Middle Ages* (New York: Meridian, 1951)。

[35] E. Harris Harbison, *The Christian Scholar in the Age of the Reformation* (Grand Rapids: Eerdmans, 1983).

[36] Lewis, *The Allegory of Love*: *A Study in Medieval Tradition* (Oxford: Oxford University Press, 1936), 4.

[37] Andreas Capellanus, *The Art of Courtly Love*, trans. John Jay Parry (New York: W. W. Norton, 1941), 28.

[38] C. Stephen Jaeger, *Ennobling Love*: *In Search of a Lost Sensibility* (Philadelphia: University of Pennsylvania Press, 1999).

[39] Michael Nerlich, *Ideology of Adventure*: *Studies in Modern Consciousness*, *1100—1250*: *Volume 1*, Theory and History of Literature, 42, trans. Ruth Croley (Minneapolis: University of Minnesota Press, 1987), 3 - 12.

[40] 关于大学之兴起的简要总结，可参考 Charles Homer Haskins, *The Renaissance of the Twelfth Century* (Cambridge, MA: Harvard, 1927), chap. 12。

[41] Toulmin, *Cosmopolis*: *The Hidden Agenda of Modernity* (Chicago: University of Chicago Press, 1992).

[42] Southern, *Making of the Middle Ages*, 179.

[43] Southern, *Scholastic Humanism and the Unification of Europe*: *Volume 1*: *Foundations* (Oxford: Blackwell, 1995), 4 - 5. 请注意经院学者的意图与许多世界观思想家的目标之间的类似处。

[44] 关于阿伯拉尔的介绍，可参考 John Marebon, *The Philosophy of Peter Abelard* (Cambridge: University of Cambridge Press, 1997); 以及 M. T. Clanchy, *Abelard*: *A Life* (Oxford: Blackwell, 1997); 详细介绍可参考 David Luscombe, *Medieval Thought*, History of Western Philosophy 2 (Oxford: Oxford University

Press，1997）；以及 Adriaan H. Bredero，*Christendom and Christianity in the Middle Ages*，ed. Reinder Bruinsma（Grand Rapids：Eerdmans，1994），chap. 8。哈斯金认为，12 世纪哲学并不有赖于阿拉伯文献与希腊文献之引入西方，并以安瑟伦、阿伯拉尔和洛色林为例证，指出他们是亚里士多德的主要复兴之前的哲学性神学家（参考：*Renaissance of the Twelfth Century*，349.）。

[45] Cantor，*Civilization of the Middle Ages*，332.

[46] 阿伯拉尔写到："［学生们］索要人类的与哲学的理由，坚持某事不能只是被说出来而已，还要被人理解。实际上，他们认为，如果语词没有被理解的话，那么说话就是枉然的；认为无论什么事若要被人相信，则首先被人理解；并认为，倘若无论是布道者还是听道者，都不能在理智上弄懂所布的道，那就很荒唐了，就会（如基督所指责的那样）是'瞎子领瞎子'"（转引自 Marenbon，*Philosophy of Peter Abelard*，54）。

[47] 转引自 Edward Grant，*God and Reason in the Middle Ages*（Cambridge：Cambridge University Press，2001），57。

[48] 照 J. Riviere 的说法，阿伯拉尔最先使用"神学"来指"一种整体的或局部的对基督教教义的细致研究，或推而广之指关于这类工作的著述"（引自 Chenu，*La theologie comme science*，85，fn. 2）。

[49] G. R. Evans，*Bernard of Clairvaux*，Great Medieval Thinkers（Oxford：Oxford University Press，2000），48；Clanchy *Abelard*，264－265. 对阿伯拉尔方法的评价，还可见于 Roger French 和 Andrew Cunningham，转引自 Grant，*God and Reason*，59；Louis Bouyer，*Cosmos：The World and the Glory of God*（Peterham，MA：St. Bede's，1982）；Chenu，*Theologie comme la science*，64。

[50] Clanchy，*Abelard*，264.

[51] 就此而言，阿伯拉尔是个过渡性的人物，他仍尊重修士的属灵解读。Beryl Smalley 指出，阿伯拉尔建议荷洛伊丝专心于**神圣的阅读**（*lection divina*），即修士传统的属灵解读，并建议她学习希伯来语，以提高对圣经的理解（Beryl Smalley，*The Study of the Bible in the Middle Ages*［Notre Dame：University of Notre Dame Press，1964］，79）。

[52] 用当代的话来说，早期修院教师无法想象"远程"的、脱离个人关系的教学，而阿伯拉尔可以。我当然不是说阿伯拉尔发明了因特网，因为谁都知道，是一位美国前副总统促成了因特网。

[53] 这一段叙述都得自 C. Stephen Jaeger，*The Envy of Angels：Cathedral Schools and Social Ideals in Medieval Europe*，*950—1200*（Philadelphia：University of Pennsylvania Press，1994），229－234。

[54] Chenu，*Nature，Man，and Society*，295.

[55] Evans，*Language and Logic*，135. Smalley 也讨论了圣经诠释与思辨神学的分离，尤见 *Study of the Bible*，chap. 6。

[56] Charles Homer Haskins 对这一情况有一个精当总结："亚里士多德的作品里头，早期中世纪只知道其中由波依修斯翻译的《工具论》六篇逻辑论文，而事实上，到 12 世纪的时候，除了《范畴篇》和《解释篇》外，其他几篇都已经见不到了。这两篇存留的论文被称为'旧逻辑'，以有别于'新逻辑'，也就是《前分析篇》、《后分析篇》、《论辩篇》、《辨谬篇》，这四篇是在 1128 年后不久以各种方式出现的。到 1159 年的时候，这几篇中最为高深的一篇即《后分析篇》已经在被人们消化吸收，再到这一世纪末的时候，欧洲思想已经吸收了这个亚里士多德逻辑。《物理学》以及其他几篇不那么重要的自然哲学著述，如《论天象》、《论生灭》、《论灵魂》，在快到 1200 年的时候已被译了出来，虽然……有迹象表明，还在更早的时候就已经有人依据阿拉伯文本和希腊文本教授这些著述。1200 年的时候出现了《形而上学》，最开始是摘要，后来出现了全本。13 世纪，亚里士多德《全集》的其余部分陆续出现：《论动物》的各卷、《伦理学》与《政治学》，而《修辞》与《诗学》的出现有所缺憾，因为它们夹带着相当一部分伪亚里士多德材料，这样，到大约 1260 年时，人们已经了解了亚里士多德的现存著作，而忙于将阿拉伯文版本与直接的希腊文版本相参照比较。"（*Renaissance of the Twelfth Century*，345 – 346）

[57] *Escape from Reason* (Downers Grove, IL：InterVarsity, 1968)，9 - 11. 类似的见解可见于 Gordon H. Clark, *Thales to Dewey：A History of Philosophy* (Grand Rapids：Baker, 1957), 269 - 284。更精深的讨论可参考 Van Til, *A Christian Theory of Knowledge* (Nutley, NJ：Presbyterian and Reformed, 1969), 169 - 175，以及 Herman Dooyeweerd, *A New Critique of Theoretical Thought*, trans. David H. Freeman and William S. Young, 2 vols. (Ontario, Canada：Paideia Press, 1984), 1. 179 - 181。福音派对托马斯的同情性的评价，可见于 Colin Brown, *Christianity and Western Thought：A History of Philosophers，Ideas & Movements，Volume 1：From the Ancient World to the Age of Enlightenment* (Downers Grove, IL：InterVarsity, 1990), 117 - 134；以彻底的新教观念来评价阿奎那的，有 Arvin Vos, *Aquinas, Calvin, and Contemporary Protestant Thought：A Critique of Protestant Views on the Thought of Thomas Aquinas* (Washington, DC：Christian College Consortium, 1985)。有趣的是，福音派的托马斯主义者 Norman Geisler 之所以欣赏托马斯，只是因为托马斯分离了神学与哲学："我们可以接受阿奎那的有神论，而又无需采纳他的神学"（参考他的文章 "A New Look at the Relevance of Thomism for Evangelical Apologetics"，*Christian Scholar's Review* 4 [1974]：200, quoted in Vos, op. cit., xii, fn. 1）。

[58] 这一见解在基督教神学与哲学的各种教材中屡见不鲜。Marcia Colish 在其对中世纪知识生活很精深的讨论中，说托马斯的"自然哲学"出自亚里士多德，并且说："托马斯将这一自然哲学和超自然协调起来，划清每个领域所能认识的东西，指出我们如何能认识这些东西，这两个领域又如何互相关联。托马斯在自然的旗帜下接纳整个物理世界，认为亚里士多德对自然的解释基本上是无谬的……。一个异教哲学家可以不借启示与信仰就得出这些结论，这一事实，在托马斯那里成为经验性的理由基础，由此而拒绝波那文图拉的泛启示主义。在自然领域，仅有理性就已足够。在超自然领域，理性虽然重要但是听从信仰。在这里，我们的出发点是信仰而非形而上学第一原则"（Marcia Collish, *Medieval Foundations of the Western Intellectual Tradition*, 400—1400, Yale Intellectual History of the West [New Haven, CT: Yale, 1997], 298)。

[59] 尤其 *The Mystery of the Supernatural*, trans. Rosemary Sheed (New York: Herder & Herder, 1967)。关于 12 世纪托马斯主义的修改版，可见于 Fergus Kerr, *After Aquinas: Versions of Thomism* (Oxford: Blackwell, 2002)。照 de Lubac 的说法，对托马斯的二元论解释不是出于托马斯自己，而是出于托马斯的诠释者——16 世纪的枢机主教卡耶坦。在 de Lubac 看来，卡耶坦误读了托马斯，而此后人人都把卡耶坦的托马斯当成了托马斯自己。

[60] 参考 Wayne Hankey, "Denys and Aquinas: Antimodern Cold and Postmodern Hot ", in Lewis Ayres and Gareth Jones, eds., *Christian Origins: Theology, Rhetoric, and Community* (London: Routledge, 1998), 139 - 184，虽说汉基更关心的是当代神学而不是阿奎那。

[61] 以下段落缩写于我的 *Ascent to Love: An Introduction to Dante's Divine Comedy* (Moscow, ID: Canon, 2001), 141 - 144。

[62] Duby, *The Age of Cathedrals: Art and Society*, 980—1420, trans. Eleanor Levieux and Barbara Thompson (Chicago: University of Chicago Press, 1981), 100 - 101.

[63] 托马斯在评注波依修斯的《论三位一体》时，用的也是类似的语言和比喻。参考 Ralph McInerny, ed., *Thomas Aquinas: Selected Writings* (New York: Penguin, 1998), 111、113。

[64] 在评注波依修斯的《论三位一体》时，他写道："有两类神圣科学。一类是照着我们的样式，也就是使用可感事物的原则来使神圣事物被知晓，哲学家们就是这样发展出一门神圣科学，并称之为第一哲学。另一类是照着神圣事物自身的样式，也就是把握神圣事物自身，而这在今生其实是不可能的，不过，借着内在溶入的信仰，从而持守住第一性真理自身，我们在今生还是能够在自身内对神圣知识有所分享有所相似"（ibid., 131)。

［65］托马斯捍卫上帝的存在可以被证明，并且说："上帝的存在，以及其他类似的可以为自然理性所认识的关于上帝的真理，不是信仰的规条而是规条的预备；因为信仰预设了自然知识，正如恩典预设了本性，完全预设了某样可完全之物。不过，没有什么东西可以阻止一个理解不了证明的人在信仰中接受某事，虽说这件事就其自身而言是可以被证明，可以被科学地认识。"（《神学大全》I，1，2）

［66］John Milbank 对阿奎那欺骗性的简明所作的分析值得注意："他的清晰性只是表面性的，分析表明，他给我们的根本不是有着恰当界定的'盎格鲁—撒克逊'式的明晰，而是那种那不勒斯式的和巴黎式的强光，一当闪耀就最终不可见……诚然，阿奎那的确以辩论中高超的精当、简明与清晰，拒绝了不牢靠不稳当的立场。但他学说中的高妙之处还不在此，而在于他所持守肯定的立场之中：他的肯定与持守常常是简短的，有点儿像剩余物，像 Sherlock Holmes 最后剩余的解决之道，一种再怎么难以置信也还是得接受的东西，因为这时其他的解决办法都已被证明是完全不可能的了"（Milbank and Catherine Pickstock，*Truth in Aquinas*（Radical Orthodoxy［London：Routledge，2001］，20‑21）。

［67］照我的理解，但丁在这一点上误读了托马斯。但丁把异教学问和神圣学问分开，这一区分的象征就是：当但丁到达天堂的时候，他的最初向导，异教诗人维吉尔，须得先是从让贝阿特丽丝，后又从让伯尔纳。托马斯是不会赞成这种区分的。在真正意义上的托马斯式的地狱与炼狱里，维吉尔会不断走失迷路。

［68］Kerr，"Thomas Aquinas"，in G. R. Evans，ed.，*The Medieval Theologians：An Introduction to Theology in the Medieval Period*（Oxford：Blackwell，2001），211. Kerr 的论述，和 Yves Congar 的如下观点，即《神学大全》的第二部分写的是教会论，可说是正相呼应。

［69］下述例子出处同上。

［70］McInerny，"Introduction"，in *Selected Works*，xxx.

［71］由分有而来的知识植根于分有的本体论。参考托马斯"事物中的真理"观念（《神学大全》I，16，1）。存在于理智和事物真理之间的那种比例或说"对应"，分有着美，故此，对任何事物的认识都有审美维度。

［72］他接着说，"［神圣科学］之所以使用［较低级的科学］，并不是因为它自己的不足或缺陷，而是由于我们的理智有缺陷，我们的理智更容易被通过自然理性知道的东西引导……而不是被超理性的东西引导。"于托马斯而言，这一智性缺陷与其说和罪相干，不如说和我们在救赎历史中的地位相干。只要我们还"处在途中"（*in via*），我们就还是隔着镜子模糊观看，需要低级科学的帮助，但等我们到了家乡（*in patria*），我们就会有对上帝的直接直观知识。这里还不是展开这个问题的地方，只需指出：此处所暗含的符号观是有误的。可参考我的 *Priesthood of the Plebs：The Baptismal Transformation of Antique Order*（Eugene，

OR：Wipf & Stock，2003），chap. 1。

[73] "即便是人的理智可以发现的那些关乎上帝的真理，也必须由神圣启示来告知人；因为理智可以发现的关于上帝的真理，只是极少数人经过长时间的努力后才能认识到，而且这种认识里还混杂着谬误。"（《神学大全》I，1，1）

[74] Pickstock，*Truth in Aquinas*，9.

[75] 托马斯对"真理"的理解也渗透有类似结构。参考 Milbank and Pickstock，*Truth in Aquinas*，chaps. 1—2。

[76] 在托马斯看来，所有被造物都是实体，并且就其拥有存在而言，都是善的。不过，于托马斯而言，"实体"蕴含的观念还有：生命、自我分享以及活力充沛的自我沟通。实体不是基底，而是处在常变之中的、朝向自我超越的具体事物。参考 Kerr，*After Aquinas*，48–50。

[77] 这一原则不仅适于个别事物也适于创造整体。参考 *Summa Contra Gentiles* 3，24，2052；更详细介绍可参考 Oliva Blanchette，*The Perfection of the Universe According to Aquinas：A Teleological Cosmology*（University Park：Pennsylvania State University Press，1992）。

[78] Mark D. Jordan，"Theology and Philosophy"，in Norman Kretzmann and Elenore Stump，*The Cambridge Companion to Aquinas*（Cambridge：Cambridge University Press，1993），248.

[79] 天堂是在永恒活泼的圣三一面前的舞蹈——这一但丁意象，同样是道地的托马斯式。

[80] 对这几个区分有好些权威叙述，我发现 David Burrell 的叙述尤为精简有用。参考 Burrell，*Knowing the Unknowable God：Ibn-Sina，Maimonides，Aquinas*（Notre Dame：University of Notre Dame Press，1986），chap. 2；以及他的 *Aquinas：God and Action*（Notre Dame：University of Notre Dame Press，1979）。

[81] 按照托马斯自己的前提，他必须承认上帝的单纯性，以维护上帝的终极性。在托马斯的体系里，复合性的事物是由超越各个复合部分的动力因复合起来的。上帝如果是复合的话，他就不再是终极的，也就不再是上帝了。

[82] 我的论证的一个可靠之处在于它不怎么依赖对托马斯做复杂诠释，而托马斯的神学在很多要点上都是可争辩的。我的论证有赖这一平白事实：他从事神学的方式是"科学"而非解经，他所关注的是在对系统化知识的探寻中解答问题，而不是通过对圣经文本的阐释来造就人格与社会。

[83] 托马斯不是第一个在《出埃及记》3章里发现本体论的人。在教父时代，这是一般性的做法。爱特涅·吉尔松为阿奎那的《出埃及记》3：14之运用给了一个有力辩护："没有什么形而上学痕迹，而是，既然上帝已经开口了，'那事情就是这样了'（*causa finita est*）；而《出埃及记》定下的原则将维系此后的全部基督教

哲学。从此以后，人们就一直认为上帝的恰当之名就是存在，并且，按照圣波那文图拉所采纳的圣艾弗冷的说法，这个名字涵括了上帝最真实的本质。"（*The Spirit of Mediaeval Philosophy*，Gifford Lectures，1931—1932，trans. A. H. C. Downes [New York：Charles Scibner's Sons，1940]，51）

[84] Fergus Kerr 在回顾 Hans Urs van Balthasar 的后海德格尔式的托马斯解读时指出，对 Balthasar 而言，托马斯的伟大贡献基于希腊哲学中对存在已然有的神学性叙述，为的是可以让人类生命成为对"存在"的反思场所。这样看来，Balthasar 和 Kerr 都赞同："托马斯是时代转折中的一个关键人物，这个转折就是从哲学和神学被视为一体的古代一元性思维世界，转向渐渐出现的将哲学和启示神学分开使之各自为政的世界"（Kerr，*After Aquinas*，93）。我相信我表述的论证和上述论证只是略有不同，但我显然不同于 Kerr 和 Balthasar 之处在于：我不认为这一结果算得上幸运。

[85] Robert Jenson 提出了这么一个重要观点——被托马斯和他的同时代人看成正是"自然理性"之光的东西即哲学，事实上只是一种有着历史偶然性的、特殊的传统罢了："它所包含的一部分神学，是希腊宗教思想家……提供给地中海古代宗教派别的。"Jenson 还描绘了一个谱系，指出如何从中世纪对自然神学的广泛接受，过渡到现代神学，而在现代神学中，哲学的尤其是认识论的前提为神学定下了基调（*Systematic Theology*，2 vols. [Oxford：Oxford University Press，1997] 1．7，9）。

[86] 人们还可参照更知名的作品——乔叟的《坎特伯雷故事》中的教界人物。

[87] Cantor，*Civilization of the Middle Ages*，533.

[88] Frederick Artz 点出了这一共同性，指出：司各脱"既开启了……哲学性的不可知论之门，又开启了神秘性的神学之门"；他如是概括奥卡姆："伟大的宗教真理从来都不能被理性证明，它们之所以能被理解，只能是由神秘的宗教体验带来的结果。"见于 *The Mind of the Middle Ages：An Historical Survey*，A. D. 200—1500，3rd ed.（Chicago：University of Chicago Press，1980），269b-c.

[89] 以下概述出自 Alexander Broadie，"Duns Scotus and William Ockham"，in Evans，ed.，*The Medieval Theologians*，250 -265。

[90] 司各脱说："事物之间如果没有任何共通之处的话，那它们之间就不可能有量度与被量度，多余与被多余的关系……如果人们说：'这个比那个更完美'，则我们为了可以追问'在什么方面更完美？'，就必须将某种共通的东西归给两者，这样，在每一个比较里头都有某种被比较之物所共通的且是确定的东西。因为如果说一个人比一头驴子更完美的话，则他不是作为人比驴子完美，而是作为动物比驴子完美"（引自 ibid.，253）。

[91] Ibid.，255.

［92］Richard Cross，*Duns Scotus*（Oxford：Oxford University Press，1999），45.

［93］关于司各脱哲学中的这一奇怪张力，可特别参考 Conor Cunningham，*Genealogy of Nihilism*，28-32。

［94］John Marenbon，*Later Medieval Philosophy*（1150—1350）（London：Routeledge & Kegan Paul，1987），80-82.

［95］Cross，*Duns Scotus*，13.

［96］引自 Amos Funkenstein，*Theology and the Scientific Imagination：From the Middle Ages to the Seventeenth Century*（Princeton，NJ：Princeton University Press，1986），135。

［97］Eco，*Art and Beauty*，88-89.

［98］Ibid.，87.

［99］关于这一论争，可参考 Heiko A. Oberman，*The Harvest of Medieval Theology*（Grand Rapids：Baker，［1983］2000）；以及 Alister E. McGrath，*Iustitia Dei：A History of the Christian Doctrine of Justification*，2 vols.（Cambridge：Cambridge University Press，1986），vol. 1。

［100］Milbank，*Theology and Social Theory*，14-15.

［101］对奥卡姆政治观点的概述以及文本选读，可参考 O'Donovan 和 O'Donovan，*From Irenaeus to Grotius*，453-475。

［102］Grant，*God and Reason*，357.

6

文艺复兴

卡尔·R·特鲁曼 （Carl R. Trueman）

　　只要一讨论文艺复兴的"世界观"，我们就立即会碰到一系列问题，需要慎重考虑。首先就是如何定义文艺复兴。后来的历史学家用来称呼之前历史阶段的所有名称，都是用来秩序化具体化[1]某种东西，而这种东西在那段历史本身里，并不具有此种自觉的身份认同。如果说对宗教改革来说如此的话——宗教改革一词下面就包含了众多神学或宗教界的分支运动——那么，对于文艺复兴而言就更是如此了，因为，我们要知道，文艺复兴运动既无显然的起点终点，也无单一的地理中心，无广泛地统一着的理智安排，也无自觉的身份认同。由此引出了第二个既和世界观也和文艺复兴相关的问题：谈论如此多样散乱之现象的"世界观"到底有意义吗？我想没有。故此，在这一章里，我将梳理我们称为"文艺复兴"之运动的经线纬线由以组成的纱纤，而不是摆出一整团教义，似乎这样就足以定义"文艺复兴"世界观似的。[2]

人文主义

　　文艺复兴呈现的知性改革之核心就是所谓人文主义运动。人文主义很难以其学说内容来界定，因为它包括的人物广泛多样，有彭波那齐（Pomponazzi）那样的相对主义怀疑论者，有托马斯·莫尔（Thomas More）爵士那样的保守天主教徒，也有菲利普·梅兰希顿（Philipp Mel-anchthon）那样的路德派改教家。[3]

一般的说法都认为经院主义和人文主义互不相容，认为前者的倾向是严格的、逻辑的、系统化的，后者的倾向是自由的、解经的、诗化的；但事实并非如此。经院主义和人文主义处在全然不同的论域中。经院主义是一种学院性的学术进路，立足于大学；人文主义是建基于重新利用古典文学的一种文化态度。这样，一个人完全有可能既是一个经院主义者又是一个人文主义者，就如今天一个人既可以在大学里做学问，又可以写史诗。这两种论域形式并非互不相容，企图让它们彼此对立可说是犯了范畴错误。[4]

人文主义出现于 1200 至 1400 年间的欧洲，是法国文化与古典形式的（尤其是西塞罗的）文学与学术的传播与影响的结果。"人文主义"一词是后来出现的，人们用"人文研究"（*studia humanitatis*）一词来指以语法、修辞、历史、诗学、道德哲学为核心内容的固定的理智与文化课程。这一课程的源起须得在更广泛的由意大利城市国家占主导的社会文化背景中来考察。这些国家所代表的社会在取向上是城市化的，在组织上是共和制的，由世俗阶层统治，因而提供了温床，来利用古罗马的历史遗传与先例，为当代的政治社会价值观作辩护。布鲁内托·拉丁尼（Brunetto Lati-ni）等人的作品在将古典拉丁翻译成本国语言的过程中至关重要，得以让罗马的公民传统服务于当代的政治"游戏"。人文主义的政治维度可见于诗歌的发展，例如乌尔索·达·热诺瓦（Urso da Genova）的伟大拉丁史诗《热那亚人战胜弗里德里希二世》（出版于约 1245 年）就起到融合历史性身份认同的作用。诗风显得不是那么有宣传性质的诗人，如洛瓦蒂·迪·洛瓦托（Lovati di Lovato）及其学生阿贝蒂诺·墨萨多（Albertino Mussato），他们的诗一样有政治维度，只是手段更巧妙。他们有意识地以古典作品为自己诗歌的榜样，不知不觉地将古典时期的文体价值输入到自己的文化中。[5]

人文主义在发端时还只是摹仿经典诗作，但它立即就扩散到散文与修辞。诗歌散文革命中的核心人物是弗朗切斯科·彼特拉克（Francesco Petrarca，1304—1374），他强调任何意义上的文学，其核心都是古典；他

180

还把维吉尔和西塞罗置于诗歌散文事业中心。[6]如上所述，抓住正在发生的变化所具有的文体的、政治的、文化的意义所在，是非常重要的。彼特拉克这一真正的知识先驱，把意大利人文主义变成具有自我意识的运动，他通过对拉丁手稿的再发现，发展了早期的文本批判法，他也在自传文体（在此他从奥古斯丁那里得到启发）的发展中有着重要地位。虽说他不懂古典希腊语，但是，沿着他确立的理智轨道，最终产生了哲学成果，这就是马西里奥·费奇诺（Marsilio Ficino, 1433—1499）和德西德里乌斯·伊拉斯谟（Desiderius Erasmus, 1466—1536）的著作。和修辞上的革命比起来，彼特拉克的六篇存留的演说辞在风格上是中世纪的。他的极大贡献还表现在确定和分析了拉丁修辞传统。人文主义最重要的成就之一就是它对修辞的古典化修正，这就变革了中世纪的大学课程。例如，修辞术在重要性上替代了逻辑。皮尔·保罗·弗吉里奥（Pier Paolo Vergerio, 1349—1420）和列奥纳多·布鲁尼（Leonardo Bruni, 1370—1444）在修辞的修订上贡献突出。布鲁尼著名的《佛罗伦萨城赞辞》是道地的西塞罗式修辞体发展史中的分水岭。[7]

这一切都有着简单而影响深远的意义：北意大利的政治气候导致了理智探寻上的变化，使人们在当代文化活动中尊重和使用古典榜样。这里的图景不是静态的。早期人文主义对古典文化的一般性关注，注定是在几个主要的教学法成就上达到高潮，而其中最重要的可能就是：文本批判的推进，对语言（先是希腊语后是希伯来语）的兴趣，等等。这样，精巧地（但有时也不怎么精巧）利用古代遗产来为市民价值的合法性辩护，导致人们在根本上重构自己对过去的态度。虽说这一变化起初只是表现为文法以及文体的革命，但它越走越远。人文主义的口号——"回到本源！"（"Ad fontes！"）——所预兆的主张具有的政治与社会重要性显然远超过了我们的起初想象。

虽说学者们已经指出，人文主义对中世纪晚期欧洲的不同力量中心（意大利、西班牙、德国、低地国家、英国）的影响是多方面的，但对文体、修辞的关注，以及对第一手文本的知晓，事实上将这些地域里有着不同兴趣与方向的人文主义者联结起来。这一运动始于对诗歌的关注，终于遍及全欧的庞大事业：制作与研究古典文本，将古典学问与中世纪学问相参照（而事实表明，其参照方式往往对后者极为不利）。这一运动对大学课程亦有深远影响。中世纪的重心所在是逻辑，由此产生了多种繁杂的逻辑手册，而现在，重心缓慢地、无可挽回地转到了修辞。逻辑被削弱简化，更精更短的逻辑手册流行起来，出现了如彼得·拉莫斯（Peter Ramus，1515—1572）那样的特殊思想家的著作[8]。对作为文体和学问之泉源的修辞和历史遗产的强调，成为可服务于多种意识形态之目的的有力手段。[9]

从基督教的观点来看，这一运动最明显重大的后果是圣经语言的重要性凸显，以及教父研究出现。人文主义出现之前，西欧大多数神学著作的基础是武加大译本以及用来支持解经与神学合题的多种前辈权威言论集。随着文本研究和语言研究的兴起，人文主义者发现自己能够绕过中世纪积累的注释，直接进入原始文本。于基督教而言，这一方法的以及文化的转变是震撼性的。在一个层面上，学者借着它可以检验某些建立在据说是历史资料之上的教会宣称，看它们是否有效。关乎罗马教会优先性以及教会权力自主性的宣称长久以来为人所信，它们在数世纪里都以所谓的"君士坦丁馈赠"为据，但库萨的尼古拉和洛伦佐·瓦拉（Lorenzo Valla）以细致的文本研究证明：该文件出于假冒，很可能是 8 世纪的伪造。以这一历史真实性为据的所有其他证明也都遭攻破。在另一个层面上，它直接导致了早期教父著作的批判性编撰，使教父的思想在历史上几乎是首次广泛地为人知晓，也使他们的个别陈述有了更宽的文本背景。

教父文本的流传无疑成为改教神学得以发展的主要动力之一。无论是天主教会内部（如伊拉斯谟）还是外部（如梅兰希顿）的宗教改革家，为着其改革活动的缘故，一般都贬低中世纪理智成就，高抬教父。我们可以略带夸张地说，宗教改革本质上就是争论哪一派有资格说最准确地理解了奥古斯丁，而这种争论之所以能发生，只是因为世界对过去的态度乃至与过去的接触，都已经因人文主义的发展而决定性地被改变了。这就是为什么几乎所有的主要改教家（马丁·路德是个突出的例外）都是由伊拉斯谟主张的那种人文主义教育熏陶出来的。[10]

在最重要的层面上，伊拉斯谟校注的希腊文新约对 16 世纪神学变化最具决定意义。伊拉斯谟的学术成就属于范围更广的语言学的、文化的事业：让古典来塑造当今。[11]他对希腊文的兴趣远超出圣经。1506 年，他已经完成了欧里庇得斯（Euripides）的两部悲剧的韵文翻译；在 1508 年，他把西奥多·加沙（Theodore Gaza）的希腊语语法译成了拉丁文。此外，他还翻译了伊索克拉底（Isocrates）、普鲁塔克（Plutarch）、卢西安（Lu-

cian）的著作，编辑了哲罗姆和奥古斯丁的全集。故此，他在新约上从事
的工作是他对更广范围的古代文献之兴趣的一部分，也是他在更宽泛的古
典背景下从事的语文学和语言学工作的一部分。最终产生的是基督教思想
与古典传统的细致融合，体现为《愚人颂》（The Praise of Folly）、《基
督精兵手册》（The Handbook of the Christian Soldier）等著作。他在
《愚人颂》里以文学技巧对当时的教会作辛辣讽刺。这部著作表明，人文
主义者使用的古典传统如何可以以一种高度意识形态化的方式被用来在基
督教的简单淳朴与中世纪的堕落繁复之间做对比。例如，伊拉斯谟论到修
道主义时，就大大嘲讽了修士们的身体肮脏、愚昧无知、傲慢夸口；他笔
下的修士不仅是笑柄，更是社会的祸害：

> 他们［修士］当中就有人凭自己的肮脏贫穷来干大事，就是站在
> 门口讨要面包……弄得其他乞丐收入锐减。这些可爱的家伙就是以这
> 种方式，还有他们的肮脏、无知、粗鲁、厚颜，为我们——用他们的
> 话来说——再现了使徒。[12]

184　而且，如果说修士被如此藐视的话，教皇的情况也好不了多少。教皇被看
成基督的代理人，因而应当在贫困、服侍和十字架上都效法他，伊拉斯谟
则提醒我们注意：教皇手中握有的权力以及府库中充斥的金银，都是超乎
人所能想象的。[13]这里的嘲讽是尖刻的，愤怒是显然的，而其批判内容正
是 16 世纪的大量新教手册和宣传单具有的典型特征。然而，我们得记住，
伊拉斯谟的批判基本而言还是在道德实践层面上进行的。新教最终将教会
的腐化归结为神学上的偏离，而伊拉斯谟则认为教会的腐化原因在于糟糕
的实践。伊拉斯谟由此在文化人文主义和批判性上，和梅兰希顿、加尔文
有着极强的联系；这也表明，对教会之腐化的厌恶有着更广的、理智性的
基础。不过，我们不可在他们的批判里塞进太多共同的神学性基础[14]，
这一点伊拉斯谟自己已经在《基督精兵手册》里明示了。[15]

　　伊拉斯谟在《手册》里提出一种适度的非教条的基督教观念，它建立
在这样一种实践性的生活哲学上：以榜样基督为行为和实践的坐标。在伊
拉斯谟看来，中世纪晚期宗教的最大弊病之一就是：实践性的虔敬与干瘪
的、以攻讦为能事的、摧残着学校的教条主义之间互相分离。在批判这种
状况时，他将火力瞄准两类成问题的基督教：一是神学家们吹毛求疵的理
智主义，二是大众们迷信式的、无甄别的虔敬，而这种虔敬是和朝圣、圣

物崇拜这类活动混在一起的。在《手册》里，伊拉斯谟试图通过二十二条规则来重新结合对基督教基本教义的委身和富有果效的个人虔敬。这些规则包括：除去无知，将对低级的物质性东西的委身提升到对更高的属灵事物的委身（这一点揭示了伊拉斯谟自己的柏拉图主义本体论倾向），重视仁爱。事实上，伊拉斯谟探讨基督教信仰的时候，他的分析在一两个地方颇有些道德主义色彩。[16]

所以，新教神学和伊拉斯谟的《手册》之间的关系具有两面性，就并不让人意外了。英国的改教家威廉·丁道尔（William Tyndale）虽然把伊拉斯谟的作品当作基督教信仰的概括翻译成英语，但这事是发生在他的早年，那时陶造他思想的更多地是广义范围的人文主义运动，而非狭义范围的路德派神学。[17]我们还须注意：人文主义传播的是一种文化性理念，而非一套教条。这样，伊拉斯谟所捍卫的那种基督教，在本质上并不属于这种意义上的人文主义；虽然，就建设一个以广义上的古典美德为基础的文明社会而言，这两者在某些方面不无重合之处。其他的人文主义者如梅兰希顿和加尔文，对教义和宗教的态度却十分不同，虽然他们也尊重古典学习，尊重安定的德治社会理想。[18]但就其渴望回归早期文本表现的那种基督教，就其绕过中世纪经院主义而言，《手册》的实际作为显然属于人文主义，并且至少在形式上和其他更激进的神学人物的著作是类似的。事实上，这类著作为伊拉斯谟赢得了典型的基督教人文主义者这一持久名声，并且，一直到他和路德发生争论时，都使他被视为教会的公开批评者。

回到新约文本的话题上。伊拉斯谟在好几个方面给了圣经研究决定性的影响。首先，他鉴别性地编辑了新约的希腊文版本。这也不是全无非议；早期对约翰书信中一个短从句的省略，引起伊拉斯谟的三一论是否正统的争论，所以他在后来的版本中又加上该从句。[19]其次，他的文本便利了全欧方言版圣经的出现，其中最引争议的莫过英国威廉·丁道尔的译本；而在英国，自14世纪晚期以来，翻译圣经的罪名就是宗教异端、政治叛乱。[20]第三，伊拉斯谟在所有人里最有功于使希腊语（以及后来使希伯来语）牢固地成为大学与学院的课程。离开这一教学上的变化，就不会有学界里广为流行的直接接触原文新约，从而也就不会有宗教改革。只是由着接触希腊文新约，学者们才能辨别希腊用词与拉丁用词之间的细微语义差别，特别是涉及和公义、称义有关的那一组词汇时尤其如此，而这种差别具有重大的神学意义。在宗教改革的早期，新教与天主教之间的多数辩论在根子上都是围绕语言因素进行的。在文本上费的这些功夫促进了圣经翻译，再加上价格相对低廉的印刷技术、发行方法，以及缓慢但稳定地增长的识字率，这一切，都间接引发了宗教界危机。

这里我们应该提提所谓的罗希林事件。这是一场激烈的争论，当事人是一个叛依的犹太人约翰内斯·普费弗科恩（Johannes Pfefferkorn，1469—约1522）与梅兰希顿的舅舅约翰·罗希林（Johann Reuchlin，1455—1522），争论的问题是应否系统地毁掉犹太典籍。虽然有的学者把这场争论看成反犹太派别与保犹太派别之争，但这并非实际，因为16世纪没有哪方对犹太教抱什么好感。事实上，这是一场关乎正典之外的其他典籍是否有价值的争论，以罗希林为代表的一方抱持人文主义理念，认为文本研究以及（或许同样重要的）文本背景研究乃是人文主义伟业的内在部分。这场争论固然在宗教上的意义不突出，但它加速了犹太学的兴起，且产生了16世纪最机智最彻底最有影响力的宗教讽文之一，即《无名者的通信》（*Letters of Obscure Men*，两卷本，1515—1517），它在大众心中树立了反人文主义者的蒙昧落后形象。[21]

人文主义运动培养强化的其他一些不怎么起眼的态度也同样具有巨大的意识形态影响。人文主义与意大利城市国家的意识形态之间的明显联系，在欧洲其他国家同样有相应表现。民族身份认同问题从来就离不开强化和维护这一身份的文化的发展。像人文主义这样的运动本来就植根于这样的需要：利用那久远的过去来批判刚过去的旧时代，并为当下的现时代辩护；而它也证明自己的确再适合不过地满足了此时欧洲的需要，而这个时候的欧洲正值民族国家刚刚兴起，渐渐成为政治经济舞台中的主角。例如，西班牙的人文主义就很快和有着帝国雄心的皇室结盟，尤其是查理五世（1519—1556年间的神圣罗马帝国皇帝），他无疑是那个时代全欧的最有力人物，代表了西班牙全球影响的巅峰。在他的治下，许多人文主义诗人助力于建筑意识形态领域的霸权，通过传扬西班牙的历史与美德，稳固西班牙在欧洲大陆的统治地位。当时最有影响的西班牙人文主义诗人，加西拉索·德拉维加（Garcilaso de la Vega）就是死于为国王作战；这自然而然地成为一个有力象征：在那个时代的西班牙世界，文化追求和军事征服互为联盟。为帝国作诗与为帝国征战是同一政治事业的两面。人们还可以再加上耶稣会士，他们深植于西班牙文化，也是这些运动的部分受益人；而事实上，主要的耶稣会思想家，如弗兰西斯科·苏阿内兹（Fran-

cisco Suarez，1548—1617），就显然产生于人文主义者所领导的新学问。
这当然不是天主教才独有的现象。如前所述，人文主义不是一系列教条，
而是一条通往文化和使用文化的方法。在新教阵营，人文主义也和德国
的、低地国家的初生的民族主义联合起来。德国的人文主义者以笔为剑，
有力地反抗了意大利人对德国的金钱剥削，发展起一种德意志身份认同：
德国人是诚实的、刻苦工作的人，而正相反照的，是被指为懒惰柔弱的意
大利人。同样自然而然的是，路德早期的也是最坚定的保护者之一乌尔里
希·冯·胡腾（Ulrich von Hutten）就既是一位诗人又是一位骑士，他倾
尽两种技艺之力，效忠德国的民族主义与独立。[22]

　　文艺复兴的人文主义和宗教改革进程相关的方面里还有一点值得一
提，就是"教义要点"现象（common places，拉丁文为 *loci communes*）。
这是人文主义者在分析某个特定文本时使用的技术，为的是找出文本有哪
些主题，或者说主要论述点，然后以这些主题为依据来安排对文本内容的
分析。这一技术本身和文艺复兴时期的某些书籍出版模式有关，这类模式
可以借着根据主题安排的结构来促进材料的收集。[23]这种方法的基本预设
就是：某一文本里连贯的论证和材料可以被抽出来加以系统化的再安排。
它在神学上有着巨大影响。例如，梅兰希顿恰到好处地命名为《教义要
点》（*Loci Communes*）的著作，就直接使用了此方法，这部著作自 1521
年以来就试图在一系列主题性标题下，为路德教义首次给出一个系统论
述。它也塑造了梅兰希顿等人的读经方法。例如，梅兰希顿在处理《罗马
书》的厚实内容时，就先把保罗内在地以之为据的主题性分述点抽出来，
然后，再以同样的方式组织自己对书信的注释。这一方法对于加尔文的影
响是直接的，他就是照这个方法安排了自己的专题集著作即《基督教要
义》。我们在此再次看到，人文主义的影响是方法上的、形式上的，而非
直接内容上的。但文本以什么方法被解读，以及文本被解读成什么内容，
这两者之间显然是有联系的，虽说这种联系不是那么简明了当。[24]

　　既然无论是天主教的还是新教的国家和运动都能使人文主义为我所
用，则很显然，它不是一种世界观，不可被理解为一种有着特定具体内容
的教条性规范，或一种系统化地看待世界的方式。事实上，人文主义是作
为一种文化性态度出现的，它特别适于早期的现代欧洲，处在当时的重大
宗教政治问题之中的各派都可以运用它。人文主义在文艺复兴事业中居中
心地位，由文艺复兴而来的许多问题都和它有着正面关系。不过，把文艺

复兴归结为人文主义就会成为极大的扭曲。我们还需要考虑其他因素，特别是哲学与政治因素。

文艺复兴时期的哲学

按照前面的论述，不难发现文艺复兴时期的思想家不同于多数现代哲学家，他们是在与过去时代严谨的对话中从事哲学。文艺复兴时代之后的理性主义或实用主义思想家常常贬低前人的工作，在自己与前人之间看到的是超越而不是连续，这种态度对文艺复兴时期的绝大多数思想家来说是陌生的。因此，思想的主要轨道来自古典传统：亚里士多德主义、柏拉图主义，或斯多葛主义。我们其实可以毫不夸张地说，文艺复兴时期的哲学某种程度上可说是对于它在原始文本中发现的古典学问之河流所作的流动注释。我们不可在这些术语里读出太多的统一性。比如，说文艺复兴思想是亚里士多德主义的，并不等于说所有的文艺复兴思想家会同意哪怕是最基本的亚里士多德观念。它的意思不如说是：亚里士多德著述给出了一个
189 文本根据或者说对话点，由此各个哲学家可以发展起自己的思辨。我们因而可以说，文艺复兴时期的哲学的统一性所在乃是广为接受的著述文本以及某一通用语言；在此之外，哲学界的图景多样、繁杂。[25]

亚里士多德的著作被译成了拉丁文，这对文艺复兴时期的哲学至关重要。12 世纪的人们还只能得到由波依修斯所译的两种著述，不久，就能得到同样是波依修斯所译的其他逻辑著作，它们一起构成了所谓的《工具论》，这是中世纪逻辑教育的核心。接着，在 12 世纪晚期和 13 世纪，越来越多的亚里士多德著作文本，包括物理学和形而上学的重要著述以及亚里士多德最重要的阿拉伯注释译本，如伊本·路西德（拉丁名阿威罗伊）的译本，在西欧出现。由此产生的一个明显后果就是基督教神学在大阿尔伯特手上的改变，而托马斯·阿奎那，进而发展出完备的基督教神学，与新发现的哲学文本的语言与概念之间有着批判性互动。对亚里士多德著述的拉丁文翻译有着特别重要的作用，因为直到康德早期拉丁文都一直是欧洲的通用学术语言。这样，以这一通用语言翻译出的规范文本就给整个西欧提供了一个无论是爱丁堡还是罗马都能方便使用的哲学资源，由此就把全欧洲的研究者都统一到一个共同事业中。[26]

亚里士多德著述集最终成为西欧哲学讨论的核心，一直到 17 世纪晚期，那时启蒙运动开始大规模侵入大学课程。不过，谈论文艺复兴时的"亚里士多德主义世界观"却会有悖事实。对亚里士多德哲学的利用与发展是折衷而高度多样化的。文艺复兴时期的哲学唯一可以被有意义地概括为"亚里士多德主义"的地方在于：在严格的意义上，所有文艺复兴时期的哲学家都以亚里士多德文本为哲学反思与探索的基本出发点。我们或许可以在奥古斯丁主义与中世纪西方神学的关系上看到与此相类似之处：所有的中世纪神学之所以是"奥古斯丁主义"的，乃是因为它们都以彼得·伦巴德的《语录》为出发点，而这本书在许多篇幅里都严重依赖奥古斯丁的著作集。因而，把帕多瓦和剑桥的哲学道路连在一起的不是一套相同的核心学说，而是哲学思考所依据的一组规范文本。[27]

文艺复兴时期的亚里士多德主义如此多样，以至于，要在此完整叙述这一主题的全貌是不可能的。不过，我们可以扫描一下几个核心人物，就能对此多样性有所体会。列奥纳多·布鲁尼就是这样一个人物，他是佛罗伦萨文艺复兴运动的主将。他撰写了佛城历史，翻译了柏拉图的著作以及亚里士多德的《尼各马可伦理学》。特别是，他为《伦理学》写了一篇分析性导论，指出亚里士多德是一个富有的人，参与公众事务，有着高超的辩论技巧，而这种人正是像佛罗伦萨这样的城市需要的理想公民。他还以典型的人文主义者姿态，将自己的译本和过去的译本作了一个于己有利的比照，赞扬拉丁文的美妙，认为它能很好地传达亚里士多德希腊语的美。这一步棋可谓高招，它假借亚里士多德之威，大张人文主义之势，以西塞罗式的观念来解读亚里士多德，使他成为人文主义模式的正统渊源，据此，一个哲学家既是逻辑学家、形而上学家，也是喜好雄辩喜好修辞的政治家。如果布鲁尼能成为佛罗伦萨共和国首相，他或许会认为：他所拥戴所读到的亚里士多德，会支持这一任命。[28]

布鲁尼的另一成就出自他与西班牙人卡塔赫那的阿方索（Alfonso of Cartagena）就翻译问题进行的争论。阿方索认为翻译的唯一目的就是把文本的超越性内容或者说"比例"（*ratio*）译出来。布鲁尼则认为翻译应当保留原作者的文风。争论所在，从一个方面来看，似乎只是关乎文风文体；但它有着哲学上的重要性，因为布鲁尼坚持翻译者必须意识到文本的历史独特性；而这就意味着某种最初形式的历史主义或历史感，而这种东西在之前的经院主义者那里是断然缺失的。这样，在文艺复兴的亚里士多德哲学背景下出现的对文风的重视，就成为历史主义之兴起的一个因素。为了翻译某个文本，译者需要的不只是一本词典一套语法，还需要理解产生该文本的文化背景与语言背景，理解该文本因着被翻译而将进入和影响的那个文化背景和语言背景。[29]

文艺复兴时期亚里士多德哲学的另一主要人物就是颇引争议的彼得罗·彭波那齐（Pietro Pomponazzi），或称彭帕那图斯（Pompanatus，1462—1525）。彭帕那图斯是一个很典型地先是泡在中世纪经院方法里头后又受许多人文主义观念之影响的人。他所受的托马斯主义和司各脱主义训练使他能理解中世纪哲学，而他发展的哲学在某种程度上预示了就在此时开始出现的怀疑主义和自然主义。他在帕多瓦、费拉拉、波罗尼亚等地任教，广泛地影响了意大利的圈子。特别是因着帕多瓦的国际声名和研究团体，彭帕那图斯成为闻名欧洲的哲学家。他的哲学是一种不无争议的自然哲学，通过自然原因来解释任何所谓的神迹，进而否定神迹奇事。他的另一个观点同样招来争议，而且就是在基督教正统思想的轨迹内也并非没有先例，这就是：哲学不能证明灵魂不朽。在这一前提下，他利用了亚里士多德哲学中灵魂不朽学说的含混不清之处。由此看来，彭帕那图斯的哲学观之所以还算得上是亚里士多德主义，更多是因为他以亚里士多德哲学为出发点，而不是因为以之为权威，认为只要对它加以注释就能引出真理。[30]

文艺复兴时期的哲学是折衷主义的。亚里士多德文本是核心规范，而其他哲学资源同样也被利用，如柏拉图哲学、新柏拉图主义、神秘术与神秘哲学。实际上，即使在伦理学这么一个很窄的范围内，也能清楚地看到许多不同思想流派，分属严格意义上的亚里士多德主义、柏拉图主义、斯多葛主义、伊壁鸠鲁主义。所有流派都在和亚里士多德的伦理学著作对话，但它们都会在与其他哲学文本与思想的折衷基础上发展出来的框架之内，来诠释、利用这些著作。[31]实际上，非亚里士多德的古典哲学著作的出版发行市场相当活跃。例如16世纪的时候，柏拉图全集就历经三次修订，印刷了三十次，可见对该哲学的需求量之大。马西里奥·费奇诺（1433—1499）这类人其职业生涯的大部分光阴都在佛罗伦萨度过，在美第奇的保护下，从事各类事业，其中就有仔细地利用古典哲学进行当代性的理智建构。费奇诺除了翻译柏拉图的各类著述外，还弄出了一个以柏拉图的爱和沉思观念为基础的、彻底一致的思想体系；由此可见，他对市民人文主义者的活动何其不屑。在费奇诺看来，善的生活就是沉思的生活，是鄙视物质世界的生活。不过，对于积极行动的生活，他还是给出了一个观念形态上的辩护，说它是重要的，因为它是存在之等级阶梯上的一级。他也为宗教的重要性辩护：宗教作为一种手段，给了人生以尊严，将人提升到动物之上。当然，这一辩护有着浓重的新柏拉图主义色彩，因为在费奇诺看来，宗教对肉体的关注可说是其弱点所在。[32]费奇诺广泛地涉猎秘术文献，而秘术的神秘主义对那些赏识新柏拉图主义中充斥的神话论调的人来说，一向是很合胃口的。费奇诺就一度强调，赫尔墨斯·特西梅吉修斯（Hermes Trismegistus，"三重伟大的赫尔墨斯"）有着和同时代的摩西一样的地位，是同样古老的（虽说是异教的）智慧的来源。在此我们可以看到，人文主义的关切（它诉诸古老性和古典文献来辨别智慧与知识）作为一种塑造哲学的因素所产生的典型影响。和彭波那图斯不同，费奇诺还在柏拉图、普罗提诺、奥古斯丁、阿奎那等人的基础上，为灵魂做精心的辩护；这就再一次向我们显明了文艺复兴哲学的折衷性特征。[33]在这一背景下，费奇诺思想与敬虔行为中的新柏拉图主义倾向明显可见：他把祈祷的本质视为灵魂内在地转向上帝。[34]

　　简言之，我们发现文艺复兴时期的哲学虽说因为以亚里士多德著作为基点而主要地属于亚里士多德主义，但它的表现多样且折衷，以至很难以特定的学说立场来界定。我们还可指出，要区别开我们所以为的文艺复兴时期的哲学和我们所以为的中世纪哲学并非易事。例如，虽说托马斯·布 193
拉德瓦丁（Thomas Bradwardine，1290—1349）和约翰·威克里夫（John Wycliffe，约 1329—1384）生于文艺复兴时期的哲学大行其道的时代，但他们两人一般都被视为中世纪人而非文艺复兴人。为了理解这一点，我们最好要有这一自知：我们常常都是很成问题地预先将某些后来的历史学范畴强加于某个历史时代或运动，虽然它自己并无清晰界限或在表现形式上截然可分。

文艺复兴时期的科学

　　既然亚里士多德的著述于文艺复兴的一切理智努力而言都重要，则这些著述在科学界的影响就当然同样明显。自彭波那图斯以亚里士多德为对话者而发展起一种自然哲学以来，亚里士多德的著作就极大地影响着文艺复兴的科学探求。亚里士多德著述无所不包，这使得它的语言、观念、模式都必然会在科学研究中一直占主导地位，除非有某个同样无所不包的范式成为可供替代的选择，而这一选择直到 18 世纪启蒙运动高涨的时候才出现。

有好几位科学人物都在文艺复兴事业中占据核心地位。最有名的莫过于波兰天文学家尼古拉·哥白尼（Nicolaus Copernicus，1473—1543）以及意大利数学家、物理学家和天文学家伽利略·伽利莱（Galileo Galilei，1564—1642），后者因自己的事业死在天主教会手里，这说明他是启蒙的科学思维在反对宗教蒙昧主义中出现的殉道者。

哥白尼的主要贡献是他基于天文学观察提出的理论，即是地球绕着太阳转而不是如传统托勒密观点所以为的太阳绕着地球转。哥白尼理论对圣经解释中的重大问题形成了挑战，对人在宇宙中无论是物理学意义上的还是形而上学意义上的中心地位造成质疑。哥白尼实际上已经敏锐地意识到自己的理论具有的革命性，所以他是在对自己的理论加以考量达二十六年之后，才敢公之于众。[35]

哥白尼体系最有力的捍卫者是伽利略，他在早年的职业生涯里已经作出了一系列科学贡献，其中包括试图总结运动律。但他最重要的工作却是以实验来证实哥白尼宇宙观。伽利略一生都在与亚里士多德的文本和观念进行批判性的互动，他是在这一背景下提出自己的论证；他的新想法并不和以前科学的一切东西都形成决裂。亚里士多德哲学本质而言在其所有形式上都是经验性的；它强调物质和感知对于知识的重要性。故而，亚里士多德哲学在自然科学方面包含了自我否定的种子。它对宇宙所作的许多哲学判断最终都在检验之下被证明为站不住脚。第谷·布拉赫（Tycho Brahe，1546—1601）等人的技术性工作使相关必要仪器得以改进，天文测量的准确度得以不断提高；在这种情况下，亚里士多德通过初级得多的设备得出的结论就不可避免地显为脆弱，而建立在这些结论之上的物理学与形而上学也是一样。这些科学进步显示出伽利略起着怎样的关键作用。在 1602 至 1609 年之间，伽利略作了一系列试验。在这些试验的基础上，他开始提出一个运动理论，这种理论认为亚里士多德处理运动的方法极为错谬。通过观察与分析，伽利略 1610 年发现金星是绕着太阳转的，他高兴地看到哥白尼理论的有效性被证实了。[36]

随后发生的重大事件，即伽利略在教会手里被审判处死，不仅在教会与科学的关系史中，而且在学术与宗教此时已越来越成问题的关系中，都是一个重大时刻。正当亚里士多德自己的经验论使得他的一些核心的运动观念和宇宙秩序观念被驳倒时，他的著述的影响力也开始下滑。新兴的科学为理解实在给出了全新范式，而这些范式显然把上帝排除在外。虽然新柏拉图主义和秘术神秘主义在某些知识分子圈子里还流行，但出于系统地理解实在而来的对深奥形而上学的需要在开始削减。这一切，对试图给出某种对实在的全景式理解，而该理解现在又被揭显为严重错谬的教会来说，只能是灾难。

有趣的是，伽利略在为自己和哥白尼的体系做的辩护书《致托斯卡尼大公的信》中，广泛地使用奥古斯丁的论述和主题来为自己辩护。伽利略为自己的结论之合乎圣经而争辩，并为此引用奥古斯丁的观点：在圣经未完全显明的地方如物理宇宙，理性应当指导基督徒的思考。此外，伽利略还敏锐地指出，圣经语言并不能都从实际的或说字面的意义上理解，因为在圣经启示里，上帝常常降卑自己，使自己适合人把握神圣的无限真理时的有限能力。[37] 伽利略在这封信里实际上指出了两点重要之处：一，上帝赋予人理性以探索实在的本性；二，在教会史上不乏先例，可引来为他科学工作的方法与结论辩护。人们也许会在怀疑中争辩，说伽利略不过是在以其人之道还治其人之身，为的是使自己的方法具有合法性。不过，那样说就有些臆想了。更贴切更同情，也更合乎历史的，乃是承认：伽利略为的是证明自己的动机不是颠覆基督教。而当他以一首安波罗修圣咏和一句《箴言》中的引文来结束辩护时，人们很难质疑他对传统基督教的了解与尊敬。

科学领域里的重大进步不单是在天文学上。哥白尼出版《天体运动论》的同一年，维萨里（Vesalius）出版了人体解剖学领域中的划时代著作《人体结构论》。我们同样能在这类著作中发现一种科学性的经验倾向，它严肃地采纳了亚里士多德经验论的认识论。我们也看到，作为解剖学权威的亚里士多德无可避免地让位了，因为他自己的解剖学论断经不住经验考察的测验。对解剖学研究成果的关注反映在米开朗基罗、列奥纳多·达·芬奇等人的艺术品里，在其中，身体的比例与结构是首要关注点。简言之，文艺复兴的经验兴趣使得许多物理的和形而上学的判断都被置于仔细检验，被显为不可靠。在将临的岁月里，这一科学在世俗主义者的手中成为利器，用来毁灭教义的可信性。

文艺复兴时期的政治

意大利境内城市国家之兴起，以及更广的欧洲范围内的民族国家的兴起，极大地影响了文艺复兴的政治秩序观。我们已经谈到文学及其他学科如何有助于民族身份的形成与强化。在政治思维中同时发生的进展，使城市与国家加速参与它们希望参与其中的活动。中世纪后期和早期现代世界里，宗教话题和政治话题不可避免地仍旧纠缠在一起，并没有形成两个分离而独立的领域，因为公共讨论同时体现了这两者。这样，我们就可以看到，一些最具影响力的政治人物同时就是最引人关注的宗教领袖。[38]

196　多米尼克会宣道士吉罗拉莫·萨伏那罗拉（Girolamo Savonarola，1452—1498）是宗教与政治之结合的体现。他把政治上的改革与强烈的末世论异象相结合，由此预示了最终在16世纪最初十年的宗教改革政治秩序中的那些重要因素。15世纪晚期的北意大利见证的系列政治波动，最后导致法王查理八世于1494年夏末入侵征服那不勒斯，接着又是佛罗伦萨在美第奇的建议下投降。佛罗伦萨于是起了叛乱，美第奇随即逃离。此时的萨伏那罗拉在佛罗伦萨已经是一个有声望能观异象的宣道士，他将这些事件解释为圣经预言的实现。他说查理就是居鲁士，在一次末世宣道的狂热中，他被抛到大使团团长的位置，派去和查理和谈，几经曲折，如愿以偿地获得所需条件。[39]

在接下来的年月，萨伏那罗拉主导了佛罗伦萨合在一起同时进行的宗教政治改革，帮助建立一种以威尼斯为模式的，由庞大的代表议会团构成的新政府。议会团为城市执行在道德上政治上进行改革的法令，这一改革的内容包括焚毁据信是具挑逗性的书籍与艺术品，以及在市民中实现严格的道德法令。萨伏那罗拉的雄心——他相信自己是已经实现了的，而现代学者对此却很是质疑——要求让工匠阶层的人物进入政治领导层，代替旧式贵族成为主要的政治力量。最终，萨伏那罗拉与教皇发生冲突，被开除教籍。在当时，同时效忠教皇和萨伏那罗拉是不可能的，萨伏那罗拉从位置上被驱逐并被处死，而其直接死因是屈辱地死于为试验他的先知预言是否可靠而进行的怪诞的耐火审判。

萨伏那罗拉的重要性表现在好几个方面。首先，他清楚地意识到，当社会的公共价值与变动的经济结构发生冲突时，工匠阶层有着日益上升的重要性。虽然他的改革尝试并不如自己所以为的那般成功，但我们不可因此对他事业的观念性意义视而不见。但我们需要谨慎。要是把他改革议会结构的努力视为现代自由民主制的先驱，那就犯了年代错误了。他的改革并未预示现代的普遍选举权原则。不过，它的确表明商人阶层上升并取代了旧贵族的显要位置。在这一背景下，萨伏那罗拉之采纳威尼斯模式，正是对此时出现于全欧的社会经济变化的主动回应。此外，值得指出，萨伏那罗拉针对性地运用宗教性修辞，运用神学，来为他的社会改革事业辩护和服务。这当然不是什么例外，尤其是此时的政治领域还缺乏独立的世俗化表达，但值得关注的地方是，萨伏那罗拉强调了个人虔敬与社会虔敬的重要性，而这正是那个时代的特点之一。萨伏那罗拉在世俗领域里调整了基督教：以个人性的实践与行为，来削弱作为中世纪基督教之典型特征的那种回应宗教呼召的旧道路：教阶制。这与路德的强调——最世俗的事务也是神圣的——显然类似。[40]

文艺复兴时期政治思想中的世俗化倾向在马基雅维利的著作以及埃拉斯都主义的发展中最为显著。尼古拉·马基雅维利（Niccolo Machiavelli, 1469—1527）欣赏萨伏那罗拉为适应政治时事和听众口味而对自己的宗教内容作修改。马基雅维利可说是文艺复兴的真正产物，他在与古典文本的细致对话中发展自己的政治理论。他研究了西庇阿和汉尼拔的不同领导战略，由此得以实用性地了解应当如何依靠将军与士兵的性情，控制军队。他极力主张城市应当有自己的常备军，以免依赖雇佣军服务。这一点触及马基雅维利思想的核心——命运观念，或者说，某人的福祉、力量甚至生存依赖于他人。显然，这是地方性的与民族性的政治单元与共同体处于上升时代的产物。[41]

马基雅维利的伟大政治著作《论李维著罗马史前十书》（*Discourses on the First Ten Books of Titus Livius*）是文艺复兴的经典著作。它对历史学家李维著作的广博反思，恰属我们谈论过的挖掘：钻入已经过去的古典，为今人求得可用智慧。通过对早期罗马城市国家发展历程的研究，马基雅维利转而分析，凭着哪些因素才能有效地治理他那个时代的这个意大利国家。第一章开头的文字为全书定下了基调：

> 人们只要读到罗马如何发源，读到她如何立法，如何组织，就不

会诧异：在历经这许多世纪之后，如何还能保持这么多美德，又如何能从她里面生长出这么大的帝国。[42]

在这里，人文主义者的典型关注即以古典过去为知识的来源，和一个典型的马基雅维利主题即美德，联结了起来，而马基雅维利的美德绝不只是一般意义上的、我们所认为的在道德上可称许的某种品质或习惯。对马基雅维利而言，它还包括进行良好统治，控制政治局势，维持稳定的能力。简言之，美德并非某种以典范的方式表现出的在道德上总是可称许的东西，它还可包括在现实政治的框架内的操作能力。马基雅维利认为，战争中的欺诈就完全是可称颂的。[43]还比如，强力下作出的许诺没有约束力；[44]以及，按照怀疑诠释学的经典预期，凡敌人所犯的错误，都应被视为精心的欺骗圈套之一部分。[45]

至于政治领导行为，马基雅维利的理论基于中心性权力人物即君主或统治者，正是这种人物体现了如前所述的马基雅维利式美德。这样，最好的君主因着所具备的个人魅力、狡诈、军事才能——这些品质，在马基雅维利的框架内正是美德——而能够在臣民的心中注入必须的公民精神与纪律，使臣民无论在什么境况下都需要他依赖他。[46]君主应当准备好一有需要就采取行动来维持自己的君权。换言之，一当涉及君权，则社会道德与行为的通常法则于君主是不适用的。[47]此外，马基雅维利赞赏这样的策略——以不可预测的、看似不合情理的行动，使人民（以及权力结构中的所有幕僚）摸不清政治战略。无论他的背地做法和秘密行为是什么，君主在公众场合都应当表现得像是很虔诚。君主这么做，就能安然地大权在握。[48]和《论前十书》一样，《君主论》的多数论辩都基于古代历史先例。[49]

马基雅维利在《君主论》里拥护的政治在取向上是完全世俗的，它是一种因为目的正当所以手段就也正当的实用主义现实政治。在《论前十书》里，他清楚指明，作为忠诚对象的基本单元正是政治上的基本单元，也就是城市与国家，而私人性委身（如友谊与家庭）不应当干预更广范围的服务于城邦或国家的政治成功的公共性委身。[50]如上所述，马基雅维利框架内的美德和传统基督教观念没有什么相干，宗教信仰看来只是君主为了控制社会而可资利用的多种工具之一。这部著作也可理解为一部顺应时事之作，理解为一种吁求，吁求强有力的领袖人物（在马基雅维利看来就是美第奇）兴起，统御众民，驱除意大利半岛上的外族，给意大利争光。

如此看来，这本书又是苍白以至悲观的，实在是此时欧洲的产物：旧的界限与价值在摇晃，老式的统治贵族精英及其代理人身处危境，权力位置行将由兴起的社会经济新阶层取代。马基雅维利反对这些，他求之于他的君主，以之为弥赛亚，将拯救意大利的重任委于美第奇家族。[51]

伊拉斯都主义是文艺复兴政治思想中的另一重要支流，它在中世纪思想家如约翰·威克里夫、帕多瓦的马西里奥（Marsilio of Padua，1275/1280—1342/1343），以及后来的哲学家如托马斯·霍布斯（Thomas Hobbes，1588—1679）的著作中都可见到。这一思想流派认为，教会是国家的一部分，应当处于既有世俗权力的控制下。在这一层面上，它体现的思想轨迹是承接马基雅维利的，按照马基雅维利的设想，有可能分离臣民之忠诚的一个潜在社会关系就是他们和教会的关系，而通过教会与国家的合一，就可以有效地将这一关系消解。这一思想为英国的宗教改革提供了基础，尤其是为克伦威尔在 16 世纪 30 年代执行的政策提供了基础，而克伦威尔又极大地受惠于帕多瓦的马西里奥所作的《和平的护卫者》（Defensor Pacis，1324），这本书通过小心运用亚里士多德的《政治学》，发展出一种世俗的国家观。克伦威尔以伊拉斯都主义为理由，解散了修道院，将教会收入充归王库。霍布斯在他的理论中采纳了伊拉斯都主义，使宗教成为有效的社会控制手段，它和其他种种手段一道，为社会带来划一和秩序。作为一个彻底的唯物主义者，霍布斯给作为形而上学体系的宗教所留的空间微乎其微；宗教只不过是一种政治工具。和马基雅维利一样，霍布斯宗教思想的中心不是教义内容而是实用主义权衡。[52]

文艺复兴时期的文学艺术

至此已经很清楚：文艺复兴并没有一个单一的、统一的世界观。实际上，文艺复兴这个词包括了对一整套论题的一系列观点与见解。因此，当我们考察文艺复兴对艺术与文学的影响时，我们面对的大问题就是：不可只是简单地在文学形式或具象表现里寻求某个单一理念或理念体系的影响。不过，还是有几处明显的地方值得一提。文学与艺术中的一个共同的重大因素就是艺术家和作家创作所处的更广的社会经济背景。在讨论人文主义时，我们已经注意到，文学与人文主义者所献身的政治理想有着密切联系。接着，在观察这一时代的政治理论时我们注意到，地域化政治及正在兴起的城市国家与民族极大地影响了宗教及其他意识形态工具在政治理论与实践的发展中所扮演的角色。这些因素于文学艺术而言也适用。

首先，文艺复兴时期的文学和以前时代的不同之处之一就是渴望以方言写作，并且在写作中有对文学风格的自觉性关注。我们可在其中发现一种汇合：对地域背景的独特之处的关注，与对修辞与风格的典型关注——这种关注又是来自政治性地使用古典的过去——互为交叉。伟大的意大利诗人但丁（Dante Alighieri，1265—1321）写作了一篇主要著作《论方言》（De vulgari eloquentia）来论述方言的使用，他在书中致力于解决如何使方言性的意大利语古典化。我们也许会有些惊讶地发现，这种关切同样内在于彼特拉克，他虽公然说自己的方言韵文诗只不过是青年时的幼稚，却又劲头十足地编撰自己的意大利文《抒情诗集》（Canzoniere）。

对方言散文体的关注一直在持续，到了新教兴起时，随着基础的观念性问题突具强大的宗教性推动力，这一关注更为强烈，这是因为新教强调必须为普通群众提供神之话语的浅白翻译。后期人文主义者如约翰·加尔文的著作就明显地想把方言性的写作与新教教会的宗教关切与需要联结起来。

但丁的著作尤其是《神曲》体现了古典文体（"史诗"）与古典人物（作为向导的维吉尔）如何被拿来使用。但丁的作品也将古典文化与当时的天主教会信条及教会关切相结合。《神曲》对教皇的批评是许多后期文艺复兴人物的争辩性关注之先声。正如薄伽丘（Boccaccio，1313—1375）和伊拉斯谟的作品所表明的那样，对教会的批评在文艺复兴时代事实上并非罕见。此外，我们还可发现托马斯主义对但丁的影响，由此再次发现，中世纪和文艺复兴并非在年代上截然相分的不同时代，倒是可以将其视为同一时期的不同方面。

但丁、薄伽丘和彼特拉克的著作最后也成为文艺复兴自己产生出来的典范。到15、16世纪的时候，这些人的作品在文学经典中占据了中心位置，而三者中但丁是影响最小的，相比之下，彼特拉克的著作有超过160个版本，而薄伽丘的版本更多。这些新近著作被抬高到古典权威的位置，成为经典，成为人们愿意跟随的榜样。个别人物与著作的这种经典化，使它们在文艺复兴中成为一个起统一作用的因素，例如，但丁的《神曲》被各种重要的文化人物引用，就很好地体现了这一点。知识分子对之进行评论；政治家引用来为讲演添点深沉；伽利略花费时间计算地狱的确切大小；艺术家如多梅尼科·达米利诺（Domenico da Michelino）、乔治·瓦萨里（Giorgio Vasari）、米开朗基罗（Michelangelo）等描绘作品中的场景，并且这一传统在文艺复兴之后仍在持续，如英国神秘主义者和诗人威廉·布莱克（William Blake）的作品所表明的。[53]

为意大利的政治社会雄心之合法性提供关键支持的古典传统绝对是这一时期视觉艺术的金矿。艺术家们的资助人大都在政治上社会上受益于新兴的意大利城市商业，故而他们的作品不可避免地反映着某些为资助人辩护的文化价值观念。因此，文艺复兴绘画充斥着古典场景，我们还能进一步发现古典审美观，即将重点放在比例与量度上，这在绘画和雕塑中尤为明显。多纳泰罗（Donatello）、米开朗基罗等文艺复兴巨匠描绘的许多圣经场景都表达着人文主义的渴求：将古典价值引入当代作品。当我们观察多纳泰罗的作品和米开朗基罗的大卫雕像时，就可看到中世纪审美已然无疑地让位于某种自觉地和古典异教雕塑的统治性审美观念相靠近的东西。另外，许多作品都是受富裕个人与家族的委托而作，从这一艺术资助体系里，产生出一个数量不小的艺术制作大类，即个人肖像。[54]

这些审美价值观念和人文主义及文艺复兴文学一样，都发源于意大利文艺复兴的特殊背景，但又很快往阿尔卑斯山以北传播。这样，到 16 世纪早期时，阿尔布雷特·丢勒（Albrecht Dürer）已经在创作表现意大利审美观的作品，写作论比例和度量的册子向读者介绍正在罗马等地发生的一切。[55]

202

结 论

本章的基本预设就是文艺复兴并不表现为一套统一的普遍价值观念，我们也不可将其概括为单个世界观。实际上，文艺复兴一词容括了欧洲文化精英对社会经济巨变的不同文化应变，而这一巨变源自现代文明的初期，由新兴的商业阶层力量所开拓，由此带来政治力量在觉醒中的重组。这意味着，文艺复兴思想和中世纪前人，和宗教改革、新教、天主教的关系错综复杂，不可简单理解为单一性的主题与其反题之间的关系。在文学中，对古典语言及文本批评的强调，直接导致早期教父作品的编辑，更为重要的是，导致了圣经的编辑，由此为改教家的神学批判铺平道路。此外，对方言以及由地方化语言写作的文学的重视，表现为圣经翻译的兴起，也表现为以德语、英语、法语来传播新的宗教观念，而后者有着与前者一样的重要性。另外，人文主义最初的动力是为 13 世纪及以后意大利的政治局势提供历史先例，对历史的这种运用，传遍了欧洲。这就使得学者们返回到原始文本，而在宗教领域（无论是新教还是天主教），把基督教的过去拿来为自己的现今立场辩护，就尤显迫切。

或许，新教宗教改革与文艺复兴时期之哲学、科学、政治的关系不如与人文主义的关系那么明显，但我们仍可注意到，它们都同样挑战旧权威。哲学和科学虽然仍以亚里士多德的著述为基本出发点，但却以这一著述来削减亚里士多德式的确定性；特别是在科学领域，逍遥学派的经验认识论最终埋葬了该学派的旧宇宙论和旧物理学。在政治领域，商业城市与国家之兴起，需要为地方性的政策提供理论框架。萨伏那罗拉、马基雅维利和帕多亚的马西里奥，以及由他们唤醒的思潮，一道为这一新局势提供了典范，就是这一典范，颠覆了基督教欧洲的旧式治理观念。即便改教家没有通盘采纳他们的主张，却仍然用这一典范来和既有秩序决裂。

至于艺术，文艺复兴的古典审美观改变了绘画雕塑。更重要的是，某些文艺复兴思想家头脑中神圣现实主义与世俗现实主义之关系的弱化，再加上薄伽丘这类人的嘲讽和萨伏那罗拉的宗教态度，最终导致的结果是发展出日常生活的审美。这一点在个人肖像塑像的快速发展里可见端倪，而这种发展是由文艺复兴世界里兴起的富裕家庭与赞助人引起的。

简言之，文艺复兴并没有一个可以代替中世纪或宗教改革的单一性世界观。事实上，文艺复兴本质上就会质问：将"世界观"用在人与环境的复杂互动上是否恰当。组成这一互动的多个分支，表明文艺复兴无论和中世纪还是和宗教改革的关系都是错综复杂的。这就再次提醒我们不要把任何文化运动简单化。它还提醒我们，不要以为世界观只是脱离现实的思想过程的产物，相反，它是文化在运动中的生成结果，而这一运动在知识的、经济的、政治的因素构筑的复杂意识形态之网中，结合了理智与物质两方面的因素。

阅读书目

Copenhaver, Brain P. , and Charles B. Schmitt, *Renaissance Philosophy*. Oxford: Oxford University Press, 1992.

Kraye, Jill. *The Cambridge Companion to Renaissance Humanism*. Cambridge: Cambridge University Press, 1996.

Kristeller, Paul Oskar. *Renaissance Thought: The Classic, Scholastic, and Humanist Strains*. New York: Harper and Row, 1961.

Oberman, Heiko A. *The Roots of Anti-Semitism in the Age of Renaissance and Reformation*, trans. James I. Porter. Philadelphia: Fortress, 1984.

Oberman, Heiko A. , and Thomas A. Brady. *Itinerarium Italicum: The Profile of the Italian Renaissance in the Mirror of Its European Transformations*. Leiden: Brill, 1975.

Rummel, Erika. *The Humanist-Scholastic Debate in the Renaissance and Reformation*. Cambridge: Cambridge University Press, 1995.

Schmitt, Charles B. *Aristotle and The Renaissance*. Cambridge: Cambridge University Press, 1983.

Schmitt, Charles B. , Quentin Skinner, Eckhard Kessler, and Jill Kraye, eds. , *The Cambridge History of Renaissance Philosophy*. Cambridge: Cambridge University Press, 1991.

Seigel, Jerrold E. , *Rhetoric and Philosophy in Renaissance Humanism: The Union of Eloquence and Wisdom, Petrarch to Valla*. Princeton, NJ: Princeton University Press, 1968.

Skinner, Quentin. *The Foundations of Modern Political Thought*, 2 vols. Cambridge: Cambridge University Press, 1978. (Esp. vol. 1.)

204

讨 论 问 题

1. 谈论"文艺复兴世界观"会遇到什么困难？

2. 为什么特鲁曼说彼特拉克是"真正的知识先驱"？

3. "回到源头去！"（*ad fontes*）一语是如何抓住人文主义的精神，并表明古典学问对文艺复兴思想家的重要性？

4. 基督教如何受益于人文主义学问的兴起？

5. 伊拉斯谟如何体现了"文艺复兴人"这一普遍说法？试评价他的《愚人颂》与《基督精兵手册》之贡献。

6. 我数次提出，人文主义与其说是一套教条不如说是一种文化态度。试评估我的观点。

7. 为什么说人文主义的"教义要点"（*loci communes*）技术有着革命性的意义？

8. 你如何比较中世纪与文艺复兴对亚里士多德的不同运用？

9. 在文艺复兴思想中，与过去时代的连续与决裂有多重要？在当今时代，这种重要性还明显吗？

10. 我试图表明，文艺复兴哲学是折衷主义的。你如何评价一个人世界观里的折衷主义的优点与不足？

11. 请通过我给的链接阅读伽利略的《致托斯卡尼大公的信》。我对伽利略做的几点解释里，哪个看起来更恰当些？

205   12. 引自马基雅维利《君主论》的段落，如何反映了传统意义上的美德被世俗化？

13. 文艺复兴的主要论题如何在文艺复兴时期的文学艺术中得到体现？

14. 虽说文艺复兴没有体现为一个单一的世界观，但它的不同人物如何继承了古典的过去，又预示着现代的兴起？

注释

[1] 相对于物质性的某个抽象物而言。

[2] 必然地，有一大堆谈论这一问题——什么构成了"文艺复兴"——的文献。彼特拉克或许是第一个拒绝中世纪历史阶段的人，他认为中世纪是黑暗蒙昧的，提出自己所生活的时代代表着古典文化观念的"重生"。但情况实际上还要复杂，因为学者们已经认识到南欧的文艺复兴和北欧的文艺复兴有着不同形式，并且就如何最好地界定这一不同，尚没有一致意见。进一步的讨论可参考：J. B. Bullen, *The Myth of the Renaissance in Nineteenth-Century Writing* (Oxford：Clarendon Press，1994)；Wallace K. Ferguson, *The Renaissance in Historical Thought：Five Centuries of Interpretation* (Cambridge，MA：Houghton and Mifflin，1948)；Denys Hays, ed. *The Renaissance Debate* (New York：European Problem Studies，1965)。

[3] 正如"文艺复兴"一词一样，"人文主义"一词也一直被激烈争论。19世纪作家沃吉特和布克哈特都认为，人文主义是与中世纪价值观的决定性决裂。沃吉特主要关注彼特拉克；布克哈特在黑格尔的影响下，认为这一运动的本质在于某种模糊的"时代精神"。自1945年以来，学者渐趋承认，人文主义和中世纪的文化元素之间的关系是复杂的，两者间并没有清晰的决裂，倒不如说有着在各个领域中展开的发展、断裂、竞争与吸收，而其中的特别焦点，就是吸收古典文化来建构价值观。可参考 Hans Baron, *The Crisis of the Early Italian Renaissance：Civic Humanism and Republican Liberty in an Age of Classicism and Tyranny*, 2 nd ed. (Princeton, NJ：Princeton University Press，1966)；Eugenio Garin, *Italian Humanism：Philosophy and Civic Life in the Renaissance*, trans. Peter Munz (Westport, CT：Greenwood Press，1975)；Paul Oskar Kristeller, *Renaissance Thought：The Classic, Scholastic, and Humanist Strains* (New York：Harper and Row，1961)。Kristeller 的方法专注于人文主义者自己的著述与生平，这在当今研究领域里恐怕是最有影响力的。关于北欧人文主义的特点，可参考 F. Akkerman, G. C. Huisman, and A. J. Vanderjagt, *Wessel Gansfort（1419—1489）and Northern Humanism* (Leiden：Brill，1993)。

[4] 参考 Kristeller, *Renaissance Thought*；Erika Rummel：*The Humanist-Scholastic Debate in the Renaissance and Reformation* (Cambridge：Cambridge University Press，1995)；Willem Van Asselt and Eef Dekker, eds. , *Reformation and Scholasticism：An Ecumenical Enterprise* (Grand Rapids：Baker，2001)；以及 Carl R. Trueman and R. Scott Clark, eds. , *Protestant Scholasticism：Essays in Reassessment* (Carlisle, PA：Paternoster，1999)。

[5] 对人文主义的一般论述可参考 Kristeller, *Renaissance Thought*；以及 Jill Kraye, *The Cambridge Companion to Renaissance Humanism* (Cambridge：Cambridge University Press，1996)。关于人文主义的起源，可参考 Roberto Weiss, " The Dawn

of Humanism", *Bulletin of the Institute of Historical Research* 42 (1969)，1 - 16；
Ronald Witt，"Medieval Italian Culture and the Origins of Humanism as a Stylistic Ideal"，
in Albert Rabil, ed. , *Renaissance Humanism: Foundations, Forms, and Legacy*, 3
vols. (Philadelphia: University of Pennsylvania Press，1988)，1: 29 - 70。

［6］彼特拉克作品的选辑与翻译可见于 David Thompson, ed. , *Petrarch: A Humanist
among Princes* (New York: Harper and Row，1971)；E. Cassirer, P. O. Kristell-
er, and J. H. Randall Jr. , eds. , *The Renaissance Philosophy of Man* (Chicago:
University of Chicago Press，1948)。关于彼特拉克的思想和影响，可见 Charles
Trinkaus, *The Poet as Philosopher: Petrarch and the Formation of Renaissance
Consciousness* (New Haven, CT: Yale University Press，1979)。

［7］这些论题可参考 Rabil, *Renaissance Humanism*, 以及 Jerrold E. Seigel, *Rhetoric
and Philosophy in Renaissance Humanism: The Union of Eloquence and Wisdom,
Petrarch and Valla* (Princeton: Princeton University Press，1968)。关于修辞对英
国智识领域的影响，可参考 Quentin Skinner, *Reason and Rhetoric in the Philoso-
phy of Hobbes* (Cambridge: Cambridge University Press，1996)。

［8］学者的传统研究低估了文艺复兴模式对大学教育的影响；参考 W. T. Costello,
The Scholastic Curriculum at Early Seventeenth Century Cambridge (Cambridge,
MA: Harvard University Press，1958)。最近，已有学者注意到逻辑训练的削弱和
简化，参考 Mordechai Feingold, "The Humanities", in Nicholas Tyacke, ed. , *The
History of the University of Oxford IV: The Seventeenth Century* (Oxford: Clar-
endon Press，1997)，211 - 357；以及 Jennifer E. Ashworth, "The Eclipse of Medi-
eval Logic", in N. Kretzmann, Anthony Kenny, and Jan Pinborg, eds. , *The Cam-
bridge History of Later Medieval Philosophy* (Cambridge: Cambridge University
Press)，787 - 796；以及 idem, "Traditional Logic", in Charles B. Schmitt, ed. ,
The Cambridge History of Renaissance Philosophy (Cambridge: Cambridge Uni-
versity Press，1988)，143 - 172；idem with Lisa Jardine, ibid. , 173 - 198。关于拉
莫斯，参考 Walter Ong, *Ramus: Method and the Decay of Dialogue* (Cambridge,
MA: Harvard University Press，1958)；James Veazie Skalnik, *Ramus and Re-
form: University and Church at the End of the Renaissance*, Sixteenth Century Es-
says and Studies (Kirksville, MO: Truman State University Press，2002)。

［9］文艺复兴思想方式与后来的新教之间的关系有好些可圈可点之处。比如说，Rich-
ard A. Muller 就指出，改革宗神学利用文艺复兴修辞重塑传统的上帝存在证明，
在各民族的普遍同意这一修辞学背景下，理解中世纪形而上学逻辑学的证明力量。
参考 Richard A. Muller, *Ad fontes argumentorum: The Sources of Reformed The-
ology in the 17th Century*, Utrechtse Theologische Reeks 40 (1999)，18。

[10] 关于"君士坦丁馈赠",参考 Lorenzo Valla, *The Treatise on the Donation of Constantine*, trans., Christopher B. Coleman (Toronto: University of Toronto Press, 1993)。关于文艺复兴与宗教改革中的教父,可参考 Irena Backus, ed., *The Reception of the Church Fathers in the West*, 2 vols. (Leiden: E. J. Broll, 1997), vol. 2. 文艺复兴确立的语言学学术轨迹一直延展到 17 世纪,参考 Stephen G. Burnett, *From Christian Hebraism to Jewish Studies: Johannes Buxtorf (1564—1629) and Hebrew Learning in the Seventeenth Century* (Leiden: Brill, 1996);以及 Peter T. Van Rooden, *Theology, Biblical Scholarship and Rabbinical Studies in the Seventeenth Century: Constantijn L' Empereur (1591—1648), Professor of Hebrew and Theology at Leiden*, trans. J. C. Grayson (Leiden: Brill, 1989)。

[11] 关于伊拉斯谟,可参考 Cornelius Augustijn, *Erasmus: His Life, Works, and Influence*, trans. J. C. Grayson (Toronto: University of Toronto Press, 1991); James McConia, *Erasmus* (Oxford: Oxford University Press, 1991); Marjorie O' Rourke Boyle, *Erasmus on Language and Method in Theology* (Toronto: University of Toronto Press, 1977)。

[12] *The Praise of Folly*, trans., Clarence H. Miller (New Haven, CT: Yale University Press, 1979), 98 - 99.

[13] Ibid., 111 - 112.

[14] 在伊拉斯谟的思想整体框架下对他的宗教讽刺所作的有用研究,有 M. A. Screech, *Erasmus, Ecstasy, and the Praise of Folly* (London: Penguin, 1980)。将伊拉斯谟置于当时的神学论争下来考察,则可参考 Marjorie O' Rourke Boyle, *Erasmus' Civil Dispute with Luther* (Cambridge, MA: Harvard University Press, 1983)。

[15] 最好的翻译可见于 *The Collected Works of Erasmus* 66, ed., J. W. O' Malley (Toronto: University of Toronto Press, 1988)。

[16] *Handbook*, 93 - 94.

[17] 参考 Carl R. Trueman, *Luther' s Legacy: Salvation and English Reformers, 1525—1556* (Oxford: Clarendon Press, 1994), 46。

[18] 对人文主义与宗教改革之关系作论述的文献有许多。很不错的入门书有 Heiko A. Oberman, *Masters of the Reformation: the Emergence of a New Intellectual Climate in Europe*, trans. Dennis Martin (Cambridge: Cambridge University Press, 1981)。关于加尔文,可参考 Richard A. Muller, *The Unaccommodated Calvin* (New York: Oxford University Press, 2000),该书对早先由 William J. Bouwsma 在其著作 *John Calvin: A Sixteenth Century Portrait* (New York: Oxford University Press, 1988) 中诠释的加尔文与文艺复兴之间的关系所作的批判

令人难忘。关于梅兰希顿，可参考 Timothy J. Wengert, *Human Freedom, Christian Righteousness: Philip Melanchthon's Exegetical Dispute with Erasmus of Rotterdam* (New York: Oxford University Press, 1998)，以及 Karin Maag, ed., *Melanchthon in Europe* (Grand Rapids: Baker, 1999)。

[19] 该从句见于《约翰一书》5：7—8，在英王詹姆士译本中有如下方括中的从句："作见证的原来有三：[在天上就是父，道，和圣灵：这三样都归于一。在地上做见证的也有三，] 就是圣灵、水与血，这三样也都归于一。"

圣经中文和合本《约翰一书》5：8 不包括上述方括中的从句，译为："作见证的原来有三：就是圣灵、水与血，这三样也都归于一。"——译者注

[20] 关于丁道尔，参考 David Daniell, *William Tyndale: A Biography* (New Haven, CT: Yale University Press, 1994)。

[21] 关于这场争论，参考 Heiko A. Oberman, *The Roots of Anti-Semitism in the Age of Renaissance and Reformation*, trans. James I. Porter (Philadelphia: Fortress Press, 1984)，24 - 37。

[22] 关于西班牙，参考 Ottavio Di Camillo, "Humanism in Spain", in Rabil, 2: 55 - 108，以及 Carlos G. Norena, *Studies in Spanish Renaissance Thought* (The Hague: Nijhoff, 1975)。关于德国和低地国家，参考 Anthony Goodman and Angus MacKay, eds., *The Impact of Humanism on Western Europe* (London: Longman, 1990); 以及 Heiko A. Oberman and Thomas A. Brady, *Itinerarium Italicum: The Profile of the Italian Renaissance in the Mirror of Its European Transformations* (Leiden: Brill, 1975)。

[23] 这方面的出色讨论，可见 Ann Moss, *Printed Commonplace Books and the Structuring of Renaissance Thought* (Oxford: Clarendon Press, 1996)。

[24] 关于梅兰希顿的教义要点方法以及其神学影响，参看 Robert Kolb, "Melanchthonian Method as a Guide to Reading Confessions of Faith: The Index of the Book of Concord and Late Reformation Learning", *Church History* 72 (2003)，504 - 524。

关于梅兰希顿对加尔文的影响，参考 Muller, "Establishing the *Ordo docendi*: The Organization of Calvin's *Institutes*, 1536—1559", in *The Unaccomodated Calvin*, 118 - 139。

[25] 关于文艺复兴时期的哲学，参考 Brian P. Copenhaver and Charles B. Schmitt, *Renaissance Philosophy* (Oxford: Oxford University Press, 1992); Charles B. Schmitt, *Aristotle and The Renaissance* (Cambridge: Cambridge University Press, 1983); Charles B. Schmitt, et al., *The Cambridge History of Renaissance Philosophy* (Cambridge: Cambridge University Press, 1991)。

[26] 参考 Schmitt, *Aristotle and the Renaissance*。关于阿奎那，参考 Brain Davies,

The Thought of Thomas Aquinas (Oxford：Clarendon Press，1992)。关于亚里士多德对中世纪的影响，参考 Arthur Hyman and James J. Walsh, eds.，*Philosophy in the Middle Ages* (Indianapolis：Hackett，1973)，其中有各方面的第一手资料。

[27] 文艺复兴时期亚里士多德主义的多样性在 Charles B. Schmitt 的论文集 *Studies in Renaissance Philosophy and Science* (London：Variorum，1981) 中有极好的阐述。文艺复兴时期亚里士多德主义和改革宗神学的关系，可参考 Richard A. Muller，"Reformation，Orthodoxy，'Christian Aristotelianism'，and the Eclecticism of Early Modern Philosophy"，*Nederlands Archief voor Kerkgeschiedenis* 81 (2001)，306 - 325。

[28] 关于布鲁尼，参考 L. Bruni, *The Humanism of Leonardo Bruni：Selected Texts*，ed. and trans.，G. Griffiths et al. (New York：Center for Medieval and Early Renaissance Studies，1987)。

[29] See Ibid.，201 - 212，217 - 229.

[30] 关于彭波那齐，参考 Copenhaver and Schmitt，103 - 112；关于他的灵魂观，参考 Paul Oskar Kristeller，"A New Manuscript Source for Pomponazzi's Theory of the Soul from his Paduan Period"，*Revue internationale de philosophie* 5 (1951)，144 - 157。

[31] 除了 Schmitt 的论文集之外，由 Jill Kraye 编辑的哲学文献也让我们对文艺复兴时期哲学方法的多样性有所了解：*Cambridge Translations of Renaissance Philosophical Texts*，2 vols. (Cambridge：Cambridge University Press，1997)。

[32] 例如，第 83 封信中："我相信，人若被剥夺了对上帝的崇拜，就必定比任何禽兽都不幸。我尚且不谈人如何深深地、无休止地迷恋软弱无助时常病痛的身体。要是没有对神圣的希望，则似乎让我们比禽兽更高的东西即理性探求，就无疑将恰恰让我们比禽兽更不幸，因为它给我们带来的是悔恨过去、恐惧将来、忧虑现在，是作恶的方法和对不尽财物的无厌追求。"见 *The Letters of Marsilio Ficino*，ed. Paul Oskar Kristeller，4 vols (London：Shepheard-Walwyn，1975 — 88)，1：132。

[33] 关于费奇诺，参考 Paul Oskar Kristeller，*The Philosophy of Marsilio Ficino*，trans. V. Conant (New York：Columbia 1964)；以及 Konrad Eisenblicher and Olga Zorzi Pugliese，eds. *Ficino and Renaissance Neoplatonism* (Ottawa：Dove House，1986)。另一个极大地利用神秘思想来构建哲学的人物是 Tommaso Campanella，参考 John M. Headley，*Tommaso Campanella and the Transformation of the World* (Princeton，NJ：Princeton University Press，1997)。

[34] Kristeller，*The Philosophy of Marsilio Ficino*，315 - 316.

［35］关于哥白尼，参考 I. Bernard Cohen，*The Birth of a New Physics*（New York：W. W. Norton and Co.，1985）。由 Edward Rosen 翻译的 *Three Copernican Treatises*（New York：Dove，1959）收集了 Cohen 的三篇论文和一篇带注释的自传。很有影响的科学哲学家托马斯·库恩的阐述颇有意思，参考 Thomas Kuhn，*The Copernican Revolution：Planetary Astronomy in the Development of Western Thought*（Cambridge，MA：Harvard University Press，1957）。

［36］关于伽利略，参考 I. Bernard Cohen，*The Birth of a New Physics*（London：Heinemann，1970）。伽利略为哥白尼作的辩护可见于 Galileo Galilei，*Dialogue concerning the two chief world systems，Ptolemaic and Copernican*，trans. Stillman Drake（Berkeley，CA：University of California Press，1975）。

［37］这封信可见于：http：//www. fordham. edu/halsall/mod/galileo-tuscany. html.

［38］关于文艺复兴时期的政治，参考 Kraye，*Cambridge Translations*，vol. 2；以及 Quentin Skinner，*The Foundations of Modern Political Thought*，2 vols.（Cambridge：Cambridge University Press，1978），尤其是 vol. 1。

［39］关于萨伏那罗拉，参考 D. Weinstein，*Savonarola and Florence*（Princeton，NJ：Princeton University Press，1970）。

［40］萨伏那罗拉的主要政治著作可见于 Savonarola，*Liberty and Tyranny in the Government of Men*，trans. C. M. Flumiani（Albuquerque，NM：American Classical College Press，1976）。

［41］关于马基雅维利，参考 Quentin Skinner，*Machiavelli*（Oxford：Oxford University Press，1981），J. G. A. Pocock，*The Machiavellian Moment：Florentine Political Thought and the Atlantic Republican Tradition*（Princeton，NJ：Princeton University Press，1975）。

［42］Machiavelli，*The Prince and the Discourses*，ed. Max Lerner（New York：The Modern Library，1940）.

［43］"虽然欺骗是最可憎恶的事，但在战争中它是荣誉，值得表扬；指挥官靠着策略胜敌，其荣誉和靠着强力胜敌同等。"同上书，526 页。马基雅维利认为，这类情况的典型例子就是汉尼拔。

［44］Ibid.，528.

［45］Ibid.，537–538.

［46］"故此，明君会设法使臣民在任何条件下总是需要他的统治，这样他们就会总是忠于他。"同上书，39 页。

［47］Ibid.，56.

［48］Ibid.，63–66.

［49］例如，第四章（同上，15–18）对亚历山大得胜之后的政治稳定的讨论，就像是

一个导言，而此后各章就接着讨论当前局势下如何统治安抚被征服各邦。

[50] Ibid. , 536 – 537.

[51] 参考上书最后一章 "Exhortation to liberate Italy from the barbarians"，这是在广泛地呼吁人们起来解放意大利，而结尾是来自彼得拉克的引言，这引言以过去时代的辉煌来激发当今的领袖，放在这里倒是很合适："勇者再次怒狂，/将拿起刀枪；将奋起抵抗！/因为，真的，那古代的荣光，/激荡意大利人心胸的荣光，尚未死亡。"同上书，98 页。

[52] 参考 Skinner, *Reason and Rhetoric in the Philosophy of Hobbes* (Cambridge：Cambridge University Press，1996).

[53] 关于但丁在文艺复兴中被接纳的情况，参考 Deborah Parker, *Commentary and Ideology：Dante in the Renaissance* (Durham，NC：Duke University Press，1993)。《神曲》的推荐译本是 *The Divine Comedy*，trans. C. H. Sisson (Oxford：Oxford University Press，1998)。

[54] 关于文艺复兴艺术家，参考 Giorgio Vasari, *Lives of the Artists*，ed. and trans. Julia Conway Bondanella and Peter E. Bondanella (Oxford：Oxford University Press，1998)；以及 Frederick Hartt, *History of Italian Renaissance Art*，4ᵗʰ ed. rev. David G. Wilkins (London：Thames and Hudson，1994)。

[55] 例如丢勒的作品，参考 T. D. Barlow, *Woodcuts of Albrecht Dürer* (London：Penguin，1948)；关于他的生平，参考 Erwin Panofsky, *The Life and Art of Albrecht Dürer* (Princeton，NJ：Princeton University Press，1971)；以及 Jane Campbell Hutchinson, *Albrecht Dürer：A Biography* (Princeton，NJ：Princeton University Press，1990)。

7

宗教改革：世界观的革命

N·司各特·阿摩司（N. Scott Amos）

16 世纪的宗教改革[1]具有多面性。[2]社会巨变产生了群众性骚动，如德国的农民起义、英国的求恩巡礼事件。西方强权在全球范围殖民，顺利迈出欧洲持续四百五十年之久的世界性统治的第一步。新兴的工业，西班牙帝国新殖民世界带来的贵金属，成就了经济繁荣和中产阶级稳步增长的势力与财富。科学与技术上的发现发明，开拓了"科学时代"，它将在下一个世纪进入全盛。政治上，西班牙的哈布斯堡家族和神圣罗马帝国为一方，法国瓦罗亚王朝为一方，展开巨人之争，标志着民族国家的兴起。此外，突厥人逼近维也纳城墙，让欧洲尝到自中世纪早期以来从未经历过的咫尺之危。

就本章范围而言，宗教改革是宗教上的剧变，因此是世界观上的革命。[3]但要是去看当代对这一显然重要的时期所作的历史叙述，人们却很可能认不出这一事实，这是因为，这一时期在历史中更常见的称呼是"早期现代欧洲"。[4]无需否认当代学术的价值，也无需忽略宗教改革带来的社会、经济、政治的史无前例变化这一显然事实，人们也还是会惊讶地发现："改革"原来在性质上是"宗教"改革。在欧洲的大部分地区，新教改革家的宗教学说带来了无可挽回的改变；而对接受这些学说的人而言，变革就包括世界观的改变。如果我们仅从深度和速度来衡量变化，那么，

16 世纪的欧洲在世界观上经历的改变，也许比历史上任何时期都更合乎一般意义上的"革命"一词。

论到世界观话题，宗教改革是宗教上的革命，其领袖人物的著述视角明确地以上帝为中心。改教家将上帝的权柄、威严、神圣和人的软弱、有罪相对照。由此，他们特别反对文艺复兴更多地属于人类中心主义的取向，反对其对人类能力的高度乐观（例如："人是万物的尺度"）。虽然和中世纪视角的反差不是那么明显，但改教家仍然拒绝中世纪平衡理性与启示，在人与上帝之间做的综合。[5]中世纪综合虽说在形式上是上帝中心论，但在某些方面，改教家认为，它是妥协了的上帝中心论，倾向于比较人类中心论式地理解世界。[6]

改教家的上帝中心取向使他们在生活的各个领域都首先寻求上帝的旨意。除了极端的例外，这意味着回到圣经。改教家对圣经的共同强调，使我们可以谈论"宗教改革世界观"，因为，除了这一强调之外，我们是找不到其他共同性的：组成宗教改革运动的个人与流派可说是千差万别。圣经的中心性贯穿宗教改革的各方面，决定性地形成改教家的这一信念：生活的全部方面都有宗教维度。无论是在路德派、重洗派、改革宗，甚至是（在较小程度上）天主教那里，宗教改革总体而言都见证了这一努力：齐心协力使圣经以早期教会以来从未有过的方式成为生活各个方面的权威。许多派别的基督徒开始有意识地在生活的各个方面运用圣经，并由此得到一种"世界观"。就此而言，荣冠当属宗教改革中的改革宗。路德派，尤其是马丁·路德本人，当然发展了一种基于圣经的世界观。实际上，路德清楚地认识到圣经与古典世界有着互为反对的关系，尤其是在信仰问题上更是如此。重洗派也发展出对世界的明确理解，这种理解要求与过去决裂，与身边的世界决裂，要求将圣经统一地贯彻到生活的各个方面。然而，就发展一种完全成熟的基督教文化观、政治秩序观以及教会与国家的关系观而言，约翰·加尔文等改革宗新教徒对圣经世界观的贯彻与应用可说最为广泛。

这一章将选择性地探讨宗教改革时期在世界观方面发生的关键性革命因素。路德派的最好代表是马丁·路德，并且他对改革起的作用之大，足以引起我们的主要关注。重洗派太过分散，无法由某个人代表，我们将通过一份早期的信纲（《施莱塞穆信条》）来考察其主要信念。改革宗信徒的最好代表是约翰·加尔文。在这三派中，我们讨论的首要问题都是认识

208

论、神学与人学，而这些都是世界观的核心部分。此外，我们还会考察宗教改革的世界观如何影响文化，尤其是如何影响教会与社会。然后，我们考察宗教改革世界观在文学艺术上带来的总的变化。最后，我们还将看看天主教改革在何种程度上有着世界观上的改变。

宗教改革的背景

引起宗教改革的理智因素是史家激烈辩论的主题，在此我们不打算涉及。[7] 不过，讨论作为一种世界观革命的宗教改革，必须从其发动者对圣经的深切关注开始。这一关注和此前世代中的教会做法截然有别。它来自精英阶层以及广大民众（尤其是市民）对当时基督教教义与实践的日益不满。这一不满又来自中世纪盛期的两个关键做法：企图综合希腊哲学和圣经教导；企图以哲学学理来补充圣经权威，并且这一补充最后在某种程度上成了替代。

对希腊哲学的重要部分尤其是亚里士多德哲学著作的再发现，以及在这些哲学和圣经思想之间所作的综合，造就了中世纪的至高理智成果。[8] 在这一综合企图中，戮力最甚的莫过于托马斯·阿奎那，其宏大著作《神学大全》是中世纪经院哲学的典范。[9] 阿奎那试图调和被认为存在于希腊世界观与圣经世界观之间的紧张关系。阿奎那的基本信念就是：真理都属上帝；所以他相信，综合是可能的，相信即便是异教徒如亚里士多德也在相当程度上明白真理。阿奎那相信，亚里士多德出错的地方，他可以根据圣经来修正，光靠思辨洞察不到的神圣之处，圣经可以补缺。

到中世纪晚期时，已经很清楚：试图将希腊与圣经世界观的不同因素相综合，产生了经院思想中的紧张重负。新的哲学运动如奥卡姆的威廉的唯名论，追随约翰·邓斯·司各脱的道路，挑战托马斯的理性与信仰之综合。晚期中世纪的理智冲突之种，就埋在阿奎那的综合努力中。[10]

此外，15 世纪晚期至 16 世纪早期，越来越多的学者意识到，无论在神学还是在对基督徒生活的思考和对世界观的讨论中，圣经都已经失去了独有的权威地位。中世纪神学家相信，圣经是他们一切行为的中心[11]，认为自己不过是在解释圣经教训、活用圣经教训。但是，12 世纪以降，在圣经研究与神学研究之间出现了学科性分离。[12] 起初，神学研究还建立在圣经解释的基础上，致力于解决疑难的释经问题。渐渐地，对这些问题的关注成了目的本身。神学的焦点从圣经转向问题论辩，产生了一种新的文体即"问题文"。[13]

这类文体最著名的著作就是彼得·伦巴德的《语录》和托马斯·阿奎那的《神学大全》。伦巴德的《语录》和圣经并列，成为中世纪神学教育的核心教材。[14]当学者发展出这一神学方法后，就越来越求助于人的著述而非圣经来回答原本从圣经研究中引出的问题。随着问题被引向不是由圣经而是由希腊哲学导致的精微论题，神学变得越来越思辨。神学现在明显地显得"高深"，在变得愈加思辨的同时，也愈加远离圣经文本，远离教会生活，远离基督徒的日常生活。稍稍浏览一下晚期中世纪的领头神学家如约翰·邓斯·司各脱、威廉·奥卡姆、加百列·比尔的著述，就能发现：他们既不注释圣经，也不将神学内容建立在圣经文本上。因此，虽然他们有意以圣经来发展神学，但由理性而来的系统化思辨却取代了对圣经的密切关注。

就在宗教改革之前，北欧文艺复兴的圣经人文主义者对中世纪综合以及由此而来的无论在神学中还是在基督徒生活中圣经都被削弱的状况，做了严厉批判。[15]这些圣经人文主义者和意大利的世俗人文主义者一样，都呼吁回到古典源头（归结起来就是这一口号："*Ad fontes*"——"回到本源"）。于圣经人文主义者而言，这意味着基督教古典之源——原文（希伯来语、希腊语）圣经；拉丁教父希腊教父的著述，尤其是其中的奥古斯丁，但也包括哲罗姆、安波罗修、克里索斯托的著述。

最伟大最具影响力的圣经人文主义者，是鹿特丹的伊拉斯谟。[16]伊拉斯谟和改教家尤其是路德，在许多基本问题上的观点都有本质上的不同。例如，他对人性的看法就乐观得多。另外，伊拉斯谟遗憾自己被许多改教家当成理智的保护人。不过，伊拉斯谟著名的《新约圣经》，作为希腊文新约的一个鉴别性版本，并带有全新的拉丁文翻译和鉴别性注解，却为宗教改革做出了实实在在的贡献。伊拉斯谟强烈主张，应当重新以圣经为中心，实践神学应当以之为取向。他亦明确批评经院主义企图光靠理性思辨来建立理智体系。在这两方面，他激发了首批改教家（尤其是那些在改教传统中有着重要位置的改教家）专注圣经研究，由此发展出以圣经为根基的神学。

211

马丁·路德

在宗教改革诸起因中，马丁·路德（Martin Luther，1483—1546）[17]对"我当怎样行，才可以得救？"一问的回答，是最大的。有意思的是，为瓦解中世纪综合贡献最大的路德，正是他所拒斥的体系的产物；[18]在路德的生涯中，他不断表现出自己所受经院训练的特征。有一段时间，路德的立场似乎和圣经人文主义者包括伊拉斯谟一致，但他们之间有着基本差异，共同点只是表面的、偶然的，不是实际的、有意的。

路德之所以离弃中世纪思想，是因为他的解经，而不是因为他"从事神学"。路德从未建立一个神学体系。实际上，作为大学里的圣经教授，212 他发展起一种神学性的思考方法，这种方法使得对圣经真理的解释与运用成为他一生工作的基础。[19]终其一生，讲解圣经宣传圣经是他日常生活的基本内容。在1512到1521年间讲解圣经的过程中，路德形成了对中世纪综合所作批评的基本点，得出自己的"改革发现"。他之"朝往"沃尔姆斯帝国会议[20]，以及他和当时世俗的以及教界的强权之戏剧性对抗，都应当从他对以下圣经书卷的讲解来理解：《创世记》（1512）、《诗篇》（1513—1515）、《罗马书》（1515—1516）、《加拉太书》（1516—1517）、《希伯来书》（1517—1518）、再度讲解《诗篇》（1518—1521）。路德的著述有好些出于对圣经的精深研究，并且是面向普通读者群的，尤其是其中的1520年"改革三论"：《致德意志基督教贵族书》、《教会被掳巴比伦》（或《异教奴役教会》）和《基督徒的自由》。[21]这些都不是严格意义上的解经著作，但它们都牢牢地建立在解经之上，是路德数年来解经研经的实践成果。

路德持守圣经的权威并不意味着他拒绝教会过去的一切教导。虽然他很清楚自己的神学教导和经院做法之间有天壤之别，路德十分珍视教父尤其是奥古斯丁的教导，但他是否会引用教父包括奥古斯丁的著作取决于他们的教导是否以圣经为基础。

如果任何圣教父能表明，他的解释基于圣经，并且圣经也证明它应当如此被解释，那这一解释就是对的。但如果不是这样，我不会相信他。[22]

这样，路德就在圣经旁为传统留了一个有用位置，但他强调的显然是前者的优先性。[23]

因此，在世界观上赖以理解路德以及整个宗教改革的基点就是信义宗教改革三要点的第一点：唯独圣经（*sola Scriptura*）或所谓"圣经原则"。路德深信圣经对基督徒生活有核心重要性，为此他将圣经译成了德语。虽然路德并未就圣经论撰写专文，但他完全求助圣经，以之为生活和教义的源泉与最后权威，且由此而形成自己的一切文字。"唯独圣经"故而居于路德世界观核心因素（认识论、神学、人学）的根基处，同时也是这一世界观对教会以及社会产生广泛影响的根本所在。

213

认识论

对于"我们如何能认识？"这一核心认识论问题，中世纪的回答是："通过理性和启示"。亚里士多德哲学给出理性权威，圣经给出启示基础。路德在这个框架内成为神学家，但当他在 16 世纪开始的十年里日益沉浸于圣经中时，他拒斥了第一条道路也就是理性。

实际上，路德认识论中最激进的观点有其神学研究背景。路德猛烈抨击亚里士多德，主要原因在于经院神学把他和人类理性放在了太高的位置，同时，路德对这个斯塔吉亚人也并不抱什么好感。[24]

> 说没有亚里士多德就做不了神学家，这是错误的（恰和流行看法相反）。事实乃是，人除非远离亚里士多德，否则就做不了神学家。简言之，全部的亚里士多德和神学研究比起来，不过是黑暗之于光亮（恰和经院神学家的看法相反）。[25]

路德这番话的矛头所向，正是以亚里士多德方法为手段进行系统性神学研究的同时代人。

路德不以亚里士多德著述为神学研究的开端，他有力地为圣经申辩，指出它在我们理解上帝的努力中当居首位，这是因为上帝已经在圣经中启示了自己。所有的神学知识都应来自上帝的启示，而不是来自独立的人类理性。不过，路德还是为理性在神学中留了一个位置，这一点在他 1521 年 4 月 18 日沃尔姆斯会议上的著名声明中最为明显：

> 唯有圣经的见证或清晰的理性能说服我，我既不盲信教皇也不盲
> 信公会，因为谁都知道，他们常常犯错，自相矛盾；我只顺从所引的
> 圣经，我的良心只向上帝的道屈服。我不能也不会收回任何话，因为
> 违背良心，这既不保险，也不正当。我不会走第二条路，这就是我的
> 立场，愿上帝帮助我，阿们。[26]

不过，应当注意：路德的良心最终是由圣经而非理性约束的。在路德看来，理性的位置是为圣经服务的宣道者，而非掌管圣经的主宰者。虽然路德的天主教对手在理论上有同样的主张，但路德对圣经优先性的顽强坚持，击中了他们的中世纪综合**实践**之根。

路德强调圣经作为知识的基础具有优先性，这对他的认识论尤其是神学产生了深远影响。

> 在俗世的、与人相关的事情上，人的理性是够用的……：这里他
> 不需要理性之外的其他光明。因此，上帝在圣经里并不教我们如何修
> 房子、做衣服、嫁娶、作战、航海等等。因为在这些事情上自然之光
> 是够用的。[27]

关乎日常事务，路德是保守的，对理性获取知识的功能是满足的。

神学和人学

路德在认识论上将圣经抬到至高地位，由此引发神学实践上的革命。路德并不求助亚里士多德哲学从事神学，他求助圣经教训。路德拒斥经院神学的思辨道路，它仅仅把上帝当做一个概念——第一推动者或必然存在，而这两个概念都是亚里士多德哲学的范畴。路德相信，以这种方式谈论上帝，只是让上帝变得非位格化，变得彻底陌生，这样的上帝观完全背离了圣经的上帝观：上帝是圣父，差遣他的爱子耶稣基督死在十字架上。[28]

与此类似，路德由精研圣经而得出革命性的救恩观。他通过研究保罗书信尤其是《罗马书》得出的教义表达为另外两个改革口号："唯独信心"（sola fide）、"唯独恩典"（sola Gratia）。这两个口号回答人如何能在上帝面前称义——"我当怎样行，才可以得救？"路德的回答颠覆了中世纪对救恩的理解，这种理解强调善功在救恩中的作用。对路德而言，《罗马书》1：17是关键经文。晚年的路德描述了他理解这节经文的那一刻（具

体是在哪一日，史家颇有争论），并反思了哪些事件引起他和罗马决裂：

> 最后，因着上帝的怜悯，在日夜思想之后，我注意到这些上下文，就是："因为上帝的义正是在这福音上显明出来；……如经上所记：'义人必因信得生'"。在这里，我明白了：上帝的义就是：正是因着上帝的义，义人藉着上帝的恩典也就是藉着信心，得以存活。这里的意思就是：上帝的义正如福音所启示的，是被动的义，上帝以这义让我们因信称义，正如圣经所记："义人必因信得生"。在这里，我感到自己被完全重生，感到自己通过敞开的大门，进入天国。[29]

正如此处预示而以后又详述的那样（最有力精当的阐述是《基督徒的自由》[30]），基督徒的得救不是靠善功（而中世纪教会以这种那种方式流行的教导正是靠善功），只是因着对基督的信心：基督在十字架上舍命，为所有信的人做了赎罪祭（这就是路德所指的福音）。信徒因着信领受了基督的义，就是由父上帝归于他们的义，他们的罪由此得赦免。最后，信心行为只是由恩典来的，是上帝的恩赐。

与这一重新恢复的圣经救赎观紧密相连，路德重又发现了圣经的（和奥古斯丁的）人论。众所周知，奥古斯丁对堕落之后的人具有的能力持悲观态度。他坚持罪的力量已经如此彻底地渗透到人性中，以致人无法获得上帝的悦纳；这个观点在他与帕拉纠的论争中尤为清晰。[31] 虽然中世纪神学家极为尊敬奥古斯丁，在形式上也拒斥帕拉纠主义，但到中世纪晚期时，某种程度的半帕拉纠主义盛行起来，圣经以及奥古斯丁对罪性之力量的教导变得模糊。这一过程始于托马斯·阿奎那（虽然在他以前就已有酝酿），因为他相信通过处于恩典状态时的行善功，人就能助力于获得救赎。因而，这一教导所包含的人性观要比奥古斯丁乐观得多。晚期中世纪神学家不否认上帝的恩典是救赎的必要条件，但同时相信人可以赚得"半功"，它使上帝不得不以可赞的有效恩典回报人。这一观念的体现就是这种说法："行出自己内在之份的人，上帝不会不给他恩典"。[32]

在 1518 年 4 月的海德堡论辩第 16 条中，路德断然拒绝此种观点："如果有人认为自己可以通过行出'自己的内在之份'来达到恩典状态，那他只不过是在罪上添罪罢了，得到的只是双倍的罪。"[33] 路德反对中世纪晚期的这点教导，认为它抹杀了圣经关于罪之力量的教训，对人性的态度过于乐观，扭曲了对救赎的正当理解。路德的这些思想同样出自对圣经教导

216

尤其是保罗《罗马书》的聆听。在 1515—1516 年演讲中的一篇对《罗马书》5：4 的附带讨论中，路德提出，人性的基本问题就是原罪。

> 因着原罪，我们的本性在最深处都是扭曲为己的，它不仅将上帝最美好的恩典都扭向自己，为的是可以享用它们（如道德主义者、假冒为善者就是这样），而且，更有甚者，它为了得到它们而"利用"上帝，并且还毫不知觉：自己是在以邪恶的、扭曲的、有罪的方式，寻求包括上帝在内的一切，却只是为了满足它自己。[34]

路德的著述表明他对罪的力量有着高度敏感，深知它如何奴役一切被它掳去的人。他对罪的具深度与广度的理解，极大地丰富了由对保罗教导的再发现而来的生机活力，这一教导关乎称义、恩典与信心，而恰是借着信心，信徒得以从罪的权柄下被释放。路德也正是以这一理解为前提，断然拒斥伊拉斯谟对保罗人学提出的挑战。

自路德成为天主教的敌手以来，保守派就催促伊拉斯谟以论辩来反对德国的改教家（部分也是因为有人怀疑他对路德抱有同情）。推托数年之后，伊拉斯谟最终加入阵线讨伐路德，于 1524 年出版了《论自由意志》。[35] 伊拉斯谟的论辩实质而言就是：既然圣经在这一问题上并不清楚（这一点激怒了路德，他坚持圣经是清晰透彻的），那就必须由理性和经验来做决定。伊拉斯谟说，人在做决定，这一点是自明的，并且，既然圣经命令人在善恶之间作出**选择**，所以他们**必然**有选择的能力。这样，意志虽然被堕落损害，但仍有自由选择接受或拒绝必要的救赎恩典。简言之，伊拉斯谟的理由是：义务包含了能力，"应当"预设了"能够"。

路德 1525 年 12 月以《论意志的捆绑》[36] 一文回应，对伊拉斯谟作了不留情面的彻底批判，由此更可看出他的世界观具有何等革命性，它带来的不仅是宗教改革与中世纪综合之间的差异，也是宗教改革与文艺复兴之间的差异。某种程度上，路德的人类意志观和他的理性观类似：关乎和道德宗教议题无关的俗世事务，路德同意人类意志能发挥作用，能自由作选择，一如理性在俗世事务上足够管用。

> 只是就那些在人类之下而非之上的东西而言，人才有选择的自由。这就是说，人应当知道，关乎他的官能和财物，他有权利或使用或不使用，全凭自己的自由选择，尽管如此，这一选择本身也是由随己意行作万事的上帝的自由选择所控制的。[37]

但是，关乎宗教，人类意志单凭自己就并非自由的，而是处于被捆绑状态，是夹在上帝与撒旦，善与恶的宇宙之争中。

> 另一方面，就与上帝的关系，或者与救赎或咒诅相关的事而言，人没有自由选择，而是一个俘虏，要么由上帝的意志役使，要么由撒旦的意志役使。[38]

路德引用圣经，来回应伊拉斯谟为了支持自己的立场而引用的许多文本。奥古斯丁笔下的意志夹在上帝与撒旦之间，这一观点对路德的影响清晰可见。事实上，路德为了阐明这一问题，就引用了一个奥古斯丁所用的比喻。

> 这样，人的意志就像一头兽一样，夹在两者 [上帝与撒旦] 之间。上帝驾驭它时，它就意愿和朝向上帝所意愿之处……撒旦驾驭它时，它就意愿和朝向撒旦所意愿之处；它不能自己选择投靠这方还是那方，也不能为自己找到第三条路，而是两个驾驭者自己为了控制、拥有它而彼此相争。[39]

路德在《论意志的捆绑》中的首要关注所在，是确立上帝恩典之于救恩而言的绝对必要性，包括恩典之于信徒能够拥有信心而言的必要性。因此，路德强调离开上帝恩典的人的罪性。

218

> 当人没有上帝的灵时，他不是违背自己的意志去作恶，好像是被枷锁强制着去作恶一样。……他作恶事是出于自己的意愿，乐意去作。……没有上帝恩典的自由选择根本不是自由的，而总是恶的俘虏与奴隶，因为它并不能自己转向善。[40]

人的意志本性上完全没有能力在善恶之间做选择，去接受或拒绝必要的救赎恩典。简言之，路德的主张是，义务并不意味能力，"应当"并不包含"能够"。

由于人在本性上是恶的，因着原罪，人自愿选择所行的恶；只是借着上帝的恩典，人才能在信仰的事情上选择善。路德的教导重新恢复了奥古斯丁的（但首先是圣经的）人论，坚决地拒斥了中世纪晚期和文艺复兴的思想路线。

教会与社会

路德的圣经世界观实际而直接地影响了教会。路德无意"建立"一个新教会。实际上，他希望改革自己生于其中的教会，并相信自己一直属于这个教会。他的两篇"改教论文"表达了他的教会论的几个重要方面。路德对教会的理解是极端的，因为他坚持教会的基础是圣经，是圣经维护了教会的权威，而不是相反，如天主教会主张的，教会维护了圣经的权威。圣经的优先性在此同样是路德教义的基础。

在《致德意志基督教贵族书》[41]里，路德直接攻击建制教会所作的这一声明——它是自我独立的王国。路德在文中呼吁德国贵族改革教会，因为教会已经明白地拒绝自我改革。路德指出并攻击教会为了防止外来干预而建立的三道"墙"。他所否认的第一道"墙"是祭司与平信徒的划分，这一划分出现于中世纪，使祭司在教会内有至高地位。[42]路德针锋相对，提出"信徒皆祭司"：根据圣经（彼前 2：9），**所有**信徒都是祭司，大祭司只有一位，就是耶稣基督。基督徒都能直接来到基督面前，无需中间阶层的代求。祭司职分包括服侍他人，信徒在这个意义上都是其他信徒的祭司。一个人是做不了基督徒的。路德既肯定基督徒的个体性的合理所在，也指出教会是一个共同体，是圣徒之间的相通，也就是说，是所有信徒（无论他是平信徒还是神职人员）的联合体。路德和奥古斯丁一样，主张有形教会是一个混合体，其中有真信徒，也有假信徒，路德派和加尔文派正是依据这点反对重洗派。

路德攻击的第二道"墙"是教会所声称的教会（尤其是教皇）有单独的、最终的圣经解释权。[43]路德声称，信徒都有权自己阅读和解释圣经，有权拒绝**盲目**接受教会教导，由此，平信徒（尤其是统治者）拥有实力和权威进行必要改革。罗马的第三道"墙"声称唯有作为教会之首的教皇才能召开公会议对教会进行改革；这一声明从前面两道"墙"得到支撑，是路德论文的直接攻击对象。[44]路德吁求德国贵族召开这样的公会议。简言之，路德挑战教会的这一声称：它在体制上和社会其他部分相分相离，自我独立，这种独立就表达在教会的教皇观和祭司观中。而路德的主张是，教会是一个包括所有信徒在内的身体，每个信徒都有份于教会在世界中的工作。

路德的革命性教会观也表达在《教会被掳巴比伦》之中[45]，文中他以圣经为据对圣礼制度作了毁灭性批判，将圣礼从七个减为三个（再后来又减至两个，即洗礼与圣餐礼），除去了坚振礼、婚礼、圣职礼、临终涂油礼（再后来又除去告解礼）。这一做法具有革命性意义，因为中世纪祭司阶层的力量正来自圣礼神学：唯有祭司能通过圣礼传递恩典。祭司层由以和平信徒相区分并占据独特地位的支柱被路德的批判砍掉了。

路德将世界观转至以圣经为据，由此产生的后果深入到更广的文化领域中。路德对社会的思考基于他的两个王国之分，这种二元论在他的认识论和人论中表现为精神世界与俗世世界的区分，并且他都是把圣经的世界观更多地用于前一个领域。这种二元论在路德的国家观里同样明显，在此我们可以看到上帝之国与属世之国（撒旦之国）之间深刻而基本的对立。最终而言，路德的二元论妨碍了他将圣经世界观彻底地运用于生活的全部领域。

路德和加尔文一样是"宪制"改教家；因着世俗权势（地方官员）的合作与庇护，他得以推进改革，这在他的《致德意志基督教贵族书》里可以看到。就此而言，他和天主教会不同，因为后者声称自己独立于任何其他权力。信义宗教改革的"宪制"特点反映了他对教会与国家之关系的理解。[46]

路德的"两个王国"国家观基于对《罗马书》13 章和《彼得前书》2：13—14 的解释，也基于奥古斯丁上帝之城与世俗之城的区分。

> 我们必须将亚当的后裔分成两类；第一类属于上帝的国度，第二类属于世界的国度。属于上帝之国的人是基督的真信徒，顺服基督。……非基督徒都属世界之国，在律法之下。……因此之故，上帝命定两种政府；一是属灵的，它在基督治下，藉着圣灵，造就虔信者，造就基督徒；一是属世的，它辖制作恶的非基督徒，使他们不得不顺从外在和平，哪怕是不情愿。[47]

这样，国家的作用虽然重要但也只是消极性的。路德认为，上帝命定国家是为了辖制罪恶，维护秩序与和平。上帝借着国家实现自己的意志，但方式是隐秘的；而在上帝之国里，上帝的工作方式是显明的。这样，路德拒绝任何叛乱国家的企图，哪怕统治者是个独裁者，虽然他同时也主张基督徒不应当顺从独裁者让人犯罪的命令。因此，路德猛烈地谴责农民起义，虽然他同情农民的处境，也知道他们为什么会揭竿而起。[48]

路德相信基督徒不需要属世政府，并且，如果人都成了基督徒的话，这类政府实际上就无必要，但他仍坚持：基督徒应当顺从统治者。[49]此外，他主张虽然国家不是教会机构，但基督徒不应像重洗派那样逃避它，而是可以并且应当参与其中，因为上帝命定了它。[50]不过，路德没有论述"基督徒地方官员"的概念。

路德对两个国度、两种政府的理解，自然引发我们思考教会与国家的关系。路德在这一问题上的立场既不同于重洗派也不同于罗马天主教。我们已提到，重洗派的立场是回避世界，不和政府打交道，稍后我们还要再论述他们。至于天主教，路德拒斥他所说的中世纪教会的狂妄，这种狂妄主张教皇（因而教会）至少在理论上而言有着最高的社会权柄，可以正当地干预政府事务，在世俗事务上一般而言也有裁决权。在路德看来，这两者不可混淆，其中之一不可凌驾另一之上。

> 这两个王国应当清楚地分开，应当允许它们各自存在；其一产生虔敬，另一产生外在和平，制止恶行；在世上，任何一方没有另一方都是不够的。[51]

路德认为，上帝使用这两种机构来达到他在世界上的目的。教会指引内在的人，国家治理外在的人。路德坚持，两种政府不应当混淆，教会的权柄与政府的权柄应当分开。但这两种政府的关系应当是合作而非对立。教会教导对国家的顺从，国家保护教会使其能正常工作。

但实际而言，路德的表达更多的是在两种政府之间作区分，而模糊了它们在上帝之下的基本合一。这在实践上引起的后果就是使基督徒并不积极于改革政府机构，这就相应地损害了路德的这一希望：让属世治理更完全地顺应基督之国的治理。[52]

总结起来，路德坚决地实质性地离弃了中世纪一方面在理性与启示之间，另一方面在圣经与哲学之间做的综合。路德比任何其他改教家都更有力地推动了回到圣经的转向：以圣经为神学的至高权威和我们的上帝观世界观的至高权威。但我们看到，路德的圣经世界观尚不全面。他思想中的二元论，也就是属世之国与属灵之国，世界之国与上帝之国之间的分野，导致了这种不全面。路德意图将上帝的活动与主权限制在后一领域，由此，路德至少是在实际上（如果说不是在理论上）把全面性的圣经世界观对生活的全部方面所能有的影响缩减到了最小范围。

重洗派传统

宗教改革时期针对 16 世纪初的现状而开展的另一重要抗争运动就是重洗派。"重洗派"一词的使用纯属方便，因为它所涵括的运动十分多面，无法给予方便概括。"重洗派"一词常用来替代"极端改革派"，而这个词其实更准确地概括了路德加尔文的宪制宗教改革之外的各个边缘宗派现象。[53] 在重洗派中，门诺·西门（Menno Simons，1496—1561）[54] 的重要性与影响力相当于路德与加尔文在他们各自派别中的重要性与影响力，但不像他们两人那样在各自派别中具有威权。如前所述，我们将以《施莱塞穆信条》（而不是门诺或其他某个重洗派人物）作为重洗派的信仰表达。[55]

重洗派和所有新教徒同有某些重要关注。[56] 他们谈论对基督和基督工作的信靠；拒绝天主教的教会观，包括独立的祭司阶层是上帝与信徒之间的中保这一观念；并且，最重要地，他们也坚持**唯独圣经**。路德及加尔文并不认为**唯独圣经**就排斥了教会的整个释经传统，但重洗派排斥。换句话说，重洗派读经时不依赖以前时代的基督徒的解读成果。他们对圣经的委身是圣经主义的——是很字面化的"只有圣经"（*nuda Scriptura*）。这常常（虽然并非总是如此）引起严重的教义问题。例如，重洗派中的某些宗别就不提"三位一体"，因为这个词本身并不见于圣经。还有一个不是那么引起非议的地方，就是重洗派的圣经主义使他们拒绝婴儿洗，因为这种做法在圣经中没有明显例证。[57]

重洗派世界观的首要焦点就是对教会的独特理解。宪制改教家对**现有**教会作**改革**，纠正其教义和实践偏差，由此承认：他们生于其中的教会和早期教会之间有着连续性，这种连续性持续了十数世纪。重洗派试图重建或重组原初的、圣经的基督教；他们不认为教会有历史连续性。因此，他们对制度化的天主教会的拒绝更为彻底。[58] 重洗派企图通过严格解读与运用圣经来恢复已经失去的东西。他们将教会的覆亡归为君士坦丁对教会的合法化，因为教会就是由此被确立为国家教会，由此和社会成了一体。[59]

1527 年的《施莱塞穆信条》历数了真教会的确切特点，确立了重洗派希望恢复的标准。他们的教会论有以下几点。首先，教会只由经历悔改或重生的诚挚基督徒组成。重洗派将成员控制在受了"信徒洗礼"的成年人中。

> 洗礼应当施予所有知道悔改，知道生命更新的人，以及真的**相信**他们的罪被基督除去的人，以及所有那些行走在耶稣基督的复活中的人。[60]

这样，重洗派教会的成员资格是自愿的，这一运动肯定每一教会的自主性。

其次，教会从周围世界中完全分离出来，组成一个所谓"召聚的"社会。

> 应当和撒旦在世界里种下的罪恶与邪荡分离开来；就此而言，无论如何都不应当和他们（罪恶之人）来往，不应当追随他们，行他们诸般的可憎之事。[61]

> 凡不是和我们的上帝，和基督联合之事，都不过是可憎之事，是我们当逃离躲避的。这指的是一切天主教的或新教的著作、教会仪式、集会，教堂礼拜、酒屋、政府事务、出于疑惑而起的誓以及这类的其他事情，这一切……和上帝的命令都是敌对的。[62]

224

这样，教会是圣徒的社群，他们照着登山宝训，为达到今生的完全而一同努力。重洗派认为宝训所教导的伦理应当按照字面意思理解，而且不是如天主教所说的那样，只是对修士的要求。

重洗派对广义的文化——"世界"，持否定态度，认为那是无可救药地堕落了的。他们拒不相信教会与社会可以共处，除非社会里只有悔改了的人。

> 因为，实实在在地，所有被造物都属于两类之一：或善或恶，或信或不信，或光明或黑暗，或属于世界或不属于世界，上帝的殿或偶像，基督或彼列；没有谁能够两边有份。[63]

> 主并且告诫我们远离巴比伦，远离属世埃及，为的是不致有份于他要倒在其上的哀哭痛苦。[64]

就广义的文化是否有可能经历救赎，重洗派的态度是悲观的，但他们却对被召聚教会持乐观态度[65]，这种态度可见于他们的预设：真教会的成员可以在今生达到道德完善。

重洗派意识到，他们的成员里有人会堕入严重的罪。教会纪律，包括革除教籍（即开除当事人的被召聚教会成员资格），是用以保持整个社群纯洁性的手段。

> 所有那些已经将自己献给主，要按他的命令去行，并且已在洗礼中归入基督的身体，被称为弟兄姊妹，但却因着心不在焉的疏忽，不时跌倒，陷入迷失与罪里面的人，都要被革除教籍。[66]

不过，革除教籍的后果最多只是开除。而革除教籍在中世纪天主教会包括了死刑，在宪制改教那里包括了任何其他民事性处罚。重洗派不像天主教会以及某些宪制改教家那样，将教会与社会等同。在重洗派对手那里，被教会开除不只是意味着不能进入教堂，还意味着不能进入社会，因为这两者不过是同一实体的不同称呼罢了。

第三，重洗派主张教会与国家，教会与社会的完全分离，因为他们相信：上帝为得救的人预备了教会，为罪人预备了国家。

> 上帝在基督的完全之外，还命定了刀剑。刀剑惩罚处死恶人，保护守卫善人。[67]

重洗派相信，政府于世界而言是必要的，但于教会没有什么实际作用。[68]重洗派否认两者之间有什么重合之处。这表现为两个方面。一方面，重洗派相信，掌权者不应插手真教会的事务。重洗派没有基督教权势的观念；[69]他们认为世俗官员之卷入教会事务，乃是君士坦丁皈依的恶果。重洗派相信教会与国家的完全分离，所以国家不可强迫信仰；重洗派强烈赞成宗教自由、良心自由。[70]

另一方面，按照重洗派的信念，信徒应当从世界中分离出来，不应卷入国家事务。[71]由于国家是为罪人存在的，它也应当只由罪人管理。重洗派是严格的和平主义者，拒绝为了自卫或服役的缘故使用武器。[72]他们愿意为了所有这些信念而承受逼迫，并相信这些逼迫证明他们就是重新恢复的新约教会。

重洗派与宪制改教家之间的世界观差异是显然的。考虑到路德在上帝之国与属世之国之间做的区分，人们或许会以为他和重洗派在这个问题上的立场有相连之处。但更确切地说是有类似而不是任何相连。作为宪制改教家，路德和加尔文在这些问题上坚决反对重洗派。[73]出于同样原因，重洗派也一样反对宪制宗教改革。由于他们极为强调伦理，重洗派抨击主要的改教家们所领导的改教运动没有在追随者的生命中产生什么变化。按照重洗派的看法，维腾堡、日内瓦、苏黎世的信徒所过的生活和宗教改革之前所过的生活没有什么引人注目的改变。宪制改教家的回应是，重洗派有罪，罪在依凭修道主义的完全观念，靠善功而非信心赢得救赎。重洗派则回答，他们把善功理解为救赎后果的显明，而非救赎的原因或前提。

重洗派的诸般特色中，让宪制改教家最感烦难的，就是其教会与社会（尤其是国家）的关系观。重洗派与改革宗的世界观分野在此最为明晰。虽然宪制改教家主张教会与国家在功能上不同，但他们相信，哪怕社会中尚有许多不信者，教会与也应当与社会联合。路德和加尔文追随奥古斯丁，意识到有形教会是一个混合体，由真假信徒同时组成，而如果坚持教会只能由圣徒组成，就只是在希求某种既不可能也不见于圣经的事。虽然宪制改教家主张教会与国家不同，但这种不同不是重洗派所主张的绝对的不同。正如通名"权势"一词表明的，加尔文和路德相信教会与国家应当合作，因为上帝为了人们今生的福利而设立了这两者。两个机构的合作给世界带来和平稳定，证明它们都是由同一位上帝同一位主而来的工具。因此，重洗派的信条被视为对社会基本结构的主要威胁。这一点在极端重洗派于 1535 年占领明斯特城且以无政府主义的混乱收场时被证实。[74]

重洗派和路德一样信守圣经对于基督徒生活具有权威。他们构成了更广范围的宗教改革运动之一部分，加速了与中世纪观念的决裂。由于重洗派运动的主要带领者都是普通人而非路德和加尔文那样的学者或神学家，并且其焦点所在是地方教会，因此它使圣经世界观渗透到更广地域。但重洗派和路德之间有着深刻不同，哪怕是在看起来相类似的地方（如：将世界分为两个王国，在教会与国家之间进行清楚区分），也是根本上不同的。重洗派实践上的派别主义加深了这些不同。而他们对世界的离弃态度使得圣经世界观只能有限地在他们自己招聚的社群之内发生作用。

约翰·加尔文和改革宗传统

约翰·加尔文（John Calvin，1509—1564）是改教家里的第二代人，在前辈的成就上推进工作。[75] 就此而言，和第一代改教家如路德比起来，加尔文与中世纪综合的决裂显得不是那么有革命意义；他更多地是巩固提升已有成就。不过，加尔文有他自己的显著贡献，最明显的就是打造了一个全面的无所不包的世界观。

加尔文虽然在神学上继承路德，但他的教义形成路线和路德不同，这是因为他更彻底地贯彻了"唯独圣经"的宗教改革原则。加尔文不是改革宗的发起人，该宗亦有许多其他重要奠基者如乌尔里希·茨温利（Ulrich Zwingli，1484—1531）、马丁·布塞（Martin Bucer，1491—1551）、海因里希·布林格（Heinrich Bullinger，1504—1575）、西奥多·贝扎（Theodore Beza，1519—1605）等等，但他对改革宗影响之深刻透彻，令学者将该宗称为加尔文宗。加尔文的教导决定性地造就了改革宗的教义与世界观。特别是在早期，改革宗和信义宗之间有一些不和，并且加尔文与好些路德门徒也有争辩，但加尔文对路德是深为尊重的。[76]

加尔文的早期教育是为了日后在教界谋职准备的，并且他受的是律师训练，但在爱好上他是个有志向的人文主义学者，这从他的第一部著述，对塞涅卡（Seneca）《论仁慈》（*De Clementia*）所作的评注（1532）就可看出。加尔文将精致的辩论技巧和高超的文学与文本分析能力带入宗教改革运动中。加尔文也由此成为圣经最伟大的解释者评注者之一。加尔文集中精力研经，圣经在他那里不只是历史文学著作，而首先是上帝的真实话语，用来教导读经者如何认识上帝，如何有生命。加尔文的声名主要体现在他的《基督教要义》[77]，这本基督教教义手册因其明晰性和系统性而著名。加尔文在 1536 年首次出版该书时，希望它能成为愿意研究圣经的人的工具。故此，它对所有有志神学家的主要目的——研究圣经和运用圣经而言，都是一种帮助。这部书几年之内数次再版，最终在 1569 年时以拉丁文定型，但加尔文始终在前言中保留第一版的声明，就是这本书旨在有助圣经研究。[78] 加尔文无意让《基督教要义》仅凭自身就成为被研究对象，无意让它独立于圣经。[79]

认识论

在《基督教要义》开头，加尔文问什么构成真智慧。这是一个认识论和神学问题。这样，加尔文一开始就为全书以及他自己的世界观定下了基调：以上帝为中心。这一点足可显明他和中世纪综合对上述问题的回答之

227

228

不同。加尔文对这些问题的处理不像路德那般充满辩论味,他并不将矛头指向亚里士多德,也并不特别强调拒绝把理性当作神学权威的出处。

加尔文在著述的开始,就以上帝的自我启示为认识上帝的关键所在。加尔文的讨论开端,并不是追问或证明上帝的存在(就像阿奎那的归纳经验法那般),而是考察我们如何能认识上帝,认识我们自身(再扩展而言:认识周围世界),而就是这些个"认识",构成了真智慧。

> 我们拥有的几乎全部智慧,也就是说真实可靠的智慧,都有两个部分:对上帝的知识以及对我们自身的知识。但在有许多束缚时,何者居先并产生出另一者,却不易分清。首先,若不立即将自己的思想转向默想人"生活、动作、存留都在乎他"的上帝,则没有人能判断他自己……实在地,我们的存在本身就不是别的,而只是在独一上帝里面的持存……其次,显然地,人除非首先仰望上帝的脸,然后从默想上帝下降到审察他自己,否则,他绝不会对自己有清楚认识。[80]

加尔文并不证明上帝存在,他以上帝的启示为基础接受上帝的存在。对上帝的知识是直觉性的:我们都有一种"对神性的意识"(*sensus divinitatis*)[81],在我们里面都内在地植入了"宗教的种子"(*semen riligionis*),它构成了我们知识的主观性方面。[82]实际上,所有被造物都在传扬上帝的知识,因为上帝所造的就将上帝显明出来,使这种知识成为客观知识。[83]因此,上帝为他自己所作的见证包围且渗透了我们,让我们无可推诿。但是,加尔文指出,我们压抑了自己直观地和客观地认识的真理;我们扭曲这真理,拒绝承认上帝,拒绝给他作为创造之主当有的敬拜。这种对真理的压抑,来自原罪与本罪;因着罪,我们无法靠着独立的自然理性认识上帝。

229 就此而言,圣经对于认识上帝和我们自身,极为重要,因为只是以圣经为基,我们才能对上帝对自己真有所知,特别是当我们由着圣灵的工作而信赖上帝的见证时。这样,实际说来,我们的知识要得完全就要以圣经为基础。

加尔文把罪的效果比成视力的减退,又把圣经比成眼镜,可以克服我们观察周围世界时的那种模糊不清。

> 即便你将最美的书卷置于老者、两眼昏花者、低视力者面前,他们虽能认出那是写着字的书,却很难认出哪怕两三个字,而一旦有了

眼镜的帮助，他们就立刻能清楚阅读；同样，圣经将我们头脑中原本模糊混乱的关于上帝的知识收集起来，驱散迟钝，向我们明白地显示真上帝。[84]

针对那些反对太过依赖圣经来获得关于上帝的知识的意见，加尔文如是回答：

> 圣灵的见证超乎所有理性。正如在上帝的话语中只有上帝才是他自己的合适见证人，同样，除非圣灵的内在见证已经医治了人心，否则它不会接受上帝的话语。这同一个灵，他既已藉着先知的口说话，就必刺入我们的心灵，使我们确然相信：这些忠心先知所讲说的正是上帝的旨意。[85]

这样，加尔文的重点在于上帝的主权，他对理性在信仰问题上所起的作用的见解与路德正相呼应。无论是加尔文还是路德都不排斥理性，但他们都明确地让理性顺服上帝对自己的见证。加尔文责难一些人以外在证据来证明圣经的真实性，他的责难让我们更显然地见到理性在信仰之事上如何短见："有人试图向不信者证明圣经是上帝的话，但这不过是愚妄的徒劳，因为只有信心才能知道这一点。"[86]

总结起来，我们之所以得到关于上帝的真知识，不是凭着自主的人类理性，因为罪已经夺去了理性达到这种知识的能力。只是借着圣灵的工作和圣经的见证，我们才能得着这样的知识，而只有虔信的人才能这样得着。

此外，我们关于上帝的知识既是主观的也是客观的。我们通过创造和圣经客观地知道上帝。因着"对神性的意识"，我们对上帝的知识同时也是主观的、个人性的；我们认识到他是创造者、救赎者，是主。我们所具有的关乎上帝的知识，是主观知识与客观知识活生生的互动，这一互动向我们发出回应邀请——过敬虔与敬拜的生活，这种生活在加尔文那里就是对上帝的爱与敬畏之结合，并且我们若想知道上帝，这种结合就不可或缺。[87]

神学与人学

如果可以用一个短语来概括加尔文的世界观的话，那就是"上帝的主权"。[88]我们在讨论加尔文的认识论时已经见过这一点；它是贯穿加尔文思想与教训的特征所在。因着这一强调，加尔文的教训乃至改革宗传统有了最为彻底的圣经世界观。

因着对上帝之主权的强调，加尔文坚持：我们所当关注的，不是在自身中独立的上帝，而是有着某种属性的、和我们处在某种关系之中的上帝。

> 上帝是什么？提这个问题的人，只是在玩弄空疏的思辨。真正重要的是上帝的本性为何，由这一本性发出的东西为何。[89]

这样，加尔文与中世纪综合的决裂，和路德一样具有决定性意义，并且最好可以概括为：从希腊的、认识论范畴的上帝理解，回返到圣经式的上帝理解。上帝是有位格的，他是作为一个位格而不是作为第一推动者或第一因为我们所知。

作为位格性的上帝，上帝以创造者和维护者的身份运行于他所造的一切被造物里。[90]上帝人格性地、不断地、主动地参与到他的造物之中，以维护它、治理它、引导它，这是加尔文上帝护理说的部分内容。当上帝在他所造的世界中行护理之工时，他的主权就有了具体表达。从上帝的主权来看，被造物是不能分为属世领域与属灵领域，世俗的国度与上帝的国度，因为上帝是全地的主。他的护理惠及所造的一切。虽然上帝从不离开自己的造物，但加尔文绝不将创造者与被造物混在一起。上帝参与而不是等同于他的被造物。

这样，加尔文的上帝主权概念不是抽象的，而是活生生的、具体的，它奠定了加尔文对世界及我们在世界中的位置的理解。上帝的主权由此于基督徒的世界观和实践而言都有了巨大意义。正是因着上帝在护理中掌控万有，基督徒可以满有信心地活着，并且为着上帝的荣耀而参与日常活动。

231

> 因此，基督徒的心既已全然确信一切都照上帝的安排发生，确信没有什么事情是出于偶然，就永远都会以上帝为万物的首要因。……基督徒的心不会怀疑，正是上帝的护理在警醒地保守它，并且上帝的护理允准任何事件之发生，都是为着这颗心的美善与救赎。但既然上帝首先关心的是人，其次是其他被造物，则基督徒的心会确信上帝的护理在这两者中都掌权。[91]

加尔文以上帝的旨意来抵挡那种见解：上帝是和被造物无关的抽象遥远存在。上帝是我们在旧约新约中认识的上帝，不是我们在希腊哲学中学到的上帝。加尔文的这种立场反映了宗教改革的总体特征：神学与世界观上的圣经革命。

圣经范畴与奥古斯丁范畴同样统治着加尔文的人学，而正是人学使他拥有展开这一教导的平台：上帝在救赎中掌主权。加尔文对由原罪而来的堕落之强调，呼应着路德，呼应着奥古斯丁，并最终呼应着使徒保罗。

> 我们都在本性的每一面这般地受损、悖逆，以至于因着这一次的大堕落，我们都在上帝面前被公正地咒诅和判为有罪，而上帝只接受公义、无罪与清白。[92]

原罪的果子在我们存在的每一处结出来，而且每天如此。

> 这一悖逆在我们里面没有止息，总是不断结出新果——就是我们说过的种种肉体发动——就像火炉喷着火苗火星，又像泉源不断涌流。……因为我们的本性不单是缺乏善，而且还如此地富余各样恶，以至于不能无所事事地停歇。……人本性内的每一样东西，无论是理智、意志、灵魂、肉体，都满了污秽。[93]

原罪在关乎上帝的知识方面所结的果子，我们已经见到了。加尔文在此指出，堕落是如此之彻底，以至于若非凭恩典，我们在意愿和行为上都不能取悦上帝。事实上，唯一的救治就是一个新心，而这要由圣灵掌管的再造产生出来。

加尔文救赎观的独到之处，是明白地强调人的无能，强调救赎全凭上帝的工作和拣选之恩。[94]加尔文的救赎论以拣选说为中心，因为它强调的是上帝的施恩之选：上帝救赎他召的属己之民，让他们与自己的爱子就是耶稣基督联合，赐他们圣灵。在整个工作中，拣选是出自三一的。加尔文对拣选（及预定）的强调，不只是出于强调上帝主权而引出的逻辑结果。事实上，这首要地是因为他运用圣经教训。加尔文前后一致地将自己所教导的一切都建立在他从圣经学到的教训根基上。加尔文和路德一样，主张称义是因着信而不是因着行，主张救我们的信是上帝的恩赐。要说两人还有不同的话，就是加尔文更热切地强调上帝的拣选之恩和上帝的主权，同时又强调，在为自己的救赎作出什么贡献或努力上，人是完全无能的。

232

教会与社会

就像讨论路德时一样，我们现在转而考察加尔文圣经世界观的两种特殊运用，即考察他的教会观以及教会与国家之关系观。在某些重要方面，加尔文对教会的理解和路德一样。加尔文主张真教会是无形的教会，有形的教会是一个混合体，里面有麦子也有稗子，有信的人也有不信的人。[95]加尔文和路德一样主张信徒皆祭司，反对天主教以祭司为自我独立的阶层，但加尔文不是太常地使用这种表述，并且将这一观点更多地建立于基督的祭司身份上。[96]

加尔文的有形教会观较之路德更成熟，尤其是论到它的特点与结构，它与无形教会的关系，以及如何将它和假教会区分开。照加尔文看来，圣经所教导的真教会的特征就是：传讲上帝的道和举行合宜圣礼（圣餐与洗礼）。[97]加尔文几近以纪律为教会的第三特征，虽然他从未真的如此行，而是把纪律比作身体（也就是教会）上的肌腱。[98]

加尔文研究了教会的治理，试图找出其正确的**圣经**形式。在这一问题上他并没有什么教条，但他相信合乎圣经的形式是我们现在所说的长老制；他根据圣经分出四种职分：教师、牧师、长老、执事。[99]加尔文主张，掌管教会事务的不是权势官长，而是教会成员，包括选出来的牧师长老执事[100]，他们一当被选，就应决定敬拜形式，执行纪律，监督教会事工。[101]加尔文相信教会的基本单元是地方性聚会。由这一点，以及对教会纪律的强调，可看出马丁·布塞对加尔文的影响，并且由他而溯源，还可看出重洗派对加尔文的影响。[102]

不过，加尔文和布塞都反对重洗派的分离主义，反对他们拒绝参与社会。加尔文对教会与社会之关系的理解，可从他的教会与国家之关系观上看得最清楚。和所有宪制改教家一样，加尔文是在《基督教著作全集》（*Corpus Christianorum*）的框架内工作，这一框架预设教会与社会之间有着必然性的紧密联系，它作为来自中世纪的遗产，影响了许多改教家的思想。加尔文的思想框架不像路德那样是一系列的二元论：精神的与世俗的，上帝之国与今世之国的二元论。因为加尔文肯定上帝是万有的主，肯定社会或生活的无论哪个部分都不能脱离上帝的治权。

加尔文不像路德和重洗派那样肯定教会与国家基本而言是分离的，而是试图在秩序的原则下让两者互相协调。加尔文以"约"的概念解释神人关系以及人与人之间的基本关系。加尔文相信政治以及建立公民秩序的冲动都发自人的本质属性："在人内心都有某种政治秩序的种子，这就有力证明：关乎今生的治理之事上，人都有理性之光。"[103]加尔文教导说，上帝给公民政府命定的目标就是"尊重并护卫对上帝的外在性崇拜，捍卫引人虔敬的可靠教义，捍卫教会的地位，使个人生活和公众社会相一致，使人的社会行为和公民正义相一致，使人与人之间彼此和好，促进普遍的和平与安宁"。[104]这样，公民政府乃是为着实施上帝刻在"两块法版"上的法律而存在：处理我们与上帝的纵向关系的法律，以及处理我们与其他人之间的横向关系的法律。

虽然加尔文和路德一样教导国家是一种社会控制工具，但加尔文的叙述丝毫没有同时代的人对国家抱有的悲观态度；加尔文将世俗政府与宗教性的社会结合起来。加尔文相信国家和教会一样是上帝的创造。虽然它们互相独立，但都有一个共同活动：护卫秩序。正如路德所说，国家的功能是实施秩序，惩戒恶行，但于加尔文而言，国家还有一个正面功能：提供各种手段，"以使人被教化，知道什么是作为人的责任，作为公民的责任，而这些责任正是人必须持守的。"[105]加尔文无疑认为，在上帝所定的秩序里公民政府有很高位置。他认为国家是上帝教化人的工具，是在今生提升人让人得到进步的工具。

加尔文的教会与国家之关系观里，有一个无论是路德还是重洗派都没有的独特观念：基督徒地方官员。在《基督教要义》第四章，加尔文把公民政府和教会一样看成"恩典的手段"，并在这一背景下讨论基督徒地方官员。加尔文对地方官员表现出极大尊敬，认为所有的领袖包括国王都是上帝的牧者与仆人。掌管权力是来自上帝的呼召，"是最神圣最尊荣的"，它直接来自上帝；地方官员当行为合宜，对得起这一崇高职位。[106]

这样，加尔文实际上缔造了和牧师相对应的政治或行政对等物。地方官员"当倾尽全力，捍卫自由（这一捍卫的职分就是交托给了他们的），使之不在任何方面被削减，更不用说被冒犯"。[107]加尔文甚至说，在这一职分上的疏忽，无论是出于无心还是有意，都会使他们成为"叛国者"。[108]地方官员所承担的乃是"施行审判与正义"，是"保护与接纳清白无辜者，使他们得辩护得自由"。故此，地方官员"当抵挡不虔不敬者的胆大妄为，压制其暴虐，惩罚其恶行"。[109]在实施正义时，地方官员当在审慎中或严厉或宽仁，"免得因着过分的严厉，他倒成了祸害，而非救

234

治"，或者，"因着对宽仁的迷信式情感，堕入最残酷的柔和，因为他以这软弱无羁的温和，听任多人毁灭。"[110] 最终而言，地方官员当向上帝、向人交账，这一点可见于加尔文对《罗马书》13：4所作的评注。

> 既然他们（地方官员）是上帝选出来为上帝做工的人，他们就要向他负责。但上帝托付给他们的这一职责是和他们治理的民众相关的，所以他们也当对这些人尽义务。[111]

235 　上帝与人之间的协定，以及人与人之间的协定，都是借着约（在此即是经上所记的约），这样，上帝与地方官员的关系，地方官员与百姓之间的关系，也都是借着约。

　　在所有的改教家里，加尔文对"宗教改革"之世界观所作的贡献，无论是就范围上的广度还是就内容上的深度而言，都是无出其右的。作为一种圣经世界观，加尔文的贡献深植于圣经（这本书是他倾毕生之力研究解读的）；他并以圣经见证为基，不懈主张：上帝的主权当及于生命的全部而不只是神学与教会。在我们所论到的宗教改革各派里头，改革宗在其导师加尔文的带领下，深刻地意识到上帝的主权和统治遍及我们存在的每一面。改革宗神学因此给出了一个最为一致的选择，来取代中世纪综合世界观或现代世俗世界观。

宗教改革和文化[112]

　　常有人指责宗教改革家所掀起的运动在运用圣经原则的狂热中毁掉许多原有文化。[113] 从一个方面说，这一指责有其道理：宗教改革导致许多美物被毁，如雕像、彩色玻璃、祭坛画，以及许多其他的宗教艺术品，而宗教艺术正是此前世代的主要艺术形式。进行这种破坏的依据，是十诫中的第二条：不可拜偶像；至少在16、17世纪的宗教改革追随者看来，这就是在贯彻圣经世界观。实际上，圣像破坏现象主要发生在改革宗占主导的地区，而在信义宗地区则要少得多。

　　除了在信义宗地区（这里产生了卢卡斯·克莱那赫以及阿尔布雷特·丢勒这样的艺术家），视觉艺术都不是表达宗教改革世界观的媒介。[114] 我
236 们也许可以这样解释：由于视觉艺术的主要内容仍然是宗教，并且改革宗

比信义宗更彻底地运用圣经世界观，包括热切持守第二条诫命，所以视觉艺术才会在信义宗而不是改革宗里得到发展。不过，这一解释也只是个猜测而已。

另一方面，在音乐和文学领域，宗教改革的世界观有着更广更深的艺术运用，在这些领域里信义宗和改革宗都有贡献。音乐方面[115]，宗教改革产生了两种形式的聚会唱诗：信义宗赞美诗和改革宗韵文诗。这两种唱诗都以具体的形式反对由神职人员主宰教会，在这种教会里，敬拜中的唱诗乃是神职人员的职能。赞美诗和韵文诗的积极意义在于使平信徒积极参与敬拜，而不只是旁观。信义宗的人物如马丁·路德、约翰·华特，以及后来的汉斯·列奥·哈斯勒和迈克尔·普雷特里乌斯，和其他一些人一道所确立的音乐与合唱传统，在无比的天才约翰·塞巴斯蒂安·巴赫那里臻于极致。而在改革宗这边，路易·布法、克劳德·古德梅、克莱门·马罗、西奥多·贝扎都将《诗篇》改成诗体并为之谱曲。在英国，宗教改革虽然使视觉艺术收缩，但带来了对语言及诠释的高度强调。由此使得文学兴盛起来（包括那些否则就不会被称为新教文学的文学）。列举两个在宗教倾向上互为相反的人就够说明问题了：威廉·莎士比亚（William Shakespeare）和约翰·弥尔顿（John Milton）。[116]

天主教的回应

天主教如何回应宗教改革的挑战？[117]在谴责宗教改革者之后，起初有些天主教人士寻求和解，而这意味在某种程度上承认中世纪晚期教会的失败。和解努力的牵头人物是红衣主教加斯帕罗·孔塔里尼（Gasparo Contarini）和乔治·威策尔（Georg Witzel），这两人都主要在神圣罗马帝国范围内活动。和解努力的最高成果，就是 1541 年的雷根斯堡会谈，来自帝国的天主教领袖和包括梅兰希顿、布塞在内的改教家的代表会谈。在称义问题上达成了某种一致，但关于圣餐问题，和谈彻底破裂。而路德无论如何都拒绝妥协过的称义声明。

雷根斯堡失败过后，天主教保守派积蓄了力量；1545 至 1563 年间，特兰托公会议召开，对教会的现状，对如何回应宗教改革的挑战，作了冗长考量。而特兰托的文告实际上只是对宗教改革的直接拒绝。文告肯定了

237

改教家否定的一切，并强化了许多中世纪综合。[118]这一拒绝在圣经观上最为显明：改教家坚持圣经是信仰和生活的唯一权威，而特兰托宣称传统和圣经有同等地位，并且两者都是由"神圣的教会母亲"来诠释的。[119]另外，改教家推广平信徒读经，由此将圣经译成欧洲的平民语言，而特兰托重申唯有武加大译本才是权威。[120]

特兰托同样明确拒绝新教的因信称义，主张信仰只是救赎的开端，救赎不只是上帝的工作，也需要人的合作也就是人的善功。[121]此外，公会议重申信徒要借着教会主持的圣事才得恩典[122]，重申弥撒是献祭。[123]特兰托还肯定了许多改教家所抨击的做法，例如特赦、圣徒崇拜。[124]最后，公会议再次宣告教皇的权威至高无上[125]，而阿奎那的思想作为信仰的权威表述，有了一个复兴，由此重新确立了中世纪综合之前在教会具有的地位。

结论

对于作为世界观之变革的宗教改革，我们还有许多话可说。但篇幅不允许我们再去讨论比如说宗教改革的文化使命（创1：28）思想的意义，讨论圣经世界观如何在家庭及经济领域得到运用，以及其他一些有意思的话题。在这一章里，我们集中于认识论、神学、人论这些建筑世界观的墙基。在这些领域，我们可以最清楚地看到宗教改革和中世纪综合相比具有的变革性意义，看到它作为一种不断挑战我们当今时代生活态度的世界观所具有的变革性意义。

所有的宗教改革者的共同关切都是回到圣经，以圣经为信仰和实践的首要权威（如果不是说唯一权威）。我们一再看到，改教家总是以圣经为据，并且不单只是在狭义上的神学里才如此。我们也看到，宗教改革也有其他思想源泉，改教家们并未如重洗派那样一味抛弃过去。不同的改教家对圣经的诠释不尽相同，故而难以谈论单一的"宗教改革"世界观。但改教家都同样以圣经为信仰与实践的最终权威，就此而言，他们对于生命问题的回答进路是相同的。

那些听改教家的布道与教训的人又如何呢？他们从中得到了什么？也许就是：意识到圣经对于自己生活的核心重要性，这种意识在以前时代的大多数人那里恰是不充分的；而因着宗教改革，圣经现在就握在他们手中，就用他们的语言写成，并且在改革过后的世世代代里，就将成为各宗各派的虔信者的基本引导。最终而言，宗教改革在世界观上引发的革命，其最具革命性的运用结果也许就是这个：现在，基督身体更广的部分能够拥有更真实的圣经世界观，这一拥有固然是因着起中间作用的教会教导，但它同样是因着现在就放在他们家里的圣经。

阅读书目

Calvin, John. *Institute of the Christian Religion*. 2 vols. Edited by John T. McNeill. Translated by Ford Lewis Battles. Philadelphia: The Westminster Press, 1960.

George, Timothy. *Theology of the Reformers*. Nashville: Broadman Press, 1988.

Kittleson, James. *Luther the Reformer: The Story of the Man and His Career*. Minneapolis: Augsburg, 1986.

Lohse, Bernhard. *Martin Luther's Theology: Its Historical and Systematic Development*. Translated and edited by Roy A. Harrisville. Mineapolis: Fortress Press, 1999.

Luther, Martin. *Martin Luther: Selections from His Writings*. Edited and with an introduction by John Dillenberger. New York: Anchor Books, 1961.

McGrath, Alister, *The Intellectual Origins of the European Reformation*. Oxford: Blackwell, 1987.

McGrath, Alister E., *Reformation Thought: An Introduction*. 4th ed. Oxford: Blackwell, 1999.

Ozment, Steven. *The Age of Reform, 1250—1550: An Intellectual and Religious History of Late Medieval and Reformation Europe*. New Haven, CT: Yale University Press, 1980.

Parker, T. H. L. *John Calvin: A Biography*. Philadelphia: The West-

239

minster Press, 1975.

Pelikan, Jaroslav. *The Christian Tradition: A History of the Development of Doctrine*, Volume 4: *Reformation of Church and Dogma (1300—1700)*. Chicago: University of Chicago Press, 1984.

Spitz, Lewis W. *The Protestant Reformation, 1517—1559*. New York: Harper & Row, 1985.

Wallace, Ronald S. *Calvin, Geneva and the Reformation: A Study of Calvin as Social Worker, Churchman, Pastor and Theologian*. Grand Rapids: Baker, 1988.

Wendel, François. *Calvin: Origins and Development of His Religious Thought*. Translated by Philip Mairet. New York: Harper and Row, 1963.

Williams, George Huntson. *The Radical Reformation*. 3rd ed. Kirksville, MO: Sixteenth Century Journal Publishers, 1992.

讨论问题

1. 为什么我们可以说：宗教改革领袖较之中世纪基督教世界的领袖而言，在世界观上更加以上帝为中心？

2. 在何种程度上，路德的思想与他的经院训练有着革命性的决裂，又在何种程度上，两者之间仍有连续性和一致性？

3. 在何种程度上，我们可以断言：16 世纪新教运动的各派里，改革宗在世界观上是最一贯也最彻底地以上帝为中心？

4. 就哪一方面而言，重洗派可说在世界观上最彻底地运用圣经？宪制改教家会如何回应重洗派？

5. 从哪个意义上，可以说宗教改革在诸多世界观革命中，至少于基督徒而言，是最具"革命性"的？

注释

[1] 我要感谢 W·安德鲁·霍菲克邀请我为本书撰稿，我本人也受益于他早先编辑的 *Building a Christian Worldview*，2 vols. (Phillipsburg, NJ: Presbyterian and Reformed, 1986, 1988)，其中，尤其是他的文章以及盖瑞·司各特·史密斯的文章，使我以下所撰的文字，无论在内容上还是结构上都受益匪浅。

[2] 关于这一阶段的复杂性，有一个极好的参考，就是 Thomas A. Brady Jr., Heiko A. Oberman, and James D. Tracy, eds. *Handbook of European History*, *1400—1600*, 2 vols. (Grand Rapids: William B. Eerdmans, 1994)。

[3] 关于这一阶段的神学特征有两个出色研究，分别是 Steven Ozment, *The Age of Reform*, *1250—1550: An Intellectual and Religious History of Late Medieval and Reformation Europe* (New Haven, CT: Yale University Press, 1980)，以及 Jaroslav Pelikan, *The Christian Tradition: A History of the Development of Doctrine*, Volume 4: *Reformation of Church and Dogma* (*1300—1700*) (Chicago: University of Chicago Press, 1984), 126 – 385。这一阶段直到 1559 年的又好又平实的历史叙述，可见于 Lewis W. Spitz, *The Protestant Reformation*, *1517—1559* (New York: Harper & Row, 1985)。

[4] 浏览一下许多大学的历史课，就能发现这是普遍称呼。它一方面使文艺复兴和宗教改革都包括在同一个称呼下面，另一方面又意在极力弱化（如果说不是忽略）这一时期的宗教性。可参考 Hans J. Hillerbrand, "Was There a Reformation in the Sixteenth Century?", *Church History* 72: 3 (September 2003), 525 – 552。

[5] 中世纪综合是信仰与理性之间的综合，或不如更明确地说，是圣经启示与希腊哲学之间的综合，它的极致体现就是托马斯·阿奎那的工作。

[6] "妥协了的"上帝中心论（至少在改教家看来是如此）可见于中世纪神学家之求助亚里士多德哲学，以之为神学出发点，并且更多地依靠自然神学和人类理性。我们不妨想想路德反驳经院神学时做的尖锐评论。

[7] 可参考 Heiko A. Oberman, *Forerunners of Late Reformation: The Shape of Late Medieval Thought* (Philadelphia: Fortress Press, 1966); Steven E. Ozment, *Age of Reform* and *The Reformation in the Cities: The Appeal of Protestantism to Sixteenth-Century Germany and Switzerland* (New Haven, CT: Yale University Press, 1975); and Alister McGrath, *The Intellectual Origins of the European Reformation* (Oxford: Blackwell, 1987)。

[8] 参考 David Knowles, *The Evolution of Medieval Thought* (New York: Vintage, 1962), 185 – 192; Marcia L. Colish, *Medieval Foundations of the Western Intellectual Tradition*, *400—1400* (New Haven, CT: Yale University Press, 1997),

265 - 301。

[9] 参考彼得·赖特哈特撰写的本书第五章。

[10] 参考 Ozment，*The Age of Reform*，22 - 72。

[11] G. R. Evans 的 *The Language and Logic of the Bible*：*The Earlier Middle Ages* (Cambridge：Cambridge University Press，1984) 及 *The Language and Logic of the Bible*：*The Road to Reformation* (Cambridge：Cambridge University Press，1985) 将这一点讲得很清楚。

[12] 除 Evans 的两卷本外，还可参考 M. D. Chenu，*Nature*，*Man and Society in the Twelfth Century*：*Essays on the New Theological Perspectives in the Latin West*，trans. and ed. Jerome Taylor and Lester K. Little (Chicago：University of Chicago Press，1968；repr. Toronto：University of Toronto Press，1997)，146。

[13] Ibid.，295 - 296.

[14] Marcia L. Colish，*Peter Lombard*，2 vols. (Leiden：Brill，1994)；关于 12 世纪的更广理智背景，参考 Marcia Colish，*Medieval Foundations of the Western Intellectual Tradition*，400—1400 (New Haven，CT：Yale University Press)，274 - 288。

[15] Charles G. Nauert 的著作极好地考察了文艺复兴，同时又关注了北部文艺复兴：*Humanism and the Culture of Renaissance Europe* (Cambridge：Cambridge University Press，1995)。关于人文主义与经院主义之间的张力，出色著作有 Erika Rummel：*The Humanist-Scholastic Debate in the Renaissance and Reformation* (Cambridge，MA：Harvard University Press，1994)，书中对两类改革者所作的叙述使我的本文受益。

[16] 关于伊拉斯谟，可参考两本优秀著作，分别是 Cornelis Augustijn，*Erasmus*：*His Life*，*Works*，*and Influence*，trans. J. C. Grayson (Toronto：Toronto University Press，1991)；James McConica，*Erasmus* (Oxford：Oxford University Press，1991)。Augustijn 给出了圣经人文主义的背景，这对分析伊拉斯谟是很重要的。

[17] 论述路德的著作汗牛充栋。详尽的生平性研究见之于 Martin Brecht 的三卷本传记，由 James L. Schaaf 翻译：*Martin Luther*：*His Road to Reformation*，1483—1521；*Martin Luther*：*Shaping and Defining the Reformation*，1521—1532；and *Marin Luther*：*The Preservation of the Church*，1532—1546 (Philadelphia：Fortress Press，1985，1990，1993，respectively)。经典性的单卷本传记是罗兰·培登的《这是我的立场》(Roland H. Bainton，*Here I Stand*：*A Life of Martin Luther*，Nashville：Abington Press，1950)。晚一些的单卷本可参考詹姆斯·基特尔森的《改教家路德》(James Kittleson，*Luther the Reformer*：*The Story of the Man and His Career*，Minneapolis：Augsburg，1986)。蒂莫西·乔治的《改教家的神学思想》 (Timothy George，*Theology of the Reformers*，Nashville：

Broadman Press，1988）对路德和加尔文的概述也是很有帮助的。

［18］详尽细节可参考上述 Brecht 的传记第一卷。

［19］最近出版的最好的路德神学概述是 Bernhard Lohse，*Martin Luther's Theology：Its Historical and Systematic Development*，trans. and ed. Roy A. Harrisville（Minneapolis：Fortress Press，1999）。

［20］这一句的用词是在呼应 Gordon Rupp 的著作标题：*Luther's Progress to the Diet of Worms*（New York：Harper Torchbooks，1964）。

［21］这三篇都见于 John Dillenberger，ed. *Martin Luther：Selections from His Writings*（New York：Anchor Books，1961）。

［22］Luther，"Sermons on the Second Epistle of St. Peter"，trans. Martin H. Bertram in *Luther's Works*，vol. 30，ed. Jaroslav Pelikan（St. Louis：Concordia，1967），166，转引自 George，*Theology of the Reformers* 82。

［23］路德对中世纪实践的拒绝并不意味着抛弃传统，他的立场不是"只有圣经"（*nuda Scriptura*），不是脱离了历史解读、脱离过去时代对圣经真理之阐释的圣经。

［24］亚里士多德生于斯塔吉亚，所以有时被称为"斯塔吉亚人"。

［25］Luther，*Disputations Against Scholastic Theology*，theses 43，44 and 45，in *Luther：Early Theological Works*，ed. and trans. James Atkinson（Philadelphia：Westminster Press，1962），269 – 270.

［26］转引自 Ozment，*Age of Reform*，245。

［27］出自主显节论《以赛亚书》60：1—6 的评注，转引自 B. A. Gerrish，"Luther's Belief in Reason"，excerpted in *Luther：A Profile*，ed. H. G. Koenigsberger（New York：Hill and Wang，1973），198。

［28］George，*Theology of the Reformers*，59.

［29］引自路德为自己的拉丁文著作写的序言，载于 *Martin Luther：Selections*，ed. Dillenberger，11。

［30］Ibid.，42 – 85.

［31］在这一观点上我受益于 Ozment，*Age of Reform*，22 – 41 以及 233 – 234；另可参考 Oberman，*Forerunners of the Reformation*，123 – 141。

［32］参考 Oberman，*Forerunners of the Reformation*，129。这种看法可以用今天的一句口号来概括："把你的事干好，上帝就会干好剩下的事"，这种说法在经院背景下当然显得很口语化，但它会让我们猜测：驱使路德把九十五条论纲贴出来，从而"触发了"宗教改革的那个人——售卖赎罪券的约翰·台彻尔，大概用的就是这类说法。

［33］Luther，*Disputation Held at Heidelberg，April 26，1518*，见于 *Luther：Early Theological Works*，276 – 307，这里所引的出自 277。

[34] Luther, *Lectures on Romans*, ed. and trans. Wilhelm Pauck (Philadelphia：Westminster Press，1961)，159.

[35] Erasmus, *On the Freedom of the Will*, *a Diatribe or Discouse*, in *Luther and Erasmus*：*Free Will and Salvation*, trans. and ed. E. Gordon Rupp and Philip S. Watson (Philadelphia：Westminster Press，1969)，35 - 97.

[36] Luther, *On the Bondage of the Will*, in Rupp and Watson, *Luther and Erasmus*, 101 - 334.

[37] Ibid.，143.

[38] Ibid.

[39] Ibid.，140.

[40] Ibid.，139，141.

[41] Luther, *An Appeal to the Ruling Class of German Nationality as to the Amelioration of the State of Christendom*, 见于 *Martin Luther*：*Selections*，403 - 485.

[42] Ibid.，407 - 412.

[43] Ibid.，412 - 415.

[44] Ibid.，415 - 417.

[45] Luther, *The Pagan Servitude of the Church*, 见于 *Martin Luther*：*Selections*，249 - 259。

[46] 路德和加尔文对教会与国家之关系的理解不尽相同。我们还会看到，宪制改教家和重洗派在这一问题的看法上是对立的。

[47] Luther, *Secular Authority*：*To What Extent It Should Be Obeyed*, 见于 *Martin Luther*：*Selections*，363 - 402，此处所引在 368，370。

[48] 关于路德生命中的这一不光彩处，参考 Kittleson, *Luther the Reformer*，191-192，其中有简短的讨论。

[49] Luther, *Secular Authority*，373.

[50] Ibid.，371.

[51] Ibid.

[52] Ibid.

[53] 在本文中，"重洗派"指的是那些早期新教徒，他们的最好继承人是门诺派和阿米胥派，但他们在一定程度上也影响了浸礼派等其他派别。对这一问题的权威研究，是 George Huntston Williams, *The Radical Reformation*，3^(rd) ed. (Kirksville, MO：Sixteenth Century Journal Publishers，1992)。同样重要的著作有 William R. Estep, *The Anabaptist Story* (Grand Rapids：Eerdmans，1963)。对重洗派简单精妙的讨论，可参考 Roland H. Bainton, *The Reformation of the Sixteenth Century* (Boston：Beacon Press，1958)，本文以下的整体纲要即受惠于此书。

［54］关于门诺的简短生平，参考 George：*Theology of the Reformers*，252 - 307。

［55］*The Schleitheim Confession：Brotherly Union of a Number of Children of God Concerning Seven Articles*，in *Creeds of the Churches：A Reader in Christian Doctrine from the Bible to the Present*，rev. ed.，ed. John H. Leith（Atlanta：John Knox Press，1973），282 - 292.

［56］作为一个群体，重洗派更多关注的不是神学问题而是圣经教导的实际运用，特别是登山宝训里的新约伦理之运用。所以，本节我们不打算专门讨论重洗派的认识论或神学，但在其他小节里还是会涉及这些问题。

［57］参考 *the Schleitheim Confession* 第一条，284 页。

［58］同上，第四条，285 - 287 页。

［59］同上，特别是导论和第四条，282 - 284 页，285 - 287 页。

［60］同上，第一条，284。黑体是我加的。也参考第三条："任何想以掰饼纪念基督破碎之身的人，任何想以饮杯纪念基督所流宝血的人，都当预先藉着洗礼，与属上帝教会的头首基督联为一体"。

［61］同上，第四条，285。

［62］同上，第四条，286。

［63］同上，第四条，286。

［64］同上，第四条，286。

［65］Bainton，*Reformation of the Sixteenth Century*，96.

［66］*Schleitheim Confession*，第二条，284 - 285.

［67］同上，第六条，287 页。

［68］在这点上，我们看到重洗派和路德有共鸣之处。

［69］同上，第六条，289 页。

［70］Bainton，*Reformation of the Sixteenth Century*，99 页。

［71］*Schleitheim Confession*，第六条，288 - 289 页。

［72］同上，第六条，288 页。

［73］Bainton，*Reformation of the Sixteenth Century*，96 - 97 页，其中有对重洗派与宪制改教家之关系的简明讨论。

［74］关于这场灾难及其背景，可参考 Williams，*Radical Reformation*，553 - 558。

［75］对加尔文思想的最好的单卷本的研究，仍旧是 François Wendel，*Calvin：Origins and Development of His Religious Thought*，trans. Philip Mairet（New York：Harper and Row，1963）。同样有用的还有 Ronald S. Wallace，*Calvin，Geneva and the Reformation：A Study of Calvin as Social Worker，Churchman，Pastor and Theologian*（Grand Rapids：Baker，1988）。关于加尔文的生平，可参考 T. H. L. Parker，*John Calvin：A Bibliography*（Philadelphia：The Westminster

Press，1975），以及 George 在 *Theology of the Reformers* 163 - 251 中的概括，这
两本书都使我受益匪浅。

[76] 参考 Parker 在 *John Calvin*，137 所引的加尔文致布林格的一封信，里面谈到了路
德。

[77] John Calvin, *Institutes of Christian Religion*, 2 vols., ed. John T. McNeill,
trans. Ford Lewis Battles (Philadelphia：The Westminster Press，1960).

[78] Ibid.，"John Calvin to the Reader"，4 - 5.

[79] 看一看加尔文的著述，我们就会发现，他对几乎每一卷圣经所作的注释，以及出
版的讲道集，在份量上要远超过其他著述。在这一问题上，T. H. L. Parker
的研究是极宝贵的：*Calvin's Old Testament Commentaries*（Edinburgh：T & T.
Clark，1986）；*Calvin's New Testament Commentaries*，2 nd ed.（Louisville,
KY：Westminster / John Knox Press，1993）；*Calvin's Preaching*（Louisville,
KY：Westminster / John Knox Press，1992）。

[80] *Institutes*，I. 1. 1，I. 1. 2.

[81] Ibid.，I. 3. 1.

[82] Ibid.，I. 4. 1.

[83] 加尔文对自然启示的态度（以及他是否承认自然神学），是激烈争论的课题，我
们在此暂不涉及。

[84] *Institutes*，I. 6. 1.

[85] Ibid.，I. 7. 4.

[86] Ibid.，I. 8. 13.

[87] Ibid.，I. 2. 1，I. 2. 2.

[88] 加尔文学说是不是有一个所谓的核心，这本身是很有争议的，不过这一争议在此
与我们无关。无论如何，我们关心的乃是世界观问题，故此，宣称上帝的主权在
其思想中的重要性并不意味它就是加尔文神学中唯一的核心教义。

[89] *Institutes*，I. 2. 2.

[90] 加尔文分辨关于上帝的两种知识：上帝之为创造者，上帝之为救赎者；参考 *Institutes*，I. 2. 1。我们现在关心的是前者，稍后会讨论后者。

[91] *Institutes*，I. 17. 6.

[92] Ibid.，II. 1. 8.

[93] Ibid.，II. 1. 8.

[94] 由于篇幅原因，我们在此暂不讨论加尔文的救赎论。此外，本文也不试图对加尔
文学说本身进行分析。对这一问题的讨论可参考 Wendel，*Calvin*，185 - 284。

[95] *Institutes*，IV. 1. 7 - 8.

[96] Ibid.，II. 15. 6.

［97］Ibid.，IV. 1. 9 - 12.

［98］Ibid.，IV. 12. 1.

［99］Ibid.，IV. 3. 4 - 9.

［100］Ibid.，IV. 3. 13 - 15.

［101］路德也曾经在理论上如此设想过，但也仅此而已，他从未支持其实际运用。

［102］关于布塞对加尔文的影响，参考 Wendel 的概括，见 *Calvin*，137 - 144。

［103］*Institutes*，II. 2. 13.

［104］Ibid.，IV. 20. 2.

［105］Ibid.，III. 19. 15.

［106］Ibid.，IV. 20. 4.

［107］Ibid.，IV. 20. 8.

［108］Ibid.，IV. 20. 8. 这就指向加尔文学说中潜在的革命性因素：反抗暴政的权利。关于这一问题有一个极好的介绍，就是 Quentin Skinner，*The Foundations of Modern Political Thought*，vol. 2，*The Age of the Reformation*（Cambridge：Cambridge University Press，1978），189 - 348。

［109］Ibid.，IV. 20. 9.

［110］Ibid.，IV. 20. 10.

［111］*The Epistles of Paul the Apostle to the Romans and to the Thessalonians*，trans. Ross Mackenzie，ed. David W. Torrance and Thomas F. Torrance（Grand Rapids：Wm. B. Eerdmans Publishing Company，1980），282.

［112］本节里的简短评论只具有建议性质。这里的主题需要更充分的论述。我发现 Francis A. Schaeffer 的 *How Should We Then Live? The Rise and Decline of Western Thought and Culture*（Old Tappan，NJ：Fleming H. Revell，1976）一书 79 - 100 页十分有用。Spitz 的 *The Protestant Reformation* 365 - 383 页有一个简要的讨论。关于德国的视觉艺术与宗教改革，可参考 Carl C. Christensen，*Art and the Reformation in Germany*（Athens：Ohio University Press，1979）。关于改革宗与艺术，可参考 Charles Garside，*Zwingli and the Arts*（New Haven，CT：Yale University Press，1966）。

［113］对宗教改革的这种典型看法，可参考 Kenneth Clark，*Civilization：A Personal View*（New York：Harper and Row，1969），159。

［114］Spitz，*The Protestant Reformation*，367 - 370.

［115］Ibid.，371 - 372.

［116］这倒不是说，要是没有宗教改革就出不了这两个人。我只是说：两个人都在由宗教改革占主导的文化背景下写作，而宗教改革强调"道"的重要性。

［117］接下来的论述里，我受益于 Ozment 的简短讨论，见于他的 *Age of Reform*，

398 - 409，也受益于 Spitz，*The Protestant Reformation* 283 - 316。对本主题做探讨的新近著作有 Michael A. Mullet，*The Catholic Reformation*（London：Routledge，1999）。H. O. Evennett 对天主教改革所作的讨论仍然十分有用：*The Spirit of the Counter Reformation*（Cambridge：Cambridge University Press，1968）。

[118] 文告部分内容可见于：*Creeds of the Churches*，400 - 439；其中，特兰托公会议信经见于 440 - 442。

[119] Decrees of the Council of Trent，in Ibid，401 - 404.

[120] Decrees of the Council of Trent，in Ibid，403.

[121] Decrees of the Council of Trent，in Ibid，408 - 424.

[122] Decrees of the Council of Trent，in Ibid，425 - 427.

[123] Decrees of the Council of Trent，in Ibid，437 - 439.

[124] *Creed of the Council of Trent*，in Ibid，441.

[125] Spitz，*The Protestant Reformation*，285.

8

启蒙与觉醒：现代文化之争的开端

W·安德鲁·霍菲克（W. Andrew Hoffecker）

长久以来，人们在看待 17 和 18 世纪时，都是以单一意义上的"启蒙"来概括地描述发生在欧洲与美洲的哲学与文化进展。在对这一时期作总结时，人们会强调以下几点：哲学中的新认识论产生出一个"理性时代"，使自主的理性主义或经验主义方法在真理的追求上取代了传统的哲学与神学之综合；对牛顿科学体系日益增长的信心，给人们提供了看待自然及自然律的新视角；新的智识精英阶层——**启蒙思想家**，相信理性与科学的联姻将开创政治经济和社会的进步时代；新宗教诸如自然神论和一位论挑战已经过时的新教和天主教信仰。[1]

本章将以两种方式表达一个不同观点。[2] 首先，我们不把这一时代看成铁板一块地充满对宗教的刻毒敌意，而是表明：以多种意义上的"启蒙"来看这一时代具有的视角多样性恐怕更为恰当。[3] 我们会考察在英国、 法国、德国和美国发展起来的不同观念。所发生的启蒙多种多样——有的较激进，试图整体性地重塑思想，还有的较温和，试图在新观念与激进主义想要取代的传统宗教之间作协调。

其次，本章参照了和启蒙运动相平行的另一运动轨迹，即一系列"大觉醒"，它包括：英国的福音派觉醒运动、法国的詹森主义、德国的虔敬派和美国的大觉醒运动。这些派别和运动不仅对当时的宗教氛围产生了显著影响，而且也对它们出现于其中的广义文化背景产生了显著影响。[4] 对西方文明的考察常将大觉醒与启蒙运动相隔开来。人们把启蒙运动归于公众的、世俗生活的"真实世界"，把宗教运动归之于私人的、"宗教"生活的内在世界，而这种划分忽视了这一明显事实：无论是启蒙运动还是大觉醒都是在争夺公众的心。把这两者都视为"世界观"而不是两种本质有别的现象（所谓一者"世俗"一者"宗教"），乃是对它们做考察的更恰当方法。我们的方法纠正了这样的偏见：启蒙运动在文化上更重要。就本章所讨论的这个时代而言，宗教仍旧有着文化上的分量。只是当世俗观念在 19 世纪和 20 世纪站稳脚跟之后，公众与私人之间的截然区分才成为平常。

早期现代阶段的启蒙运动和大觉醒都表现了所谓的"主体性转向"，这在世界观上是个决定性的转移：从上帝中心论转向不同程度的人类中心论。在我们考察欧洲与美洲各运动中的不同人物时，将会看到差异所在。激进的启蒙者将自主推崇为现代思想的主题，由此最深刻地表现出人类自我完善这一方向的运动。福音派以及传统基督教在多大程度上表现出主体性转向，这是一个颇复杂的问题。不过，这里显然存在着程度上的差异，以至我们可以区分出虔敬派的雅各布·施本尔（Jacob Spener）、循道宗的约翰·卫斯理（John Wesley）、詹森派的布莱西斯·帕斯卡尔（Blaise Pascal），以及后来的清教徒乔纳森·爱德华兹（Jonathan Edwards）。

242　　　我们的方法支持本书的"革命"大主题。实际上，现代性的开端就是"文化之争"的开端。虽然这个词常用来表述 20 世纪后半叶公众生活中的纷争，我们却要指出：还在很早的时候，不同的思想与运动就在为夺得公众生活中的理智与道德高地而互相竞争，冲突那时就已经开始。

英国的启蒙与觉醒

科学与理性宗教的兴起：向自然神论过渡

弗兰西斯·培根（Francis Bacon，1561—1626）既体现了刚过去的文艺复兴时代，又预示了将临的现代。[5] 虽然他在政治学、法律、文学及哲学里都有非凡成就，但他在科学上的贡献引发了一场科学事业之方法与动机的革命。《新工具》（1620）里的警言给出了一个全新的"对人的王国、对自然的解释"。首先，他建议，现代人作为"自然的仆人与解释者"所需要的方法比传统的演绎法"更确定，并且一定更好"。传统的演绎法"从感官和个别一下子飞到最普遍公理"，相比之下，归纳法"从感官和个别通过不断的逐级上升，得出公理，所以它只是在最后才得出最普遍的公理"。培根所预见的新科学在方法上耐心勤勉，在道路上沉稳扎实，并时刻准备在新发现的光亮下重新反思。培根吹响了启蒙思想家的号角："我们必须从根子上重新开始。"[6]

　　培根以旧约先知的口气，号召颠覆束缚思想的错误观念之偶像。他历数了应当捣毁的四大偶像：种族偶像，它根于人之本性；洞穴偶像，它来自人的个体性，人在世界上都是生活在自己的"洞穴"或"小天地"里；市场偶像，来自人们的互相交往，是"庸人的见解"；剧场偶像，它通过各样的哲学体系渗透到人的思想中，而哲学究其实不过是"戏剧表演，呈现人自己造作的世界"。

　　培根坚持，扫除偶像会产生出新的、无偏见的科学，这就昭示了现代人的着迷甚至是着魔：寻找思想者可以由此结束关于真理与事实的一切争端的新方法。正如宗教上的偶像崇拜要求的是心灵转向真信仰，如此才能成功，同样，现代人必须从错误的世界观悔改。[7]

　　培根以宗教性的术语为新科学鼓吹之后没几年，就出现了为自然宗教或者说理性宗教（即自然神论）提出的深远动议。[8] 切尔伯里的赫伯特勋爵（Lord Herbert of Cherbury，1582/3—1648）在《论真理》中建议，应当来一个宗教先天原则上的大转弯——从启示性的教义与虔敬转向理性真理。[9] 赫伯特提出，自然宗教的原理不是来自圣经，也不是由圣灵的内在见证所接受肯定，而是来自理性自身。他主张天赋观念论，数出了作为所有宗教之基础的五个"宗教共有观念"，就是：相信存在一位至高存在者；这一位神应当被崇拜；崇拜的恰当形式就是美德与虔敬；悔改就能赎去罪；今生和来生都有赏或罚。这些原则都是从先天理性引出来的，所以都是普遍的，可以成为纯粹理性之宗教的基础。

　　《论真理》给读者直接的印象就是不再有主要的基督教观念：道成肉身、赎罪、耶稣复活、传统的基督教敬虔。赫伯特并不特别反对共有观念之外的其他教义，而他自己对神迹的看法也是不清晰的。[10] 不过，书中的语气以及对三位一体的怀疑论已经预示了将来的无信仰。在随后的著述中，赫伯特与传统观念间的对立愈趋紧张：他直接攻击启示，当面挑战圣

243

经权威。虽然有人认为，赫伯特勋爵的书不仅意在取代新教与天主教的教
条主义，也意在取代怀疑主义，但显然，他为自然神论确立了操作法——
只承认理性共有观念许可的东西，并攻击任何宗教中不合乎理性准则的
东西。

约翰·洛克（John Locke，1632—1704）是英国最著名的启蒙思想家，
他加速了理智上增长的骚动不安。他的著述范围广泛：认识论（《人类理
智论》，1690），宽容（《论宽容》，1689），政府（《政府论》，1688），以及
宗教（《基督教的合理性》，1695；《保罗书信讲解与注释》，1705—1707；
《论神迹》，1706）。他在综合中重新审视了每一思想领域的基础，试图将
新兴的科学领域和理性主义领域与占主导的基督教思想统一起来。

哲学家强调，洛克建立了现代经验论。洛克的再现主义认识论或者说
直接实在论，挑战天赋观念理论包括早些的赫伯特自然神论。在对于世界
的经验之前，人的心灵只是一块"白板"（*tabula rasa*）。[11]因此观念不是
先天的而是后天的；它们只是通过经验进入心灵，而经验不过是感觉与反
省。人没有对世界的直接知识，人对世界的知识要通过感觉中介。洛克的
经验论初看起来似乎在简单观念与复杂观念里应许了知识，但其实是成问
题的。洛克对第一性的质与第二性的质的考察并没有产生出确实性而是导
致了怀疑论。[12]洛克的认识论不能保证认识者的观念符合这些观念再现的
对象。不过，洛克的经验论似乎和兴起的科学很合拍。

洛克的论述在政治思想里也同样开辟了新道路。他不仅加入对君权神
援的批判，而且以自然法和圣经教导为据，为英国的光荣革命辩护。他为
国家提出了一个新的契约论基础。洛克的新契约理论视国家为民主性的，
它以被统治者的一致性认同为基础，而不是如改革宗思想家主张的那样由
统治者与臣民之间的契约产生。与这些改变一致，洛克拥护宽容理论，认
为一切的不同宗教团体都应当有宗教自由，只是天主教除外。

洛克的最伟大成就是总结了 17 世纪晚期的英国思想。他以"通俗易
懂"的语言表达宗教观念，使人人都能理解这些观念。洛克批评了赫伯特
的自然神论，但他对三位一体、代赎、耶稣的神性说得不多。他笔下的基
督徒就是一个相信耶稣是弥赛亚，为罪悔改，照耶稣的训导生活的人。他
赞同传统的护教学观念，肯定成就的预言与神迹是捍卫基督教信仰之真理
性的首要手段。

在洛克那里，理性有了一个以前没有的作用。于洛克而言，理性不只

是为信仰作准备的工具（如阿奎那），也不只是为了解释信仰（如奥古斯丁），而是用以判断启示或真断言的标准。洛克区分三种命题：与理性一致的命题（如上帝的存在），其真理性可以通过对感觉与反省产生的观念进行考察而得以证实；高于理性的命题（如复活），其真理性我们虽然接受但超出理性把握；以及和理性相悖的命题（如存在多个上帝），因为它们和我们的观念不一致。靠着这一区分，洛克把宗教当成几乎完全就是个人性的理智信念之事。他的注意力所在，是同意那些通过理性之测试的东西。启示的宣称必须通过理性检验。[13]

洛克的理性主义基督教观还表现为赞同索齐尼主义对原罪观念的拒绝。不仅人的心灵是"白板"，而且人在出生时就有未被罪损害的道德本性。人虽有死，但在道德上是中性的；孩童"没有任何信念、观点或倾向"，只有对快乐的寻求和对痛苦的躲避。人的善恶取决于教育，而教育就在于习惯的养成："在我们遇见的十个人里面，九个是因为教育才成为他们现在所是的样子，才成为善的或恶的。正是教育造成了人与人之间的巨大差别。"[14]奥古斯丁意义上的原罪只是虚构。再继续相信我们从始祖那里继承了堕落，只会挖掉道德的墙基。[15]

虽然洛克从未判断说有哪条基督教教义未通过理性的检验，但他的理性主义方法使宗教成为私人之事。基督教就是相信几条通过了理性之测验的信条。不过，如此理解的基督教就已经从公众生活里边缘化了，因为它关注的只是个人性的信念和道德行为。无论人们把洛克的看法归为哪一类，认为它是偏离了还是保持了传统意义上的基督教，他对基督教教义所持的极简主义主张，都标志着一种过渡，这种过渡在自然神论论争中达到高潮。[16]

赫伯特的自然宗教和洛克的理论一起敞开了向传统世界观挑战的大门。而震撼性的影响来自牛顿体系，它使挑战成为一个事实。伊萨克·牛顿爵士（Isaac Newton，1642—1727）的《原理》（1687）是一系列科学探寻达到的顶点成果，这条探寻之路始于哥白尼，继之于伽利略、第谷、开普勒。哥白尼的宇宙论取代了托勒密体系，给西方世界观带来剧变。

牛顿体系为理解物质宇宙给出了有力的新综合。三大定律解释了天体乃至**全宇宙**的运动。牛顿公式使科学家可以计算地球、行星和太阳的质量。科学家靠着牛顿定律可以计算行星的轨迹，得出未来日食和月食的时间。

牛顿在《光学》（1730）里表达的原则可以见证他的有神论信仰。他重申了传统的创造观："……上帝在起初形成了物质……赋予其这般的形状与大小，这般的属性，以及这般的空间比例，以使其最能朝向他之造作它们的目的……"牛顿拒绝以隐秘属性来理解物体。因为创造清楚地表现出理智性的特点："寻求世界的其他起源，或假设世界只是由自然法则从一片混沌中产生出来，这都不合乎哲学。"他也否认推动行星运行的力量是"盲目的命运"。被造物中的整齐划一与内在复杂，表明它们的被造"只能出于永恒的全能的行动者之智慧与意志"。牛顿拒斥泛神论或万有在神论[17]，他既认为上帝不同于被造物，也肯定宇宙本身的"开放性"，因为上帝也许"会改变自然法则"。[18]

247

随着科学知识的来到，深刻的问题产生了。宇宙是否一个自足的系统？如果事件都可以被理解为更大体系的一部分，为什么要设置一个在旨意中命定历史的位格神？为什么要设定灵魂、天使与魔鬼的存在？如果宇宙只是更其复杂的钟表或机器，我们是否应当改变原先圣经式的位格性的天父上帝观念？人们如何能将圣经位格神与自然既定法则协调起来？这些疑问使人们认为：天体的有序结构出于自身。牛顿自己有一颗很深的敬畏心，相信创造出自上帝之手。他眼中的宇宙是一个协调的可叹体系，是设计者的伟大杰作。在牛顿看来，上帝的存在对于自然的运动绝对必要。上帝作为伟大的立法者和巨匠，能够而且也的确行神迹，纠正宇宙的偏差。[19]

牛顿的后人没有继承他的线路。[20]他们相信，新科学与新理性主义建构的联盟所产生的完全不同的世界观需要废去陈旧的基督教观念。牛顿的门徒自我超越地用一个新比喻来描述宇宙的特征：宇宙是一个巨大的机器或钟表，其设计者制作者如此高妙，以至于这一机械靠着自己，无需外在干预，就能运行。自然不再是一个有机体，如今它具有机械性特征，按照牛顿法则运行。牛顿的成就有多人颂赞，但都不及亚历山大·蒲柏（Alexander Pope）为牛顿所作的墓碑铭文那般著名生动：

> 自然和自然法则在黑暗中隐藏，
> 上帝说，"要有牛顿！"于是，万物都被照亮。

248

科学与理性主义的扩张在 18 世纪早期的自然神论论争中达到高潮。随着言论自由的限制减少，成百上千论宗教的书籍手册出现了。约翰·托兰德（John Toland）的《基督教并不神秘，这就表明福音中没有什么与理性相反的东西，也没有什么在理性之上的东西，表明没有哪条基督教教义可以恰当地被称为神秘》（1696），以及马太·廷德尔（Matthew Tindal）的《基督教和创世一样古老：或者，作为自然宗教之代言的福音》（1730），其标题都已经表明，赫伯特的种子性观念已经发展成为成熟的自然神论，虽然还颇有意味地保持着"基督教"的名义。

托兰德的论述[21]表明，他试图超出洛克理性主义划定的界限。[22]他否认洛克对理性的三重区分，坚持任何宗教教义都应当完全可理解。在理性之外的也就是所谓理性之上的，属于神秘，而这种东西是受了异教的影响。他引入了"教士的欺骗"这种说法来概括基督教圣礼的背后动机。和耶稣所教训的简单道德真理相反，教士们在洗礼和圣餐里抄袭了异教的神秘礼仪来欺骗信众，叫他们相信救赎就在于参加由教士一手把持的圣礼。中世纪的"崇拜"和"宗教"现在成了互不两立的东西，而后者只在于道德行动。每种宗教包括基督教的准则，都必定是永恒的、可知的理性真理。托兰德抛弃了福音中的核心教义，并且及其厌恶基督的和解性代赎说。

廷德尔的《基督教和创世一样古老》是英国自然神论的最佳代表作，有"自然神论圣经"之称。廷德尔主张自然宗教是永恒的、不改变的，它从来就存在着，是完美宗教。[23]教义或实践上的附加物不仅累赘，而且还会由于偏离自然宗教之实质而产生恶果。他把宗教性的先天原则从荣耀上帝改为行善："行我们所能行的一切善，我们由此因回应自己被造时的目的而被上帝接纳"。[24]因为自然事件总是且只是由上帝的自然法则决定的，所以神秘或神迹都不存在。廷德尔说，"人的心灵越是专注于观察不具道德事物的东西，就越不会专注那些具有道德性质的事物。"

从赫伯特到廷德尔的英国自然神论者的思想路线虽说看似激进，但在本性上还是相当保守。他们虽然反对诸如三位一体、原罪、基督代赎等教义，却认为自己的观念和基督教是一致的，而不是要替代它。虽然"基督教自然神论者"像是一个自相矛盾的说法，但英国自然神论者相信他们只是把基督教往前发展了，使其进入理性阶段，而不是将其扭曲了。以后的更激进的自然神论者则自觉地抵挡基督教，他们拒斥神迹和超自然启示，对圣经进行激进批判。

英国启蒙运动最极端的表达见于大卫·休谟（1711—1776）的著述，

尤其是他的《人类理解论》（1758），《自然宗教对话》（1779年逝世后出版）。休谟的著述和约翰·洛克的一样，每一字句都充满争议。洛克的著述总结了自然神论论争之前的英国思想，而休谟则以最具怀疑主义的形式，吸引了他那个时代的哲学头脑。[25]

休谟坚持，人的心灵在知识上受着极大的局限。休谟从洛克的再现主义预设逻辑地引申出其结果，主张人们通常以为的对世界、自身和上帝具有知识，只是从联想习惯来的。休谟说，仔细的分析表明，人类知识只是感觉予料之上的一系列建构。比如说实体，"实体的观念和样式的观念一样，只是简单观念的集合，想象力把这些简单观念合在一起，再给它们一个特定名字，用这个名字我们就可以向自己或别人回忆简单观念的那个集合。"我们很清楚地感知到感觉予料，但是并不知道这些予料背后是否有某物。他的结论是，虽然我们自以为知道原因与结果，但因与果之间的任何联结观念，都是对过去经验到的类似事件的回忆，而不是真的对两个事件之间的因果性有什么直接知识。

与此类似，休谟也将我们以为的关于自我的知识，还原为一系列知觉，而一系列知觉显然不是对灵魂的知识。[26]自我意识会有间断的时候，再加上由睡眠与死亡而来的自我意识的停歇，休谟就更坚定了对灵魂所持的怀疑。虽然别人会相信自我，但休谟说："我能向他让步的只有这个：他和我一样也许是对的，并且我们在这件事上确实极为不同。或许他感知到了某种单纯且持续之物，并且把那个东西叫做他的自我；至于我则肯定：在我里面没有这种原则。"[27]

休谟另一个成就，就是发展出反对神迹的结论性论证。神迹一直被当作首要的护教手段，用来为超自然主义辩护；自然神论者最先发动了对神迹的进攻，认为它有悖对自然法则的信念。[28]

休谟声称，只有在数学和经验科学里才有真正的知识，至于神学和形而上学，他的态度是："如果我们在手里拿起任何一本比如说是神学的或形而上学的著作，我们都可以这样问：它包括任何量或数的抽象推理吗？没有。它包括任何现实的或存在的事物的经验推理吗？没有。那么就把它扔到火中：因为它包括的不是别的而是诡辩与幻想。"

休谟的观念引起极大争论。他的经验论只是从洛克的再现主义得出的逻辑结论吗？他的观点可以归结为无神论、不可知论、怀疑论、现代伊壁鸠鲁主义，还是一种全新的唯信主义？但这些简化都不能完全表达他的观念之复杂性。他提出的问题在哲学上是深刻的，促使伊曼努尔·康德重新思考人类理性。休谟的名声在于他毁掉了好几个传统：对于自我、上帝（或者说形而上学实在）的知识，对于现代科学之基础的因果关系的知识，以及对于用来证明启示宗教之真实性的神迹的知识。

英国福音派觉醒运动

启蒙运动只构成了 17、18 世纪英国世界观的一部分。除了由理性、现代科学和自然神论带来的剧变，英国也经历了基于传统有神论而来的显著的宗教性运动：福音派觉醒。

18 世纪早期的福音运动给出的决定性替代世界观深刻地影响了英国教会，抵制了兴起的世俗文化浪潮，挽救了文化衰退。由于福音运动的广泛性以及引导英国社会生活新方向的能力，许多历史学家相信它是一个标准的世界观事件，在广度与文化影响力上，可以比肩法国大革命与工业革命。

"福音派的"（evangelical）[29]一词主要和约翰·卫斯理（1703—1791）[30]有关，他的不懈组织、布道与社会工作，成为该运动的典型体现。[31]卫斯理坚持，基督教和主张最少的神学并主张道德主义的自然宗教完全不同。卫斯理也强调崇拜和圣洁，而这在自然神论者看来是可厌的，他们认为这类东西使得宗教的本质不再是道德行为。卫斯理的福音主义也和圣公会崇拜上的形式主义有别。卫斯理看重的是可以带来悔改与社会革新的福音性布道与行动。

卫斯理赞同新教改革的各个神学论题。但德国虔敬派和启蒙思想也显然影响了他的世界观，这从他对基督教权威观、人性观与成圣观的偏离就可看出。卫斯理他在著名的"四边形"理论中，将自己的神学建立在宗教权威四原则上：圣经（改教家的"唯独圣经"）、理性、传统〔这是受理查德·胡克（Richard Hooker）《教会政体的法律》一书的自然法观念影响〕、经历（表现了虔敬派与摩拉维亚派的影响）。[32]卫斯理对荷兰阿明尼乌主义作了小心修正。[33]他的救赎观和奥古斯丁、路德与加尔文的独作说都有不同。[34]他虽然多少也强调上帝的主权，但又试图为人类自主选择保留位置，认为救赎是上帝与人的合作，是协同性的行为。

251

252　　　卫斯理对救赎的描述区分了三种恩典：预先性的、称义性的、成圣性的。预先恩典[35]是一个普遍过程，圣灵借此在人受孕至皈依这一阶段里，在人的内心工作。卫斯理并不否认原罪，但他对原罪的效果有新界定。因着原罪，上帝必须在与罪人的关系中采取主动。圣灵会防止人堕落远离上帝太远，以致不能对上帝的福音有所回应。称义恩典在于将基督的义归给信徒，其标志就是圣灵所产生的立即皈依。于卫斯理而言，信仰就是人类自由地选择接受神的恩典。最后，在卫斯理那里，成圣恩典就是从皈依到死亡期间圣灵的工作。吊诡的是，它既是即刻性的事件（有时称为"完全的成圣"）又是过程性事件，其高潮是经历到除去自我的那种纯然之爱。

　　　卫斯理把成圣也叫做"圣经性的圣洁"。[36]成圣始于圣灵带来的重生，逐步进阶，直到"完全成圣"那一刻，那一刻会带来对上帝和邻人的爱。由于卫斯理的圣洁观与现代的人类完善观念有类似之处，故而卫斯理的"完善主义"引起了不小争论。卫斯理说过，信徒在基督徒经历中会达到一个地步，能够全然无罪地控制自己的生活。更多时候，他是把完善当作一个目标而不是一个既成事实。卫斯理也强调动机上的完善，强调避免意识上的罪。学者们在争论，这种卫斯理式的基督教完善主义到底是来自他的"四边形"还是来自启蒙者的温和影响，而启蒙者主张完善的基础不是上帝的恩典而是人的能力。[37]

　　　卫斯理式的阿明尼乌主义成为福音运动的驱动力。福音派人士主张因信称义，在布道中呼吁悔改皈依，但他们这样做的根据是上帝之恩典自由且无限。虽然有的福音派人士（如乔治·怀特菲尔德就是著名例子[38]）坚持加尔文主义，但就福音运动整体而言，对于救赎中的上帝主权地位，以及救赎之获得过程中的人类自由，有着不同看法。福音派所宣传的救赎福音预设了普遍的人类之罪。但罪并未如此腐化人类意志，

253　以致人不能对救赎之恩作出回应。上帝的主权只在于通过基督的十字架之死使恩典被施予所有人。个人可以对福音作出回应，自由地选择是否以基督为脱离罪的救赎主。这样，个人的救赎就是神圣意志与人类意志的合作行为。

法国的启蒙与觉醒

从笛卡尔基础主义到法国启蒙思想家

　　培根在《伟大的复兴》中号召科学中的方法论革命（归纳法），开辟了英国的启蒙运动，同样，勒内·笛卡尔（René Descartes，1596—1650）在《方法谈》（1637）一书里也发起了一种全新的知识方法。他以《方法谈》来拒斥皮浪主义，这种盛行的怀疑主义具有消除一切思想确定性的危险。笛卡尔的方法预设心灵的优越性，这种优越性把人与低级动物区分开。他承认皮浪主义的这一反驳——过去的哲学只得出了不确定性——有其道理。古代的道德家吹捧美德，但他们的理智大厦根基摇晃。他虽然尊重罗马天主教的教训，但无法理解它，因为它建立在上帝的权威之上。哲学家虽然试图解释实在的本性，但他们的思辨充满疑点，招致纷争。科学的状况也好不了多少，看看炼金术占星术这些冒牌货色就知道了。

　　笛卡尔相信，唯有思想中的全新开始方能挽救哲学于怀疑主义魔爪。虽然个体缺乏重构国家与科学的力量，但他可以重构自己的思想。笛卡尔并没有使用"世界观"这样的表述，但他的脑子里显然有这样的观念：全面革新自己的思想。他有一个清晰而理性的计划。虽然并未想达到无误性，但他仍持有这样的信念：在知识中绝对的真理或确定性是可以达到的；他相信哲学之所以缺少确定性和一致性是因为没有使用恰当的思想方法。如果谨慎地遵守理性原则（对比培根的捣毁四个偶像），它们就会把我们引向知识，会成为真方法，这就是：只接受清楚明白的东西，以排除一切怀疑的依据；把每个困难都分成尽可能多的部分；从那些最简单的部分开始思想，再推进到最复杂的部分；在思想中尽可能广泛地运用这些原则，不要遗漏什么地方。

　　笛卡尔的思想新基础是系统性怀疑。只是由于系统性地怀疑一切，人才有希望达到确定性。任何事物，无论是他人的意见还是自己通过感觉接受的东西，乃至一切在头脑中被放行通过的东西，都应当置于"怀疑"（*dubito*）的原则下。一当作了这样的思想清理之后，笛卡尔开始反思他的思考活动本身。即便他的确在每个观念上都被欺骗，他在思考这一事实　254

却证明了：他，也就是这个思想者，是存在的。他可以怀疑一切，但怀疑本身确立了一个无可辩驳的真理：他存在着。这一结论的表达，就是著名的"我思故我在"（cogito，ergo sum）；笛卡尔以之为不可摇撼的确定性之基和一切哲学的出发点。

大主教威廉·坦普尔（William Temple）把笛卡尔为获得确定性而从世界中隐退隔离的那日，视为欧洲史上最具灾难性的日子。笛卡尔的方法性怀疑，以及方法性的信念即个体存在是哲学无可辩驳的出发点，产生了全新的视角：从以上帝为中心进行思想转为以人为中心从事哲学。坦普说："寻找人的灵魂可以安稳栖息的某种新基础，是十分紧迫的了。如果人不能在他所处其中的整个万物架构中找到这种栖息地，他就必定要在自己的完善性里面去寻找。"[39]笛卡尔的理性主义成功地开创了"现代自我"或者说"主体性转向"，它从客观地居于圣经启示的知识，转向由人的理性给予证明和赋予真实性的知识。[40]

启蒙运动和此前哲学之间的差别可以通过这一有趣现象体现出来：奥古斯丁早在好些世纪之前就在《驳学园派》里用过"我思"论证来反驳怀疑论。不过，奥古斯丁和笛卡尔的论证表现了他们在世界观上的基本差异。奥古斯丁的"我思"之形成，有客观性的基督教信念背景，在这一信念里，认识上帝是首要的。自我存在的确定性是为着更高的目标即认识上帝而服务的。"我思"只不过是思想中的一个很小部分，而思想本身是以上帝为中心的，唯有上帝自己才是自我持存且自足的。

笛卡尔的"我思"开创了现代性的整体进程。自我确证、理性化的自足，成为笛卡尔基础主义的立足点。[41]不管接下来的17、18世纪认识论采取什么形式，它们都采纳了笛卡尔的预设，使笛卡尔与过去的决裂深化。笛卡尔的全新方法——**怀疑；我思想，所以我存在**——给出了主体性的、理性的起点，一个人类赖以自主的理智性的阿基米德点，它为以后的所有哲学探讨定下了基调。虽然笛卡尔主义之后还有许多让欧洲思想着迷的体系，但它把思想置于新的基石之上：以人为中心的、世俗的基石。

255　　笛卡尔并没有遗忘上帝，大多数启蒙哲学家也没有。一当把理性的自主确立为知识的基础之后，笛卡尔就转向上帝问题。笛卡尔有自己的本体论证明：他的上帝观念和其他观念在形而上学本性上就不同，而既然较不完满的存在不能产生本性完满的观念，则本性完满的观念必然来自更完满的存在也就是上帝。初看起来，作为笛卡尔体系中的第二个观念，上帝似乎有着关键性的作用。但事情并非如此;上帝被归结为笛卡尔体系内承担某种功能的东西。正如詹姆士·柯林斯(James Collins)所说:

> [笛卡尔运用上帝观念,]这并不表明理性主义系统是宗教性的,或者说在结构上是以上帝为中心。相反,上帝被用来为体系自身的目的服务。上帝在回应怀疑主义的通盘计划中成为一个主要齿轮,但也只是一个齿轮,使科学精神和对实在的理性解释建构咬合在一块。[42]

这样,笛卡尔以上帝观念为桥梁,沟通"我思"和对实在的知识。笛卡尔让上帝为自己的体系服务,这就导向了现代性中的宗教边缘化。在私下里,笛卡尔是一个虔诚的天主教徒——他在得出"我思"思想后,向圣母点了一支蜡烛;但天主教仍只是他的个人信仰,而不是他的公众性哲学的主导因素。笛卡尔对上帝的哲学化处理,表明了现代性的转移:上帝不再是超然的、位格性的统治者,值得虔诚崇拜敬拜,身心顺从,而成了一个为哲学家服务的自然神,好使他的哲学在体系上能自圆其说。

当启蒙运动结束时,对宗教信仰的局限化,也就是视其为和哲学思辨相分离的私人信念之事,已经成为现代世界观的典型特征。此前,宗教改革思想家所关注的正是公众生活,认为它是一个竞技场,在其中,基督教对位格性的超然上帝的信仰,将会在多个领域里显明力量,从而改变文化生活的每一个方面;而如今,公众生活成为理性与科学之世俗运用的专区。

17 世纪理性时代的哲学家为更激烈的世界观转折预备了道路,这种转折就出现在 18 世纪的法国哲学家那里:伏尔泰、卢梭(Rousseau)、狄德罗(Diderot)、爱尔维修(Helvetius)、霍尔巴赫(d'Holbach)和孔多塞(Condorcet)。[43]这些人不是专业哲学家,却是为理性时代以来开始的认识论革命张目的斗士。

托兰德和廷德尔都认为自己是"基督教自然神论者",把基督教带入又一个发展阶段,而法国的自然神论者否认自己和基督教有任何干系。对启蒙运动的一种印象——它是古代异教疯狂的反基督教报复——来自这些思想家对王权与教权的攻击,对独裁君主与天主教教会之控制法国生活的反抗。他们试图打碎"古代政体"(anciene regime)对法国文化的羁绊。法国启蒙思想家提出,基督教坚持启示、禁欲和神秘主义,坚持人不能抛开恩典自己拯救自己,这一切,都在希腊罗马的精英那里造就了某种悲剧

256

性的"失去勇气"。古代思想家之所以没能实现理性生活的热望，就是因为基督教教父利用了希腊哲学并将其置于启示与神学的制约下。基督教虽然遏制了早期的西方心灵，但现代启蒙思想家领军发起了反转性进攻。启蒙思想家的目的是夺回原本属于哲学的东西，提出时代的新精神，而这只不过是"恢复勇气"而已。

伏尔泰（1694—1778）是法国启蒙运动的典型代表，他的要求是"扫除［基督教组织的］昭彰罪恶"（*Ecrasez l' infame*）。借着一系列手册、戏剧、诗歌、手稿和论文，他断然斥责天主教为压迫性的庸俗迷信。他曾有两次逃亡，当时都是正值公众意见不满他对基督教犹太教的批判之刻薄。[44] 他讥讽神学的所有主要教义：三位一体、原罪、代赎、马利亚的童贞，认为这些都违背了理性和自然宗教。他的谩骂充满机智，富有热情，义愤填膺。和赫伯特勋爵理性主义的归结呼应，他对自然宗教有一个简单定义："对全人类都通用的道德原则"。我们是以这些道德原则来崇拜至高存在，而超出这种崇拜之外的其他任何行为都是扭曲："人唯一当读的福音就是伟大的自然之书，这是由上帝之手写，盖着上帝印记的书。这种单纯而永恒的宗教不可能产生恶，正如基督教的狂热不可能不产生恶一样。"伏尔泰的企图不是净化基督教，而是在法国境内彻底扫除基督教。

尽管伏尔泰对基督教有恶毒敌意，但他并不是一个无神论者。[45] 他声称自己是个有神论者。在《形而上学论》（*Treatise on Metaphysics*）里，伏尔泰提出了托马斯式的上帝存在论证。他拒绝接受任何启示性的证据，拒绝护理，甚至因为恶的问题而质问上帝的善，这些都表明他是一个激进的自然神论者。他一度说，即便上帝不存在，人也应当发明出一个上帝来。在他最著名的戏剧《老实人》（*Candide*）里，伏尔泰拒不接受那种轻率的乐观主义，而这种乐观主义恰是某些理性主义的特征。1755 年万圣节那一天，地震与海啸袭击了里斯本，教堂中的数千崇拜者遇难，而妓院里的人都活了下来；伏尔泰于是质问：这般的恶，如何能符合蒲柏的名言："存在的就是正当的"，符合莱布尼茨的信念——现实世界是所有可能世界中的最佳世界？在《哲学通信》（*Lettres philosophique*）里，他同样猛烈抨击帕斯卡尔，因为他接受奇迹，接受奥古斯丁派信念如堕落（原罪）、预定以及上帝恩典之不可或缺。

法国哲学家对宗教的重新界定，对理性与科学的信心，产生了对人类进步的日益自信。[46] 随着科学不再为神学目的服务，中世纪的观念——神学是"科学的女王"，让位于这样的观念：科学是一系列自主的学科，不仅为人类提供独立于启示的知识，而且提供用以改造政治秩序的工具。牛顿的运动定律让人们相信，某种决定人类行为的类似定律也存在。现代的科学主义[47]出自这样的信念：在自然事件与人类事件之间有精确的平行之处。正如普遍法则掌管自然事件，也存在这样的人性法则，就等着人去发现。人类事务的科学所需要的只是它的"牛顿"来到，以便为人的不断进步铺路。[48]

法国的宗教运动

258

詹森派和帕斯卡尔

两种有着各自不同世界观的宗教运动反抗着法国启蒙运动——17世纪的詹森派和18世纪的反启蒙运动。布莱斯·帕斯卡尔（1623—1662）是一个詹森派，反对笛卡尔主义及其对自主理性的内在自信。[49]帕斯卡尔的声名来自他的数学天才、真空实验，以及计算器的发明，他在以《思想录》（*Pensées*）为名出版的集子里，为天主教做新的护教。他为詹森派辩护，这是天主教的一个改革运动，旨在恢复奥古斯丁的独作说，强调恩典的绝对必要，反对耶稣会的合作说和道德良心论。[50]

《思想录》的世界观无论和皮浪主义怀疑论、笛卡尔理性主义，抑或与耶稣会的神学道德教导，都有深刻不同。帕斯卡尔的某些辩护模仿传统护教学，使用神迹及成就的预言。但他对人的灵魂有令人难忘的心理分析。他称人是一个悖论性地集伟大与悲惨于一身的怪物。虽然皮浪主义、理性主义和教条主义可以部分地解释人的悖论，但只有堕落与道成肉身的基督教教义才能解释人的这两方面。人类两难的解决之道既不是笛卡尔式的分析与怀疑，也不是道德良心的决疑，而是探索人的心。

帕斯卡尔结合了对人心极其主观的探寻与对圣经之客观权威的诉求，这就让人不禁想起奥古斯丁。圣经显示的是一个"隐秘的上帝"（*Deus abscoditus*，赛45：15），对于分析理性的思辨而言他是隐匿不可达的，因为人的罪是顽梗的。无论人怎么伟大，试图通过笛卡尔式的理性来寻求上帝的人都找不到他。帕斯卡尔特别谴责笛卡尔只是用上帝来推动一下世界让其运动起来，然后就把上帝丢开再也不要。帕斯卡尔说，笛卡尔将演绎模式强加给上帝，这就误用了理性及理性方法，因为它们只能用在几何与科学里，不能用于基督教信仰。

259　帕斯卡尔最具建设性的方法是以心为人类经验之直觉的、综观的核心："心有它自己的理由，理性对其一无所知"。[51]帕斯卡尔在此肯定，心是核心性的人类经验官能，心的目的是把握第一原则，人的思想的其他部分是由此引出的。帕斯卡尔并不非难真正的理性，他非难的是笛卡尔式的误用。虽然笛卡尔理性地进行论证，但帕斯卡尔说，心通过直接性的意识来直觉地观看。心的领悟不是经由概念和三段论。心通过直觉或者情感知道第一原则，而这里的情感不是一种情绪性的感觉，而是信仰中的确信。心把第一原则当作直接性的经验来直觉。人之所以知道自我和上帝，不是因着"我思"的逻辑，不是因着本体论的证明，而是因着心的直觉性感知。

帕斯卡尔并不主张非理性的唯信主义。虽然被直觉到的第一原则[52]为数很少，但理性的任务是在圣经启示的范围内形成一个连贯观点。由于是心而非理性经验到上帝，帕斯卡尔界定信仰时用的首先不是知性的表达；他使用情感性的表达（上帝被心所知觉），并且肯定信仰是上帝的恩赐。上帝自己将信仰注入人心，这产生的不是"我知"（*scio*）而是"我信"（*credo*）。

帕斯卡尔并不从世界观里排除客观真理。他诉诸圣经的权威教导作为整全性知识的基础。没有圣经，我们能知道的只有黑暗，而圣经以耶稣基督为内容。真正的智慧在于避免两个极端：完全排除理性或只是求助理性。一方面，如果我们只是向理性求助，信仰就不再有神秘的或超自然的维度；另一方面，如果我们拒绝理性，宗教是荒谬的。

17 世纪人心的自满，其救治之方乃是存在的震撼，而这是帕斯卡尔有效使用的方法。他在一场赌博中向现代世界观提出了最具触动性的挑战：让冷静超脱的法国赌者面对生命中的最大风险；最终极的赌博是上帝存在还是不存在。如果你赌上帝存在，而上帝的确存在，那你就赢到了最后，赢得了永生。另一方面，如果你赌上帝存在，而上帝却不存在；或者你赌上帝不存在，而上帝也的确不存在，那么，这两种情况下你都没有损失什么有终极性意义的东西。不过，在另一个相反的极端里，如果你赌上帝不存在而上帝却又存在的话，那你的损失就是无可限量的。一个人要是知道生命的赌注和利害所在，他怎么会选择赌后者呢！[53]

帕斯卡尔从未完成他的全面护教。他意图证明基督教是唯一能为怀疑者提供确据的世界观，并揭露贸然的理性主义何其愚蠢。只有除去狂傲和造作的心，才会开始认识上帝。帕斯卡尔对流行世界观的批判，挑战着启蒙运动以人为中心的视角。他反对凭随己意的自主的主体性。他把心对上帝之恩典和权威启示具有的回应，当作真理的基础，以反对自主的理性。皮浪主义和笛卡尔主义的争论，表明理性没有能力达到知识的确定性。理性自身缺乏笛卡尔自以为在"我思"里已经确立的基础。帕斯卡尔要求心带着它的秩序，担起重任，以启示来抵制理性的傲慢宣称。而正是这种要求被启蒙者骂为最新版本的奴役或者"失去勇气"。这样，帕斯卡尔在《思想录》里的意图就再清楚不过：拒斥理性主义的早期成功，劝诫有文化的法国知识界来一个世界观上的回转。[54]

反哲学运动

正如笛卡尔哲学在 17 世纪引起帕斯卡尔的激烈回应，同样，反启蒙的有力运动也出现在 18 世纪法国。启蒙运动的敌手将他们的对头称为"启蒙思想家"。[55]反对启蒙思想家的人声称，自主的理性颠覆了信仰，加剧了谬误，表明自己自发且独立。启蒙思想家一味信赖思想，毁掉了传统敬虔，挪去正直生活里不可少的约束，为人的情欲掌握人的行为大开方便之门。功用主义趋于把快乐和痛苦当作行为的首要动机，这产生的只是不道德的犯罪行为。传统德风松弛，家庭价值削弱，只会加深政治秩序的失控。

反对启蒙的作家谴责启蒙者，说他们滔滔地雄辩诸如人民的主权、各阶级的平等、社会契约的利益等等，来推广共和、民主观念。他们对启蒙者的常见控诉就是"英国狂"。他们把教会与国王连在一起："不敬畏上帝的人，也不会尊敬国王"，一个撰稿人如是说。宗教上的宽容来自新教影响，而这种影响会把信仰淡化成贫乏无味的相对主义。

反启蒙者只需引用启蒙思想家的著作就可支持他们的种种指责。一位撰稿人一揽子地谴责说："我谅你也举不出一个错误（不管它是多么荒谬）……会是启蒙思想家在［只有］理性火把的带领下时，没有犯过的。"[56]麦克马汉（McMahon）引用的反启蒙作家瑞格利·德朱维尼（Rigoley de Juvigny）在 1787 年发出这样一串不满：

再没有什么东西能阻挡当今时代盛行的捣毁一切的精神。哲学已经渗透到每一个地方，败坏了每一样东西。……德性如何还能保持纯净呢，既然吞噬一切的奢华（luxe）已经败坏了种种德性；样样事物都在骨子里在精神里透着独立与自由，把我们引向决裂——与国家决裂、与社会决裂，使我们成为自私自利者，对善与恶，美与丑同样地漠不关心、无动于衷；错谬的、不知感恩的哲学成心要扑灭我们心中对父母的牵挂，要绞杀我们与生俱来的对国王的爱，对国家的眷恋……总之，既然什么责任、什么原则、什么行为准则、什么宗教情操，这一切的观念，都已经统统失去？[57]

救治启蒙运动之谬误的良方在于恢复传统。早在埃德蒙·伯克（Edmund Burke）对法国革命作出一针见血的分析之前，反启蒙人士就提出，如果人将自己和传统的宗教信仰、德性、风俗割开，得到的只有混乱。只有传统的天主教能将家庭聚合在一起，能制约人们不去犯滔天大罪，并能让人对法律权威有尊敬和自持。

这样，法国也见证了现代文化的最早期冲突。两边都坚守自己的立场，互不相让。启蒙思想家相信，唯有启蒙能救法国，能将法国从过时的宗教与政治统治下的颓势里挽回。反启蒙者以同样的热情相信，保持传统宗教是完全必要的。每一边都诉诸他们以为自明的原则，为赢得法国人的心激烈论战。启蒙派在 1789 年欢呼自己的原则获胜，而当革命在罗伯斯庇尔手里走偏时，反启蒙派声称自己的原则终于得申冤屈。

²⁶² 德国的启蒙与觉醒

德国虔敬派

虔敬派[58]是 17 世纪大陆上的福音性觉醒，和 16 世纪宗教改革时期的重洗派十分相似。两派都认为，路德对称义的法学性理解——"唯独恩典"和"唯独信心"，作为神学上的客观性革命，需要在个人的主体性革命方面得到相应补充，而这就是个人性的悔改经历。菲利普·雅各布·施本尔（Philipp Jakob Spener，1635—1705）是法兰克福的一个牧师，他对路德式的经院主义僵硬正统日益失望，但却被英国清教徒的经历性反思深深震撼。

施本尔相信，热情不再的教会需要改变对基督教的理解。施本尔借助基督教深厚的神秘主义传统，指出基督教与其说是一套理智信念，不如说是实践性信仰。1675 年，施本尔在《敬虔之愿》（"衷心渴望真福音教会进行为上帝悦纳的改革"）中，将他的观点表达为六个命题。

1. 基督徒应当研读圣经，但不是为了理智性的学术目的，而是为了提升个人敬虔。

2. 基督徒应当诉诸路德的"信徒皆祭司"，来培养更广的平信徒参与。平信徒侍奉的目的，在于通过彼此的教导更正，来唤醒处在属灵消沉中的信徒。

3. 基督教的重点不在于它是一套被人相信的作为生活方式的教义。虔信派的核心就是：强调经历性的信仰，并将其他宗派趋于融合的东西二元性地分开来。

4. 基督教护教学应当关注的是赢得一个人而不是赢得一场神学辩论。在神学讨论中，节制宽容的精神应当代替针尖麦芒的辩论。

5. 由于牧师应当在虔敬上做会众的表率，所以神学教育应当在牧会所需的知性预备以外，强调经历性的预备。选择牧师时，道德素质和灵性素质比理智能力更重要。

6. 实践性经历的福音布道应当代替教条性的神学宣讲。布道应当朴素，其目的是为了建立信众的敬虔："既然我们整个的基督教都在于内在的新人，他的灵魂是信仰，而信仰应当结出生命的果子，所以，我以为最重要的事就是：讲道应当完全为着这个目的。"

由这些原则引出的实践，使虔敬派的世界观在日常生活上表现独特。虔敬派以个体的主观方式表达基督教，要求人人都经历到一种自我意识到的、有确切日期的皈依经历，一种新生。虔敬派从未排斥救赎的客观性质（法学性称义），但他们更强调主观经历（重生、皈依、成圣）。他们不大谈虔敬的理智性方面，而多谈实践性的基督徒生活。能够表明真实信心的，不是正统信纲，而是以禁欲为特征的尽力而为伦理，如饮食上节制、穿着有分寸、不跳舞不进戏院，也不玩牌。

虔敬派的律法主义倾向，因着对慈善与宣道的热衷而缓和。在施本尔的后继者奥古斯特·赫尔曼·弗兰克（August Hermann Francke，1663—

1727）的领导下，哈勒大学作为虔敬派的理智中心繁盛起来。弗兰克发起了三个特别的项目：一所"教育机构"（Paedagogium），也就是学校（1696），它通过经常性的祈祷与礼拜，细心培养孩童的虔敬；孤儿院（1696），该院不久就收养了 130 名孩童；丹麦哈勒差会，它在派遣宣教士方面是先锋（差往南印度的就有 60 名）。

虔信派的出现与逐步衰退是在 18 世纪，但它作为一个世界观而有的影响并不局限于此。它虽然发自德国路德派，但对摩拉维亚派、公理会等欧洲与美国的宗派有着很大影响。虔敬派最持久的成就，就是以其个体主义、皈依主义、道德主义与积极行动，对现代福音运动有着潜移默化的影响。

伊曼努尔·康德

德国启蒙运动在伊曼努尔·康德那里达到了影响力的顶峰。[59]康德重塑了认识论、伦理学和神学，并体现了启蒙运动精神的各个不同方面。

颇有趣的是，康德的生平就显示了以上帝为中心和以人为中心这两种思想之间的张力。康德出生于虔敬派家庭，所以他早年的生活世界远离严峻的哲学推理。康德的母亲在家庭圣经里所记的条目很能概括家庭的宗教氛围："1724 年 4 月 22 日，周六清晨五点，我的儿子伊曼努尔（Immanuel，即中文和合本圣经所译"以马内利"，其意为"与神同在"。——译者注）出生来到这个世界，23 日接受了神圣洗礼……愿上帝为着耶稣基督的缘故，在他的恩典之约里保守他，直到他有福的将来之日，阿门。"但弗里德里克学院严格的宗教体制让年轻的康德畏缩，而他在那里待了八年。那里对每个孩童所作的辅导，都旨在让他们表现出深深的宗教情感。据说，康德后来谈到，每回想起那些童年受奴役的日子，他都不禁恐惧战抖，而且因此余生里再也不能祈祷唱诗。

有好些年，康德都在哥尼斯堡大学里默默无闻地工作。随着他革命性的认识论著述出版，康德成为新启蒙时代的核心哲学人物。我们将主要考察四部著述，每一部都反映了主导康德全部思想的主题：人类在生活的各方面都应当自主。

我们能认识什么，又是如何认识的？康德在《纯粹理性批判》（1781）这本变革了西方思想的书里回答了这个认识论问题。康德说，休谟的怀疑论将他从"教条主义迷梦"（就是对理性主义形而上学的接受与满足）里唤醒，从此担负起重估人类理性的任务，将他的前人所开启的逐条思路综合起来。康德的论点，即知识始于但不出于感觉经验，使理性主义路线与经验主义路线结合起来。通过将经验主义与理性主义相综合，康德回应了休谟的怀疑论[60]，在知识的各要素中消除了启示的可能性。康德声称，他在事物的现象界与理念的本体界之间所作的区分挽救了科学与宗教，但代价是双重的二元分立：实在领域里本体论上的二元分立，以及知识与信仰之间的认识论上的二元分立。[61]科学家可以无妨碍地努力探寻自然及其运行法则，由此得到"知识"；神学家可以继续思辨上帝，思辨灵魂本性，由此得到"信仰"。康德不仅把认识论上的优先性给了科学，而且还让科学与神学互不为谋。事实与价值之间持续至今的冲突，就是由康德引入的。

通过分析理性所作的判断，康德得出，心灵包含的不是天赋观念而是十二范畴或说"理智纯粹概念"（如因果性、实体），这些概念对从感官接受过来的东西进行组织。康德把心灵的这种运作称为"哥白尼式的革命"，因为是客体合乎心灵的运作而非心灵合乎客体。严格说来，在康德那里，心灵并不产生知识，但是知识是由认识者的理智范畴所塑造的。心灵不能透过物理性的现象，把握"物自身"（*Ding an sich*），如柏拉图的理念。它仍是不可知的。另外，理性也当然不能知道超越于现象界之外的东西。康德说，当理性试图探寻诸如灵魂、自由和上帝的存在这类问题时，就会无可救药地在无出路的二律背反里纠缠不清。虽然这些理念具有范导性功能，使我们对世界，对自身在世界中的位置等的思考变得有序，但它们自身并不是真正的知识。

康德对心灵赖以思考的范畴做了超验演绎，对这些范畴在知识形成过程中所起的作用也做了超验演绎，这些演绎正是他之所以要生造"世界观"这么一个新词（这个词恰是本书主题）的基础所在。于康德而言，人类理性的自主是关键所在。康德主张，我们赖以思考的这些范畴有其自身合法的完善性和功能性，也就是说，它们无需诉求任何心灵之外的东西，例如启示。否则的话，那将成为他治，即理性被它自身的内在权威"之外"的其他法则所统治。在康德看来，他治只会让此前时代的状况延续下去，让人们没有能力自己思考。

在谈到人们对启蒙事业日益感到的不确定性时，康德进一步为人类自主的必要性申辩。对现代问题的回答如此之多，让人们不禁想知道，启蒙运动有没有内在的一致性，如果有，那是什么？柏林的一家报纸为了弄清这点，提出了"什么是启蒙？"这一问题，并向当时最知名的代表人物寻求答案。康德 1784 年提交的答案如下：

> 启蒙是人从他自己造成的不成熟里摆脱出来。不成熟就是：没有能力不借助他者带领而运用自己的理解力。这种不成熟，当它出于如下原因时，就是自己造成的：不是没有理解力，而是没有勇气和决心，来不借助他者带领而运用自己的理解力。"Sapere Aude！"（勇于知），"勇敢地运用你的理解力！"——这就是启蒙运动的格言。

康德是在写作了第一个《批判》之后写下这段话的，但他由此揭示了自己所有著述的主题——人类理性如果要想被启蒙的话，就必须自主地起作用。人类心灵是**自治的**（也就是自主自足的），不应当或出于自愿或出于强迫地顺从自身之外的其他权威。这种顺从将形成**他治**（服从自身内在范畴之外的其他法则或原则）

266　　康德忠于自己的格言"勇于知"的体现之一，就是提出：在公开的谈论中有对宗教作批判的自由，这是启蒙时代的本质需要。[62] 在私下里，一个教会或派别可以要求它的牧师或学者忠于标准信条。牧师有义务在答疑、教导与讲道里持守教会教义。但在公众场合，一个牧师或学者必须有"完全的自由甚至责任，来告知公众他出于善意且经过熟虑后，对于某信条之错误所在抱有的想法，以及对于宗教事务或教会事务提出的建议"。康德清楚地在公众生活与私人宗教之间划了一条界线，这条界线正是基于《批判》里所肯定的二元分立。康德提出，随着现代人在理性探寻中不断进步，随着现代人的宗教一步步地愈加理性，从而终止"诸般荒谬的不断延续"，这种双重的真理标准会变得越来越无必要。

在《实践理性批判》（1788）里，康德回答第三个主要问题："什么是善，我们如何能行善？"正如人类有纯粹理性的先天范畴，从而决定所是的东西，同样，人也有实践理性的先天范畴，这就是义务感，它会发出无例外可言的命令。康德把这种命令称为"绝对命令"："只按你的意愿能成为普遍规律这一准则行动。"康德的表述看起来类似耶稣所说的："你们愿意人怎样待你们，你们也要怎样待人"（路 6∶31），但康德坚持，道德性不在于神圣权威——那样将是他治——而在于理性的自治。人类心灵包含着能决定善的道德原则，它独立于外在权威、内在动机或觉察到的后果。[63]

康德肯定了意志自由、灵魂不朽与上帝存在，但这些都不是我们能认识的。它们不过是**必要的公设**，为的是满足人类道德经验的需要。笛卡尔使上帝成为一个沟通我思与外在世界的手段，同样，康德也让自由、灵魂和上帝服务于至善（summum bonum，就是美德与幸福的一致）的目的。康德说，命令预设了完成命令的能力，因此，为了完成绝对命令，必须设定意志在道德上是自由的。但理想的状况在今生是达不到的。善并不总是带来幸福，而恶也并不总是招来惩罚。因此，我们必须预设无穷的时间，这样人们（不朽的灵魂）可以在行为上不断进步，而那些在今生未能因为自己的行为得到正当报偿的人也将得到报偿。为了实现这个理想，我们就必须设定存在这样一个存在者：它完全适合审判、命令，适合使幸福与美德一致，而这个存在者就是上帝。康德就以这种方式，使上帝在他的哲学中占有一个位置，但他显然是使上帝服务于他的哲学，而不是以上帝为他的哲学的决定性基础。通过分割伦理学与神圣权威，康德为第四个也是最后一个问题即宗教的性质，铺平了道路。

267

康德在《纯然理性界限内的宗教》（1793）里，致力于这个问题："什么是宗教，以及我们如何能在上帝那里成为义？"他是在此前著述里发展起来的人类自治观念下，论述这个问题的。虽然许多学者忽略他的这部论著，但它的论题、方法、内容和结论都形成了康德整个事业的拱顶石，对启蒙运动的世界观革命是一个总结，使康德的哥白尼式的革命引出了自己的结论：以道德的自然神学来重塑基督教。[64]

康德虽然以基督教为终极的伦理宗教，但他除去了它的一切特征性教义。他对基督教核心元素的否认和再诠释，使许多人称他为"〔19世纪自由派〕新教的哲学家"。康德一开始就提出，人性中存在"根本的恶"。于康德而言，根本的恶就是顺从感官动机而不是道德动机（这也是康德对《创世记》3章亚当夏娃之堕落的解释）。让绝对命令屈从于其他官能如感觉性欲望，这就败坏了道德情性；于康德而言，影响所有其他道德选择并导致心的扭曲的，就是这一准则。但"心的扭曲"远不是一味拒绝道德律的"背叛者"具有的邪恶："人（甚至是最邪恶的人）都不会处在任何准则之下，以至于会以背叛者（拒不遵守）的方式来拒绝道德律。"

这样，康德提出了现代的人性观：虽然人性中有恶，但这恶是可以被克服的。康德显然不认为如下状况是什么好事情："在人里面有一种向恶的自然倾向。……这一恶之所以是根本的，因为它败坏了所有准则的基础；并且，它作为自然倾向是人的力量所不能消除的，因为要做到消除只有通过善的原则，而如果所有原则的终极性主观基础都被设定为堕落的话，那这一消除是不会发生的……"许多人以为，康德的"根本的恶"就是原罪的另一种说法[65]，当时的一个人还讽刺康德，说他提出"不能消除的"某种什么"自然倾向"，真是"粗俗地玷污了他的哲学家外袍"。然而，康德还说过，"同时，它既然发生在人这种行动自由的存在物里面，则它必定是有可能被克服的"。这样，康德对恶之存在所作的分析，以及他对道德进步的可能性之信念，正是来自自主自治的人类理性，并预设了道德自由。而对恶，对道德进步，对人类理性与道德自由的上述理解，正是现代世界观的首要特征。

康德对人性的理解显然有别于传统观念，即败坏遗传说或亚当之罪的立约归咎说。在康德那里，堕落不是一个将全人类拖入罪之中的历史事件。康德说，在"理性宗教"里，最不可接受的（"最无能的"）原罪解释，就是以原罪为历史事件。故而，人应当寻求一种理性渊源，在这种渊源里面，"亚当"指的不是第一个人，而是每一个人的代表，他是对每一个人腐化自己天性的那些行为做的理性描述。康德在总结了《创世记》2章和3章之后写到，"这一切都清楚表明，我们在日常行为里也是如此行为的，所以'在亚当里众人都犯了罪'（罗5：12），并且今天仍在犯罪……"

在康德那里，既然圣经教导说人类意志不是内在腐化的，而是被"某个原本有更崇高地位的"精灵所诱惑而受害，所以人性必然"仍有进步的能力"，因为善的种子仍然保存着。这样，按照康德，人的意志仍保留着道德法则内容（即绝对命令），仍拥有道德自由，仍可作出选择，让道德动因重新恢复它应有的对性情进行统治的地位。换句话说，在康德那里，人都知道绝对命令，都有必要的道德自由，来选择遵照绝对命令生活。康德明确地表达了现代人性观："人必须**自己**将自己造就成（或是已经造就成）他所是或将是的东西，无论这一东西在道德意义上来说是善的还是恶的。"他援引《约翰福音》3：5（这是虔敬派经典的"重生"经文），来肯定道德上的革命而非改良是必要的："人只是因着某种如新创造一般的重生才能成为新人。"[66]康德意识到，这和早先他自己所说的——准则的腐化不可消除（不可被完全摧毁）——互相矛盾。但这种矛盾只是凸显出神学教条与道德之间的不可调和。

这就促使康德区分两种宗教，一种是真正的也就是道德的宗教，一种是不真实的也就是崇拜的宗教。后者取悦人，教导人们说，靠着罪的豁免（也就是靠着那些可以赢得上帝悦纳的行为，如祈祷与圣礼），人就得到了幸福，而无需靠着行出"**善的生活的行为**"以使自己"变得更好"。在康德体系里，道德与崇拜这两者可说是有天壤之别，以至于"救赎"或者说"在上帝那里成为义"这一宗教目的，从完全依靠上帝的恩典，变成作出配得上帝之赐福的行为。康德明确地宣称，"于人而言，知道上帝为了他的救赎而在做什么和已做什么，并不是关键所在，因而也并非必要；但是，知道人**自己必须做什么**，才能配得上上帝的帮助，这才是关键所在。"这一宣称改变了基督教，使之从恩典的宗教——上帝给了人靠着他自己不能做到的，也就是，上帝赦免了人的罪——变为依靠自我努力的宗教：人通过自己内在的道德革命来提升自己。

康德进一步描画了现代的基督观，而他对于耶稣基督从未直言其名，只是以"教师"或"导师"相称。康德把耶稣理解为"善之原则的人格化理念"，并由此来理解《约翰福音》1：1—13及3：16。耶稣不是永恒的和存在论意义上的上帝之子，也不是父上帝为了赎人的罪而差来的，而是一种理性原型，是道德善的人格性体现，而道德善是在理性里的。康德说，虽然人并不需要他们在理性中已经拥有的东西的某个经验例证，但是圣经却这般地以神人同性论自圆其说——上帝差派自己的儿子为他人赎罪，而这个观念却有"最具危害性的后果"。也就是，某些人会"把它变成**客观决定论的特定系统安排**"。于康德而言，这样的观念在道德上是可谴责的。康德为现代宗教定调，否认"根本的恶"是"某种**可以传递**的罪责，就像财产上的债务一样可以被转给他人，而于债主而言，是欠债者自己还债，还是别人替他还债，这都是一回事"（参考安瑟伦的《上帝何以化身成人》）。康德说，实际上"［罪债］是所有债务里最个人性的……唯有犯罪者自己能承担它，而没有哪个清白的人能承担它，哪怕这个人慷慨得愿意为了他人的缘故而担负它"。[67] 故而，对代赎的信念不但不能成为救赎的基础，而且还在实际上构成了伦理上最终的不负责。

康德在救赎过程中同样运用自治原则，强调皈依的主体性质。救赎发生在内在性情的回转改变中，在此个体经历了"旧人的死亡"，并且"将肉体钉上十字架"。"而这些东西是新人在上帝之子的性情中所担负的，并

269

且它只是出于善的缘故才这么做，因为这些东西作为**惩罚**而言实际上属于他者也就是旧人（旧人的确就是道德上的他者）。"这样，康德虽然还在使用圣经语言，但却把基督在十字架上的客观性工作，代替成信徒在内心里的主观性工作。

270 　　最后，康德论述了上帝之国的建立和虔敬行为，这就圆满了他的现代宗教观之诠释。康德说，理性宗教的目标是将个体联合成一个共同体，一个展示出"地上的上帝之国"的真正特征的社会性联邦。康德用第一批判里的四个范畴来描述"可见的真教会"：量（普遍性）——数目上的单一：没有宗派的分裂；质（本性）——纯洁：不应当有任何迷信的或狂热的成分，否则将破坏其本质上的道德属性；关系（自由）：真正的道德社会不会允许任何等级阶层制或"先知先觉制"，不会以此来在个体之间作区分；模态（不变性）：它必定包含了确定的原则和基本的法律，它们不是任意的，也不会自相矛盾。[68]

　　在康德那里，纯洁的宗教信仰必须将主要注意力放在与理性宗教一致的道德教训上，尤其是在历史性启示出现的地方。康德援引《提摩太后书》3：16—17（陈明圣经之权威性与启示性的经典经文），提出启示的主要目的是教导道德真理，而它正是"所有圣经诠释的最高原则"。对圣经的一切诠释，都必须通过理性测验，不可建立在情感之上。当有人建议对《诗篇》中的咒诅诗句的道德性最好表示沉默时，康德极不屑并且反驳："我要尝试另一种优先的选择，就是使新约文本和我自己的自我持存的道德原则保持一致……"康德斥责犹太教，认为那是本性更低的宗教，因为它的仪式律缺乏道德内容，也因为以种族为基础的选民观念将多数人都排除在外。

　　伊曼努尔·康德对基督教的改革是现代思想构建过程中的顶尖成就，它将基督教变成终极性的自然神论宗教，无需神迹或其他外在性证实。他的先天论将道德性宗教和假崇拜的宗教相对立起来。假宗教包含着善良行为之外的其他东西。由此，康德反对任何宗教性的虔敬，视之为了赢得上帝的欢心而操纵的巫术。康德的这些原则成为 19 世纪基督教自由派神学的理智基础。虽然施莱尔马赫和黑格尔对基督教作了剧变性改造，但他们的工作模式和笛卡尔所做的以及 18 世纪的康德所做的没有什么不同：他们都是以基督教来适应当时的思想形式。康德之前的启蒙者已经强调了人的自治，康德则以之为著述中心。

美国的启蒙与觉醒

美国的启蒙运动

　　美国经历了欧洲启蒙运动的不同方面：英国有节制的启蒙、法国的怀疑主义启蒙、苏格兰的教导性启蒙。[69] 启蒙思想在美国政治领域的影响最为显著。世俗主义既否认传统宗教信条，也导致如下问题上的巨大变化：应当如何建构政治秩序，政府的本性如何，政府权力的合法性何在，在何种情况下人们有权反抗不公正权力。

　　托马斯·潘恩（Thomas Paine，1737—1809）拥护英国、法国和美国出现的新的自由观与独立观。他生于一个贵格派家庭，曾在英国和极端的非国教者来往，后来发表了三篇著名文章：《常识》（*Common Sense*，1776），是对美国独立战争的辩护；《人权》（*The Rights of Man*，1791），是对埃德蒙·伯克的《反思法国革命》（*Reflections on the French Revolution*）的回应；《理性时代》（*The Age of Reason*，1794—1795），对启示宗教进行了猛烈的攻击，以至于人们把潘恩所说的时代称为"痛苦时代"。虽然潘恩诉诸撒母耳之驳斥以色列人希望有一个国王的要求，来否认君主制是合法的政府形式（参撒上 8：6—22），但他的著述基本而言不会诉诸任何启示权威。事实上，潘恩引用的是："人类的自然权利"、"每个人的关注所在，而自然已经给了他存在的力量"、"理性与原则的影响"，以及作为"常识"之基础的"万物的普遍秩序"。他肯定了自己通过法令进行的理性自治："我的原则是普遍的；我的情感所在是全世界，而不是某个特别地方；我所推广的，是正确的东西，而不管它来自哪里，来自谁。"

　　在这一认识论基础上，潘恩在《人权》中为政府提出了一个完全世俗的基础。潘恩采纳了洛克的"被治理者的一致"，除去政府基础中的任何神学性成分。我们或许可以说，洛克在政治领域里引入了"信徒皆祭司"的新教原则，以之为古代拉丁城邦式的联邦国家的哲学基础。

　　不过，和仅只是要求政府有一个新基础比起来，其他一些观念更为激进；而这是出于为脱离英国而辩护的需要。虽然基督徒数世纪来都在辩论革命的合法性问题，但现在，这一问题在殖民地有了新维度。伯克曾经抗议法国哲学家把革命的合理性建立在无神论以及与过去的传统体制相割裂的基础上。潘恩则挑战英国的阶层等级制，提出政府的基础只在于人人都有的平等权利。洛克认为人类政府建基于上帝的这一允许：丈夫与妻子有形成婚姻关系的自由。但潘恩预见到的共和国却建立在对人民的自然权利抱有的共同信念上："每个时代都应当和它以前的时代有着同样的自由，来在所有的事务上，为自己采取行动……每一代人都有而且也必须有能力达成时代所要求的一切目标。"过去的政府都依赖祭司，通过迷信将意志加之于民，而征服者则通过武力来统治，相比之下，在自由的现代时期，政府的基础应当是"每一个个体自己"。潘恩如是总结："……每个人都在自己个人的、统治的权利中，进入与其他人之间的契约中，以产生出政府：并且这是政府唯一的合法产生方式，也是其唯一的合法存在理由。"

潘恩的论证为美国的独立渴望火上浇油。他赞美自由，说那是人类最重要的事业："我们有自由的能力，好让世界重新开始。"但还是要到托马斯·杰斐逊（Thomas Jefferson）那里，才在《独立宣言》里，以更保守的语言，来宣布有神论和自然神论都能接受的革命权利。《宣言》成为世界观革命的记录，因为它肯定政府的基础是关于上帝、人与治理的一些自明真理，而这种治理和英国等级制的优先权是不同的。文件首先概括了对人权与社会契约的种种违背带来的不公。杰斐逊的这份政治声明中的核心观念到底是什么，这仍是激烈辩论的话题，但它建立了由宗教改革和启蒙运动的原则而来的革命之先例，这应当是最主要的事实。宗教改革给出了这样的信念：所有的自由，都建立于脱离罪的自由，并且革命不是暴民行为，而是在权势官长的带领下进行的。洛克和潘恩的著述给出的更多是对人权与自由的世俗性评价。

美国的大觉醒

新大陆的宗教图景表现了我们在欧洲见到的特征。美国既表现了多样的宗派性，也表现了显著的复兴，这复兴将殖民地与新国家推入 18 世纪。启蒙运动对传统宗教造成的冲击表现为一位论的流传（主要是在新英格兰），以及自然神论的短暂影响，尤其是对 1812 年战争之前的政治领袖层的影响。但是殖民时期的基层信念仍旧是主流性的传统有神论世界观。

虽然"新光明"觉醒者吉尔伯特·滕能特（Gilbert Tennent）、西奥多·弗里林海森（Theodore Frelinghuysen）、乔治·怀特菲尔德（George

Whitefield）都为复兴殖民地的教会而竭力奔忙，但 18 世纪美国的主导人物却是清教徒乔纳森·爱德华兹（Jonathan Edwards，1703—1758），一个牧师、福音派人士、神学家、哲学家和护教家。他在美国精神塑造中的贡献有：为大觉醒辩护；表达一种以宗教情感为内容的宗教观；细致可信地为传统加尔文主义辩护，反对启蒙思想家的世俗世界观。[70]

爱德华兹不仅参与大觉醒，而且也为之辩护。《信实的记述》（A Faithful Narrative）是为福音派复兴运动的合法性辩护的数本书里的第一本；他在该书中极仔细地记载了 1734—1735 年间发生在北安普敦他的教会里的复兴。诋毁者说大觉醒只是"一时冲动"，因为随着剧变性的悔改而来的，还有情绪上的迸发，而爱德华兹则称复兴是"上帝的奇妙作为"。爱德华兹谴责某些复兴主义同伴的粗滥，在其经典《信实的记述》里，对圣灵的真正特征作了描述，将其和其他那些不能证实复兴之真实性的特征区分开来。爱德华兹系统性地驳回了反复兴主义对情感性现象（爱德华兹称为"否定性迹象"）提出的抗议，因为这类现象在我们判断复兴是上帝的工作还是撒旦的假冒时，并没有什么参考价值。

爱德华兹提出了"肯定性迹象"，这些特征合乎圣经的标准，就是《约翰一书》所说的圣灵之工的特征。真正的复兴应当促进对基督的敬拜、对罪与撒旦工作的抵挡、对圣经话语的喜爱和对基督徒弟兄的真爱。故而，任何抵挡大觉醒的人都处在抵挡上帝的危险中。爱德华兹还将大觉醒置入更广的历史背景中，指明复兴并非只是局部性的现象。事实上，美国的大觉醒是上帝最新一次的更新教会的阶段性行为，并且，令人兴奋的是，这一觉醒正和赫尔曼·弗兰克领导下的德国虔敬派复兴运动同时发生。这样，爱德华兹就以加尔文主义的世界观为基础，在他的数部著述里为复兴运动作了经典辩护，这一辩护成了福音派运动的基本解释，直到下世纪复兴运动的世界观急剧改变。

在《宗教情操论》（Treatise on Religious Affections，1747）里，爱德华兹为大觉醒的宗教先天原则辩护。他拒斥了两个极端：极端的新光明派，他们通过一种操作性手法，哄骗听众，以及极端的老光明派，他们以为宗教只是简单的知性上的信念之事。但宗教既不在于单纯的情感也不在于单纯的理智。爱德华兹坚持真正的宗教在于"圣洁之爱"，由此他就将情感官能与知性官能结合起来："真宗教在极大程度上在于圣洁的情操"。

爱德华兹描述了"真正出于恩典的圣洁情操"的十二个特征。[71]第四

274

和第五个特征，即"属灵的理解"和"确信"，表明爱德华兹在理智与情感之间所作的精微综合。通过前者，爱德华兹拒斥了那些以宗教为理智信念之事的反复兴主义者："圣洁的情操不是有热没有光；它总是出自对某些信息的理解，出自心灵接受到的某些属灵教导，出自某些光或实在知识。"但单纯的概念理解虽然抓住了一些信息，却不能改变意志。所以，他使用了圣经对心的论述，并以心为人的中心和宗教的所在："圣经在各个地方都的确在很大程度上把宗教置于情感里面，例如恐惧、希望、爱、恨、渴望、喜乐、悲哀、感激、同情与热情。"信徒不单只是赞同某个真理，而且还表现出某种超出知觉但靠近心的切身品尝与体验。爱德华兹说，借着哲学推理，"人们就有了一个指引，以便判断言辞与行为具有的本性美、大度、得体、严肃与崇高等等"；类似地，"圣徒心中由圣灵赐予并保持的神圣的品尝体验，可以使他们以类似的方式得到一种指引，由此分辨行为中真正属灵的圣洁之美……"爱德华兹拒绝在心与头脑之间作比较。

第五个特征则给了知性理解某种确信，这种确信能够抓住和推动整全的自我。确信来自理解，没有理解它是不可能的。但确信也表现为经验的直接性："上帝的灵照亮心灵，使其对事物的本性有正确理解；他就像是揭开了事物或者说启示了事物，让心灵能与它们面面相对并看见其本性。"爱德华兹由此不仅总结了他的宗教先天原则也总结了他的认识论先天原则。宗教与知识既有客观的知性成分，也有同样重要的主观成分。圣经对心的描述将这两种成分结合起来，以表现人类经验的统一性。虽然爱德华兹的语言有时候可能反映了一种有误的心理学，但他比许多人都更成功地统一了人的理解、情感、想象与意志。接下来的六个特征肯定了这一点。爱德华兹的清教传统令他宣称：只有上帝才知道谁是真正被救赎的；没有一种可用来判断人心的确定方法。不过，他说："出自恩典的圣洁情操在基督徒的实践中会表现出来，会有其果效。"

275　　　爱德华兹的最后一个贡献（也可能是他最大的贡献），就是一生不懈地在世俗世界观面前表达一种可靠可信的基督教世界观。[72]爱德华兹相信，只有改革宗基督教能提供一个连贯的、让人满足的世界观，而相比之下，在夹道欢迎中前进的启蒙运动只是"反照出来的黯淡微光"。爱德华兹一生都完全地参与到美国及海外的智识环境中，广泛地阅读艺术、科学、哲学与神学著作。他在《意志的自由》与《原罪》里，为加尔文主义作明确的神学辩护，回应人类自治、人类完善的现代观念；此外，他计划写作一本庞大全面的书，来证明全部的艺术与科学，如何一当往前推进时，就给上帝带来荣耀，就会表明它们是上帝意旨的明证。

爱德华兹后来作了两篇论文，部分地完成了上述目标：《上帝创造世界的目的》（*The End for which God Created the World*）以及《美德论》（*The Nature of True Virtue*，1765 年在他逝世后出版）。在前一篇文章里，爱德华兹表达了一种基础性的世界观，并反驳了现代自由思想家的预设。爱德华兹说，启蒙哲学家错在从人的幸福而不是上帝创造万物的目的这一观点来看事物。笛卡尔以来的思想家以人类自治为基础来理解与诠释事物，而爱德华兹坚持，万物（而不单单只是神学）只有在相关于上帝时才能被完全理解。爱德华兹秉承奥古斯丁传统，以三位一体以及为着被造物的福祉而来的上帝之爱的交流为出发点。

爱德华兹的独特创造观，让他的解释有了更重大的意义。爱德华兹相信，人类思辨只是在神学以及目的论的背景下才能合理地起作用。上帝创造万物的目的在于他自己的荣耀。[73]爱德华兹的结论是：护理的存在，表明上帝不是只在时间的起始从虚无中创造了万物；毋宁说，上帝每时每刻都从虚无中创造。爱德华兹坚持在上帝之荣耀的大背景里理解一切，包括理解人的幸福，他还以《罗马书》11：36 保罗的祝愿语作为自己的著述导言中的主题："一切的光都来自上帝，并且属于上帝，又都返回到它所来自的那个源始。这样，万物都**出于**上帝、**属于**上帝和**归于**上帝；在这整个过程中，上帝是起始、中间、末了。"马斯登评论说："〔这段话〕概括了他全部思想的核心前提。"爱德华兹的上帝不是沟通我思与实在之分裂的上帝，不是启示那些人的理性也可以支配的东西的上帝，也不是目的王国里既道德又智慧的管理者的上帝，而是救赎的至高君王的上帝，是无尽地卷入世界维护世界的上帝，是在与他联合的被造物的赞美中得荣耀的上帝。上帝的自我启示，揭示了这样一种宇宙观：人的历史是被造、堕落与被拯救的历史，是在信心中得享与上帝之联合的历史。在这里有着人的真正幸福："联合愈为密切，则愈幸福；当幸福达到完全时，联合也达到完全。"虽然爱德华兹的宗教虔敬中道德行为是很重要的因素（他对道德纪律的清教式激情是罕见的），但人们表达对上帝之荣耀的合适崇拜手段，却是敬拜、祷告等敬虔行为。

在第二篇文章《美德论》里，爱德华兹讨论了当时流行的这么一个期

276

待：哲学在等着它的牛顿来到，此后就将建立起自主自治的道德性，由此获得现代科学得到的那种承认与尊敬。如此宏大的计划将既具备理性基础又具备经验基础，将出自这样的信念：实在的内在结构正是那些"自明"原则。

爱德华兹以极重要的告诫来探讨这种自信，而这种告诫是从他第一篇论上帝之荣耀的文章里得来的："任何事物，倘若不以上帝为**起始**与**归依**的话，就不会有真德行的本性。"他没有像在《上帝创造世界的目的》中那般，大量引用圣经，而是以这样一个命题为基础作了超验性的论证：真正的美德本质而言在于对普遍意义上的存在的仁爱。在上帝及上帝的意志之内来看待万事万物就意味着：仁爱只能发自已经皈依上帝的心；仁爱如果不通过最可能广的视界即上帝自己来表达爱，就只能是极其低下的东西。

爱德华兹的论证类似奥古斯丁《上帝之城》中的关于爱与和平的各种形式的等级秩序观念：任何次于爱上帝，次于与上帝和好的东西，都只是昭彰的恶。"那些由私人性的情感所影响，不顺从普遍存在的人，是把特殊的或局限的对象置于普遍的存在之上；而这最自然地导致对后者的敌视。"爱德华兹的结论是："……这些宗教或道德哲学的**体系**，不管在某些方面，关乎对**人类**的仁爱以及由此而来的其他德性，谈得有多好，却既没有在**根子**上，也没有在与此根子**相关**的，或是由这一根子**引出**来的其他美德上，将至高的爱与敬畏归给上帝，所以，它们都不是哲学的真体系，在根子上和本性上都是有缺陷的。"

爱德华兹的宗教与伦理体系形成了一个连贯整体。只有当人与上帝联合，并且调整自己的生命，去爱那上帝所爱的，上帝的幸福才会成为他们的幸福，并且与他人之间的仁爱与公义才会实有果效。爱德华兹提出的有神论世界观是以圣经角度为背景的，这就与建立在人类自主自治之上的现代哲学正好相反。

结论：文化之争的开始

启蒙与觉醒时代见证了西方思想中巨大的世界观转变。在现代社会起步的时候，有神论正统以各种体制形式的宗教（主要为信义宗、加尔文宗、圣公会和罗马天主教）在欧洲和美国占据主导。虽然这些宗教性的世界观在教义上以及敬虔行为的实践上有分歧，但传统宗教，正如前面各章所述，仍在维护着它们的传承。

到了17、18世纪，传统的视野遭遇了新的哲学与宗教路线。在世界观里出现了极大的多样性：从进攻性地反基督教的自然神论，以及公然的世俗性视角，到传统宗教的各样修正。对传统宇宙论的挑战与竞争，出自科学革命及现代哲学，并且很快就积蓄了控制形势的力量。"启蒙"一词（无论人们可以对它做多少种解释）渐渐地用来指一种主要不是通过启示而是通过理性证明与经验调查来看待事物的新方法。当人类自治代替了上帝的治理时，星空不再一样，神迹似乎与自然律不符，启示权威不再有引发信念的力量，传统的救赎教义没有给现代感知带来希望与慰藉，而是令其厌恶。在启蒙思想家那里，宗教的先天原则无疑就是道德原则，通过人的努力（和上帝的些微帮助）就可达到。

和这些启蒙思想相抗争的是各种形式的福音主义宗教，它们分布在英国、法国、德国与美国，成为世俗主义的替代力量。虽然在某些方面有出现主体性的趋向，但福音派人士都赞同圣经的权威性和诚挚的皈依经验，赞同从事以基督的十字架救赎之功为基础的公益性慈善事业。世界观上的巨大差异显然搭建了一个舞台，上演的戏剧是：争夺西方的心——这是一场名副其实的文化之争。

许多人在分析当代的文化之争时都将其起源追溯到19世纪，因为那时出现了后现代主义的早期形式，如拒斥传统观念的浪漫主义、马克思主义、达尔文主义与尼采哲学。但文化之争的根源其实可以追溯至更早的时代，我们适才对世界观上的天壤之分所作的考察，正表明了这一点。舞台上的主角们都不认为自己的世界观只是一种私人信念。他们都不认为自己的观念只是在人类生活的私人性维度里才起作用。启蒙者和觉醒者都相信，他们的世界观足以既引导公众生活也引导私人生活，并且为达到这一目的而相争。他们采取的行动也类似。他们都为自己的观点辩护，与对手展开笔战。为了达到自己的目的，他们都提出了适用于个体人与社会人的道德，因为他们都相信自己的观念在政治、经济和社会上有意义。简言之，所有的争夺者都认为自己的世界观是一种通盘的、一揽子的东西，能够超越自己的独特性，适用于普遍的人类处境。

278

阅读书目

Baumer, Franklin, *Modern European Thought : Continuity and Change in Ideas.* New York: Macmillan, 1977.

Becker, Carl L. *The Heavenly City of the Eighteenth-Century Philosophers.* New Haven, CT: Yale University Press, 1932.

Bebbington, David W. *Evangelicalism in Modern Britain : A History from the 1730s to the 1830s*, London: Unwin Hyman, 1989.

Brown, Colin. *Christianity and Western Thought : A History of Philosophers, Ideas and Movements.* Vol. 1, *From the Ancient World to the Age of Enlightenment.* Downers Grove, IL: InterVarsity Press, 1990.

Brown, Dale W. *Understanding Pietism.* Grand Rapids: Wm. B. Eerdmans, 1978.

Campbell, Ted. *The Religion of the Heart : A Study of European Religious Life in the Seventeenth and Eighteenth Centuries.* Columbia, SC: University of South Carolina Press, 1991.

Collins, James. *God in Modern Philosophy.* Chicago: Henry Regnery Company, 1959.

Copleston, Frederick C. *A History of Philosophy*, 9 vols. Garden City, NY: Image Books, 1962—1965.

Gay, Peter, *The Enlightenment*, Vol. 1, *The Rise of Modern Paganism.* New York: W. W. Norton, 1966.

——. *The Enlightenment.* Vol. 2, *The Science of Freedom.* New York: W. W. Norton, 1969.

Marsden, George M. *Jonathan Edwards : A Life.* New Haven, CT: Yale University Press. 2003.

May, Henry. *The Enlightenment in America.* New York: Oxford University Press, 1976.

McMahon, Darrin M. *Enemies of the Enlightenment : The French Counter-Enlightenment and the Making of Modernity.* Oxford: Oxford University Press，2001.

Outram，Dorinda. *The Enlightenment*. Cambridge：Cambridge University Press，1995.

Passmore，John. *The Perfectibility of Man*. New York：Scribners，1970.

Schneewind，Jerome B. *Invention of Autonomy：A History of Modern Moral Philosophy*. Cambridge：Cambridge University Press，1997.

Stoeffler，F. Ernest. *The Rise of Evangelical Pietism*. Leiden：Brill，1965.

Toulmin，Stephen，*Cosmopolis：The Agenda of Modernity*. Chicago：University of Chicago Press，1990.

Turner，James. *Without God，Without Creed：The Origins of Unbelief in America*. Baltimore：Johns Hopkins University Press，1985.

279

讨论问题

1. 启蒙思想家和觉醒思想家有什么共性？

2. 支持宗教私人化与边缘化的人常常会辩驳当时的宗教觉醒者或复兴者的哪个观点？

3. 弗兰西斯·培根的归纳法和牛顿物理学如何为现代世界确立了新的思想范式？

4. 虽然"有神论"和"自然神论"有共同的词源，但它们怎么会表示两种截然相反的世界观呢？当你听到这两个词时，脑中的第一反应是什么？

5. 本章的基督教思想家和他们之前的那些时代的基督教思想家对理性的结构与可靠性所作的解释有什么不同？

6. 关于什么才是真正的"宗教行为"，康德的观点与此前从旧约到改革宗的观点有何不同？

7. 康德的"根本的恶"听起来似乎和基督教的"原罪"类似，但实际上两者并不相同，为什么？

8. 尼古拉·沃特斯多夫借用康德的宗教著作的措词，写了一本名为《宗教界限内的理性》的书。这一书名上的改变意味着什么？

9. 卫斯理的"四边形"和宗教改革家对权威的看法有何不同？

10. 卫斯理完善主义的不同表述和哲学家对人性的乐观态度之间有何可比较之处？

11. 设想一下笛卡尔会如何回应帕斯卡尔对笛卡尔式的理性作的批评。

12. 在本章所涉及的对"信仰"与"理性"的多种理解里面，哪种让你最满意？哪种让你最不满意？试解释你的理由。

13. 你认为虔敬派的主张是基督教的合理表达吗？为什么？

14. 概括一下法国启蒙思想家与反启蒙者之间的差别。反启蒙者和帕斯卡尔有何不同？

15. 康德声称他的认识论正是哲学中的"哥白尼革命"。试评估他的声称。

16. 试给出康德对启蒙运动所作的定义——"勇于理解"——的多重含义。他对同时代人提出的挑战，和中世纪、文艺复兴、宗教改革时期里的理性之运用，有什么可比较之处？

17. 解释康德如何区分自治与他治。

18. 康德为什么相信崇拜的宗教是"不真实"的？

19. 康德所引入的真理双重标准（私人性的与学术性的）意味着什么？我们是否有证据可以说，这样的标准在今天仍然存在？

20. 人类自治的观念如何极大地影响了托马斯·潘恩的不同著述？

21. 试比较下述人物对皈依的不同看法：马丁·路德、约翰·加尔文、菲利普·施本尔、约翰·卫斯理、伊曼努尔·康德、乔纳森·爱德华兹。

22. 爱德华兹如何正适合人们对"清教徒"的成见？他又如何突破这一成见？

23. 比较康德和爱德华兹对"宗教"的定义。他们会如何彼此批判？

注释

[1] Peter Gay 的两卷本 *The Enlightenment：An Interpretation*（New York：W. W. Norton & Company，1966）仍旧是经典的解释著作；从两卷书的副标题可看出他解释的独到处："The Rise of Modern Paganism"与"The Science of Freedom"。Gay 的著作是对 Carl Becker 的 *The Heavenly City of the Eighteenth Century Phi-*

losophers（1932）一书的回应，该书宣称，哲学家有一种幼稚的信心，以为靠着理性的自主与力量，就可以在地上建立乌托邦。

［2］最近的研究对启蒙时代作了新鲜评估。一些学者甚至提出，启蒙运动无论是在理智进程上、时间发展上，或在地理分布上、社会界限上，都很少有什么同一性。参考 Dorinda Outram 的 *The Enlightenment*（Cambridge：Cambridge University Press，1995）。

［3］Henry May 对"启蒙运动"的各种修饰性说法包括："有节制的"、"怀疑主义的"、"革命性的"、"教导性的"。参考 Henry May，*The Enlightenment in America*（New York：Oxford University Press，1976）。

［4］有意思的是，两派用于自称的比喻——"启蒙"与"觉醒"——都给人相类似的想象，并且都有力地争取了追随者。启蒙者将过去描述为理智与道德上的黑暗，如果人们接受哲学与科学提供的世界观，则社会就会从中解脱出来。另一方面，觉醒者笔下的西方在灵性的昏沉中窒息，而只有建基于传统基督教之上的剧变性宗教经历，才能将个人与文化从道德的属灵的衰退里挽回，为他们注入新生命。

［5］参考 Catherine Drinker Bowen，*Francis Bacon：The Temper of a Man*（Boston：Little，Brown and Co.，1963）；Anthony Quinton，*Francis Bacon*（New York：Hill and Wang，1980）；Jerry Weinberg，*Science，Faith and Politics：Francis Bacon and the Utopian Roots of the Modern Age，A Commentary on Bacon's Advancement of Learning*（Ithaca，NY：Cornell University Press，1985）。

［6］培根的《新工具》（*Novum Organum*）只是他的《伟大的复兴》（*Instauratio Magna*）中的一部分，《伟大的复兴》旨在复兴几个世纪以来就处在衰退中的思想。虽然历史学家传统上都把哲学上的"基础主义"之确立归于笛卡尔，但显然培根对科学也抱有类似想法。

［7］培根预示了一个新时代，在这个时代里，归纳科学为掌握自然给出了钥匙。在一些人眼里，培根拥护的是基督教的世界观：他拥护《创世记》1：26—28 的文化使命，即顺从上帝的律法，管理上帝的造物。另一些人则认为，培根在勇敢地预言理性的人类将成为自然的主宰者。从这一观点看来，培根结合了基督教的护理观与普罗米修斯神话，而普罗米修斯神话给人类力量以控制自然，让他们通过实验有力量照自己的愿望重塑自然。

［8］最早有案可查地使用"自然神论者"一词的是 1564 年的一个加尔文派信徒 Pierre Viret，照他的说法，使用这个词的是一帮信上帝但既不信耶稣也不信基督教教义的知识分子，他们为了有别于"无神论者"，而以"自然神论者"自称。Viret 和16、17 世纪的很多人一样，不理会这种辩护，径直称呼他们为"无神论者"。参考 Ernest Campbell Mossner，"Deism"，*The Encyclopedia of Philosophy*，vol. 1，Paul Edwards ed.（New York：Macmillan，1966）。参考 Michael Hunter and David

Wooton, eds., *Atheism from the Reformation to the Enlightenment* (Oxford: Clarendon Press, 1992), 以及 Alan Charles Kors, *Atheism in France, 1650—1729*, vol. 1, *The Orthodox Sources of Disbelief* (Princeton, NJ: Princeton University Press, 1990)。自然神论者选集有 Peter Gay, *Deism: An Anthology* (Princeton: Van Nostrand, 1968)。

[9] 参考 John A. Butler, *Lord Herbert of Cherbury 1582—1648: An Intellectual Biography* (Lewiston, NY: Edwin Mellon Press, 1990)。

[10] 有趣的是，赫伯特要上天给他一个神迹，来回应他的祷告，好让他知道是不是该出版自己的论文集！

[11] 洛克以心灵为"白板"，这就不仅拒绝了笛卡尔的理性先天论，也拒绝了加尔文的这一主张：所有人内心中都印着某种对上帝的感知。

[12] 虽然第一性的质（"各个部分的体积、形状和运动"）是物体"实在的"性质，第二性的质（"热、白或冷"）却不是："它们并不实在地在物体中，就犹如疾病或痛苦并不实在地在食物中。拿去对这些性质的感知：让眼睛不再看见颜色，耳朵不再听到声音，鼻子不再闻到味道，则所有这些作为特别观念的颜色、味道、气味、声音，都会消失逝去……"

[13] Colin Brown 声称，洛克企图把传统护教学和理性主义结合起来，这就建立了另一种形式的基础主义，而基础主义就在于主张信念应当有合理的基础。Colin Brown, *Christianity and Western Thought: A History of Philosophers, Ideas and Movements*, Vol. 1 (Downers Grove, IL: InterVarsity Press, 1990), 225。

[14] 洛克宣称教育是人在道德上得以提升的途径，他提出的这种世俗救赎法和传统的基督教观念即唯有上帝的恩典才能拯救，乃是相悖的。这样，洛克就开启了这一不同形式的现代观念：人是可以完善的。在洛克的影响下，许多人把教育看成阿明尼乌或卫斯理的预先恩典之尘世对等物。不管人们把人类完善的信心放在世俗基础上，还是放在某种修正了的恩典观上，结果都是同样的：人性观与人之救赎的方法观上的革命。

[15] 对洛克宗教信念的同情叙述可参考 Victor Nuovo, "Locke's Theology 1694—1704" in M. A. Stewart, ed., *English Philosophy in the Age of Locke* (Oxford: Oxford University Press, 2000)。Nuovo 认为洛克的《基督教的合理性》一书是反对自然神论的护教著作，并认为洛克的观点与圣经的传统诠释是一致的。也可参考 S. G. Hefelbower, *The Relation of John Locke to English Deism* (Chicago: University of Chicago Press, 1918)。

[16] 第一定律：**惯性**。任何物体，若无其他力量施加在它上面迫使其发生改变，它就会保持在静止或匀速直线运动的原有状态中。第二定律：**加速度**。作用力等于动量（mV）上的变化除以时间上的变化。当质量不变时，作用力等于质量乘以

加速度，即 F＝ma。第三定律：**作用力与反作用力**。每一个作用力都有一个方向相反大小相等的反作用力。

[17] 泛神论和万有在神论都不同于传统有神论。传统有神论明白地将作为创造者的上帝与作为被造物的世界区别开来。泛神论强调上帝的内在性，将上帝等同于宇宙。万有在神论则一方面强调上帝的内在性，另一方面也强调上帝的超越性。

[18] 牛顿的伟大从他晚年的一段话里可见一斑："我不知道世界会怎样看我的工作，但在我自己看来，我似乎只不过是一个在海滩上玩耍的小孩，一会儿发现几块更光更亮的石头，一会儿发现几块更斑斓更多彩的贝壳，而在我面前伸展的巨大的真理海洋，是我从未探索过的"，见于 John L. Beatty and Oliver Johnson, eds., *Heritage of Western Civilization*, vol. 2 (Englewood Cliffs, NJ: Prentice Hall, 1991), 53. 对他自己的显著发现所作的这般谦卑的评价，以及他的基督教信仰背景，都和后来的科学普及鼓吹者不时表现出来的傲慢形成鲜明对比。

[19] 牛顿公开承认的个人信仰是基督教。事实上，他除了在科学中有显著成就，还对细节性的神学问题有极大兴趣。他出版了论约翰《启示录》及旧约《但以理书》的著作。虽然他的神学观点中有不合乎正统之处——他拒绝三位一体的核心教义，但他相信科学和基督教信仰是完全一致的。

[20] 参考 Richard Olson, *Science Deified and Science Defied: The Historical Significance of Science in Western Culture*, Vol2: 1620—1820 (Berkeley: University of California Press, 1990), 以及 Simon Schaffer, "Newtonianism" in *Companion to the History of Modern Science*, ed. Robert Olby (New York: Routledge, 1990)。

[21] 参考 Margaret Jacob, *The Radical Enlightenment: Pantheists, Freemasons and Republicans* (London: Allen and Unwin, 1981), 以及 Robert E. Sullivan, *John Toland and the Deist Controversy: A Study in Adaptations* (Cambridge, MA: Harvard University Press, 1982)。

[22] 洛克拒绝他的追随者超出他的理性三重区分。

[23] 参考 John Leland, *A View of the Principal Deistical Writers: British Philosophers and Theologians of the 17th and 18th Centuries*, 3 vols. (London: B. Dod, 1756—1757; reprint New York: Garland Publishing, 1977)。

[24] 廷德尔的宗教观点显然不同于《威斯敏斯特小教理问答》的第一对问答所表达出的经典的清教观念："什么是人的首要目的？" "永远荣耀上帝，永远以上帝为乐。"

[25] 对休谟怀疑主义的出色阐述，可见于 Brown, *Christianity and Western Thought* 235-258。

[26] 休谟对自我的理解反映了现代自主自治性的自我之出现，这种理解不同于根植于圣经启示的。

［27］引自 Brown，*Christianity and Western Thought*，241。

［28］参考 Colin Brown，*Miracles and the Critical Mind*（Grand Rapids：Eerdmans，1984），79—100，其中讨论了休谟在反对神迹中所起的关键作用，而神迹是基督教护教学的部分内容。布朗还讨论了休谟拒绝接受那些即便是合乎他自己的准则的神迹报告，因为他相信自然规律是不可违背的。布朗的这一讨论和下面我们要谈论的詹森派特别相关。

［29］David Bebbington 在 *Evangelicalism in Modern Britain：A History from the 1730s to the 1980s*（London：Unwin Hyman，1989）一书中，列举了福音运动的四个区别性特征：因信称义基础上的皈依；积极的行动，踊跃地参与各样事工如宣道、监狱改革、废奴；热心的圣经至上主义，以圣经为信念与实践的最终权威；十字架中心主义，以基督的代赎之死为基督教真理的核心。关于福音派之兴起，可参考 Mark A. Noll，*The Rise of Evangelicalism：The Age of Edwards，Whitefield and the Wesleys*（Downers Grove，IL：InterVarsity，2004）。

［30］参考 A. C. Outler，ed.，*John Wesley*（New York：Oxford University Press，1964）；Robert G. Tuttle，*John Wesley：His Life and Theology*（Grand Rapids：Zondervan，1978）；Henry D. Rack，*Reasonable Enthusiast：John Wesley and the Rise of Methodism*（Nashville：Abingdon，1992）。

［31］除了英格兰的觉醒运动之外，英国的其他地方也出现了福音派运动，如苏格兰的坎布斯朗复兴（the Cambuslang revival）。

［32］参考 Donald A. Thorsen，*The Wesley Quadrilateral：Scripture，Tradition，Reason and Experience as a Model of Evangelical Theology*（Grand Rapids：Zondervan，1990），以及 Thomas C. Oden，*John Wesley's Scriptural Christianity：A Plain Exposition of His Teaching on Christian Doctrine*（Grand Rapids：Zondervan，1994）。

［33］荷兰神学家阿明尼乌（1560—1609 年）是反对学院派加尔文主义的领军人物。阿明尼乌企图弱化某些改革宗的神学特色，为此甚至要求对《比利时信纲》和《海德堡教理问答》中涉及原罪、预定、代赎、圣灵之工、圣徒坚忍等教义的部分进行重大修改。

［34］独作说根植于保罗神学和奥古斯丁神学，相信因着人的罪性之彻底，所以上帝的至高恩典是个人得救的唯一原因。与独作说相对的是合作说，它认为在上帝的意志和个人的意志之间有某种合作或者说互动。

［35］在贺智（Hodge）看来，预先性的恩典是一种神圣的影响，它先于任何善的努力，在它的作用下，善的努力就可以得到"施赠的功德"（the merit of congruity）。按照卫斯理的重新定义，预先性的恩典是普遍性的过程，为的是使人不至被罪恶压制包围得没有能力选择对福音作出回应。

[36] 参考 John Wesley, *A Plain Account of Christian Perfection* (London：Epworth, 1952)，以及 Kenneth J. Collins, *The Scripture Way of Salvation：The Heart of John Wesley's Theology* (Nashville：Abingdon, 1997)。

[37] 参考下文所述法国哲学家的完善观念。

[38] 卫斯理和怀特菲尔德就预定论问题有激烈争论。怀特菲尔德持加尔文主义世界观，他在英国和美国各地布道。

[39] *Nature, Man and God*, Gifford Lectures 1932—1934 (London：McMillan, 1934), 57.

[40] 参考 Charles Taylor 在 *Sources of the Self：The Making of the Modern Identity* (Cambridge, MA：Harvard University Press, 1989) 中对现代的自治自主之自我如何兴起的透彻考察，以及 Jeffrey Stout, *The Flight from Authority：Religion, Morality and the Quest for Autonomy* (Notre Dame：Notre Dame Press, 1981)。

[41] "基础主义"指这样的认识论：它主张信念是在"基础信念"或者说"底层信念"之上才得到辩护（以及认识）。照基础主义看来，基础信念是自我确证或者说自明的，它是其他信念的基础。

[42] James Collins, *God in Modern Philosophy* (Chicago：Henry Regnery Co., 1959), 56. 坦普对这个问题的看法实质上也是一样的。他认为，笛卡尔哲学的"枢纽"虽然是上帝，"但它并不是宗教哲学，因为它没有设定任何上帝的自身价值，上帝只是这一机械体中的轴心部件。它并不以对上帝的知识来解释世界，而是使用上帝来为它对世界的解释辩护……上帝是在为我们的目的服务，而不是我们在为上帝的目的服务"，见 *Nature, Man and God*, 84。

[43] 法国哲学家包括了 18 世纪的这批法国启蒙运动知识分子。虽然主要人物都是法国人，并且虽然巴黎是现代思想的中心，但是法语里的"哲学家"指的却是一个国际性的团体，他们的目的是从 17 世纪的世界观成就出发，从中引出其逻辑结论。

[44] 参考本书第二章开头的伏尔泰引文。伏尔泰也攻击帕斯卡尔的《思想录》。

[45] 学者们常常指出，18 世纪有各种形式的自然神论，而无神论倒是很少。不过，有几个人物的确算得上无神论者，包括保罗-亨利·D·霍尔巴赫（Paul-Henry D' Holbach, 1723—1789），著有《自然体系》（*Systeme de la Nature*），德尼斯·狄德罗（1713—1784，《百科全书》成书时的编辑）。

[46] 参考 Carl Becker, *The Heavenly City of the Eighteenth-Century Philosophers* (New Haven, CT：Yale University Press, 1974)，以及 John Passmore, *The Perfectibility of Man* (New York：Scribners, 1970)。

[47] 科学主义是这样一种信念：科学的量化方法是获取知识的唯一道路，所有的质化学科如伦理学与宗教，都当被否定。Albert H. Hobbs 对科学主义的定义最为简

明："科学主义是这样一种信念：科学可以为一切人类问题给出答案，科学应当替代哲学、宗教、习俗与道德"，参考他的 *Social Problems and Scientism*（Harrisburg，PA：The Stackpole Company，1953）。

［48］孔多塞（Condorcet）表达了启蒙运动的希望：人类恰当地运用理性与科学就能取得进步。在 *Sketch for a Historical Picture of the Progress of the Human Mind*（1795）一书中，他将历史分为十个阶段，每一阶段都有标志性的文化事件可做区分。从头到尾他都坚持：基督教应当为压迫、蛮性和迷信等衰败迹象负责。在他所作的最后一个分期里出现的启蒙运动，是历史上出现的制服恶和建立公平社会的最大机遇。孔多塞相信，理性与科学一道，能够先知性地规划人的未来命运，并成功地除去个人与社会中的恶。

［49］参考 A. J. Krailsheimer，*Pascal*（Oxford：Oxford University Press，1980）；D. Wetsel，*Pascal and Disbelief：Catechesis and Conversion in the Pensées*（Washington，DC：Catholic University of America Press，1994）；Marvin R O' Connell，*Blaise Pascal：Reasons of the Heart*（Grand Rapids：Eerdmans，1997）。

［50］参考 Alexander Sedgwick，*Jansenism in Seventeenth Century France*（Charlottesville，VA：University Press of Virginia，1977），以及 Dale Van Kley，*The Jansenists and the Expulsion of the Jesuits from France 1757—1765*（New Haven，CT：Yale University Press，1975）。

［51］参考 Bernard Ramm，*Varieties of Christian Apologetics*（Grand Rapids：Baker，1976），39 页。

［52］"因为第一原则的知识，诸如空间、时间、运动、物质，和我们从推理得来的知识一样确定。并且推理必须信靠心的这些直觉，必须在每一个论证中都以它们为据……原则是被直觉到的，命题是被推演出的，它们都有确定性，但是方式不同。"

［53］参考 Nicholas Rescher，*Pascal's Wager：A Study of Practical Reasoning in Philosophical Theology*（Notre Dame：University of Notre Dame Press，1985）。

［54］帕斯卡尔的另一个世界观抗争针对耶稣会的道德决疑论。耶稣会由西班牙的伊格纳修·罗耀拉于 1534 年建立，它以宣教和教育上的成功著名，也以对教皇的耿耿忠心著名。帕斯卡尔写了匿名著作《外省人信札》来批判耶稣会在伦理问题上的或然说。耶稣会在伦理底线上，允许为那些有或然性理由支持的或然性行为留有道德余地，虽然这些或然行为的或然理由面对着相反的且具有更大或然性的理由。在帕斯卡尔看来，这一方法太过精微，在需要给出干脆直接回答的那些领域里，引入了道德上的不确定性。帕斯卡尔虽然明白作出伦理决定并非易事，但他指出，或然性的决疑论将毫无必要的含混性引入到公众的思想中，使最高美德不再具有刚性。帕斯卡尔批评教会已经丢弃了最伟大导师（奥古斯丁）的教导，转

而拥戴当时耶稣会的道德观。

[55] 学界向来未曾关注法国反启蒙支持旧体制的人士,不过,这一缺憾最近已经得到了弥补,这就是 Darrin M. McMahon,*Enemies of the Enlightenment*(Oxford:Oxford University Press,2001)。下文的分析受惠于本书的第一章 18—53 页。

[56] Ibid.,33.

[57] Ibid.,41.

[58] 参考 F. Earnest Stoeffler,*German Pietism During the Eighteenth Century*(Leiden:Brill,1973)以及 *The Rise of Evangelical Pietism*(Leiden:Brill,1965)。

[59] 参考 Ernst Cassier,Stephan Korner,and James Haden,*Kant's Life and Thought*,(New Haven,CT:Yale University Press,1986);Paul Guyer,ed. *The Cambridge Companion to Kant*(Cambridge:Cambridge University Press,1992);Norman Kemp Smith,*Commentary to Kant's Critique of Pure Reason*(Chicago:University of Chicago Press,1960);Stephan Korner,*Kant*,(New Haven,CT:Yale University Press,1982);Allen W. Wood,*Kant's Rational Theology*(Ithaca,NY:Cornell University Press,1978);Bernard Reardon,*Kant as Philosophical Theologian*(Totowa,NJ:Barnes and Noble,1988)。

[60] 有人轻蔑地说,康德在《纯粹理性批判》里只是把休谟原本的问题当作答案又递还给了他!

[61] 虽然有的学者还在争论以前的哲学家如柏拉图和阿奎那的哲学是否算得上本体论和认识论的二元论,但康德在现象界与本体界之间划界立"墙",却毫无疑问是二元论。

[62] 在这篇文章里,康德还提出,是否他生活的时代就已经是启蒙的时代。他的回答是:"不。但我们生活的时代正处在启蒙中。"

[63] 在另一部主要著作《道德形而上学的基础》(1785)里,康德说:"意志的自治就是意志的这种特性:因着它,意志就独立于任何所意愿之物的特性,而对于自己成为了法律。"

[64] 参考 Allen W. Wood,*Kant's Rational Theology*(Ithaca,NY:Cornell University Press,1978)。康德的这部著作如此重要,以至 Nichloas Wolterstorff 在对基础主义的批判里,扭转了康德的书名来作为自己的书名:*Reason within the Bounds of Religion*(Grand Rapids:Eerdmans [1976],rev. ed. 1984)。

[65] 康德论到人类的罪时,引用了保罗的经典文本,即《罗马书》3:9—10,他们"都在罪恶之下……'没有义人,连一个也没有'"。这里说的"消除"就是指"完全除去"。

[66] 康德将《约翰福音》3:5 和《哥林多后书》5:17 结合在一起。他也借用了保罗"穿上新人"的说法。

[67] 康德直接攻击代赎的合法性，说"一个理性的人如何会……真正严肃地相信"这种观念，并且"没有哪个有思想能力的人会让自己相信"这种替代观念。康德由此否认了约翰与保罗的观念：耶稣之死是罪的代赎祭。

[68] 参考宪制改教家所提的真教会标志：传讲福音、举行圣礼（洗礼与圣餐）、以纪律约束会众；并可参考重洗派在《施莱塞穆信条》里所提的教会的七个标志：信徒洗礼、禁绝（纪律）、掰饼（圣餐）、与世界分离、由会众选出牧师、不可动刀剑、不可起誓。

[69] 最后一种启蒙更多表现为 19 世纪苏格兰常识主义实在论在理智生活中的渗透。参考 May, *Enlightenment in America*。

[70] 参考 Robert Jenson, *America's Theologian: A Recommendation of Jonathan Edwards* (New York: Oxford University Press, 1988); Norman Fiering, *Jonathan Edwards's Moral Thought and Its British Context* (Chapel Hill, NC: University of North Carolina Press, 1981); Sang Hyun Lee: *The Philosophical Theology of Jonathan Edwards* (Princeton, NJ: Princeton University Press, 1988); Gerald McDermott, *Jonathan Edwards Confronts the Gods: Christian Theology, Enlightenment Religion, and Non-Christian Faiths* (New York: Oxford University Press, 2000); Robert E. Brown, *Jonathan Edwards and the Bible* (Bloomington, IN: Indiana University Press, 2002)。

[71] 这里我参考的是 George Marsden 的出色分析，见他的 *Jonathan Edwards: A Life* (New Haven: Yale University Press, 2003), 284 - 290。参考 William J. Wainwright 对爱德华兹的情感引导理性这一观点的分析: *Reason and the Heart: A Prolegomenon to a Critique of Passional Reason* (Ithaca, NY: Cornell University ty Press, 1995)。

[72] Marsden 对爱德华兹在世界观上的贡献所作的阐述很出色。参见他的 *Jonathan Edwards*, 459 - 489。

[73] 在一篇早些时的文章里，爱德华兹详细地阐述了他对牛顿出色的自然法则发现所做的思考："如果重力被撤回，整个宇宙都将在顷刻间归于无有。"自然法则不单是对机械因果性的解释，而且描述了上帝在护理宇宙中发挥的直接作用，恰如保罗在《歌罗西书》1：17 说的："他在万有之先，万有也靠他而立。"

9

理智上的偶像捣毁时代
——针对有神论的 19 世纪反抗

理查德·林茨（Richard Lints）

　　如果说"革命"一词还能恰如其分地用于哪个世纪的话，那它肯定可以用来形容 19 世纪。无论如何，这是一个理智上的动荡时代。在这一阶段的开始，信仰和理性普遍被认为是共存共容的。学者们习惯性地将早期现代科学的兴起根据，理解为基督教的被造物之井然有序信念。[1]到了这一世纪的末了，信仰和理性却普遍被理解为互不相容，两者之间势不两立。A. D. 怀特（A. D. White）颇具代表性地谈到"科学与宗教之间的战争"。[2]在欧洲与美国，对上帝的信仰在 19 世纪的末端时比起世纪初时要脆弱得多。

　　革命的核心冲突针对着圣经有神论的基础性宣称：上帝存在并且创造世界，又以他的形象造了人，他并掌管历史，将万有带到恰当的归宿。偶像崇拜则试图以人的形象造神。有意思的是，19 世纪的理智主义者也认为偶像崇拜是可恶的。不过，他们把问题颠了个个儿，因为世俗先知的结论是：基督教就是理智上的偶像崇拜的最明显例证，因为它照着人的形象，或至少是照着人深处的需要，造了一个神。在激进思想家看来，基督教的上帝看上去太像一个理想化的人：恩慈的、怜悯的、有勇气、能宽恕，以至无法把它当真。故而，他们把许多理智上的力气，用在捣毁宗教偶像上。这些思想家无误地借用宗教的语言，以之为揭露宗教（如果不是说毁灭宗教）的首要手段。

对大多数普通人而言，不信还远不是一个选择，但圣经有神论在知识阶层那里却日益受攻击。[3]证明的重负在一个世纪内发生了转移。随着时间的流逝，原先被看做在理智上站不住脚的无神论，现在成为在理智上更合情合理的东西。到这个世纪的末尾时，许多我们在本章将考察的重要人物都认为无神论在理智上和圣经有神论是平等的。随着无神论日益少让人反感，有神论在欧洲和美国的地位岌岌可危。

如果对上帝的信仰至少还应当部分地被维持，那也是把上帝当作一个裂缝之中的上帝，其存在只是为了弥补人类日益扩张的科学知识中的空白。当神秘还存在的时候，上帝就还可以继续存在。一当科学除去了神秘，就不再需要上帝。由于这些直觉性的结论，上帝在被排挤出去的同时，也被置入人的内心：他被视为人之需要和欲望的投射。这一理智革命的对应物，就是出现一种新的宗教信念，为的是抗拒从学院里发出来的批判性攻击。在许多宗教派别里，信仰渐渐和理智大陆分离，在人类经验之海上自由漂流。既然理性和宗教就是两个互相分割互不往来的世界，许多人也就不再费力去证明宗教确据的合理性。理性仍旧在科学与历史的领域掌权，但在宗教领域，理性没有说话的份。对于新出现的唯心主义和浪漫主义传统而言，最重要的是自由且充分地表达个人自由的创造性经验。这样，19 世纪与其说是宗教上的不信时代，倒不如说是宗教信念上的转型时代。绝大多数普通人仍旧声称自己是坚定地信仰上帝的，但这种信仰更一般化且日益含混，并明显地与心智相分离。

283

从一个重要的角度看来，19 世纪代表着对基督教的历史性宣称的批判性攻击。宗教学者在反对圣经有神论就过去事件所作的传统宣称方面日益自信。[4]这一历史批判主义带来的重大后果之一，就是试图重构基督教信念，使其成为一种不受历史批判之影响的东西。除去基督教的历史性宣称（例如道成肉身、复活），就可以解决问题——许多人就是这么想的。为了保卫基督教信念，使之还能存留一些东西，先锋性的知识分子抛弃了基督教的核心信念，以至于最后留下来的只是一种一般化的公民宗教，一种投合所有人的自我形象的基督教。不久，在学术市场里，福音就蜕变成了只是护教学讨论和神学讨论的死水。[5]

圣经有神论在这一时代里也有一些有能力的申辩者，但他们只是旷野中的呼喊声，是一群敌手不屑注目的人。批判者给有忠信的新教学人贴上"幼稚"、"极端偏见"等标签。只是到了20世纪下半叶，基督教学术才开始再次获得非福音派学者的些许尊重。[6]沃菲尔德（B. B. Warfield）、凯伯尔（Abraham Kuyper）、巴文克（Herman Bavinck）不但不认为历史性陈述处于基督教边缘，而且还强调，圣经所记载的历史性事件有着绝对的核心重要性。[7]虽然护教手段各有不同，但他们都极力证明：福音陈述的历史性是标定了19世纪最大的护教学问题。[8]

本章将描画19世纪从开始到结束时经历的理智氛围上的革命。两位最伟大的现代思想人物，一个在19世纪开端一个在其末尾，他们就是康德（1724—1804）和尼采（Friedrich Nietzsche，1844—1900）。由于康德的工作在前一章已有介绍，所以我们在这里只是大略地提提他思想的主要轮廓。康德的理智成就支配了19世纪，而无论是此前还是此后都没有一个思想家会这般地支配某个世纪。在这个世纪结束的时候，尼采使康德的事业走到了终点。之后康德的影响继续了五十年，但力量要小得多。正如下一章所示，尼采的工作预示了如今被视为后现代革命的大部分内容。因为这个缘故，"理智上的偶像捣毁时代"就恰好居于现代主义与后现代主义这两个理智上的伟大建树时期的中间阶段。在这两个框架内，宗教信念经历了显著的变化，最突出地表现为宗教信念与心灵的内在生命之间的关系发生了变化。[9]

284

伊曼努尔·康德：从启蒙运动到19世纪的过渡

阿尔弗雷德·诺斯·怀特海（Alfred North Whitehead）的一句名言说，哲学史不过是柏拉图的注脚。而我们更有理由说，19世纪只是伊曼努尔·康德的注脚。没有哪个哲学家像康德那样主宰身后一个世纪的哲学思考。无论人们怎么看他的观点，19世纪的每一位重要哲学家都相信，康德涉及的论题是每一位严肃的思想家必须回应的。[10]

康德的核心方案要求将自然科学建立在由经验主义和理性主义传统影响的批判哲学框架内。与洛克和休谟的经验论传统比起来，康德主张，印象与印象之间存在着由特定的理智范畴而来的"自然秩序"，心灵就是通过这些范畴的滤镜来理解现象界。理性范畴使对于世界的印象黏合在一块。这些范畴并非存在于我们之外，毋宁说，它们是我们理解外在世界的认识论途径。

在康德传统里，有且只有一个历史；康德所启发的那些思想家认为，这一历史不是而且也不能够靠护理粘合起来。如果真有什么护理的黏合剂，那它对人的理性之眼而言也是不可见的，因此在理智上也是无足轻重的，应当抛弃。历史中存在的不是目的而是解释。历史给且只给了我们事实。

19 世纪开始的时候，启蒙运动向旧式的体制性权威所发起的挑战已经深入展开。[11]康德使人们常说的"主体性转向"在实际上定形。[12]事关实在世界的构造以及世界如何才能被认知这些问题时，个人性的主体（或至少是那些在欧洲一流大学里任教的个体）才是首要权威。这里的预设就是：超然中立的学者比任何宗教性的教士有着优越得多的地位，来就世界的本来面目发表观点。这就进一步加剧了有关上帝信仰之恰当基础的危机。一个吸引人的选择，就是将宗教的起源置于我们自己的心理需要中。这种选择认为，学者应当关注宗教的自然性起源，也就是说，关注产生宗教信念的那些人性要素。为寻得这些自然性的起源，思想家们做了许多不同方向的努力，不过，他们都一致假设：宗教的来源既不位于历史性的、可证实的过去，也不位于具有超验与绝对性质的未来。宗教属于人内在的情感（或说非理性）本性。

康德的遗产事实上将理智探寻分成两个部分：科学的世俗世界（事实的、予料的领域）与宗教的神圣世界（信仰与信任的领域）。世俗世界看重客观性和精明实际的怀疑论，而在宗教界居统治地位的是盲目的相信和对权威的顺从。这两个领域之间实际上没有什么相互作用，而且按康德的看法，我们也不应当去操心做这种沟通。于康德之后的强硬怀疑论者而言，任务所在倒不是辩护世俗的知识领域，而是质疑：为什么竟然还需要神圣界。19 世纪见证了神圣如何被世俗吞食（虽然这在当时的人看来也许并不如此）。

世俗先知：偶像崇拜与理智上的偶像捣毁运动

宗教不信之路的先锋是理智力量，虽然这种力量在英语世界里大都直到 20 世纪初才出现。[13]19 世纪理智上的主要发言人大都是讲德语的，并且接受康德在神圣与世俗之间所作的区分，但他们将二元论带往康德未曾料想的方向。以费尔巴哈为起点，尼采为巅峰，世俗域吞没了神圣域。传统宗教信念被带到被告席，而德国世俗先知下的判决书是"有罪"。

康德在他的第一部主要著作《纯粹理性批判》的末尾写到，本体世界里的对象（上帝、自我）不是知识的对象而是信仰的对象。世俗先知接过这一结论，但不是把信仰的对象看成被保护着不受经验探寻的侵犯（正如康德所希望的那样），而是视之为应当被拒绝的，常常阻碍人类进步的不相干之物。在康德（和黑格尔）之后，这些激进的思想家质疑，为什么还有人信上帝，既然他的存在根本没有什么经验证据？此外，他们借助自己成长于其中的基督教传统，从中搬来了那一传统最有力的观念批判武器即偶像崇拜，来打倒那一传统。他们不是解释为什么人们不信，而是解释：宗教信念的理由何在？如果上帝并不存在，那人们为什么仍然相信他？

格奥尔格·威廉·弗里德里希·黑格尔

康德最主要的对话者就是黑格尔（1770—1831）。虽然黑格尔接受了康德批判性实在论的某些结论，但他发现，这种实在论对于更广的形而上学实在极其缺乏感知。黑格尔认为，他可以把进路扭转过来，可以扭转康德开启的经验考察趋势。作为那个时代的最后一个大形而上学家，黑格尔提供了丰厚的养料，使后来的世俗先知能在此基础上驾驭康德达到自己的目的。事实证明，多数德国知识分子都认为黑格尔是过时宗教的最后挣扎，而过时宗教所信奉的东西是我们既听不见也看不见的。所以，为了理解 19 世纪，我们必须快速地浏览一下黑格尔，然后再进行我们针对世俗先知的主要批判。

黑格尔提出，历史有一个目的，它表现为"绝对精神"的外化工作。[14]历史作为这一绝对精神的自我实现而不屈不挠地开展着。换句话说，观念使历史运动，这一运动既不是线性的也不是环形的，而是辩证的。人类历史的进步手段就是伟大观念之间的张力。简单说来，历史的运动就是正题、反题与合题。[15]历史上的大多数重大观念形态都是单面的，它们包含的真理伟大但并不全面。这样，一个相对立的观念形态就不可避免地出现了，为的是抓住真理的其他部分。两个互为反题的观念形态起了冲突，导致两者之间的合题，而这一合题又要在某一时刻面对它的反题。例如，在宗教上，黑格尔就认为万物有灵论是最早的世界观，它稍后就面

287

对泛神论，两者在合题中达到多神论，而它后来又要反过来面对一神论。一神论持续着，直到后来出现了自然神论，两者之间的合题就是黑格尔自己的宗教理念论。黑格尔相信，他的合题将宗教史的辩证运动带到了高潮。这些互相冲突着的宗教世界观的循环往复绝非任意，也非偶然，而是绝对精神之理性外化工作的显明。这样，历史朝着一个目标坚定地向前。而在这里，这个目标就是黑格尔自己的宗教观念。

黑格尔的宗教观念将基督教与柏拉图主义难以理喻地结合在一起。柏拉图认为，世界中的事物的目的与意义处在历史之外的另一个世界。基督教则认为，世界中的事物的目的与意义在于由一个超验之神赋予它们的意义里。黑格尔将超验世界与历史领域合二为一，从而将上述两种观念融合起来。于黑格尔而言，历史从来都不只是暂时性的、经验性的事件。绝对精神会展开它自己，这一观念，将西方文化的核心性关系（如丈夫/妻子、雇主/雇工/、主人/仆人），建构成为了达到某一目的而存在的力量。所有的关系都要么达成要么有损这一目的。力量的运用，一方对于另一方的支配，乃是达成这些手段本身的唯一手段。没有什么为着对方的利益而存在的"中立的"关系。如果将历史主要视为由观念之间的冲突而产生，就会得出上述结论。

黑格尔的信徒分为两个阵营，一派相信他的体系和基督教一致（黑格尔右派），一派相信两者之间不一致（黑格尔左派）。左派远有影响得多，他们试图把（他们所理解的）历史的无情要求加诸所有的观念形态，尤其是宗教性的观念形态。在某种程度上，他们倒转了观念具有的优先性，而这种优先性在黑格尔看来是关键所在。左派认为，不是观念推动历史，而是反过来，具体的、经验性的历史是观念的唯一源泉。黑格尔左派里就有圣经学者如斯特劳斯（D. F. Strauss）和鲍尔（F. C. Baur），两人试图颠覆这一古代信念：圣经话语来自历史之外。他们提出，圣经只是它的历史背景的产物。其他的黑格尔派如路德维希·费尔巴哈和卡尔·马克思则提出，所有关乎上帝的信念，都只是伪装下的人性要求。在他们手里，神学变成了人学。

左派保留的黑格尔思想的核心因素就是辩证冲突在历史中的作用。和启蒙运动的历史进步观不同，左派认为，历史常常意味着斗争。人类历史的核心由宗教的、政治的和社会的冲突主导。真正的社会科学不是想达到某种完美状态，而是要研究这些历史中的张力并找到其合理性。历史表明，文明的传播由征服而来。在早期，军事征服推动历史前进，但到后来，世界观之间的冲突产生了文化上的变革。世界观的冲突常常为军事上的冲突作辩护。在黑格尔左派看来，在文化变革中，赢的一方是力量上更强势的一方，而不是道德上更优越的一方。

回过头来看，黑格尔对历史的辩证运动的迷恋，产生了一种对历史冲突的牵强解释。例如，历史学家叙述教会和哲学，似乎在任何时候最多也就是存在两个主要的并且互相冲突的观点，它们又达成某种综合。这种黑格尔式的历史叙述常常将观念两极化，忽略世界观之间的相通之处，并且将不能套入两个主导观念之一的其他观念、运动与人物边缘化。这种对历史运动的简单化，主导了整个 19 世纪，因为它提供了一种对基督教观念——上帝的意旨主宰历史——的"又干脆又彻底"的替代物。它似乎能对历史给出一个完全世俗的解释。

路德维希·费尔巴哈

费尔巴哈（Ludwig Feuerbach，1804—1872）是黑格尔左派中最著名也最激进的人物之一。他的第一部著作出版于 19 世纪 30 年代，是对基督教的激烈批判，指责其为非人的、自私的。费尔巴哈获得了狂热的无神论者的名声。他的热情让他失去了德国大学永久教授的席位，但于他的 20 世纪追随者而言，这为他赢得了世俗主义先知的地位。

费尔巴哈试图颠覆对基督教的超自然宣称的信念。[16]他并不说教会对文明特别有危害；他说它只是错误地把本该对自己具有的信任，换成了对一个并不存在的神的忠诚。他不时指出，教会是西方最后的迷信残余，西方文化不幸地处在它的掌握中。费尔巴哈并不寻求摧毁教会，而是试图清除其中的迷信。后来的一个重要评论者如是谈到费尔巴哈：

> 他的首要目的是将上帝的朋友变成人的朋友，将信徒变成思想者，将崇拜者变成劳作者，将另一世界的选民变成这一世界的学习者，将基督徒（照他们自己的宣称，他们一半是动物，一半是天使）变成人，完完全全变成人。[17]

费尔巴哈相信，基督教将自己的忠诚交给了一个并不存在的东西。所以，我们在宗教研究里了解到的不是某个超验实在，而是人自己的宗教渴求。虽说这些宗教性的冲动本身是完全自然也完全正常的，但要是以为它们是某个遥远的、高天之上的神祇才能满足的，这就属于信任错位了。费尔巴哈的目的不是要消灭宗教，而是试图使其中立化，试图驯化它，为了人类的改善来重新聚焦它的能量。

费尔巴哈相信，人在天性上倾向于照自己的形象创造一个上帝，以作为自己观念的投射。问题所在倒不是相信抽象观念的实在性，而是把抽象之物当作解决人类经验中的恒久问题的方法。当抽象物显得无力解决现实世界的危机时，绝望不可避免地会出现。我们应当把希望寄托在人性自身的进步可能性上，而不是抽象物上。如果把理念视为人类应当为之奋斗的目标，那它也许是有用的；但如果抽象物代替了人性的具体实在的话，它就会带来灾难。费尔巴哈说，上帝之发明使人从自己的真实本性里异化。[18]

这一先知式的告诫背后，有费尔巴哈这样的信念：自我意识既是伟大的荣耀也是巨大的危险。自我意识使人与兽类分离，使文明出现。但它也促成偶像的制造。人有能力将自己命名为一个类（而动物就不能），由此却产生了这样的幻象：似乎抽象对象存在着，就像"人类"是超出并且高于单个人而存在着一样。认为抽象概念并不真实存在，而不过是头脑中的理智范畴具有的命名，这被称作"唯名论"。费尔巴哈既是一个唯名论者也是一个唯物主义者，他相信，唯一存在的实在就是物质性的东西。上帝、美、真理这些概念只是在人的头脑中存在。

于费尔巴哈而言，在人的形象里不存在任何真实的、具体的、理想性的而又有名字的人，更不用说神了。存在的人都是具体且个别的人。按照费尔巴哈丑陋而又惊人的说法，"人就是他所吃的东西"，不多也不少。将所有可称许的人类品质加起来，就会导致相信一个完美的人性存在者，并且称其为"上帝"。费尔巴哈相信，一旦理解了这一幻象，就能克服它。但困难所在，正是如何让人理解它。要让一个基督徒最终洞察到这一点，难道还有比活用偶像崇拜这一语言更好的办法吗？旧约先知控诉以色列信仰照自己的形象造的假神。先知们十分清楚，人有着强烈的冲动，要虚构一个保护他们供养他们的神出来，好为自己的私利服务。但在费尔巴哈看来，这些先知没看到，以色列的原初偶像就是耶和华，它是照着一个能保护他们对抗古代世界的外族统治者，能给他们一片应许之地的强有力君主的形象造出来的。先知们怒斥异教偶像的同时，却看不见自己的偶像崇拜。

一个偶像象征了一个并不存在的神。不过，偶像的力量深远持久。虽然古代希腊的神明只是神话故事中的虚构角色，但他们一度向人类崇拜者要求着绝对的忠诚。一些神要求献婴儿祭；一些神要求庙妓。城邦之所以强大，只是因为他们的城邦之神强大——古代人就是这么相信的。费尔巴哈说，基督教也是如此。

罗马帝国取代了古代多神论文明，统一了大多数已知世界。罗马的神明不再满足于当地方神，而要成为普遍的绝对的神。他们的文化要求一神论，而到古代以色列那里寻求最合适不过了，但不是原初的闪族文化的以色列，而是历经希腊化之改造的以色列，是基督教。[19] 罗马人把基督教当作观念形态的手段借过来，为他们的世界地位辩护。不过，如今的世界已经变了，如今的世界也应当从罗马的偶像中解放出来。费尔巴哈不打算建立一个新偶像来代替旧偶像，他想扫除一切偶像。他要的是一个单只相信自己的文化。

扫除宗教偶像可谓任重道远。人有着偶像感觉很舒服，绝不会轻易放弃。从偶像崇拜中摆脱出来的方法，乃在于进入人的内心，辨别那些产生出偶像的人性需要。费尔巴哈相信，一旦这些制造了宗教信念的人性需要被暴露出来，则建立在这些需要之上的大厦就会迅速坍塌。费尔巴哈把这个过程称为心理起源法。在认清某一信念的心理起源时，它的合法性也就消失了。

在费尔巴哈看来，上帝只是人的欲求的对象化。"人想是而不是的东西，它也唯有它，才是上帝"。[20] 人想要和平，就造了一个能带来和平的上帝。人想要爱，就造了一个爱的上帝。人想要胜利，就造了一个能给人胜利的上帝。人把神当作自己欲求的反映造出来。"如果上帝是鸟类的上帝，那它就会成为有翅膀的被造物。"[21]

照费尔巴哈看来，上帝必须人化。人类才是合适的崇拜对象。把完美的本质置于人类自身之内而非之外，这是很重要的。这样就会把对上帝的崇拜转变成对人的崇拜。它也会把为和平、为爱奋斗的责任不偏不倚地放在人类肩上，而人原先错误地把和平与爱这些特性归于上帝。人应该运用自己的意志，而不是靠着其他物或其他人来解决自己的问题。

为了这一目的，费尔巴哈努力用一种既无任何超验存在也无任何神灵的语言来解读基督教。费尔巴哈以一种深谋远虑的姿态，相信自己借着把历史性的基督教信念翻译成没有任何神学色彩的语言，就能除去偶像崇拜的世界。这正是他最有影响的著作《基督教的本质》 （*The Essence of Christianity*）一书的主要目的。费尔巴哈尽量使用基督教术语，但是给予其完全不同的意义。他谈到施行"灵魂水疗法"：以真实的水来替代洗礼的水。[22]人类需要抛弃巫术性的水，而投身于用真实的水来洗净自己。费尔巴哈相信，世俗界可以完全吞下神圣界。

在此我们应当对费尔巴哈为世俗先知所定的任务作一简短评论。费尔巴哈和他当时的许多人一样，没有妥善处理极端的恶的问题，特别是极端的社会恶的问题。他对于摆脱了过去的宗教性紧张的人类无穷进步有着幼稚的乐观。后来的黑格尔左派思想家对恶的问题的处理要负责得多，但他们也同样将所有的善都置于人性之内，而这正是他们的盲点。只要上帝被人化，人就会被神化。当上帝被逐出视野之外，人性就必须同时担负被造物与创造主的责任，正常而言，这对人性来说是太沉的重负。

有意思的是，费尔巴哈和世俗先知没有什么方法可为自己对人类的幼稚乐观辩护。没有超验源头，他们没法保障人的尊严。如果人只是宇宙中的一个偶然，那人就不具有什么永恒意义。费尔巴哈相信，人和动物比起来有着高贵的尊严，但是回过头来看的话，似乎这个观念是从犹太—基督教传统那里借过来的，尽管他其实没有什么借用权。费尔巴哈之后的思想家试图将人的尊严建立在人类文化之内的某种东西之上，但这种东西仍旧脆弱，因为人类生命就本性而言就是短暂易逝的。他们将人类自由捧为人类尊严中的重要因素，但是，没有道德制约的自由带来的只是道德上的混乱无序。随着事情极具讽刺的反转，出现了对不信的自然化解释：逃避创造主提出的道德要求。世俗先知不自觉地搬起了一块最终砸了自己的脚的石头。费尔巴哈当时并未意识到这点，但是如果非宗教可以因着心理性需要而建立起来，则它也可以反过来因之被瓦解。这种反作用一直等到20世纪才强劲地迸发出来。

卡尔·马克思

英国工业革命早期阶段的残酷状况让马克思震惊。被剥削的工人长时间卑贱而痛苦的工作，换来的是少得可怜的工资。为了养家，孩童也处在类似处境中。工人挣得的常常只是刚够填饱肚子的面包。他们被当做商品交换，只是因为还能帮助造出产品而有用。供需法则的统治，让工厂的控制摧残了许多劳工。工资极低，因为对工作的需求远远超出了工作的供给也就是工作机会。这又使得雇主可以任意虐待工人。马克思相信，本质而言，工人就是雇主的奴隶。

马克思（Karl Marx，1818—1883）追随费尔巴哈，相信抽象而超验的形而上学语词不能表达人性。人只是他们所由而来的物质。在物质世界之外之上什么也没有。不过，和费尔巴哈不同的是，马克思对人性很悲观。除了群体为了自己的需要而施加的社会压力外，人在本质上是自私的。社会纽带先于个人道德准则存在并且是这些准则的唯一基础。社会的群体善先于任何提升个人尊严的道德法则。

马克思追随黑格尔传统，相信冲突位于人类历史的核心，是推动历史向前的力量。马克思相信，进步是必然的，但只有通过斗争才能实现，而斗争与其说是观念之间的冲突，不如说是社会的经济的阶级冲突。要理解阶级斗争，最好是理解人性。马克思相信，人性的本质就是工作。虽然人作为人而言就有内在价值，但是人也有一种"交换价值"，而这就是我们在自己劳作于其中的那个经济体系里具有的价值。在农业社会里，农夫有重要价值；在早期资本主义社会里，银行家有重要价值。而如果要用今天的例子的话，我们可以说，只有在娱乐社会里，摇滚歌星才有重要价值。

293

当劳动者的交换价值被某些不是追求群体社会利益而是追求个人利益的人控制时，他们就会被剥削。只要有机会，那些异常的社会组织乃至个人就会剥削劳动者，而这正是工业革命早期在英国普遍发生的现象。这样，个人就和自己的劳动相异化，他既不能控制劳动条件也不能控制劳动价值。生产线上的工人和自己的劳动产品相异化，因为他们并不生产最终的全部产品，而只是生产其中的一部分。工人成为一台自己不能掌握的机器上的一个齿轮。繁重与单调让工人进一步和自己异化，让他们相信工作不再有意义。这一非人化的堕落体系背后，站着工厂所有者，站着使这种剥削合法化的一整套资本主义体制。马克思相信，问题的根子就是资本主义。[23]

通常，对资本主义的辩护诉诸一般意义上的宗教基础，以及特定意义上的基督教。宗教不是问题的所在，而是使问题变得合理化的世界观。资本主义是先在的，它将自己和某个能为其提供支持的宗教绑在一块。马克思的著名论断是：西方的宗教是"人民的鸦片"，一种让人们沉溺于资本主义之中的药品。宗教是失去心灵的世界中的叹息，是没有灵魂的境况中的灵魂。[24]

在马克思看来，宗教的起源表明它是某种压迫者。人们寻求自身之外的意义，按照自己的形象造了一个神。主导性的经济力量利用这一幻想中的形象为自己的体系辩护。在资本主义，这个神要求人们顺从主人，在艰难前要谦卑柔和。最重要的，这位神应许来世生命的报偿。这些宗教性的"美德"都有助于工人对自己的雇主奴颜婢膝，因为他们相信这就是宗教上的忠信行为。

于马克思而言，经济批判的前提是宗教批判。[25]他蔑视宗教，相信它只不过是在为压迫状况辩护。宗教就是偶像崇拜，它造出一个神，来为主子的经济利益服务。劳动者抓住宗教不放，为的是在工业社会的非人性面前有一个保护。宗教在一个无望的世界里让他们有了希望。雇主用宗教来稳固自己的力量。宗教让劳动者能够面对自己的受压迫状况。在这两种情况中，宗教都是在维持现状。在马克思看来，进步需要揭露这些偶像的真面目。这种揭露之完成，需要劳动阶级发动反抗资本主义与剥削的坚决斗争，打碎宗教的镣铐，拥抱无神论的人文主义。除非人相信自己，否则他们不可能摆脱压迫者强加的重负。[26]

马克思在他最有影响的著作《资本论》里描绘了资本主义救治之方的纲要。[27]他在书中提出的方案包括取消私有财产，弃绝宗教，允许社团繁荣。马克思认为，一当资本主义经济取消，社区与国家之间就有合作。集体组织会照着工人的能力生产产品，并按照人的需要进行分配。

以20世纪的眼光回过头来看，马克思的想法显得不仅乌托邦而且十分幼稚。马克思没有严肃地看待个人的恶，他认为系统性的经济与政治变革会消除个人的恶。与马克思的假设相反，社会可以和个体一样具有压迫性。不过，为了不致太轻易地就把马克思打发掉，我们应当（像费尔巴哈那样）注意到，偶像崇拜在基督徒群体中就像在非基督徒群体中一样容易发生。贪婪和压迫常常在宗教的面具下显得合法合理。而在所有人当中，基督徒最应当严肃看待自己的作恶倾向，要意识到即便是他们的宗教信念也可能被用来为那些福音所不齿的行为狡辩。

马克思没有看到，宗教性的委身可以作为一种先知性的声音，发挥反抗人类不公正的作用，而这恰是因为这种声音来自"外部"。上帝话语超然的声音审判着每一个人，而这恰是马克思渴求得以对文化做批判的工具。人们只要读读旧约先知书就能认清这一点。没有超然的话语，对人之行为的唯一判断只能是人的言辞，而这种言辞无论是在个体还是集体那里，都总是易于堕落的。

查尔斯·达尔文

人们一般不把达尔文（Charles Darwin，1809—1892）列在黑格尔左派里头，而这样是完全对的。他不在任何意义上属于这一派。不过，在一本论述世界观的书里，达尔文给出了世俗先知对宗教做全面批判时所需要的某个关键性的哲学要素。没有达尔文，知识分子不会在 19 世纪末 20 世纪初的时候真正严肃地来倾听这些世俗先知的声音。故此，我们在这节对世俗先知的论述里要提到他。我们先来简单介绍一下一些相关背景。

17 世纪的时候，哥白尼、伽利略和培根的自然世界成了一台"机器"。著名的"钟表"宇宙观主宰了 18 世纪的欧洲。世界的运行具有数学精确性，它的运作遵照数学的量化原则。伽利略如是谈到：

> 刻写着哲学的大书就是宇宙，它从来都在那儿站立，等着我们的注目。不过，除非我们先学会理解宇宙的语言，学会读懂这一语言的字母，否则我们是理解不了宇宙的。而它就是用数学的语言写成的，它的字母就是三角形、圆形等几何图形，没有这些字母，人不可能理解这种语言的一个词，就会在暗黑的迷宫中走失。[28]

人们把世界更多地理解为一台机器而非一个活的、有生气的灵体。机器无误地遵守着可以由科学加以研究和充分表达的法则。康德也许相信，这些自然法有着神圣的秩序，但是，解释或发现这些法则不需要任何宗教信念。在康德之前的那个世纪里，旧的天地二元论已经缓慢地消失，地球变成不过是另一个行星，和其他天体遵守一样的科学法则，一切都处在尘世机械性的普遍法则之下。人不再需要诉诸"上帝的计划"来揭示天体的运动，即便大多数人依然相信这些法则是上帝所立的。人们诉诸在世界中起作用的内在自然力，而这就意味着对动力因的探寻代替了对目的因的探寻。[29]超验的目标让位于经验性事实。

在这幅宇宙图景之下，似乎不再有什么理由来相信上帝不时地拨弄一下他的机器，或者在任何直接的意义上推动世界。上帝也许仍在掌管，但对那些坚持对世界作出一以贯之的机械论解释的人来说，他本质上已经成了一个缺席的领主。18 世纪人把自然律看成由上帝而来的机械作用，指引世界处在恰当的轨道里。到 19 世纪中叶，自然律成了把世界联结在一起的粘胶，并且也不需要假设一个什么粘胶制造者（上帝）。

296 　　如果正如一些激进的启蒙思想家所希望的那样，在图景中不再有上帝，那么，世界之起源与结构的问题仍会不停地搅扰人。要是没有钟表制造者，"钟表"如何会工作？会如何工作？对于宗教性的怀疑主义者而言，这是一个仍需回答的问题。这一时代的基督徒假设世界—机器之"设计"证实了"伟大的设计者"即上帝的存在。[30] 这一论证在 19 世纪里最终反转过来，成为一股瓦解对仁慈上帝之信念的强大力量。达尔文提供了观念上的支持，使得"伟大的设计者"成为多余。

　　达尔文生于苏格兰，在一个名义上的基督徒家庭长大。他先在爱丁堡大学学习医学，后在剑桥大学学习神学。在这两所学校里，他的表现并不突出。此后，他接受邀请，加入英国船只"比格猎犬"号的测绘探险，这艘船在 1831 至 1836 年间绕过南美的大陆角航行。正是他生命中的这次旅行，促成了于他而言最为重要的问题：自然中的变化是如何发生的？在自然里有没有某种内在的东西，可以解释自然变化？

　　从"比格猎犬"号探险回来后，达尔文读到了马尔萨斯的《人口论》（1836），在书中，马尔萨斯论证说，人口呈几何级数增长而食物呈算术级数增长。这就意味着，在自然中为了食物和生存而进行的自然斗争十分严酷。在这些斗争中，有利于物种的变异保存下来，而不利于物种的变异则被淘汰。达尔文由此得出结论，在自然的生存斗争中会产生出新物种，他也利用这个观点来解释过去五年里在"比格猎犬"号探险的研究工作中所观察到的物种的惊人多样性。

　　达尔文在《物种起源》（1859）里系统地介绍了他的观点，但起初只吸引了少数几个自然科学家的支持。他的观点中有两个核心因素最引人争论，一是生命的自然进化，一是最好地解释自然进化的自然选择机制。进化论的思想框架并不始于达尔文，但是他系统地将生命描述为从一个共有祖先那里逐步地历经数百万年发展而来，这却是新颖的。他的解释中更其具有革命性的地方，是把自然选择当作自然的内在机制，由此无需诉诸超自然力量就解释了变化。自然选择就意味着，在食物缺乏的自然环境里，那些最能调整自己适应食物争夺的物种就最有可能存活下来。可以说，自然选择了其中的存留者。

　　《物种起源》的出版所引起的争论中的一个显著方面就是，社会科学家比自然科学家更快地采用了一般性的进化理论。在该书出版后的十年

里，达尔文对自然变化的解释就在人类学家、社会学家，以及（某种程度 [297]
上）哲学家那里成为了实际上的正统学说。变化成为首要的本体论范畴；
人们一旦理解到，自然无需外部实在，自身就有变化能力，特别是理解到
人自身也是自然的产物，就不再需要诉诸任何宗教性要素。社会科学家采
纳达尔文范畴解释人，这成为世界观历史中的又一个"哥白尼革命"。

达尔文的宗教态度也许是含混的，但他的解释不含混。他的观察让他
废除早先的这种论证：需要诉诸上帝来解释自然秩序。自然不再需要一个
创造者。在达尔文那里，双壳贝类的铰合部在人类观察者眼里可能是美
的，但显然，它的出现不像门上的合叶需要一个工匠那样需要一个理智存
在者。达尔文写到："在有机体的多样变化中，在自然选择的行为中，并
不比在气流的运动路径中有更多的设计。"[31] 所以，在解释自然秩序时，
上帝不再是必需的。科学没有上帝照样可以做得很好——至少达尔文派的
社会科学家就是这么认为的。

无论如何，达尔文不自觉地肯定了黑格尔的观察：历史是通过斗争而
变化的。黑格尔把变化的根源归结于观念之间的斗争。达尔文自然化了黑
格尔框架，将斗争的根源归结于自然自身。这样，达尔文范式就为激进的
世俗先知们提供了最后一道重要的思想保障。我们现在不再需要宗教来解
释自然，按照达尔文的结论，自然可以解释它自身。这一结论在哲学上导
致的重大后果不可低估。马克思和恩格斯在 19 世纪 60 年代早期读过《物
种起源》之后，说这本书肯定了他们的猜想：历史的辩证运动不需要自然
秩序之外之上的什么东西。思想家们现在宣告宗教和自然体系无关。进化
使得上帝或护理观念不再必需。进化观念就可以解释自然秩序的每一细
节。达尔文理论现在可说是伸进了每一个知识角落。没有哪个问题不可以
用进化观念加以解答。后达尔文主义的世俗先知就是这宣称的。

由于达尔文的工作，西方的人类观经历了深刻变革。在这之前，西方
思想家在启蒙运动的影响下对人性大都抱持乐观的态度。进步神话特别渗
透了美国社会，乌托邦式的构想到处都有。但达尔文笔下的人类却处在为
生存而作的残酷斗争中，而人类之所以存活下来，实际上是因为他们对其
他自然物的蛮性态度。人类之所以繁盛，只是因为他们比所有动物都更强 [298]
壮有力，更奸诈狡猾。人类的蛮性而非道德上的高贵，才是其存活的原
因。这样，社会科学领域里风向倒转，开始关注人类黑暗的非理性一面。
人与动物之间的连续性变得越来越突出，在哲学上也越来越重要。进化论

生物学也许还要过半世纪才能来到，但社会达尔文主义在 19 世纪结束之前，就已经成为风尚。

19 世纪的基督徒对达尔文的反应各有不同。达尔文从未寻求在进化与宗教信念之间建立直接关联。一些人乐于建立这种关联，但这种关联本身引起了基督徒对达尔文工作的不同反应。有些人将进化论理解为在基础上与宗教信念相对立，它本身就是一种假宗教，从而严厉地批判这一理论。还有些人把进化理解为只是小范围地应用在动物界和植物界，他们愿意为其在更广阔的有神论背景里保留一个位置。这些人提出，上帝在自然秩序里创造了一个进化机制，但一当他愿意，他完全能够取消这一机制。就应当如何恰当回应达尔文主义而在基督教内部展开的辩论本身，进一步表明了进化观念有不容忽略的重要性。

西格蒙德·弗洛伊德

把弗洛伊德也放到 19 世纪的世俗先知里来讲述，这似乎是要把时间性的叙事结构逼到崩溃边缘。弗洛伊德（1856—1939）主要而言属于 20 世纪，再加上他既非哲学家也非神学家，这就更使得人们有理由质疑我们为什么竟然把他也纳入到这一叙里。不过，没有比弗洛伊德心理学更能清楚代表世俗先知结出的最后果子了。弗洛伊德将世俗先知的广泛叙述精简成一个作用构架，这一构架对世界观的影响超出了 20 世纪中叶。而且，虽然弗洛伊德主要的论述范围是心理学，但他的观念渗透到了整个宗教领域。弗洛伊德视宗教为精神疾病，这种处理将世俗先知对基督教进行批判的思想路线带到了进攻的最高潮。除了心理结构上的理论贡献之外，弗洛伊德为自然主义日益占据主导地位而作出的主要贡献，就是对宗教起源的心理描述。弗洛伊德把宗教描述为人类中常见的心理失常。宗教之所以发展起来，是因为内在于人之中的冲突[32]，这种冲突表现为一方面有赖于他人，另一方面又渴望独立于他人。每个人灵魂内的各种自然力量都在争战之中。这一冲突的"平常"状态取决于个人的生命历程。当他出生的时候，每个人都自然地更倾向于依赖他人而生存。在自然的进程中，成熟的个体最终会达到自我独立的阶段。如果不能成功实现这一从依赖到独立的转变，就会产生各种精神疾病。总体看来，这些精神疾病最显著的表达方式就是宗教。

弗洛伊德认为，宗教对"事物本身"没有什么真实洞见。[33]他对上帝存在的宗教信念不屑一提，因为它没有事实依据。更要紧的问题是这样的：如果没有上帝，为什么竟然还有宗教？弗洛伊德就是在这一问题的背景下，对宗教信念进行心理解释。

弗洛伊德描绘了一个假设性的古代部落，以此为背景，便可以最清晰地解释宗教在社会中如何出现。部落首领被视为部落的最初父亲。由于他居于首领的位置，所以掌有绝对权威。因着必须在周遭混乱的世界里建立秩序，这种权威在很大程度上得到辩护。那些处在权利结构之外的人，在要求独立的自然愿望的驱使下，最终起来反抗并杀死首领。但是，这些年轻的武士不但没有从暴政权威下解脱获得自由，反而落入巨大的失落和罪疚感之中。领袖的缺席导致混乱与崩溃。为了修补似乎能将部落联合在一起的道德纤绳，年轻的谋杀者发明了图腾崇拜，通过对死去首领的回忆，重新恢复秩序与意义。年轻武士们崇拜首领，用木或石头雕刻他的像，似乎他还活着一般。首领的形象经过投射后，被当做"至高存在"，并最终被认作就是"上帝"。首领的意志又一次变成了绝对意志，而这帮助武士们寻得宽恕。

弗洛伊德希望用这个神话般的描述来解释集体性的"俄狄浦斯情结"，并在此基础上解释宗教。基督教使用"家庭"比喻（如父与子），弗洛伊德由此谴责宗教，说它引发了一种神经官能症式的心理依赖，而社会科学家只是在人类家庭中才见到这种依赖。宗教不过是不成熟的儿童不愿放下对父母的依赖。为稳固宗教叙述的神话而建立的社会结构有着足够的稳定力量，使这一图腾崇拜的世界观持续数千年。不过，弗洛伊德预言，随着现代化展开，这样的时刻终会来到：人们打破宗教的镣铐，获得（心理上的）独立。

这样，宗教的根基是恐惧：恐惧自己不能独立。它是对未知物尤其是对自然的恐惧。自然中有许多可怕的危险。有着巨大力量的风暴，种种远非人能控制的自然力量，都在威胁人的生存。与这些令人恐惧的未知力量打交道的第一步就是试图驯服这些力量。弗洛伊德认为，早期的万物有灵论把精神属性归给自然以使之人化。但当自然仍旧以任意专断的毁灭力量对待人时，就不得不找出更有力的对付手段。如果自然不能被驯服，那就需要超自然的力量。这种超自然的力量既要足够强大，能够掌控自然的威胁，又要足够仁慈，会关怀那些受到自然威胁的人类。如果这一超自然力量还是人格化的，和人类有许多共性，那就更好了。因为这可以保证这一超自然力量会忠于被自然威胁的人类。这样，按照弗洛伊德的观点，有所

300

需要的人创造了一个偶像，它有他们的形象，但是更有力、更聪明，人就以这偶像为机制来克服自己的恐惧。不过，这一偶像远不能给他们恐惧中的安慰，而且还使他们一直处在依赖状态中，因为它要求人的顺从。

这样，正是无法超越依赖状态，无法达到独立，所以才有了宗教出现的机会。但是，宗教恰恰又让人永远也达不到他们渴望达到的独立。从某种角度看，弗洛伊德的诊断似乎无可辩驳。我们在它里面找不到可以去反驳的证据；它依赖的只是自己观点的解释力量。那些想要从宗教权威的紧张中摆脱出来的人只要甩掉自己的桎梏就可以了。但治愈神经官能症主要还在于对它有所认识。一旦有了正确的诊断，则唯一要做的就是意志的果敢决断。

弗洛伊德对宗教的解释相当干净利索。和以前的解释一样，它在概念上有赖于圣经的偶像观念。圣经宗教中的要素可以而且现在也已经被用来对抗圣经宗教自己。弗洛伊德对偶像崇拜观念的使用之中有一个盲点，就是所谓的"自我指称的不连贯"问题。任何最终依靠对宗教的心理描述而进行的宗教批判，最终自己也受制于这种批判。如果可以指责宗教的背后有某种堕落的动机，难道这种指责不是可以同样也指向对宗教的批判吗？如果有某种信仰的心理学，则显然也有不信的心理学。[34] 宗教（或非宗教）信念背后存在着（或不存在）某种心理动机，这本身既不能说明该信念的正确也不能说明该信念的谬误。弗洛伊德和他以前的世俗先知一样预设了自然化的世界观，并在此基础上寻求宗教的唯一可能原因，一种自然性的原因。

不过，正如我们不可轻易地将马克思的批判打发掉一样，对弗洛伊德也同样如此。与上帝立约的有形社团在观念上和行为上的偶像崇拜例子在圣经里到处可见。如果现代教会还需要世俗先知来分辨基督教教界内的现代形式的偶像崇拜，那它就的确有祸了。教会理当更能在这充满诱惑的世代里认清自己批判自己。部分而言，我们应当感谢弗洛伊德，因为他向我们指出常常影响我们正确看待上帝的那些心理依赖。在当前的境况里，这些依赖常常意味着上帝的首要责任被认为是照看我们的好处与幸福——所谓财富与健康的"福音"。难道教会不该勇于担当，回应永生信实之神对真善美义的要求吗？宗教会被人在心理上利用，而弗洛伊德辨析出的这种滥用，正是我们这个个体至上主义文化的危险所在。

不过，从费尔巴哈到弗洛伊德的世俗主义者对圣经明示的上帝神圣性几乎可以说是一无所知。他们可以轻易打倒公民宗教中由人使唤的神祇，但面对那位威严的、令人战惊的上帝，那位《约伯记》、《以赛亚书》、《希伯来书》和《启示录》中的上帝，却远非如此。当我们看到约伯因上帝的在场而恐惧，我们就无法想象，耶和华会是那种由约伯生造出来的上帝。[35]同样地，以赛亚因着看见上帝的圣洁而惧怕。这种对上帝的恐惧战惊的描述，难道只是以赛亚在借着想象捏造出来以满足他自己的心理需要吗？《希伯来书》的作者很清楚，基督里的救赎要付出多大的代价；而既然他完全有机会可以让事情于他自己而言变得更轻省容易些，则我们就没有道理说这福音是他自己编的。同样，《启示录》从头到尾叙述的逼迫与殉道，让人很难相信，一个寻求舒适方便的人，会生造出这么一个让人在生活中如此受苦的上帝。种种迹象表明，圣经充满了令人心生敬畏的信息，不是简单的偶像崇拜的想象产物。虽然如此，面对世俗先知毫不留情的批判，今日的教会应当为重新恢复上帝整全的圣洁而努力。

弗里德里希·尼采

没有人像尼采（1844—1900）那样明了信与不信间的突兀对比，也因而没有哪个世俗先知像他那样清楚地描述了无神论的影响。尼采把世俗先知的思想路线发展到观念上的终点，宣告无神论是要付高昂代价的。尼采之后，简单的信或不信都是不可能的。作为19世纪思想的高峰，尼采预示了以后的后现代思想，这种思想有力地扫除了他的启蒙运动前辈所鼓吹的对人性与理性的轻浮自信。

尼采所受的古典教育使他很早就培养了对希腊诗歌与神话的兴趣。他喜爱古代异教作家，且由此相信，基督教道德本性上是压迫的。基督教世界观葬送了个人完全的道德自主。对于尼采而言，没有比人类自由更重要的东西，而这种自由不单是在多个选项之间作选择的能力，而且是更广意义上的摆脱任何形式的道德束缚。尼采一生都在极力夸张地拓展他的这一基本观察。

在大学里读了极端黑格尔左派的书之后，尼采就抛弃了自己的基督教背景。无论如何，尼采的头脑在西方理智史中都属最伟大之列，并且成为基督教最尖锐的批评者之一。莱比锡大学授予尼采完全的学术性博士学位，虽然他既没有写博士论文也没有达到任何主要要求。更令人惊讶的，是尼采获得博士学位后的第二年，就获得了语言学正教授的职位，而他这时既未上过一门课也未写过一本书。我们由此可以窥见，为什么尼采推崇理智天才，认为它是古代创造美德的极盛。这也有助于我们理解，为什么尼采认为基督教压迫了创造性，是文明的最大敌人。

启蒙运动之后的那些早期思想家在分析中显得冷静中立，但尼采不是这样，他不想以一副客观地辨析事实与材料的模样来反对或支持基督教。"不偏不倚的中立性无论在天上还是地上都没有什么价值。"[36]理性是为欲望服务的工具，只是用来理清人所面对的种种严峻选择，它不可能是客观的。首先的也是最重要的选择关乎上帝。尼采坚定地相信，如果有上帝的话，那人就不可能自由。如果人是自由的话，那就不可能有上帝。这当然很简单，但也很恐怖。如果这就是故事的出发点，那它也是结尾处。

在他最著名的著作《查拉图斯特拉如是说》中，尼采描绘了一幅两种世界观互相争斗的图景。其中一种他称为"生活的逻辑"，另一种他称为"理性的逻辑"。在前者，人的生存就是最主要最原初的事实。一切都来自它。这种逻辑只是简单地接受生活本身，为之欢欣，享受其中。而理性的逻辑将意义框架加于生命之上，以致人的存在必须通过道德的或宗教的范畴加以诠释。尼采以狄俄尼索斯和阿波罗的神话，来代表这两种世界观的冲突。酒神兼歌神狄俄尼索斯颂扬生命的一切快乐与痛苦。相比之下，在秩序与节制之神阿波罗那里，生活与其说是沉浸其中投入其中的东西，不如说是被诠释被安排的东西。阿波罗式的美是对和谐与对称的弘扬，而狄俄尼索斯式的美只能从创造天才的迸发绽放中才能产生，这种美乃是生命处在完全的活力之时被享受的东西。阿波罗说，"认识你自己，且凡事不可过度"；相比之下，狄俄尼索斯的口号是："总要为生活中的过火欢庆。"

我们该选哪个：狄俄尼索斯还是阿波罗？在尼采看来，在生活的逻辑与理性的逻辑这两者之间作出的基础性选择是不能诉诸理性的，因为那样将已经预设了结论，并将在这样的预设之上选择支持性证据。选择是绝对的也是任意的。生命不是因为它是"正确的"而被选择，因为这将只是在选择理性的逻辑。是选择理性还是选择生活，这本不是有理由可言的。

事实上，尼采宣称，最终而言所有的道德和真理都是任意专断的，因为所有的论证都从某些自身而言不被证明的预设开始。所有论证的起始基础都是"在空中悬着"的。第一原则，倘若它真的是所有其他原则赖以成立的原则，则它自己就不过是任意且独断的选择罢了。就此而言，第一原则不可能是理性的或者有什么理由，如果它们是真正的第一原则的话，因为：并不存在第一原则之先的某些原则，我们借此可以得出判断和结论，说这第一原则乃是（或不是）理性的。

如果我们把基础主义看成以理性的第一原则为宗旨的逻辑体系，则尼采可说是预告了基础主义的终结。那时候的多数人认为，基督教信念的逻辑框架就是基础主义的。基督徒相信那些由圣经奠定的第一原则。很少有人意识到，启蒙运动对基督教信念的批判也只不过是另一种结构的基础主义罢了。"只当相信经验证据"，这听起来像是很理性的第一原则——但凭什么说它是理性的呢？什么也凭不了，除非你同时预设：唯有检验性证据才是理性的。

尼采由此发现，理性只是人的选择性功能。它位于人的主体性里面，而不是什么客观的理性秩序里面。这就意味着人在自己创造意义，自己创造逻辑，以使我们的生活有意义。人会把这种责任推让给他者，但这样只是让他们成为那被推让者的奴隶。就此而言，信宗教的人都是最糟糕的罪人。他们自甘地堕落于让他者来绝对地规定自己，自甘于全然失去那使他们成其为人的东西：为自己作选择的严肃责任。

尼采把这一"严肃责任"称为"权力意志"。这是一个宣称，它以自我为意义的来源。这是一种洞察，它意识到是人创造了世界，而不是人发现了一个有着固定意义的世界。人与其说是发现真理，不如说是创造了真理。尼采背逆基督教传统，背逆西方哲学历史之流，宣称人没有什么不变的本性。人担负着必须的重任：从虚无中创造意义。基督教传统幻想这一重任的担负者是一个什么上帝，但这样幻想的时候，它就丢失了真正的人性。"我们不可把完美高高地置于天上，或远远地置于将来；我们也不可为自己设置一个达不到的完美。人就是人能够从自身中造就的东西。"[37]

如果权力意志是人之为人的本质所在，那么，就没有哪一种存在可以将权力意志施加于他者。[38]尼采特别指出，如果人要施行自己的权力意志，那上帝就不可存在。如果人要活着，上帝就必须死去。故此，尼采宣称：上帝已死。而如果上帝已死，那么人就必须面对自己的绝境：生命没有什么最终的目的，只有个体为自己创造的意义。没有绝对的善也没有绝对的恶。唯一存留的善就是那可以提升个体力量感的东西，而个体正是以力量来决定自己的命运。

尼采相信，随着上帝的缺席和意义的消失，个体现在必须拿出一种辩证的勇气。这种勇气就是不再抓住幻象不放，以为还可以找到或创造什么

304

绝对的、真实的意义，而是面对无意义和无意义带来的后果。只是当人知道即便这勇气本身也并不带来什么救赎，这时他才能拥有这种勇气。这就是在无意义中生活的勇气。尼采明白，很少有人能完全面对这种现实。但有人能够借着单纯的权力意志克服这种人类处境的绝望，这些人，尼采称之为"超人"。这样，尼采深深地受着古代希腊神话中的悲剧英雄的影响：他们不是接受命运而是与众神抗争。

尼采相信，随着有神论的根基被毁，随着唯独权力意志存留，犹太—基督教传统的道德将最终崩溃。如果上帝已死，善恶的道德建构将消失。如果不存在什么对错，也就无所谓罪疚。唯一存留的善就是生命的自我肯定行为。传统的一切道德都被倒了个个儿，尼采称这种颠倒为"重估一切价值"。传统道德崇尚对上帝的爱和对邻人的爱，鄙视自爱，而尼采相信，唯有自爱才是有价值的。基督教推崇的谦卑、柔和、顺从、忠心，不过是奴隶和弱者的道德，是下贱人的道德。凭着自己来面对生活的无意义，这种勇气要求主人道德。

尼采相信，要拒绝传统道德，还需要找出道德发展的来龙去脉，找出所谓的"道德的谱系"。借着将道德置于过去发生的事情内，我们可以揭露那种永恒与超验之起源的假宣传。两种道德（奴隶道德与主人道德）的故事发生于否定欲望而肯定多数人的弱点的文化里。奴隶道德源于对主人阶级的恐惧与憎恨。那些无能的人，既然不能克服更富裕并且身体更强壮的对手，就寻求所谓的"精神报复"。他们把一切和主人阶级相反的东西都贴上"善"的标签。他们把上帝拉到自己的一边，将永恒的咒诅加在所有违背他们的道德准则的人身上。在尼采看来，永恒的咒诅、最后的复仇，这些观念都表明犹太—基督教的道德基础不是爱而是仇恨报复。

尼采相信，道德的谱系将两种道德之间的黑白对比揭示得清清楚楚，足以毁掉基督教的奴隶道德。[39]基督教是弱者的宗教，而无神论要求热烈地拥抱力量。基督教企图纯化人的基本冲动与欲望，而无神论肯定人的基本冲动与欲望。基督教引入绝对者，以此来建立秩序，而无神论因生命里的混乱无序而享受其中。基督教为奴隶道德辩护，无神论拒绝这种奴性道德，为每个人成为自己的主人而欢呼。

这些道德与世界观之间的选择是显然的且不可避免的。基督徒应当感谢尼采将这种选择的了然性与必然性揭示出来。尼采比任何人都更愿意面对无神论的后果。基督教自由派试图让宗教自然化，让它更有"文明味"；

但却一方面使基督教的特色全无，一方面又想避免这种自然化带来的精神与道德后果。早先的世俗先知取消上帝的存在，因为他们对人性的善有着乐观的估计，相信没有上帝一样可以充充足足地找到存在的意义。尼采比他的前人更敏锐地看到，没有上帝，则无论在人性里还是在其他地方，都没有善。早期的世俗先知宣告"轻浮的信仰主义"之死亡，而尼采同样宣告了"轻浮的无神论"之死亡。相信上帝就意味着绝对不可照着自己的形象来造上帝。而尼采通过一种逆向思维得出：无神论也绝对不可以幼稚地希望，幼稚地乐观。没有上帝，生活就是无意义的。

尼采按照他所确信的勇气生活。他离弃了学术生涯，相信那种生活只不过是在观念中造作地自我束缚。他一度在 1870—1871 年的普法战争中服役于急救团，这部分地也是因为他自己的健康状况不佳。在 80 年代，他陷入了深度抑郁，在欧洲各地旅行，其间写下了最深刻隐晦的文字。在80 年代末，他得了严重的精神疾病，而这可能是由早期的多次乱交所染的性病导致的。他生命的最后十年由母亲和妹妹照顾。颇为讽刺的是，尼采死的时候，幻想自己就是他的最大敌人耶稣基督。

折衷主义运动：从浪漫主义到实用主义

除却 19 世纪观念形态革命中的核心主题之外，我们也当关注这一世纪贯穿始终的其他各种理智运动。19 世纪见证着诸种世界观的强力渗透。究其实质，似乎这些世界观都出于同一个洞见：应当对过去来一个全新解释。我们在前面已经考察了这一洞见在世俗先知那里经历了怎样的大致路线而最终得以扬显其名。现在，我们要查考从这一洞见里生发出来的 19世纪其他多个不同理智运动。下面的叙述所涉及的运动在世界观上彼此不同，但又有重合。其中的大多数运动之所以吸引人，主要在于它们是历史中的边缘运动，其继承者为数不多。这些运动更其重要的地方不是历史细节而是主要的观念框架。

浪漫主义与超验主义

专业地讲，浪漫主义和超验主义这两个运动并不相同，但它们的核心洞察是一样的。两者都反对启蒙运动的强势理性主义基调。两者都赞同启蒙运动对传统宗教信念的批判，崇尚启蒙运动的自由精神，并且对基督教持贬损态度。于它们而言，宗教信念的重要性在于它是人类情感的真实表达，而不在于它是一整套试图表达永恒真理的教义。

浪漫主义无法被当做一个统一的世界观来对之进行简单容易的叙述。作为一个运动，浪漫主义可追溯到 18 世纪的后二十年和 19 世纪前三十年。浪漫主义首先出现在文学与艺术里，只是作为一种衍生物才出现在学术界。浪漫主义运动的主要人物是弗里德里希·冯·席勒（1772—1829）、珀西·比西·雪莱（1792—1822）、约翰·沃尔夫冈·冯·歌德（1749—1832）、萨缪尔·柯尔律治（1772—1834）、威廉·华兹华斯（1770—1850）、托马斯·卡莱尔（1795—1881）。这些人大多是文学家和诗人而非哲学家。他们都深深地迷恋自然之美；都以自己的方式试图将情感置于理性之上；都谈论人类经验而非客观性真理；都贬低和谐与对称的古典风格，相信人类意义的核心是个人性的创造精神；神话性的、神秘的要素在他们的作品中都极为重要。

作为一种世界观，浪漫主义敌视传统宗教信仰，但其代表人物在著述中屡屡使用上帝与魔鬼的形象。浪漫主义对历史或死亡的意义没有明确观点。它完全赞同启蒙运动对形式上的宗教尤其是教会的攻击，而且它从不拥护任何近似信念体系构架的东西。它使用宗教意象，但并不自称相信任何宗教性的东西。浪漫主义作家随意运用圣经题材，而不关心这其中的信念问题或是恰当性问题，就像此前的作家随意运用希腊神话一样。

超验主义运动比浪漫主义运动更紧凑但影响也更小。最先表达超验主义的是 19 世纪上半叶以波士顿为聚集中心的一批新英格兰作家与艺术家。其最著名的代表人物有拉尔弗·瓦尔多·爱默生（1803—1882）、亨利·大卫·梭罗（1817—1862）、玛格丽特·富勒（Margaret Fuller，1810—1850）。这些人都相信个体是精神宇宙的中心，相信个体的内在之光为生命意义给出最佳线索。超验主义者和浪漫主义人士一样，极大地推崇自然的美而非自然的法则性运行。经验科学于他们而言不如于启蒙运动者而言那么重要。他们相信真正的幸福不在于分析性地研究自然，而在于以神秘的超验方式使自己与自然合为一体。他们还相信，人的首要美德是节制动物性的激情，追随自然中的灵性力量。

超验主义者拒绝工业革命带来的现代生活的机械性。他们提出，将工厂操作式的机械力学范畴用到人的生命里，是一件危险的事情。超验主抗议说，人不是机器的一个部件，人的重要性不是用他的产品来衡量的。对神秘之物和美的沉思要重要得多，它们才丰富了人的体验。他们所说的沉思乃是某种直觉而非理性分析。

超验主义者给人宗教性的印象，但他们的信念不同于任何已知宗教性派别或团体。有时候，他们使用的"上帝"一词听起来更像是某种神秘未知力量的代名词，而非在历史中确切地言说和行动的上帝。他们在任何地方的任何事物里都能发现"上帝"，故而可说是某种泛神论者。对于大多数形式的泛神论而言，恶在某种程度上是一种幻象，善与恶之间并无绝对的区别。超验主义者看起来都是和平主义者，但他们捍卫这一信念更多是基于直觉而非论证。

虽然超验主义作为一个连贯运动在 19 世纪 50 年代的时候就已消失，但它的遗产在这一世纪的后五十年里仍然在影响着文学及改革运动。多数超验主义者都是作家，著有大量的个人日记、演说、信件、宣言、诗歌、论文与译作。爱默生的《散文集》和梭罗的《瓦尔登湖》是杰出的文学著作，影响了一代作家与世人，是传统欧洲文学形式的取代品。[40] 梭罗对公民不顺从的论述，有助于废奴运动非宗教性一面的形成和得到表达。玛格丽特·富勒被视为 20 世纪开端那个进步时代里女权主义知识分子的杰出榜样。

唯心主义

唯心主义和浪漫主义一样，不是那种可以很好地加以定义的有着一套共同观念的运动。和浪漫主义不同的是，它主要局限在哲学学术界。它唯一宗教上较大的作用是对 19 世纪中叶的一些自由派神学家的影响。唯心主义盛兴于德国与英国。尽管更有名望的唯心主义者都是德国人，但在 20 世纪初的时候，两个来自强硬的休谟传统的英国人，G. E. 摩尔（G. E. Moore）和伯特兰·罗素（Bertrand Russell）给了唯心论致命一击。19 世纪最著名也最复杂的唯心主义者是 G. W. F. 黑格尔，我们在前文已经提到了他。稍后的两个唯心主义者是弗里德里希·威廉·约瑟夫·谢林（Friedrich Wilhelm Joseph Schelling，1775—1854）和亚瑟·叔本华（Arthur Schopenhauer，1788—1860），他们最清晰地体现了我们现在所说的德国唯心主义。F. H. 布拉德雷（F. H. Bradley，1846—1924）是英国唯心主义者中最著名也最具哲学影响的。

作为一种一般性理论，唯心主义和唯物主义（它主张最终极的实在本

性上是物质）恰好相反。唯心主义相信最终极的实在是和心灵相关的现象
（理念）。[41]有许多不同种类的唯心主义，也有许多杂生出来的理论，其中
一些甚至整合了唯物主义的元素。柏拉图对古代希腊思想的贡献常被视为
某种理念论唯心主义，因为他把最终实在定义为非物质的形式。柏拉图也
肯定物理世界具有实在性，这就使得应不应该把他的哲学归为唯心论成了
问题。启蒙哲学一般假设观念能表现物质对象。在这一假设之上，19 世
纪的唯心论者提出，物质世界之存在的唯一证据在于我们能感知它。但感
知本身不是物质对象，而是精神性的呈现。唯心论者推论说，既然这些
"呈现"是心灵唯一能直接且确切地进入其中的东西，那么我们唯一确实
知道的东西就是观念，而不是这些观念可能所呈现的对象。观念而非物质
对象才是最终的实在。

随着逻辑实证主义以及由之而来的科学批判精神的兴起，唯心主义的
宏大元叙事在 20 世纪上半叶崩溃。不过，最近的迹象表明，实证主义过
早地宣判了唯心论的死亡。最近的两种理论，反实在论与语言唯心论，都
否认了唯物主义所做的基本预设即最终实在是物质的。此外，我们还应该
注意，当代基督教哲学思想与之搏斗的有关错误正是绝对的唯心论或绝对
的唯物论，虽然，这是出于和反实在论者极为不同的理由。

神学自由主义

启蒙运动带来的后果就是自然神论的兴盛，以及对基督教圣经持批判
态度的文学。这又产生了我们现在所说的"神学自由主义"，这是一种圣
经学者、神学家与宗教史家的松散联合。该运动的中心是德国，虽然它影
响到的地域极为广泛。与该运动相关的核心神学人物是弗里德里希·施莱
尔马赫（Friedrich Schleiermacher，1768—1834）、阿尔布雷希特·利奇尔
（Albrecht Ritschl，1822—1889）、阿道夫·冯·哈纳克（Adolf von Har-
nack，1851—1930），以及圣经学者 C.J. 威尔豪森（C. J. Wellhausen，
1844—1918）、F.C. 鲍尔（1792—1860）、大卫·F·施特劳斯（1808—
1874）。从长远来看，施莱尔马赫的工作影响最为深远，而且至今在神学
上仍然重要。

施莱尔马赫热烈支持德国新教各派重新联合。引人注意的是，他在当
时之所以著名，首先是因为对柏拉图对话的翻译与鉴别性编辑。他为建立
经典的现代柏林大学作出重要贡献，而在柏林大学，不同学科都围绕哲

学，以之为中心。施莱尔马赫在柏林对神学作了如今通行的四种学科区分：圣经神学、教义神学、历史神学与教牧神学。施莱尔马赫相信，主导宗教学科的原则应当是内在于所有学术研究领域的普遍原则。这样，神学就成了宗教学研究。

施莱尔马赫认为，宗教不是一种知识形式而是一种行为形式。[42]它的首要关注是伦理性的。就此而言，与宗教相关的是一种绝对依赖感或者说绝对依赖意识，而不是一种对绝对者的信念。上帝不是一个对象，而是所有存在之物的本质。普遍性的宗教经验肯定了终极意义的存在。依赖于实在的原初性感觉体验可以在不同文化中被不同的范畴体系以不同的方式表达出来，但这些表达都错误地以为自己的范畴才是对的。不过，宗教经验却指向终极真理的模糊性。于施莱尔马赫而言，这就意味着基督教信仰应当在对邻人的爱的意义上来理解，而不是在某种特定的教义体系的意义上来理解。这正是我们从耶稣的教导中所领悟到的本质内容，而耶稣的教导正记载在至今仍可信赖的圣经之中。

神学自由主义的再诠释背后，就是对圣经真实性的批判与攻击。[43]虽然到19世纪的时候这一批判已经持续了一个多世纪，但它在这一世纪的历史主义氛围里获得了更新的力量。历史主义宣称真理是历史背景的产物。按照这种思想，对宗教的最佳理解不是考察它的终极信念，而是查考它的历史起源。例如说，要更充分地理解福音书对耶稣生平的叙述，就应当除去其中神秘性的和超自然的因素，而挖掘其中属世的真实历史。古代文化之所以创作神迹故事，其动机到底何在，这是我们需要花力气去研究并理解的，但19世纪稍微严肃一点的宗教学者都不相信神迹叙事的字面真实性。对于这些19世纪的自由派学者而言，传统成了某种向我们传达过去时代的偏见的东西。他们相信，早期基督教在政治与经济动机的驱使下，创造了一种驱逐不同意见的传统。我们从圣经中读到的不是真理而是谁更强大有力。在历史批判主义的影响下，19世纪的许多人开始相信，胜利者书写了历史（如圣经），定义了正统。[44]

神学自由主义的批判性预设越来越遭到质疑，尤其是在20世纪的头三十年里。自由探寻的目的本是所谓"属世的真实历史"，但往往，它所引发的探寻得到的历史，不过是恰恰在验证自由派历史学家预设的历史。当他们探寻历史中的耶稣时，发现的往往不过是作为自己的确信之反映的耶稣。当历史主义成为一种绝对之后，所有的真理性宣称（包括自由派自

310

己的确信）就都沦为了意见而已。这就使自由主义自己也无容身之处。

存在主义

恰当说来，存在主义首先是指 20 世纪的一种观念形态，主要和法国批评家让-保罗·萨特（Jean-Paul Sartre）、阿尔伯特·加缪（Albert Camus）相连。不过，这一观念形态的先驱和创始性的思想者却是 19 世纪的人物：索伦·克尔凯郭尔（Søren Kierkegaard，1813—1855）和弗里德里希·尼采。我们已经对尼采有所论述，所以在此就主要讨论克尔凯郭尔。虽然尼采和克尔凯郭尔在某些方面有相同之处，但他们的不同处却更为重要。克尔凯郭尔的目的是复兴内心的宗教，尼采的目的是上帝之死；克尔凯郭尔以"死去的信心"为基督教首敌，尼采则以任何形式的信仰为首敌。当我们考察克尔凯郭尔和尼采作品中的存在主义根源时，这些差别无论如何不可忽视。

19 世纪时，丹麦的官方教会使基督教成为某种外在性的形式规条，忽略了信徒的内在转变。在伪善的宗教领袖那里，公众性的认可比诚挚的信仰更重要，这激怒了克尔凯郭尔。这些人在布道中唱着高调，但在生活中见证着贪婪与妒忌。他们有意识上的信心，但心却是死的。故此，克尔凯郭尔号召要来一个经历性的抉择，它植根于一种以完全的心来认识上帝的宗教热情。[45] 这种抉择的根由不是理性，否则它会在下一步的探寻中动摇。克尔凯郭尔相信，最重要的抉择不是来自听从理性，而是来自个人性的、激情的委身。理性的束缚会夺去生命的鲜活与力量。

克尔凯郭尔著述中的一个常见主题就是"生活之路的各阶段"。[46] 第一个阶段是审美阶段，在此我们被快乐驱使，投身于满足自己的欲望。这种生活的敌人，即痛苦与无聊，会将我们驱到绝望的边缘，并让我们认识到享乐主义的生活是肤浅的。绝望会把我们引到下一阶段也就是伦理阶段，在这里，我们以道德原则来指导生活，不过，道德原则很难贯彻。由于它们以道德来束缚生活，我们会被诱使着退回到审美阶段，或者，我们会作信仰的跳跃，进入到宗教阶段。

在《恐惧与颤栗》一书中，克尔凯郭尔以亚伯拉罕为例描述从伦理阶段到信仰阶段的跳跃。[47] 当上帝要求亚伯拉罕献上以撒的时候，他的要求和道德律是相悖的。孩童不可被献祭！不过，上帝的要求高过任何伦理原则。从审美或伦理的眼光来看，上帝对亚伯拉罕提的要求是荒谬的。但宗教阶段的生活要求我们中止日常道德，作出真正的宗教选择，这正是亚伯拉罕的热情回应，也是我们应当效法的。这是一种背离理性面向上帝的选择。只是在这种宗教性的选择里面，人才能找到他的真实自我。

实用主义

　　美国对哲学的最大贡献就是我们所说的实用主义。实用主义起源于19世纪下半叶，其理智上的中心是哈佛大学。这一运动的主要领袖人物都是哈佛的哲学家，如实用主义创始人威廉·詹姆斯（William James，1842—1910）、该运动的背景性人物 C. S. 皮尔士（C. S. Peirce，1839—1914），以及该运动的推广鼓吹者约翰·杜威（John Dewey，1859—1952）。实用主义者的核心主张就是，信念的价值应当按照其实际性的果效来评估。哲学主要不是一种理性事业，它应该更关注那些可以帮助我们走人生之路的信念。实用主义的另一个主张就是，所有的观念都应当被视为一种操作性的假设而非什么绝对为真的公理。人类知识总是在进化中，不可排除进一步的探寻。

　　在实用主义者看来，数据并不能决定理论。相互冲突的理论总是能找到数据性的"支持"，虽然它们并不同时为真。由于不同理论同样都有支持证据，所以诉诸数据并不能决定哪个假设为真。那么人如何能理性地选择自己的信念呢？在实用主义者看来，真理的决定性测试乃是信念是否有用。

　　最初，实用主义更多是一种意义理论，而非一种真理理论。任何语词的意义最终在于它所导致的行为。人唯有借着一个语词或理论所具有的可感果效，才能发现它的意义。用当代的话来讲，就是一个语词的意义在于它的"现金价值"。这就让后来的实用主义者如约翰·杜威想到，教育应当改革，这门事业应当是行动导向的而非抽象观念导向的。它应当帮助学生解决实践性问题。真正的现代教育应当挑战学生，使他们以自己的经验来测试不同理论，从而得出合理结论，并能在行动上日益地既连贯一致又有具体性。杜威承认，这一过程得出的结论总是可以批判的，是有待改进的，因此没有什么东西是最终地绝对正确的。

　　实用主义与其说是一套观念不如说是一种用来衡量观念的方法。有时候，它似乎公然和宗教为敌，还有时候，它似乎热烈地为上帝信仰辩护，或至少对上帝之批判进行批判。实用主义在 20 世纪末的当代复兴是一种坚决的不可知论。[48]它拥护进化式认识论，从而对任何"一次性地永远给出的"宗教真理观抱有强烈的怀疑。

³¹³ 总结

从上文的叙述里并不能得出结论，说宗教信念在 19 世纪末期消逝或陷入危机。在这一世纪结束的时候，英语世界里的普通人仍然广泛地持有宗教信念。事实上，许多人都宣扬，说 20 世纪将是"基督教世纪"。[49]不过，宗教信念于世纪之交的美国多数社会运动家和改革家而言都是几近不合理的。[50]19 世纪见证了基督教史上最伟大的复兴——第二次大觉醒运动。[51]不过，19 世纪末的时候，宗教信念对文化世界的影响大多都不在观念领域。理智所积蓄的力量在方向上已经翻转，虽然这一点还未在大众性的运动中表现出来。

从新教正统的观点来看，19 世纪出现了一批极有影响力的神学家，包括贺智（Charles Hodge）、沃菲尔德（Benjamin B. Warfield）、斯特朗（Augustus Strong）。他们有着共同的哲学基础，也都委身于为基督教历史中传承的信念辩护。他们的共同哲学基础就是"常识实在论"。我们有理由说，19 世纪的知识讨论中的通用语言并不是德国唯心论及其传承哲学，而是贺智、沃菲尔德、斯特朗使用的常识实在论，但这一哲学运动本身不属于我们此处所讨论的范围。[52]常识实在论传统和早先的英国经验论可说是完全不同的思想路线。伊曼努尔·康德相信，我们不能不承认大卫·休谟赖以对宗教信念作批判的那些预设，故此他为了拯救知识而发明了一个体系。但最早的那批常识主义者，如托马斯·里德（Thomas Reid）及其继承人，都拒不接受休谟的基本预设。[53]他们相信，人对普遍真理尤其是感觉与记忆中的普遍真理有一种直截了当的把握。换言之，他们相信有一个稳固的"基础"，可以在其上建立传统的宗教信念。要是说常识实在论在 19 世纪没有什么影响，这并不属实。不过，要是说它对康德之后的宗教批判能施加理智上的有力反作用，这也属夸张。到 20 世纪开始的时候，已经找不到一个在知识界有影响的常识实在论者了。[54]无论怎样评价这一运动在理智上的活力，它在 20 世纪初和学界的脱离程度都是令人吃惊的。

在审视 19 世纪的时候，不可忘记应当以它自己的尺度来理解它的观念形态，给它以应有的尊重。本章也一再提出，有思想的基督徒应当严肃看待宗教的自然化这一事件。只要罪还存在，则利用宗教信念来满足人的需要，这种危险就总是存在。正如尼采所见到的那样，教会的偶像崇拜诱惑和金牛犊一样古老也一样有害。教会应当严肃地看待自己的堕落，就此而言，我们应当感谢世俗先知。

不过，我们也强调过，世俗先知依赖一系列预设，而这些预设现在看来至少都是可疑的。对人类进步的幼稚乐观，不管是出于宗教还是无神论的原因，现在都多半被视为不靠谱。此外，自然化主张的核心理由——宗教因为其历史局限性而不可能为真——也可以被轻易用来反对自然主义者，也就是说，不信有其历史局限性，所以不可能为真。20 世纪的历史将向我们证明，历史局限既不可被轻易打发，也不可被当做起绝对作用的要素。

19 世纪是一个伟大观念起着重要作用的时代，是一个知识界严肃地看待世界观的时代。生活中处处都要有世界观的指导。19 世纪同时也是一个对理智探索极为信赖的时代，这使得人们以为，宗教信念可以被理智地消解打发掉。虽然许多人断言，宗教将永不会再和以前一样，但同样也有一些人希望，教会能够觉醒并严肃地看待这些批判，在永生的上帝面前更认真地担负它的责任。观念，尤其是那些探索永恒的观念，的确是重要的。

阅读书目

Kant，Immanuel

Critique of Judgement. Translated by W. S. Pluhar. Indianapolis：Hackett Publishing Co. ，1987.

Critique of Practical Reason. Translated by L. W. Beck. New York：Macmillan Publishing Co. ，1993.

Critique of Pure Reason. Translated by N. K. Smith. London：Macmillan and Co. , 1963.

Religion within the Limits of Reason Alone. Translated by T. M. Greene and H. H. Hudson. New York: Harper and Row, 1960.

Hegel, G. W. F

The Phenomenology of Spirit. Translated by A. V. Miller. Oxford: Clarendon Press, 1977.

Science of Logic. Translated by A. V. Miller. New York: Humanities Press, 1976.

Feuerbach, Ludwig

The Essence of Christianity. Translated by George Eliot. New York: Harper, 1957.

The Essence of Religion: God the Image of Man. Translated by Alexander Loos. New York: A. K. Butts, 1873.

Marx, Karl

Capital: A Critique of Political Economy. Translated by Ben Fowkes. New York: Penguin Books, 1992.

The Communist Manifesto, with Friedrich Engels. New York: Penguin, 2002.

The German Ideology: Including Theses on Feuerbach, with Friedrich Engels. Amherst, NY: Prometheus Books, 1998.

Marx on Religion: Selections. Edited by John Raines. Philadelphia: Temple University Press, 2002.

Charles Darwin

On the Origin of the Species. New York: New York University Press, 1988.

The Descent of Man. Chicago: Encyclopedia Britannica, Inc. , 1990.

Sigmund Freud

Civilization and its Discontents. Translated and edited by James Strachey. New York: W. W. Norton, 1989.

The Future of an Illusion. Translated and edited by James Strachey. New York: Norton, 1989.

Moses and Monotheism: Three Essays. Translated and edited by James

Strachey. London: The Hogarth Press and the Institute of Psycho-analysis, 1974.

Totem and Taboo: Some Points of Agreement Between the Mental Lives of Savages and Neurotics. Translated and edited by James Strachey. New York: W. W. Norton, 1989.

Friedrich Nietzsche

The Antichrist. Translated by Walter Kaufmann. In *The Portable Nietzsche.* New York: Viking, 1954.

The Complete Works of Friedrich Nietzsche. Edited by Oscar Levy. New York: Russell and Russell, 1964.

Romanticism

Coleridge, Samuel Taylor. *Lectures on the History of Philosophy.* Edited by J. R. de J. Jackson. Princeton, NJ: Princeton University Press, 2000.

——. *On Humanity.* Edited by Anya Taylor. New York: St. Martin's Press, 1994.

von Goethe, Johann Wolfgang. *Collected Works.* Princeton, NJ: Princeton University Press, 1994.

von Schlegel, Friedrich. *The Philosophy of History.* Translated by James Burton Robertson. New York: AMS Press, 1976.

Transcendentalism

Emerson, Ralph Waldo. *The Collected Works of Ralph Waldo Emerson.* Cambridge, MA: Harvard University Press, 1971.

Thoreau, Henry David. *Walden, and Civil Disobedience: Complete Texts with Introduction, Historical Contexts, Critical Essays.* Edited by Paul Lauter. Boston: Houghton Mifflin, 2000.

Idealism

Bradley, F. H. *Appearance and Reality.* Oxford, Clarendon Press, 1893.

Schelling, Friedrich Wilhelm Joseph. *System of Transcendental Idealism.* Translated by P. Heath. Charlottesville, VA: University Press of Virginia, 1981.

Schopenhauer, Arthur. *On the Freedom of the Will.* Translated by K.

316

Kolenda. New York: Bobbs Merrill, 1960.

——. *The World as Will and Representation*. Translated by E. F. J. Payne. New York: Dover, 1969.

Theological Liberalism

Harnack, Adolf von. *History of Dogma*. Translated by Neil Buchanan. Gloucester, MA: Peter Smith, 1976.

——. *Liberal Theology at Its Height: Selections*. Edited by Martin Rumscheidt. San Francisco: Collins, 1989.

Schleiermach, Friedrich. *The Christian Faith*. Edited by H. R. Mackintosh and J. S. Stewart. Edinburgh: T. & T. Clark, 1989.

——. *On Religion: Speeches to Its Cultured Despisers*. Translated and edited by Richard Crouter. New York: Cambridge University Press, 1996.

Søren Kierkegaard

Concluding Unscientific Postscript. Translated by David F. Swenson. Princeton, NJ: Princeton University Press, 1941.

Either/Or. Translated by David F. Swenson, Lillian M. Swenson, and Walter Lowrie, Garden City, NY: Anchor Books, 1959.

Fear and Trembling. Translated by Howard V. Hong and Edna H. Hong. Princeton, NJ: Princeton University Press, 1983.

Stages on Life's Way. Translated by Walter Lowrie. Princeton, NJ: Princeton University Press, 1945.

317 **Pragmatism**

Dewey, John. *The Early Works 1882—1898*, *The Middle Works 1899—1924*, and *The Later Works 1925—1953*. Edited by Jo Ann Boydston. 36 vols. Carbondale, IL: Southern Illinois University Press, 1961—1990.

James, William. *The Works of William James*. Edited by Frederick H. Burkhardt, Fredson Bowers, and Ignas Skrupskelis. 19 vols. Cambridge, MA: Harvard University Press, 1981—1988.

Pierce, C. S. *The Collected Papers of Charles S. Peirce*. Edited by Charles Hartshorne, Paul Weiss, and Arthur Burks. 8 vols. Cambridge，MA：Harvard University Press，1931—1935，1958.

Secondary Sources

Copleston，Frederick. *A History of Philosophy*. Vol. 7，Parts I-II. New York：Image Books，1965.

Wilkens，Steve，and Alan G. Padgett. *Christianity and Western Thought*. Vol. 2. Downers Grove，IL：InterVarsity Press，1990.

讨论问题

1. 解释一下为什么 19 世纪的知识阶层声称宗教信念出于自然性原因。

2. 费尔巴哈、马克思、达尔文和弗洛伊德对基督教的批判有何共同和不同？

3. 马克思对资本主义的批判中是否有持久性的因素？

4. 为什么围绕达尔文进化论的争论直到今天还在进行？

5. 尼采是如何既承继又批判了 19 世纪世俗先知？

6. 你会如何比较旧约对偶像崇拜的批判以及 19 世纪世俗先知对偶像崇拜的批判？

7. 19 世纪的革命性何在？

注释

[1] 现代科学是否至少部分而言，受基督教起源的影响，这个问题有许多文献讨论。Gary B. Ferngren 编的 *Science and Religion：A Historical Introduction*（Baltimore：Johns Hopkins University Press，2002）既优秀又掌握了分寸。关于福音派和现代科学兴起之间的关系，可参考 David N. Livingstone，D. G. Hart，and Mark A. Noll，eds.，*Evangelicals and Science in Historical Perspective*（New York：Oxford University Press，1999）。R. Hooykaas 的著作对该问题所作的概述虽说有点过时，但仍很有帮助：*Religion and the Rise of Modern Science*（Grand Rapids：Eerdmans，1972）。就本章而言，我们只需指出这一点就行了：人们最初并不认为，早期现代科学和基督教信念是互相冲突的。

［2］Andrew Dickson White，*A History of the Warfare of Science with Theology in Christendom：Two Volumes in One* (Buffalo, NY：Prometheus Books，1993)。

［3］启蒙运动在很大程度上是一个以理性上的启发为特征的运动，所以它的发生主要而言还是局限在大学范围内。而世俗主义对大众文化的影响大概要到一个世纪之后。James Turner 说："尽管这些危机被视为对信仰的威胁，但是，［在 18 世纪，］不信实际上对于除极少数人之外的所有其他人而言，都是不可思议的。"参考他的 *Without God，Without Creed：The Origins of Unbelief in America* (Baltimore：The John Hopkins University Press，1985)，35。Turner 的著作，以及 Henry May 的 *The Enlightenment in America* (New York：Oxford University Press，1976)，都对启蒙思想如何渗入美国主流文化作了富有启发的剖析。

［4］参考 Jeffrey Stout，*Flight from Authority：Religion，Morality，and the Quest for Autonomy* (Notre Dame，IN：University of Notre Dame Press，1981)。

［5］关于这一点，可参考 George Marsden 对美国大学世俗化的分析：*The Soul of the American University：From Protestant Establishment to Established Nonbelief* (New York：Oxford University Press，1994)。

［6］这一所谓的"福音派复兴"出现于 20 世纪 80 年代的历史学、哲学与社会学等学科领域。Harvey Cox 将福音派学术作为时代标志之一写进了他的书里：*The Secular City：Toward a Postmodern Theology* (New York：Simon and Schuster，1984)，认为它是推动文化超越现代性的两股主要力量之一。还可参考 Robert Wuthnow，*The Restructuring of American Religion：Society and Faith Since World War II* (Princeton，NJ：Princeton University Press，1988)，以及 George Marsden，*The Outrageous Idea of Christian Scholarship* (New York：Oxford University Press，1997)。

［7］参考他们的代表著作，分别是 B. B. Warfield，"Faith in Its Psychological Aspects"，见他的 *Studies in Theology* (Carlisle，PA：Banner of Truth Trust，1988)；Abraham Kuyper，*Principles of Sacred Theology*，trans. J. Hendrik de Vries (Grand Rapids：Wm. B. Eerdmans Pub. Co.，1954)；Herman Bavinck，*Our Reasonable Faith*，trans. Henry Zylstra (Grand Rapids：Wm. B. Eerdmans Pub. Co.，1956)。

［8］Warfield 拥护一种改良后的传统自然神学，认为它可以作为基督教信仰之教义的导言，而 Kuyper 和 Bavinck 强调，人的理性已经堕落，因而自然神学注定要破产。

［9］本章主要依据的不是严格的时间线索而是主题线索。本章梳理了"观念的流变"，这种流变对研究世界观的学者而言很重要，而它在 19 世纪也表现得异常清晰。19 世纪思想家的年代性排列使得我们难以按照自己的想法将"观念"置于思想发展

的流变之中。关注时间线索当然很重要。但更其重要的关注，乃是理解那些贯穿于整个世纪因而连接起整个世纪的那些主题性框架。但愿我们不要见木不见林。

[10] 恰当而言，讨论康德属于上一章的内容，所以我们这里只是给一个最简略的概要。

[11] David Ray Griffin 提出，启蒙运动的核心在于它的这一主张：超自然的上帝（即西方传统意义上的，奥古斯丁神学的上帝）已死。对上帝的基础性权威之拒绝，导致了对其他体制化形式的权威如教会与王权的拒绝。参考他的文章 "Introduction: Varieties of Postmodern Theology" and "Postmodern Theology and A/Theology: A Response to Mark C. Taylor" in David Ray Griffin, William A. Beardslee, and Joe Holland, eds., *Varieties of Postmodern Theology* (Albany, NY: State University of New York Press, 1989), 1 - 8, 29 - 62。

[12] 参考 Jeffrey Stout 对 "主体性转向" 的批判性分析：*The Flight from Authority: Religion, Morality, and the Quest for Autonomy* (Notre Dame, IN: Notre Dame Press, 1981)。Henry May 在阐释中关注了更广的社会性背景，可参考他的 *The Enlightenment in America*。一般的哲学史都以 "主体性转向" 作为理解阐释自笛卡尔开始的现代哲学的关键所在。参考 Frederick Copleston, *A History of Philosophy*, vols. 4 - 6。也可参考 Richard Rorty 编的极有影响的论文集：*The Linguistic Turn* (Chicago: University of Chicago Press, 1967)，这本文集以 "语言学转向" 的形式，叙述 "主体性转向" 在 20 世纪的延伸。

[13] 20 世纪 20 年代兴起的逻辑实证主义是英语世界里的主要转折点，从此是向有神论而非无神论要求证明。最近的两本同情性的历史叙述是 Friedrich Stadler, *The Vienna Circle: Studies in the Origins, Development, and Influences of Logical Empiricism*, trans., Camilla Nielsen et al. (Vienna: Springer, 2001)，以及 Michael Friedman, *Reconsidering Logical Positivism* (Cambridge: Cambridge University Press, 1999)。

[14] 以前的人们会把绝对精神理解为上帝，但黑格尔相信，为绝对精神命名会将所有存在的这一形而上学基础简化为一个不过是人性化的神祇。参考 G. W. F. Hegel, *The Phenomenology of Spirits*, trans. A. V. Miller (Oxford: Clarendon Press, 1977)。

[15] 参考 G. W. F. Hegel, *Science of Logic*, trans. A. V. Miller (New York: Humanities Press, 1976)。

[16] 特别参考 Ludwig Feuerbach, *The Essence of Christianity*, trans., George Eliot (New York: Harper, 1957)。

[17] Karl Barth, "Introductory Preface" to Feuerbach, *The Essence of Christianity*.

[18] 参考 Ludwig Feuerbach, *The Essence of Religion: God the Image of Man*, trans.

Alexander Loos（New York，A. K. Butts，1873）。

[19] 费尔巴哈的历史解释并得不到历史事实的支持，虽然如此，他的解释有一种简洁明快的力量。这种"替代性的解释框架"为世俗先知脱离教界控制和追求更多自由提供了辩护。最初由启蒙运动提出来的自由观念在 19 世纪丝毫未减弱。参考 Van A. Harvey，*Feuerbach and the Interpretation of Religion*（New York：Cambridge University Press，1995）。

[20] Feuerbach，*The Essence of Christianity*，24.

[21] Ibid. ，28.

[22] Ibid. ，236.

[23] 参考 Karl Marx，*The German Ideology*，with Friedrich Engels（Amherst，NY：Prometheus Books，1998）。

[24] 上述解释借自 Merold Westphal 对马克思的宗教批判所做的最好的研究之一：*Suspicion and Faith：The Religious Uses of Modern Atheism*（Grand Rapids：Eerdmans，1994）。

[25] 参考代表性的论文集：*Marx on Religion*，ed. John Raines（Philadelphia：Temple University Press，2002）。

[26] 这一论证的概要可参考马克思所作的总结，见于 Karl Marx，"Theses on Feuerbach"，in *The German Ideology：Including Theses on Feuerbach*，with Friedrich Engels（Amherst，NY：Prometheus Books，1998）。这些材料可通过网络得到：http//www. marxists. org/archive/marx/works/1845/theses. htm.

[27] Karl Marx，*Capital：A Critique of Political Economy*，trans. Ben Fowkes（New York：Penguin Books，1992）.

[28] Galileo，*The Assayer*（1623），转引自 Franklin Baumer，*The History of Modern European Thought*（New York：Macmillan，1977），50。

[29] 动力因与目的因的区分在哲学史中很重要。动力因是指使某物产生的人或者物。目的因指某物产生出来为了达到的目标。

[30] 最著名的例子就是 William Paley，*Lectures on Natural Theology*（Houston，TX：St. Thomas Press，1972），这部书的上帝存在的目的论证明极为依靠这一类比。

[31] Charles Darwin，*On the Origin of Species*（New York：New York University Press，1988），103.

[32] Sigmund Freud，*Totem and Taboo：Some Points of Agreement Between the Mental Lives of Savages and Neurotics*，trans. and ed. James Strachey（New York：W. W. Norton，1989）.

[33] Sigmund Freud，*The Future of an Illusion*，trans. and ed. James Strachey（New York：Norton，1989）.

［34］R. C. Sproul 在一段深刻但又太过简短的思考中，就是这么把疑难反手扔回给 19 世纪那些有文化修养的宗教鄙视者的。参考他的 *The Psychology of Atheism* (Minneapolis：Bethany Publishers，1974)。

［35］尤其参考《约伯记》38—40 章。

［36］Friedrich Nietzsche，*The Gay Science*，trans. Walter Kaufmann (New York：Viking，1974)，128.

［37］Friedrich Nietzsche，*On the Genealogy of Morals*，trans. Walter Kaufmann (New York：Vintage，1967)，32.

［38］Friedrich Nietzsche，*The Will to Power*，trans. Walter Kaufmann and R. J. Hollingdale，ed. Walter Kaufmann (New York：Random House，1967).

［39］Friedrich Nietzsche，*Antichrist*，trans. Walter Kaufmann，in *The Portable Nietzsche* (New York：Viking，1954).

［40］参考 Ralph Waldo Emerson，*The Collected Works of Ralph Waldo Emerson* (Cambridge，MA：Harvard University Press，1971)，以及 Henry David Thoreau，*Walden，and Civil Disobedience：Complete Texts with Introduction，Historical Contexts，and Critical Essays*，ed. Paul Lauter (Boston：Houghton Mifflin，2000)。

［41］参考 F. H. Bradley，*Appearance and Reality* (Oxford：Clarendon Press，1893)，该书对这一观念有经典的表达。

［42］Friedrich Schleiermach，*The Christian Faith*，ed. H. R. Mackintosh and J. S. Stewart (Edinburgh：T. & T. Clark，1989).

［43］关于 19 世纪圣经批判主义的主要概述，可参考 John Rogerson，Christopher Rowland，and Barnabas Lindars，*The History of Christian Theology*，vol. 2，*The Study and Use of the Bible* (London：Marshall Pickering，1988)，318 - 380。

［44］参考 Adolf von Harnack，*History of Dogma*，trans. Neil Buchanan (Gloucester，MA：Peter Smith，1976)。

［45］Søren Kierkegaard，*Either/Or*，trans. David F. Swenson，Lillian M. Swenson，and Walter Lowrie (Garden City，NY：Anchor Books，1959).

［46］Søren Kierkegaard，*Stages on Life's Way*，trans. Walter Lowrie (Princeton，NJ：Princeton University Press，1945).

［47］Søren Kierkegaard，*Fear and Trembling*，trans. Howard V. Hong and Edna H. Hong (Princeton，NJ：Princeton University Press，1983).

［48］参考 Richard Rorty，*The Consequences of Pragmatism* (Minneapolis：University of Minnesota，1982)。

［49］富有影响力的杂志《基督教世纪》(*Christian Century*) 就是因此得名的。

[50] 参考 Turner，*Without God*，*Without Creed*，尤其是第一章。

[51] 参考 William G. McLoughlin，*Revivals*，*Awakenings*，*and Reform*（Chicago：University of Chicago Press，1978）。

[52] 常识实在论的核心人物托马斯·里德是 18 世纪人，所以本章没有对他进行讨论。就提供一种选择来代替大卫·休谟而言，里德比康德更著名。参考 Thomas Reid，*Inquiry into Human Mind on the Principle of Common Sense*，ed. Timothy Duggan（Chicago：University of Chicago Press，1970）。关于里德在哲学史上的重要性，这一问题的最好研究是 Nicholas Wolterstorff，*Thomas Reid and the Story of Epistemology*（New York：Cambridge University Press，2001）。

[53] 参考 Wolterstorff，*Thomas Reid*，其中对里德与休谟之间的关系有更详细的研究。

[54] 这里最令人意外的地方之一就是，常识实在论在 20 世纪中叶的复兴多多少少预示了福音派学术的复兴。尤其见 Alvin Plantinga 和 Nicholas Wolterstorff 的著作 *Faith and Rationality*（Notre Dame：University of Notre Dame，1983）。

废墟中的哲学： 20 世纪及以后

迈克尔·W·佩恩（Michael W. Payne）

任何社会的任何时候的文化都更像是过去的各种观念形态留下的一堆废墟或者说"烂摊子"，而不像一个系统性的连贯整体。

维克多·特纳（Victor Turner）

突然，在路径上出现了一道弯、一个转折点。不知何时，那真实的场景——在里面你知道什么是游戏规则，而人人也都有可信赖的牢固依靠——消失不见了。

让·博德里亚（Jean Baudrillard）

特纳和博德里亚的描述可以作为一种生动的哲学性比喻来概括我们的世纪以及之前的 19 世纪。就许多方面而言，20 世纪只是本书前面各章讨论的那些主要论题的继续罢了；但就一个方面而言，它又是某些先前（也许是错误地）被认为值得再三考虑的问题的最后止息处。某些话题汇聚了不同的思想之流，以种种方式获得新活力新方向（例如，在和美德伦理有关的研究方面，最近就有亚里士多德主义的复兴）；[1]而另一些话题的思想之流却已然干涸，因为灌溉它们的源泉自身就已经内乱崩溃了（如基础主义、笛卡尔理性主义等等）。[2]

319　　　事实上，菲利普·布朗德（Phillip Blond）认为 20 世纪处于**失败境地**。他的意思是：我们这些处于现代性之末期的人，似乎注定了进退两难。或者我们高抬某些投射性的超验先天原则，将它们设定为实践选择与实用选择的合法缘由；或者我们可以选择某种更令人激奋的，可以自我立法的目的感，并同时承认，我们所说所做的无论什么东西，都只是困在语言或权力里面，恰如尼采和福柯所指出的那样。[3] 这两种选择都是人的构建与投射。[4] 布朗德说：

> 陷在这些世界之中的人每天地一向地践行着否定暴力。他们否认有任何先于他们的世界或秩序存在；他们厌弃超验，由此也厌弃当下地在他们身边的、在他们面前的东西，而且，在"憎恶"的陶醉冲动下，他们达到这样的完全否定：拒绝未来，把向死而在（*Sein zum Tode*）当做未来的唯一主体性所具有的确切标志。他们说，死是你我作为个体唯一能真正拥有的未来。[5]

　　于尼采而言，一旦我们意识到世界并没有内在的目的或美，意识到世界"没有什么方向，也没有什么前进"[6]，我们就会屈从于生活最终要被吸入其中的终极无意义；不过，在我们受制于这种尼采式的"'徒劳'之痛苦"以前，我们须得先进行一番自己的哲学考古。有一件事看来很确定：仅有共时性的分析是不够的，我们还需要历时性的分析，因为观念并非突然全新地出现，也不是在密封罐中不受外力影响地隔绝存在。[7]

　　我们如何才能最彻底地探索将我们带到 21 世纪的那些 20 世纪理智之路[8]上的最显著转折呢？为了和这本书的整体线索保持一致，我们将分析三个首要且互相交叉的革命，正是它们造就了当前的后现代哲学氛围。[9]

320 这些革命分别出现在：（1）语言与认识论，（2）科学以及（3）伦理学中。这三个革命对我们的真理观都产生了重要冲击，使其自 20 世纪下半叶以来经历了重大改变。这些不同的革命不可被理解为时序性的发展。[10] 事实上，它们的出现是同时的，构成了理查德·伯恩斯坦（Richard Bernstein）所说的"新星座"，这个星座（用本雅明和阿多诺的话说）"赖以构成的变化元素不可还原为某个共通元素"，它有点像新旧观念相互作用的"力场"。[11] 不同的力量汇聚在一块，产生了新的有机体，每个有机体都带着其产生者的痕迹。本章将较详细地探索这些主题，我们先从语言学转向以及认识论和科学领域内与之相平行的转向开始。[12]

导言： 语言与认识论中的革命

对 21 世纪思想最具非凡影响力的主题或许莫过于"语言学转向"[13]，它出现于 20 世纪，主要是因着路德维希·维特根斯坦（Ludwig Wittgenstein）的工作而实现的；他对语言的著述与思考，可与哲学与科学的其他领域里的重大转折相提并论。[14]接下来我们要叙述的是简短的理智史：它作为革命的源头，如何导向维特根斯坦；然后我们将描述，道路在哪里分叉，也就是，日常语言哲学如何紧随他的工作而得到发展。在这场哲学的历史剧中，维特根斯坦是独一无二的主角。他的生平与思想体现了一种不息的探求，为要解决 20 世纪哲学所面对的某些最重大问题。维特根斯坦的答案并不总是令人满意的，但它们激发了接二连三的反响与思考和探索新答案的新方法。[15]

指称的 （表象主义的） 与表述的

对哲学史中的"语言学转向"的种种解释，都要不断回到对语言观与意义观所作的这一基本区分："指称的"（designative）与"表述的"（expressive）。[16]我们先来考察一下这两个概念以及它们的区分，再以这一区分来考察语言学转向的历史，同时也不忘关注认识论和语言学中的相关问题。

两者的区分

语言的指称理论始于这两者之间的相互对应：一者是语词、术语、表达式等等，另一者是世界中的事物、对象、事态等等。语词"指称"事物也就是世界中的对象，而语句的意义就在于它们和世界中的事态之间是否具有对应性（也就是，起着成真条件的作用）。这类理论"使意义成了某种相对而言不那么困扰人，不那么神秘的东西"。[17]意义的指称理论和现代科学思想的本性是相容的，而科学思想就是要不惜一切代价地避免主观性。另一方面，意义的表述理论本性上是神秘的。按照这种理论，不可能把主体与表达式相割离。泰勒写到：

> 表达式的意义不能通过它与某个他物之间的关系得以理解，而只能通过另一个表达式得以理解。因此之故，将语词孤立起来而去搜寻对应关系，这种方法对表述性的意义是不起作用的。此外，我们的范式表达诸对象是作为整体起作用的。[18]

表述理论无法也不寻求避免意义的"主观联系性"，因为表述正是主体具有的能力。表达式"呈现事物，因此向我们指出使这些事物得以呈现的那些主体"。[19]表达式的意义不可以被翻译或转换成某种对象语言，也就是说，它们不可以用某种他物来解释。[20]语言和意义的表述理论不买科学的语言理论的账，也不企图为意义创造一种对象性的解释。而指称理论是以某种原子论的实在观为基础的，它认为实在是由可以被客观地产生或辨明的"一块块的"事实构成，故而，它提供的模式正契合自然科学。最终而言，指称理论除去了语言和意义中的神秘性因素或者说神话性因素，因而在 20 世纪早期的实证主义语言与科学环境里受到欢迎。

历史根源

意义的指称理论与表述理论之间的这种无必要的二元区分，驱使哲学、科学和伦理学从过去走到了现在。理解这个二元区分有助于我们更好地理解当前的哲学状况。

希腊人是所有哲学探讨的出发点。故而，毫不奇怪，我们在柏拉图的《克拉底鲁篇》里可以发现对意义的指称理论与表述理论的一些讨论。[21]《克拉底鲁篇》关心的问题是命名的正确性（383a4—b2），尤其是命名的正确性来自本性还是约定。柏拉图和约定主义者普罗泰哥拉正相反，认为有关外在实在存在某种东西，正是这种东西使事物按照这种而非那种方法被划分。例如，存在（ousia）一词就是这样。照约定主义者的说法，事物的存在对每个人而言都是私人性的（385e5），这就意味着，"存在"这个词是"不牢固的"——这种状况并不令人愉快。

在希腊的思想方式里，"说话、语言和理性"是不可分割地连在一起的。[22]这就表现在"逻各斯"（logos）一词的使用上。这个词的字根意义就是"说"（legein）。于希腊人而言，思想是在谈话的过程中形成的，并且思想表达的东西和语言一般表达的东西是一样的。这样，希腊人的"逻各斯"一词既指"理性"也指"有理性的论述"。由此延伸，希腊人视实在为某种谈话。在柏拉图看来，"理念"是可感世界的基础，而我们使用语词（如论述、交谈、叙述等等）的方式应当和实在的本性相一致。因此，柏拉图对语词与实在的关系的理解是侧重于自然本性（*phusei*）而非约定。[23]

柏拉图理论所包含的观点在以后被新柏拉图主义者、早期教父如奥古斯丁等人进一步发展了。[24]这种观点的思想背景是柏拉图的这一信念：可感世界是理想世界（也就是"形式"世界、"理念"世界）的摹仿。可感世界以逻各斯为模式，是逻各斯理念的具体表达。虽然柏拉图并没有基督教意义上的上帝论，但他的语言能反映一个为人熟知的圣经论题，就是：世界是"上帝的言语"。这样，于奥古斯丁而言，神圣的**言词**（*verbum*）就表现在创世本身中。所以，万物都是某个他物（也就是上帝的思想）的符号（能指）。同样，人也使用符号，即语词与语言，以之为思想的外衣。

出自柏拉图的语言和意义理论和某种本体论有直接关联，而本体论即是对实在之本性的某种理解。既然上帝可以说是一个"表述主义者"，则我们通往语言和意义的方法应当是一种表述之路。这一"应当"在中世纪和文艺复兴的时候终于成为历史事实，按照那时大行其道的"符号学的本体论"的说法，创造者将秩序刻写在世界中，就像刻写了一个巨大文本一样。这种宇宙观——它将世界视为有意义的秩序，其各个领域的安排设计都是为了启示或者说体现创造者的思想——的主导地位一直持续到 17 世纪科学革命（以及这之前的晚期中世纪唯名论先驱）的时候。[25]

唯名论起而反抗这种实在论的本体论化。这一反抗高抬指称论的语言观，将语言的重要性提升到新高度。中世纪唯名论彻底拒绝柏拉图主义和奥古斯丁主义的实在观，因为这种实在观认为上帝的思想，也就是共相与本质，就镶嵌在日常语言以及世界中的个体里。但唯名论既不相信共相也不相信本质。他们相信，虽然我们在思考中使用共相，但这只是出于实用和习惯。换句话说，"共相"不过是一种语言习惯的结果而已，它们表明我们在如何使用语言。这样，语言就纯粹是指称的了。语词只是用来命名事物的。当不存在事物的时候，也就不存在意义。对于唯名论者而言，世界并不是"有意义的秩序"，它不是由上帝的言辞命定秩序的。

伴随着这种语言和意义观，出现了一种新的宇宙观：将世界视为"客观的"、"机械式的"。[26] 中世纪神学家奥卡姆的威廉企图捍卫上帝的自由——这种自由可以很轻易地就延伸到人那里，而他的方式是：拥护一种反亚里士多德的宇宙观，一种既非目的论也非实在论的宇宙观，并提出上帝有绝对的自由，可以随处随时按照自己的选择来行动和发布命令。不过，这种观点导致了这种理解：世界按照既定的法则与程序自主地运行，无需上帝的力量或在场。

325

这种宇宙观在笛卡尔哲学（以及由这种哲学引发的认识论革命）中体现了出来，而笛卡尔哲学的基础正是唯名论。在笛卡尔的方法论中，首要的东西不是心灵与世界秩序之间的对应，而是思想主体本身。知识的确定性来自心灵（而非上帝）按照确定的理性思想法则而形成的世界的表象。心灵是一面镜子，它的首要功能就是表象。[27] 为了理解世界，首先我们应当对现象进行分解拆离，再在思想中对之进行整合重组。正如托马斯·霍布斯后来在《论公民》（De Cive，11. 14）中所说的：

> 每件事物都可以通过其构成因得到最好理解。例如一块手表，或者其他什么小的器械之类，要想清楚它们的性状与运动，就非得将其拆开，看看各个部件才行；同样，要想对国家的权益、公民的职责作一好奇探索，那我要说，就必须——倒不是把它们真的拆开——把它们也当做可以被分解开的东西那样来考察。

这种观念在语言理论中如何体现出来呢？要完成上述任务就必须借助语词。为了避免含糊与混乱，我们需要明晰的语言与术语。语言必须合乎主题。既然世界越来越被视为程序化的机械，那么，我们的术语和语言就也必须跟上脚步。语言不可藏有神秘，使用的术语应当让人能够精确地描述世界的真实本性与进程。所以，我们必须在语词与语词描述的东西之间建立起指称关系。这种"指称关系"让语词有了意义。

和笛卡尔的理性主义倾向相类似的有 17 世纪洛克的经验主义和 18 世纪的孔狄亚克。本书前面已经讨论过，洛克的理解论揭示了人是如何懂得语言的。[28] 洛克拒绝了"内在观念"，认为它们在哲学上是多余的。洛克质问，上帝为什么要如此创造我们，以致我们既能通过感官得到基本观念，又能拥有内在观念？洛克相信，我们收集个别的特殊经验，然后将其形成一个连贯的整体，在这个过程中，我们得出有意义的词汇表。但尚未解答的问题是："每个感觉是关于什么的？"由"反省"而来的这一基本两

难最终使康德（1724—1804）对经验主义进行了彻底批判。[29]我们对世界　326
的每一单个印象（感觉）都是一条信息。我们凭什么能够在不同的感觉之
间作出分辨呢？感觉总是针对某个东西的，康德最终将此称为"意向性"。
主体（认识者）必须能够将感觉（特殊性）"放在"某个位置，也就是某
个对认识者而言已然熟知的处所。不然，康德说，"现象有可能挤入灵魂，
但却还形不成经验。"人的感知"还不属于任何经验，也因而还不会有一
个对象，只不过是印象的盲目作用而已，它还抵不上一个梦"。[30]

　　如果经验主义是对的，那么，语言就是单个的语词或"声音"（原子
论）的集合，而无需形成一个必要框架（语言的自身维度）。这样，对语
言和意义的预设就是固有的；它们"超出"经验。这种指称的或者说表象
的（representational）语言观，正是20世纪初的逻辑原子主义者和实证
主义者发动语言学转向时所依赖的基础。

20世纪："语词"的鼎盛

　　20世纪，朝着语言的转向有着更大的力量和重要性。"逻辑原子主
义"和路德维希·维特根斯坦（1889—1951）工作的背景就是我们前面讨
论的指称论与表述论的语言观。在20世纪早期，紧紧占据着科学思想的
是指称论的语言和意义观，它在现代以表象理论或者说描述理论出现。虽
然表述主义在18、19世纪的时候被赫尔德、哈曼等人在浪漫主义的伪装
下重新激发，但20世纪的时候，它已经在启蒙科学主义（这时被称为
"实证主义"）的复兴之下黯然失色。有趣的是，到了后期维特根斯坦那
里，表述主义又回来了，对此我们会在下面进行讨论。

　　为什么语言，尤其是那种表象主义的或者说描述的意义观，在早期
20世纪哲学有着更大的重要性？考虑到尼采的观点以及詹姆斯和杜威的
实用主义，这一问题就越发令人困惑。最好是把实证主义时期（早期维特
根斯坦）当做一个过渡，夹在尼采和后期维特根斯坦之间。尼采已经预见
到，康德为笛卡尔主义和经验主义的难题给出的方子不会灵验。正如本书
前面所谈到的，康德两者都想要：一个活跃的"自我—主体"，他的内在
知性范畴构成了知识，以及一个不可言说的物自身，它为我们的表象提供　327
稳固依靠。尼采注意到，不管物自身对康德有怎样的功能上的重要性，它

也只是一个假设——一个一旦转动起来却什么也带不动的齿轮，因为它根本就不是机器的一部分。正因为物自身没有什么"实在的"功用，所以，它可以被除去而不会留下什么后遗症，而最后我们剩下的东西就只有一个接一个的表象了。这就毁掉了"物自身"的意义，因为表象的比喻正是以存在某个可能的被表象之物为前提的。维特根斯坦把这种无益徒劳的努力比作买上好几份同样的报纸，来证实上面的头条新闻是否真实。尼采提出，新时代的比喻乃是"注释"，而它在尼采那里的意义是指人在其意志中注入意义。如尼采所说："是'注释'，也就是注入意义，而不是'解释'［解出意义］……没有什么事实，一切都处在变动中，不可理解，难以捉摸；相对来说最持久的东西就是：我们的意见。"[31]尼采的观念并未成为主流。哲学与逻辑中复兴的对经验方法与表象主义的强调，掩盖了他的洞见。尼采对形而上学的批判并未用之于维也纳小组——一群致力于不停地寻求"解释"的哲学家。在尼采的反形而上学偏见与尼采的后继者这两者之间，出现了逻辑实证主义的科学主义，一种"快乐的、虚无的实证主义"。这种实证主义企图牢牢抓住有限性，而有限性是以对无限的意识为基础的，并且这种企图里的乐观的积极性只有一种绝对的历史主义能够提供。这一实证性的朝向，推动了语言学转向。在这一框架内，"真理"不过就是逻辑形式或逻辑语言的一种属性，在这里，人们以为，通过致力于由数学表达实现的形式化，就可以得到世界与心灵的运转机制。[32]

早先我们在讨论随着语言和意义的表象主义（指称的）理论一同兴起的唯名论时，发现这种理论之兴起的动力之一就是为科学寻找一门合适的语言。例如，洛克的首要关注就是为我们的世界图景提供一个基础，这个基础就是被清晰地、无歧义地定义了的基本语词。但我们如何能做到这一点？这要通过正确的表象，它能让人得到关于对象的真知识。认识论中的一个关键问题，就是如何除去任何可能由认知主体而来的，加入到对事物的真实表象中的东西。这个问题成了首要的语言问题，也就是，语言如何能够成为知识的工具，成为现代认识论所理解的那种工具。

理想语言进路

328

按照理查德·罗蒂（Richard Rorty，1931—2007）的说法，20 世纪早期的时候，出现了两种对付语言问题的进路：理想语言学派和日常语言学派。[33]理想语言学派在形式、结构与旨趣上都和早期维特根斯坦最接近。[34]

维特根斯坦在《逻辑笔记》（"Notes on Logic"，1913）里写道："哲学包括逻辑和形而上学：逻辑是其基础。"[35]在《逻辑哲学论》（*Tractatus*）里，他发展出这样的观念：语言反映实在，而语言的本质是逻辑。在他看来，实在和逻辑有同样的形式或结构，也就是说，实在具有逻辑形式。他写道："逻辑——无所不包的，如镜子一样反映世界的逻辑——如何能使用这些特别的钩子与装置呢？只是因为它们全都在一张无限精致的大网——那伟大的镜子——之中彼此连接。"（《逻辑哲学论》5.511）它在许多方面都体现了所谓的"逻辑原子主义"，一种罗素和怀特海在《数学原理》（*Principia Mathematica*）中表达出的观念。按照逻辑原子主义的说法，实在最终由原子事实构成，原子事实彼此之间是截然相分的。本质而言，这些原子事实只是经验予料。当它们组合在一起时，就构成"真值函项"的分子事实。他说的"真值函项"，指的是原子事实由原子命题表象，而分子事实是由作为真值函项成分的原子命题所表象的。哲学的任务就是"解释"和"澄清"这些事实及其相应命题。这样，真正的哲学问题乃是由于某种错置而导致的混乱，而这一错置发生在我们的说法方式［卡尔纳普（Carnap）所说的"语法句法"］与反映事物真实本性的"逻辑句法"之间。[36]恰当而言，逻辑句法处于语言的核心，至少从语言和真假的关系来看是如此。[37]维特根斯坦指出，构成世界的是简单对象（原子），它们是所有分析的基础，驱除了一切的不确定性，推翻了绝对偶然性的统治。这样，没有这些简单对象（以及由此暗含的宇宙观），"就不可能形成对于世界的任何图像（无论是对的还是错的）"（《逻辑哲学论》2.0212）。它们使得命题知识里不会有无限性倒退。要不然，就不会有确定的意义（《逻辑哲学论》3.23）。没有"指称"，就没有意义。因为那样就将只有约定，而约定基本而言是任意的。"简单物"（简单对象）就这样提供了罗素所说的"世界器具"。

由此出发，维特根斯坦建立起了《逻辑哲学论》中的其他观点。"简单对象"产生了"事态"，事态要么是"可能的"要么是"实际的"。维特根斯坦说，"每件事物都好像是处在可能'事态'的空间里面"（《逻辑哲学论》2.013）。每件事物的可能性都是固定的。它就是对象的"形式"。《逻辑哲学论》主张，世界作为一个整体有一个形式，也就是，它的事态的可能性在数量上是固定的："事态的存在和不存在就是现实"（《逻辑哲学论》2.06）；"现实的总和就是世界"（《逻辑哲学论》2.063）。在这一现实图景下，哲学能够以命题对世界作出完全的分析："一个命题就是现实的一幅图像"（《逻辑哲学论》4.01）。一个命题如果描绘了一个可能事态，它就有"意义"。感觉证实将确定这个命题是真是假。维特根斯坦关于语言的本性和哲学的任务的观点可以总结如下。（1）日常语言本性而言是模糊有歧义的（《逻辑哲学论》4.014—015，4.002）。（2）"描画"或"记录"事实（或事态）的句子应当清晰准确。这类句子是"逻辑的"而非语法的，在句子内容与所表象事物之间存在对应关系。（3）哲学的任务是消除由语言上的混乱直接导致的误解。[38]

逻辑实证主义

上述（2）中暗含着的是对什么是我们所考察的"事实"这一问题的普遍理解。（1）则回避了这一实质性问题：清晰与含混的标准是什么。逻辑实证主义探索了这两个问题，为的是最终确立科学的基础，以和形而上学相对立。他们相信自己的方法可以把科学从人类情感与主观性（价值）中解放出来，将科学建立在观察与证实的牢固基础上。

逻辑实证主义者主张，在事实与价值之间有着明显的区分。他们说，价值陈述（判断）是"不可证实的"，因此既不真也不假，而科学陈述（也就是对事实的陈述）是"可证实的"，因此要么真要么假。如上所述，维特根斯坦主张语言是实际事态的"图像"，也就是说，它描画客观世界里实际的原子事实。当语言成功地做到了这一点时，它就可以说是"真的"。于逻辑实证主义者而言，真正关键的问题所在，乃是"合理性检验"，也就是说，什么东西才可以被算为拥有正当的合理性。我们需要一种标准，来测定合理性或者说合理的正当性，这个标准由一系列的（或者是指定的）公认规则组成，它将"预先"决定什么具有或不具有"思想意义"。希拉利·普特南（Hilary Putnam）如此描述逻辑实证主义的目标：

> 逻辑实证主义者希望，有一天"科学的逻辑学家"（这是他们对哲学家的称呼）能够成功地制定出这一准则或者规定，它不仅将详尽无遗地描述"科学的方法"，而且，既然在逻辑实证主义者那里，"科学的方法"就穷尽了理性本身，由这一方法而来的可测性也穷尽了意义（"语句的意义就在于它被证实的方法"），所以，这一准则或规定

也将决定，什么是或不是有思想意义的陈述。[39]

分析与综合的区分方法根据陈述为真的方式的可能性对其进行划分，而陈述为真的方式要么就是"依据定义为真"（分析命题），要么就是"依据检验为真"（综合命题）；按照上述区分，道德语言和伦理语言都被放逐到了伪句子或情感句子之地。维维安·沃尔什（Vivian Walsh）写到，

> 考虑一下"谋杀是错误的"这么一个"公认的"命题。实证主义者会问，有什么经验发现可以证实或证伪这个句子吗？如果说出"谋杀是错误的"，只是在以一种会引起误解的方式来报告某一特定社会的信念，那么，它可以说是一个很好的社会学意义上的事实，而这个命题也就是值得尊重的经验性命题。但是，进行道德判断的人是不会接受这种分析的。于是，实证主义者抄起了他们的"要么分析要么综合"的绝对区分之刀：如果"谋杀是错误的"不是一个综合命题（也就是在经验上可检验的命题）的话，那它就必然是一个分析命题——就像（他们所相信的）那些逻辑与数学命题一样，是同语反复的重言式。一个试图作出道德判断的人不会接受这一点，而他就会被告知：所争议的命题乃是一个"伪命题"——就像那些由诗人、神学家或形而上学家提出的命题一样。[40]

不过，没过多久，在维特根斯坦自己的思想带领下，哲学家们就开始批判逻辑实证主义的这些信纲。正如沃尔什所指出的，到20世纪50年代的时候，这些观念多数已经被抛弃。她谈到，"他们的'思想意义'理论，对道德语言之意义的否认，都失败了。"[41]

这类二元区分的基础乃是这一预设：在实在里存在这类黑白分明、一清二楚的区分，而这种区分被 W. V. O. 奎因（W. V. O. Quine）略带嘲讽地指为完全不切实际："我们先辈的学识就是：事实是黑，约定是白；但实际上，没有完全的白线，也没有**完全的**黑线。"[42] 一旦这种理论运用到科学领域，就会出现进一步的问题。如沃尔什所言，

331

> 由着纯科学的需要，逻辑经验主义不得不又一次让步，这就为道德哲学的进一步复兴创造了条件。旧的实证主义者攻击道德判断的地位，要求每个命题都必须至少在原则上是可检验的。但是，很显然，纯科学的很多高级理论命题是达不到这个要求的。[43]

换句话说，这不过是一种幼稚而已：以为证实方法可以用到每一个"事实"上，一次用到一个事实上；而按照逻辑实证主义，这每一个"事实"对于最终的、全体的"事实"陈述而言，至关重要。奎因指出，这种预设不过是极端的简化主义，它的结果只是纯粹的愚蠢。他提出，"我们对外部世界作出的陈述，不是单个地而是作为一个整体地面对感觉经验的检验。"[44]这一知识整体中就包含了理论命题，而这类命题远离任何经验意义上的"可证实性"。沃尔什注意到，逻辑经验主义者对自己理论的修正可谓徒劳，因为他们转而主张"理论命题是'间接地'有意义的，倘若这一理论中的某部分具有（假设性的）可观察命题，这些可观察命题在某种程度上（丝毫不担心'要么理论命题，要么观察命题'的二元分立陷入崩溃！）有着经验上的可证实性；但是，早期实证主义者在事实与价值之间作出的截然区分正依赖于能够看清是否每个单独的命题都能通过测试"。[45]最终，大多数哲学家[46]意识到，逻辑实证主义和证实原则其实是自相矛盾的，而其中原因至少有二：（1）标准本身不是分析性的，并且（2）理论根据它自己的准则又不是可测验的（也就是说，它不是经验性的）。

后期维特根斯坦、日常语言分析学派，以及主导性的认识论："句子"的鼎盛

第二个运动也就是日常语言分析出现于 20 世纪下半叶。就许多方面来看，它是对理想语言方法的核心观念的一种反动。不过，它不单只是对以前的东西提出反对而已，它也是革命的继续，始于对所谓既摆脱了主观性也摆脱了背景的"科学"的批判，终于对伦理学与认识论作一个完全的修正。我们现在就开始考察日常语言分析学派的认识论背景以及主要特征。

如上所述，语言哲学中的发展也就是语言学转向，和认识论及科学中的进展密切相关。强调表象（即对世界的镜像式反映）的认识论传统特别地驱使早期实证主义者和理想语言学派向前发展。此外，这种早期的语言学转向可说是持续了自然科学（它声称通过方法论上的明晰性与确定性就

可以达到客观性）与人文科学（它关注研究个体的或群体的人类主体，例如社会学与历史学）之间由来已久的纷争。[47]

世纪中叶危机的简单介绍

用菲利普·布朗德的生动形容来说，20 世纪中叶的危机是一场**失败境地**。什么导致了失败？主要而言，寻求一种世界的清晰准确逻辑之所以失去动力最终失败，如前所述，是由于其中的内在矛盾。启蒙时期及现代时期的核心处都有这样的梦想：寻得一个能映照出世界真实图景的普遍逻辑和理想语言。但这一梦想本身有一个内在矛盾。波德莱尔（Baudelaire）1863 年就以无人可及的雄辩揭示了这一梦想核心之处的悖论："现代性是易变、飞逝和偶然的；它的一半是人为制作，一半是永恒不变。"[48]借用哈贝马斯（Habermas）的话说，"现代性的事业"，也就是寻求事物的不变永恒核心，避免偶然性占据统治，这才是休谟怀疑论和经验论的要旨。相应地，启蒙思想者和现代思想者的公理性信念就是：对任何问题只可能有一个正确回答。因此，如果我们正确地把世界图景构建起来，就能理性地控制掌握世界。这一雄心背后的信念就是：存在一个"正确的表象模式"，它一旦被揭示出来，就能使我们达到启蒙运动的目标。尼采等人对此进行了深刻批判。尼采注意到，"真实世界"这一观念，是哲学家一直在捏造的一个幻象，这个幻象的起始远至柏拉图（"理念世界"）而通过康德仍在维系。尼采说，"生成没有目标，在一切的生成之下，也没有什么宏大的统一性。"任何假设出的"统一性"都不过是一种假设，一种徒劳挣扎，企图以如下方式来逃脱偶然性，就是："宣布这整个的生成世界都只是幻想，并发明出一个位居其上的世界，所谓的真实世界。"[49]尼采说，和这一"真实世界"相平行的，就是为了给这一世界提供支持而弄出来的"更高价值"。而实际上，这些常常以宗教为根据的"更高价值"如永恒的安宁、来生、正义等，最终都将失去自持的力量。尼采说，

> 人一当认识到，存在的整全特征，是不可以通过"目的"、"统一"、"真理"等概念得到解释的，这时，他就体会到了什么是"价值的虚无"。存在没有什么目标或终点；在繁多的事件中，没有什么全体性的统一：存在的本性不是"真实"而是虚假。人找不到任何理由可以说服自己存在一个真实世界。[50]

333

索伦·克尔凯郭尔对"总体"观念（"真实世界"之图景）的看破与此类似，但时间更早。克尔凯郭尔说，黑格尔的唯心主义理念论是一种具误导性的叙述或者说"体系"。黑格尔的目的是给所有事物一个最终解释，而这在克尔凯郭尔看来，无论对一般性的哲学事业还是对"信仰"而言都是危险的。黑格尔企图越过人类解释具有的特殊性和"局限性"特征，给出一个最终诉诸某一或某组概念的解释。在黑格尔那里，合理性与现实性是完全一致的，而其结果就是整体式的认识论构架。在人类的与经验的层面上出现的差别，比如说身心、主体客体、有限无限、信仰理性等一系列的二元分立，都消失匿迹于"绝对理念"的更高概念综合。由于所有的差别都在更高的同一里消失，所以最终一切事物都显其为同一物。没有什么是不可解释的。没有什么会扰乱和对抗我们的理智力量。一切让人不满不安的东西都将被克服吸纳。如克尔凯郭尔所言，"哲学家将能够把全部的信仰内容都化为概念形式。"[51]"信仰"中存留的任何神秘性或神话性维度都将被除去，或者是像任何其他现象一样，被归结为可界定的概念和行动。[52]

334　　因此，按照尼采和克尔凯郭尔，现代性之梦建立在根本性的哲学错误之上。这个梦在实践上也是失败的。这一梦幻所暗含的理性"铁笼"［马克斯·韦伯（Max Weber，1864—1920）］所带来的结果远超过了它自己所希望带来的。20世纪虽然开始的时候还友善地对待这梦想，但很快就抵制它了。理查德·伯恩斯坦注意到，

> 韦伯指出，启蒙思想家的期待与希望只是一个苦涩可嘲讽的幻梦。他们主张，在普遍的人类自由与科学、理性之进步之间有强有力的必然联系。但当面目一旦被揭开被认清，则启蒙运动的遗产乃是……工具理性的胜利。这种形式的理性影响着传染着整个社会文化生活，包括经济结构、法律、官僚行政，甚至艺术。［工具理性］的发展并没有导向普遍自由的具体实现，而是造出了一个官僚理性的"铁笼"，它将一切都笼罩其中无处可逃。[53]

早在19世纪晚期，艺术家与作家等就表现出对这一景象的日益不满。代替这一图景的，是艺术家尤其是作家与画家［如：福楼拜（Flaubert）、波德莱尔、马奈（Manet）］所意识到的多样性与复杂性。类似意识也伴随着由非欧几何［如19世纪20年代至50年代间的罗巴切夫斯基

（Lobachevesky）和波尔约（Bolyai）〕和爱因斯坦相对论所加剧的理智危机出现。[54]对启蒙运动与现代主义的划一性和对称性提出的这一挑战，在1910—1915 年间的文学与艺术中达到了高潮。[55]这期间迸发而出的作品有：普鲁斯特（Proust）的《斯万之家》（1913）、詹姆士·乔伊斯（James Joyce）的《都柏林人》（1914）、托马斯·曼（Thomas Mann）的《威尼斯之死》（1914）、斯特拉文斯基（Stravinsky）的《春之祭》（1913）。这一时期及其作品中贯穿的主题就是特殊与普遍的结合，或者用波德莱尔的话来说，就是"永恒"与"偶然"的关联。这些作家的作品中有着一种对人的本质主义理解：人被时间空间所局限，但却不断地努力着，要迸发着在自由中进入某种纯粹创造。第一次世界大战的来到，以及由此而引发的对人之不断进步迈向完美的乐观主义的失望，都促成了日益坚定的对多样化的信任和对普遍性的不信。不存在单独的、统一的世界图景，只存在常常是彼此激烈地相冲突着的，林林总总的多样不同图景。

不过，两次世界大战之间的间歇期，见证了 20、30 年代的维也纳小组和早期维特根斯坦所体现出来的实证主义哲学的发展。尤其是在美国，这一哲学发展阶段还延伸至二战后，并且特别体现在建筑风格的发展中——市郊的统一化空间，等等；也体现在日益强调以科学与技术为手段来控制人的环境与命运。[56]例如，房屋成了"用来居住的机器"[57]，工业界以完善的装配线（"福特式"）作为经济发展乃至人自身发展的模式。这在美国及其他工业化国家都特别真实。

伴随着科技的进步，第二次世界大战也引发了类似觉醒。大多数这类觉醒都有别于这世纪开始就有的乐观主义（西方社会与文化中的某种"神的命定"观念）。在诸多哲学运动中，存在主义最好地体现了这一危机。威廉·巴雷特注意到，这一哲学运动和二战技术尤其是原子弹技术有着不可分的联系："原子弹揭示了人类存在可怕而又彻底的偶然性。存在主义是原子时代的哲学。"[58]

存在主义深植于 19 世纪的欧洲土壤。这些根源显明欧洲形式的现代性危机所在。19 世纪 80 年代，尼采指出虚无主义已经站在了欧洲的门口，而此时克尔凯郭尔也已经以"致死的疾病"、"忧惧与焦虑"（"恐惧与战兢"）等范畴发表了自己的时代精神考古学；在 20 世纪早期，马丁·海德格尔也探索了"此在"的含义，探索了存在之"处所"——有限性与偶然性之法则。[59]第一次世界大战开始了欧洲的这一漫长之路：意识到人类

335

并非事事如意。[60]巴雷特指出，"1914 年 8 月，那一世界的基础被摇晃。它揭示出社会的稳固、安定和物质进步，如同其他东西一样，都是没有根基的。欧洲人开始像陌生人那样彼此面面相觑。"[61]不过，美国人对这种情感多半没有什么同感，如巴雷特所说的，他们还在经历经济上的增长进步。只是到了 20 世纪 60 年代的时候，美国才开始领会那些感受。缠绕启蒙事业的阴影将以后现代主义的方式临到美国。偶然性、理性的局限、对进步的威胁、对确定性的否认等等主题，都在接下去的年代得到细心探究。

现在，我们该更详细地考察这一危机在语言与认识论中的某些特殊表现。这一讨论的核心所在，就是这一转向：从将理性与合理性理解为纯真的和超然游离的，转为将人类知识与合理性理解为解释学的和主体参与的。这一讨论将为我们做好预备，以便可以最终考察科学与伦理中的革命，考察 21 世纪中的后现代思想。

语言："句子的鼎盛"

维特根斯坦后期的语言哲学著作反映出的转折，可以上溯至康德，之后又经由了哲学上的浪漫主义阶段（赫尔德、哈曼等人）。这一转折是对 17、18 世纪的经验主义与理性主义，尤其是笛卡尔、洛克与休谟的观念的反动。[62]这些哲学家的现代理性主义有两个最突出的特点：超然游离的理性与程序化。[63]超然游离的理性主义指的是思想主体占据一个由托马斯·内格尔所说的"无立场的立场"而来的"变化之原型"（proto-variant）。[64]因着"无立场"，这一主体就不处在任何已知的时间、空间，或所谓的文化与"世界"中。这一个体是某种信息处理器，它接收一条条的信息，将其有序排列，以构建一个可以生活于其中的可操作可使用的世界。而其结果——程序本位主义——就是"输入物的原子主义与心智功能的计算机化"。[65]这种计算机化因着"事实与价值"之间的区分及其相应的中立性而得以完善。虽然笛卡尔和洛克有着不同的方法和策略，但"这两种观点都在正当程序的名义下，要求反思性的自我监控"。[66]这些观点也都重新定义了后笛卡尔的"科学"与"科学思想"所在：追求客观性。不过，客观性本身也被重新定义。要达到"客观性"，我们只有除去一切可能的歪曲，就世界的"本来面目"来观察它。托马斯·内格尔所说的很是恰当：

努力所在，就是不要从世界之内的某个地方观察它，也不要从某种特定的生命或意识的高地来观察它，而是根本没有任何特定站立场所，也没有任何特定生命形式地观察它。目标所在，就是要除去因着我们的前反思观念而让事物看来具有的那些特征，由此就能达到对事物之本来面目的理解。[67]

虽然巡查我们的观察与计算中的歪曲性成分并将其剔除，这是有利的，但它并非现代理性主义者的行为。理性主义者的致命错误在于，按照他们的界定，心灵可以脱离任何背景或境况而以超然的态度发挥作用。[68]理想主义者相信，为了给出有用的结果，思想必须游离任何形式的参与，必须恪守某种可信程序，虽说这种程序到底该为何物，还没有一个公认说法。

但他们忘了对这种"背景或境况"在认识过程中所具有的关键性作用给出一个解释。一个感觉如果要算作感觉的话，必须具备哪些事实？如前所述，康德的超验演绎，以及《纯粹理性批判》中的其他论述，成为这一问题上的转折点。康德注意到，必须提供某种可理解性，才能让任何单个感觉成为可理解之物。而笛卡尔、洛克、休谟对理解过程所作的种种描述，都掩盖忽略了这一点：可理解性是处在背景中的。某物要成为可理解的，就必须满足某些条件。

维特根斯坦在他后期对语言做的思考里，也以类似观念为基础。[69]维特根斯坦哲学中的转变在于从对投射线路的关注改为对投射方法的关注。[70]早期维特根斯坦沉迷于他自己的逻辑原子主义以及由此而来的本体论所蕴含的前提：语词指称着独立于语言而存在的东西，否则的话，真与假就只是在含义上无穷倒退递归的建构。早期维特根斯坦的指称重点所赖以建立的东西，似乎是唯一能避免意义拥有绝对任意性的东西。一旦维特根斯坦接受了原子主义的本体论（"逻辑上的简单物"），则真值函项就取决于证明这一点：逻辑形式在图示式地发挥功用——也就是，语言镜像式地反映着对象世界中的事态。在后期维特根斯坦那里，逻辑形式将命题与命题所表象的世界之间的映射线路表现了出来。在《哲学研究》里，维特根斯坦说，他早年的方向（"逻辑原子主义"）体现了一种对语言的实际作用方式的严重误解。一种对"简单物"的渴望驱使维特根斯坦得出一种"标签"语言观，主张语言的首要功用就是正确地分辨或者说命名对象。我们可以把这一阶段称为早期维特根斯坦的"解释的固定"。在《逻辑研究论》中，维特根斯坦强调，我们需要"确定的"意义，也就是说，需要固定的观念，它以简单化的、"客观的"实在观为基础并与之相对应。在《哲学研究》中，维特根斯坦发现，"意义"是由用法决定的。它不是语言和对象之间相对应的结果，而是我们如何使用语言的结果，是"语言游戏"的结果。意义和使用来自于实践，来自于生活形式。

前期的简化主义方法建立在逻辑简单物与事态之间的映射线路上，没有意识到命名与定义具有的中介特性。命名预设了一系列范畴和程序，它们使同一性成为可能。如维特根斯坦所指出的，"只有当某人已经多少知道如何与某物打交道的时候，他才会有意义地询问它的名字"。[71]维特根斯坦意识到，离开可以保证事态作为事态之地位的投射方法，就不能发现基本事实。他还意识到，和世界中的事实打交道的方式有许多种，语言也有许多方式来投射它和世界的关系。因此，哲学家的关注，应当在于表达方式是否合乎特定的背景，是否使用得体，而不在于某一陈述是否"图画"出世界。维特根斯坦引入了"语言游戏"的观念，来解释语言与世界的关系。他写到，"我把由语言及语言嵌入其中的那些行为一起构成的整体称之为语言游戏……想象一种语言就意味着想象一种生活方式。"[72]最初对心灵与自然的关系抱有的那种纯粹的理想性观念，现在可说是一去不返了。哲学问题之所以出现，是因为"语言处在闲空状态之中"（《哲学研究》，116），以及"对语言的使用有着错误的、理想化的图像"（《哲学语法》，211）。[73]对"解释"的痴迷也一去不返了，而解释就在于试图从语言之外的某个场所来说话。哲学只能是"描述"所发生的，或者如维特根斯坦所说的："哲学无论如何都不能干预语言的实际使用；哲学最终只能描述它。"（《哲学研究》，124）能够做的和需要做的，就只是"描述"。哲学问题实际上是"方向性的问题"，也就是说，不知道出路（《哲学研究》，123）。这样，描述通过指给"苍蝇飞出蝇瓶的道路"（《哲学研究》，309），就为逃离哲学问题给出了一条路。而对"解释"的强调导向了一系列的错谬疑难，它们都或多或少来自语言的非语法运用：跳出语言自身来寻求解决。正如维特根斯坦所说的，"我们的疾病在于想去解释。"[74]我们"对普遍性的迷恋"来自企图超出特殊性而奔向普遍性，而这正是解释方法的特征。某种治疗性的描述有助于我们克服这种痴迷。维特根斯坦坚持，"我们不可提出任何理论。在我们的考虑中不应当有任何假设性的东西。我们必须除去一切解释，仅仅让描述来代替解释"（《哲学研究》，109）。"描述"关乎"是"，它把任何形而上学的辩护都当做"前语言的"观念而拒

斥之。代替这种辩护的是复杂得多的生活游戏。在我们参与的各种游戏
（背景、语法）中，有各种投射方式，它影响着每条可能的投射线路。《逻
辑哲学论》中的世界看似吸引人，但人在其中却不可能生活交流。维特根
斯坦说，"当我们处在滑溜的冰面上，这时没有摩擦力（《逻辑哲学论》的
世界），因而在某种意义上状态是理想的，但也正因如此，我们无法走路。
我们想要走路，所以我们需要**摩擦力**。回到粗糙的地面来。"[75]

这样，《逻辑哲学论》与《哲学研究》对知识的理解截然不同。前者
强调"那个"语言与知识，后者强调作为逻辑上更居先的语言的"怎样"。
当我们能够指出或辨认某物的时候，我们必须已然被卷入语言关系世界与
语言意义世界中，正是它们才使得这种辨认行为具有意义。[76] 阿蒂雷论到
这一点对哲学具有的含义：

> 分析性逻辑不能哪怕是暗含地被当做一种用以确定终极性概念、
> 判决哲学论证真实性的方法。这种逻辑是一种工具，是一条投射线，
> 它不能解释自己作为一种方法具有的相关性。分析性逻辑预设在心灵
> 与世界之间有一种不受投射方法影响的理想关系，这就最终把过于简
> 单化的概念强加在了复杂多样的经验上了。[77]

这样，《哲学研究》里的粗糙地面至少有两个特征：（1）强调行为和描
述，而不是命题；（2）确定性来自复杂的有着多重精微含义的人类约定，
而非语词或表达式与事实之间的简单一致。

和"坎特伯雷的维特根斯坦"（维特根斯坦于 1951 年去世）相比肩的
牛津—剑桥人是 1952—1960 年间任牛津哲学教授的 J. L. 奥斯汀（J. L.
Austin）。[78] 奥斯汀的名字常和如今所说的"日常语言哲学"相连。他体现
了由维特根斯坦发起的转折：从解释导向的方法（实证主义）转向更具
"描述性"的（也就是非指称的）方法。[79] 奥斯汀的主要启发在于指出，
除了由实证主义者使用和构成"认知"的指称、命名、贴标签等等用法
（投射之线路）之外，语言还有许多用法。实证主义曾根据经验上的可证
实性否认了所有其他言语形式，这种标准在奥斯汀看来，正是所谓"描述
谬误"的体现。维特根斯坦把"描述"当做对于解释的治疗性替代，但他
的描述概念和实证主义者所说的描述完全不是一回事。维特根斯坦认为，
实证主义者对命名和解释的渴望，就是对普遍性的渴望，而这种渴望让哲
学家离开我们使用语言的实际方法，走向某种假设的、最终也是虚幻的东

西。无论疗法是什么样的，它都只能是在语言之内，而不能来自"语言之外"。没有"客观"实在性的假定，只有语言的"使用"和语言的说出。"语言游戏"和"生活形式"概念的提出，正是为了克服实证主义对语言的狭窄单一理解。正是这些"幻象"才使哲学家像"蝇瓶中的苍蝇"一样被困，而先是维特根斯坦，后是奥斯汀，都试图从中摆脱出来。[80]

奥斯汀注意到，说话其实是一种行为，所以言语行为（无论是口头言语还是书面言语）和其他的有目的行为（如做饭、筑屋、嫁娶等等）是同一类的。使用言语行为的人是在使用一种公认的手段来达到某个目的或企图。在言语中，目的总是"对某人讲述某物"。语言的首要力量或者说"以言行事力"（又译"语言力"。——译者注）就在于此，借着它，我通过言语完成了一件行为（"行为句"，*the performatives*）。这成为对语言的常规性使用与理解，它形成了语言一般性功用的核心。

当使用如"真理"这样的术语或表达语时，哲学家通常会问：真理或者说"真"可以定义吗？日常语言分析家劝诫我们只要简单地观察事实上"真"一词是如何在日常语言中被使用的，一旦这样观察了之后，许多人就会发现，"P 是真的"，这只不过是在对某个说了"P"的人表示同意罢了。"P 是真的"，多少有着和说"P 何其真呀！"一样的力量。P. E. 斯特劳森将这称为"认可用法"。[81]主导的原则乃是"用法"。合适的问题应该是："在哪些境况里，这个术语或表达语可以正确地被使用？"只是当我们离弃界定我们的生活形式的那些语言指示时，才会冒出哲学问题。换句话说，"不要询问意义……要询问用法！"[82]

20 世纪科学革命：究竟是谁的 "合理性"？

"世界秩序的基础是谎言" （卡夫卡）

当我们努力描绘 20 世纪哲学发展的图景的时候，我们看到不同的主题或交织融合或分道扬镳。最显著的主题就是语言，它被用作一种启发式方法，来联合那些否则可能会将我们压垮的多样性。我们已然见到，不同的语言观（指称理论与表述理论）在这些问题——人对世界拥有的知识，我们应当如何理解并解释自己在世界中的位置——上的看法有着基本的不同。从语言的描写与描述理论之间的差别里,又产生了关于认知主体在解释过程中的参与性的种种理论。这首先是一个卷入其中进行参与的过程呢,还是一个超然地游离其外的过程?笛卡尔的观点反映在后笛卡尔的科学与认识论中,它主张一种超然游离的推理方法(纯粹的**我思**)。为什么?因为这就可以防止任何观点的偏见,能更清楚地反映出心灵如何运作,并由此反映出世界如何被理解。早期维特根斯坦、逻辑原子主义和逻辑实证主义,以及其他相关理论都以此为"科学的"或"客观的"预设;真理必须以逻辑为基础,而语言必须有类似的精确性和清晰性。在这一阶段,我们是在"理念"的世界中运作,哈金称此为"观念的鼎盛期",或者说"心灵论述"的时代。这是笛卡尔、洛克、贝克莱、霍布斯和休谟的时代。[83]弗雷格想把分析建立在逻辑的普遍法则基础上,试图克服在洛克与休谟那里似乎就暗含了的私人语言之可能性,而这正促成了早期维特根斯坦专注于记号法而以此为基础。维也纳小组在对语言的着迷中将这两种进路中的暗含结果都引了出来。

　　随着后期维特根斯坦思想中的转变出现,"我思"被解体了,超然游离的认识者不再处在舞台中心。代替"我思"的,是参与卷入公众性论述的"人类主体",而这种论述由句子构成,由此迎来了"句子的鼎盛期"。除了句子与句子在论述中互相交织编成的网络之外,再没有句子之上之外的东西。按照维特根斯坦的"语言游戏"观念,多样的不同论述按照各自的自决规则与语法运作,这就使得重要论题成了纯粹描述性的。首要的问题现在成了"如何"而不再是"什么"。就许多方面而言,20世纪科学中的发展也与这些道路平行。理解从"观念"到"句子"的转变,可以让我们获得洞见,看清科学中的真理危机与客观性危机。我们现在就来讨论这个问题。

　　启蒙的现代性的"新科学",在某种程度上得到那些让人印象深刻的成就的辩护,例如哥白尼的天体力学就以日心说替代了占统治地位的地心说。再接着就是牛顿发现了引力定律,在这基础上,又不断有其他发现。这一新世界观的建筑者如伽利略、培根、笛卡尔、牛顿,把宇宙看做一个由不变法则支配的机器,这些法则按照有序可测的方式起作用,并且可以被人的理性心灵所认识掌控。科学曾经建立在"第一原则"上(亚里士多德),而那样的日子现在是一去不返了;现在已经从"质化"转到了"量化"。目的论解释、世界模型,都被拒绝,代之以机械性的解释,如因与果。旧式的、更为表述化的概念如今成了现代世界中的废墟场。17 世纪早期一位帕多瓦怀疑论者对伽利略发现木星的卫星持拒斥态度，由此我们可以看出危机最终达到了什么地步：

> 动物的头这间屋子，有七个窗户，空气由这些窗户得以进入身体的帐幕之中，来给它光、给它热、给它营养。这些微观宇宙的部分就是：两个鼻孔、两只眼睛、两个耳朵、一张嘴。同样，在天体里，也就是在宏观宇宙里，有两颗吉幸的［sp］星、两颗灾异的星、两颗照明的星，以及一颗未决不定、漠然的星，也就是水星。从这一点，以及自然中难以尽述的其他类同点，如七种金属，我们就可以得出这一结论：行星的数目必然是七个。[84]

在贝特霍德·布莱希特（Berthold Brecht）的戏剧《伽利略》中，帕多瓦哲学家拒绝通过望远镜作观察，宁愿相信亚里士多德的辩论也不相信直接性观察。他们说，毕竟，"难道你没有想过，要是一个镜片，通过它你却看到这般景象，则它很可能就不是一块靠得住的镜片？"[85] 这个例子生动地向我们展示了世界观的力量。帕多瓦哲学家确信，他们抵制望远镜，抵制直接性观察乃是对的，因为世界在不同的多样的领域体现了同一套原则（如亚里士多德）。"对应性语言"指的就是这个；不同领域中的元素可以彼此对应，因为它们体现了同一个原则。

现代范式的兴起终结了这种思想方式。在许多方面，培根的《新工具》为很大程度上是一种西方式的、人类中心主义的世界观作了宣告。笛卡尔以一种建立于心灵（思想）与身体（广延）之间的二元分立之上的、超然游离的理性主义的观察角度来研究世界。虽然他不是一个经验主义者，但他和培根一样以机械性的观念来理解自然。这样，认识实在就是对世界有一个正确的表象。这种表象，通过"在心灵中"正确地使观念排列有序，就可以得到。这种秩序不是我发现或找到的，而是我建构的。这种建构也不是没有硬性要求。首要的硬性要求就是确定性，也就是说，整个结构必须能产生确定性。如何才能达到确定性？这要通过在清晰确定的证据上建立一条同样清晰明了的观念链条。这样，笛卡尔在《探求真理的指导原则》和后来的《方法谈》里发展的法则都意在指导我们的这一建构。

霍布斯和斯宾诺莎（Spinoza）把笛卡尔超然游离的、程序化的异象发展得更深更远。他们拒绝笛卡尔的二元论，主张一种更前后一致也更机械性的一元论。笛卡尔将人类意识排除在机械法则之外，但霍布斯宣称，人的心灵也是一台机器："若果如此，则推理有赖于名称，名称有赖于想象，而想象……有赖于身体器官的运动。这样，心灵将不是别的，而只是有机身体的某些部分的运动。"[86]

这种简化主义的推理方法影响了洛克、休谟并通过牛顿的著作传遍整个欧洲。最终它吸引了法国学者：霍尔巴赫、达朗贝尔、拉美特利。拉美特利的名言是："让我们大胆得出结论：人是一台机器，并且整个世界也只有一个实体，虽然样态不同。"[87]现代人把自然理解为某种可以控制、可以理解、可以达到他自己目的的东西。牛顿的《自然哲学的数学原理》（1687）发现了引力与运动定律，并以数学的方法对之进行了叙述，这就为培根与笛卡尔提供了辩护。世界不再是神秘的，认识世界的过程也不再是神秘的。宇宙有如调校良好的钟表，照着计时法则有条不紊地运行。由于过去、现在和未来都由同一个确定的宇宙法则控制，所以，宇宙是完全可预测的。

344

人们认为，这些掌管着自然科学的法则也掌管着人学或者说社会科学的法则。科学主义，或者说实证主义，就旨在运用那些法则，以便达到在坚实科学里已经达到的同样的可测性。这样，在"事实"与"价值"，"客观"与"主观"之间就有着截然区分。如同在自然科学那里，目的是进行各样系统的"价值中立"的研究。"社会数学"和"社会物理性"将以人类行为的"法则"为基础。这种机械主义的观念在圣西门和他的学生奥古斯特·孔德那里得到体现。孔德写到："真正的自由不是别的，正是理性地顺从自然法则的倾向，从一切个人性的任意独断中摆脱出来。"[88]

这样，从 17 世纪到 20 世纪，现代范式出现并发展了，这一范式以决定论逻辑为核心发展起来，它植根于从自然科学那里得出的客观化的、机械论的、抽象的、永久的思想模式。科学成了新的神，科学主义成了新的宗教。科学和科学方法形成了通往真理与确定性的康庄大道。在现代科学的世界里，感知的主体是一个中立的观察者，客体对象则是感知的纯化的输入予料，是不被观察者的参与所影响干扰的。正如罗蒂注意到的，心灵被认为能通过精确、稳定、可靠的客观知识，来表象世界。毕竟，心灵就是**自然之镜**。[89]甚至语言自身也被认为不受影响与干扰（如逻辑实证主义、早期维特根斯坦），因为语言也是和客体世界截然有别的，能够以客观的表达式来表象客体。但到 20 世纪中叶的时候，这些都开始发生转变。[90]

"我们不再生活在 '现代' 世界中"（斯蒂芬·图尔明）

让现代科学范式能够为人理解的某些基础性预设受到了批判。这其中
345 包括范式想要达到的客观性、中立性、单线性、渐进发展、稳定不变性法
则，以及在总体上与"理性"保持一致。一旦这些观念中的一个受到了挑
战，整个据说能得出"清晰、明白、确定"之结论的大厦就会失控。一种
新的"焦虑"浮现，大厦开始崩塌。以上描述的一整套预设性观念常被称
为"基础主义"。一切的知识性宣称都必须建立在不可动摇的基础上，这
些基础也就是无需辩护的信念。我们看到，笛卡尔把某些"确定的"观念
上升为一切其他事物的基础。这些观念必须是自明的，或者说于感官而言
是十分显然的，这才会使它们确定、不可怀疑、无需更正。[91]

我们也在科学与合理性中观察到了一种转变。反思始于孤立性的原
子，再转向句子，最后又包括了更广的框架或者说表达式之"网络"，正
是它们使得知识成为可能。这几步的发展都对应于对理性与合理性的新理
解。从前作为科学之不可或缺物的超然游离之理性，现在已被认定是幻
象。每门学科，无论是历史学、伦理学、宗教或者物理学，其母体都有自
己的"语言游戏"或者范式，这就使得任何对真理或确定性的寻求更具
风险。

一旦有着完全的具体性的认知主体代替了抽象的"我思"，则主体性
与卷入参与的理性的力量，就带来了所谓"对主体性的咒诅"，带来了
"绝对真理"的消失。对笛卡尔的科学客观性神话的破除作出贡献的，有
迈克尔·波兰尼（Michael Polanyi）的《个人知识》（*Personal Knowl-
edge*，1958）、彼得·温奇（Peter Winch）的《一种社会科学的观念》
（*The Idea of a Social Science*，1958）、托马斯·库恩的《科学革命的结
构》（*The Structure of Scientific Revolutions*，1962）。[92] 这三本著作挑战
了旧式的、表象主义的理性观。它们质疑着普遍方法这一观念，由此引起
了所谓的不可通约性问题：范式之间或语言游戏之间能否实现转换。一旦
康德式的普遍范畴被怀疑，则相对主义的怪兽又将抬起它丑陋的头。换句
话说，一旦我们不再相信每个人使用着同样的先天范畴，因而也不再相信
每个人看到的理解到的是同一个实在，那么，就没有什么在所有时间所有
地点都起作用的逻辑规则了。库恩的如下文字就是在提出挑战：

这一相对而言比较熟悉的论题（就是：理论选择不单只是一个演绎证明的问题），丝毫不意味着不存在什么可以说服人的理由，也不意味着这些理由对于群体而言不是决定性的。它甚至也不意味着，选择的理由和科学哲学家通常列举出来的那些理由，如准确、简单而富有成效，有什么不同。但它将表明，这些理由是作为价值起作用的，表明它们无论单个还是整体而言，都可以在那些对它们有所推崇的人那里有不同的运用。比如说，如果两个人就各自理论的相对成效性有不同的看法，或者，他们虽然在这一点上意见一致，但关乎富有成效本身或达成选择的范围所具有的重要性，却观点不一，那我们就不能说哪方有什么失误。我们也不能说哪方是非科学的。**不存在一个理论选择的中立算法，也不存在一个系统性的决策程序，以致，群体中的任何个体只要恰当地使用它，就能被引向同一个抉择。**［黑体强调是后加的］

库恩主张，"理由"其实是"价值"而不是"选择的法则"，而"事实/价值"之分其实也同样！每个人所使用的那些选择规则，都只是在这些规则起作用的主导性范式的背景之内，才有意义。这些规则其实是价值，它们表达了在这之先我们所做的选择，这些选择是负荷着价值的，是受影响的。这样，所有的观察和计算的"理论负载"都使得后笛卡尔的"客观性"追求显为荒唐。

彼得·温奇在他的经典文章"理解原始社会"（Understanding a Primitive Society，1970）里，从类似结论中引出了好些结论。[93]在这篇文章中，他指责伊万斯-普利恰德将一种垄断的、西方式的理性观强加于人，而断定阿赞得部落没有"科学"。这是因为他们的时间不符合流行的西方科学范式。还记得维特根斯坦的"语言游戏"观念，记得日常语言分析中"用法"的重要性吗？当我们在棒球比赛中听到观众大喊"杀了那个混蛋！"的时候，我们根本不会以为他们的意思是字面性的。[94]但在字典里，"杀"的意思就是"杀"。我们之所以"知道"棒球场上的"杀了那个混蛋"是什么意思，是因为自己有过这样背景里的经历，在这样的背景里，这个句子不是让人去谋杀，而是另有其意。这就是我们前面所说的"文本背景赋予了可理解性"。这也是维特根斯坦的"语言游戏"分析的要点所在。人们不可企图将一种游戏的规则强加到另一种游戏的行动上去。这样就是在以错误的规则来判断一个行为。温奇这样写道：

逻辑准则不是直接从上帝来的恩赐，而是从不同的生活方式或者社会生活模式这一背景里产生出来，并且也只是在这种背景里才能得到理解。由此，我们不可将逻辑准则一律地用到社会生活的不同模式中。例如，科学是一种模式，宗教是另一种，每种都有自己独特的可理解性准则。这样，在某一科学或宗教之内，行为可以是逻辑的或非逻辑的。……但是，如果我们谈论科学实践本身或宗教实践本身的逻辑性或非逻辑性，那就是没有意义的。[95]

这样，**不可通约性**就是在不同的语言游戏或范式之间进行转换——这在如今已成为不可能完成的任务——时面对的问题；在不同的游戏之间不会有词对词、术语对术语或者说概念对概念的那种对应性。在此前的现代范式中，区分"自然科学"和"人的科学"，就是为了确保前者不受思想主体经常有的堕落带来的危害。如前所述，科学语言的形式化企图正体现了这种渴望：摆脱日常语言的含混、易变特征。事实/价值的区分旨在将主体从予料数据中驱除出去，从而确保予料尽可能地绝缘，不受主体可能强加的意义或倾向的影响。强调要发现主体之外的"法则般的"关系，也是为了保证这些关系的普遍有效性和普遍意义。客观性是首要价值，人越是把主体性的输入与数据予料相隔离开，就越好。

科学社会如今要么已经抛弃了这些信念，要么就是以极大的疑虑来看待这些信念。玛丽·荷塞（Mary Hesse）总结了新的后经验主义自然科学观，这种观念和我们前面讨论过的旧式的后笛卡尔的自然科学观的对照之处如下：

1. 在自然科学里，予料和理论是不可分的，因为，到底什么东西才能被算作予料，这要在某种理论诠释的背景里才能决定，而事实本身也要在诠释背景中被重组。

2. 在自然科学里，理论不是在一种假设性的演绎架构内和自然界相对而言的外在模型。毋宁说，它们是事实自身被观察的方式。

3. 在自然科学里，归给经验的，有如法则一般的关系是内在的，因为那被算作事实的东西，乃是由理论对它们的互相关系所做的描述组成的。

4. 自然科学的语言不可避免地是比喻性的、不确切的。它的形式化必须付出这样的代价：科学发展的历史性的动态过程被歪曲，科学赖以对自然作出解释的那些想象性建构被歪曲。

5. 自然科学中的意义由理论决定;它们之所以被人理解,是因着理论的连贯性,而不是因着与事实的一致。[96]

20世纪: 伦理学与新的黑暗时代(尼采、 罗蒂与实用主义)

"真理"乃是一连串流动的暗喻、隐喻和神人同性论——简言之,是一连串的人类关系,这些关系被拔高、换位,被诗意地、修辞地装扮,又在历经长久使用后,就在人的眼里显得牢固、必然而又权威了。(尼采)[97]

如果有人以为,机遇是不够资格来决定我们的命运的,那他就不过是在重蹈一种虔敬式的宇宙观,而这种宇宙观是列奥纳多也正在克服的,虽然他自己也写到太阳是不动的……我们太过有意地忘记这一点:事实上和我们生活相关的一切东西都是机遇,从我们由以产生的精子与卵子之相遇那一刻,就是如此……我们都仍旧对自然甚少敬畏,而自然(用列奥纳多的那隐晦的、哈姆雷特式的话来说)乃是"满了经验永远不可触及的无数原由(ragioni)"。

每个人都对应着无数这种试验之一:自然的这些原由(ragioni)拼杀出它们进入人类经验的道路。(西格蒙德·弗洛伊德)[98]

语言问题被托付给那种言语形式,而这种形式无疑一直都没有停止提出这一问题,但现在,它第一次向自己提出这一问题。文学在今日被语言的存在所吸引,这既不是行将临到的末日之迹象,也并未证明某种激进化,毋宁说,这一现象的必然性乃是根植于一个巨大的构形,我们的思想机构与知识结构都要寻迹其中。(米歇尔·福柯)[99]

回想一下我们早先所讨论的指称的与表述的语言观,以及与这两种观点相对应的对世界的本性的看法,对描述世界的心灵所具有的作用的看法。前一种观念拥抱世界的"客观性",认为超然游离的主体所起的作用,就在于精确地与事物的"本来面目"相呼应地描画世界。这种对"普遍性"与"绝对性"的强调,随着"科学革命"的兴起,以及认识论传统自身(如笛卡尔、洛克、休谟)的兴起,而在启蒙运动和理性主义传统中有其归宿。认识论传统体现了米歇尔·福柯(Michel Foucault)所说的**"同一性**的历史,被强加在事物之上的秩序的历史"。[100]在语言中的对应性表现,就是强调表象,希望能够设计出一个"全然通透的语言之乌托邦,在其中,事物自身可以丝毫无含混地被命名"。在这样的一个世界里,语词不再莫测高深(表述主义的世界),而是"不折不扣的"、能够"不留残余不留晦暗地"抓住世界中的事物。[101]如上所述,实证主义的迷梦只是一个梦。后期维特根斯坦则力主重新思考语言和语言的表象功能,并且也正是这种重新思考的体现。

尼采、罗蒂与实用主义

349　　　如前所述,和后期维特根斯坦的思想发展相对应,科学哲学家也认识到不可能将事实与价值相分离,不存在所谓的"不带杂质的"、"淳朴的"事实。价值和事实是互相交织的,因此,寻求一种"绝对的"视角[102],或者如内格尔所说的那种"无立场的立场"[103],渐渐地只是极少数人的不懈目标。因着后期维特根斯坦和日常语言分析的工作[104],奥斯汀和塞尔(Searle)对文体和言语行为的分析[105],以及利科从符号学到语义学的转向[106],语言已经从哲学牢笼中解放出来,宗教论述和伦理论述不再被当做一种投射语言。人们现在承认:所有语言,无论是科学语言还是道德语言,都有价值负载。

　　　这一切都有利于将伦理语言理解为在思想上有意义,但这里也有不利的一面。[107]在新范式里,所有的语言都从纯粹的内在性来理解。因为不再有语言所指称的"语言之外的"事实,结果就出现了凯·尼尔森(Kai Nielsen)所说的"维特根斯坦式的唯信主义"。[108]判决什么是"善"、"真"、"有意义"的法庭,完全是在主体间性或者互相交流的经验之内的。在语言之外不再有可诉诸的法庭,因为语言纯粹是一种属人的约定。[109]这样,没有什么"本质的"实在[110],只有"偶然的"实在。[111]因此,只有视角,或者说"视角化的观察",正如尼采在《道德的谱系》里所说的那样。任何忽略此点的企图都将是"阉割理智"。[112]雅克·德里达(Jacques

Derrida）对这一尼采论题进行了阐述，称对"本质"的渴望是一种被误导的形而上学寻求：寻求一个"中心性结构"。他提出，无论存在什么偶然性或者说"游戏"，"都是建立在一个基础性的地基之上的，而游戏也都是以某种不变的、打消疑虑的确定性为基础的，而这种确定性本身不是游戏"。[113]在德里达以及其他解构主义者那里，这种寻求充其量只是一个幻象。最终，尼采的"强健诗人"胜过了科学家。[114]

这种对偶然性的关注之复兴带来什么结果？按照希拉里·普特南的说法，"哲学那些最虚张的声势已经散去。"[115]如今出现的是一种大大的"平均化"。哲学不再可以诉诸一种特殊地位来判断属真理的事情。现在"真理"和"价值"不过是由创造语言的人连串起来的句子具有的功能罢了。[116]伦理学和价值一样不过是另一个论述之域，另一种语言游戏，处理另一个领域里的问题。语言和外部实在失却了任何联系。无论是在科学还是伦理学领域，我们都由此摆脱了这一不可能的重负：寻求确定性。[117]

朝着伦理学与文学的转向在实用主义路线那里合流起来。[118]伦理学不再因为其论述主题的原因而是一种二等论述，它如今是许多论述中的一种，这些论述都同等地和自身的语义领域相关。伦理学里的重点是描述而不是治疗，因为治疗预设了某种普遍性，而既然一切的反思与知识都纯粹是内在的，则这种普遍性就得不得辩护。[119]这样，按照理查德·罗蒂的说法，主要的范式转移就在于，把实用主义当做如今正衰微的表象主义范式的当然继承人。[120]他说，

> 相比之下，实用主义并未将科学确立为可以代替上帝一度有的位置的偶像。它把科学当做某种文体，或者，换一种说法，把文学和艺术当做和科学探索站在同一起跑线上的探索。这样，它既不把伦理当做比科学理论更有"相关性"或"主体性"，也不认为伦理需要变得"科学化"。物理是与宇宙中的某些事实打交道的一种方式，伦理则致力于和宇宙中的另外一些事实打交道。数学帮助物理学完成工作，文学和艺术则帮助伦理完成工作。[121]

按照罗蒂和现代实用主义者的说法，在认识论或形而上学中寻求任何"客观性"或利益的任何做法都一去不返了。柏拉图式的知识与意见之分，不仅使得实证主义者分割经验之物与超验之物，而且还造就了对非经验之物的恶意，在"相符合"之地等得憔悴。实证主义者没能从认识论的二元

351

论中抽身，而康德派的超验主义者在相反的方向上犯错，以为"思想"是实存的，得出一种准柏拉图主义的世界观。据说，实用主义可以使我们避免这两种错误。实用主义不像实证主义，它"彻底抛弃了这种观念：真理是与实在的相符合；它指出，现代科学之所以使我们有应对能力，并不是因为它和实在相符合，而只是因为它让我们有应对能力"[122]。我们剩下的只有语言。假设有一个外在的立场，我们可以由此判断自己的语言是否充分，这条路是走不通的。罗蒂说，"实用主义让我们看到，语言不是主体与客体之间的某种第三者，不是我们在其中得以形成实在之图景的中介物，而是人类行为的一部分。"[123]"真"、"善"这类标签是掩盖起来的形而上学，它们只会将我们又带到柏拉图—康德传统中，而这一传统在尼采等人的抨击下已经是显为空洞了。罗蒂等反讽者拥戴唯名论和历史主义。反讽者寻求新的词汇，不是为了借此可以弄清某种和他的词汇不同的东西。毕竟，他的立场不是推论理性，不是想认知任何可以借由"实在"、"真实本性"、"客观立场"、"语言和实在的一致"等观念得以阐释的东西。对于**反讽者**而言，终极词汇并不能最终解决事情，就好像有什么充分标准似的。"在他们看来，标准不过是某种老生常谈，它以文本背景的方式界定当前使用的某套终极词汇里的术语。"[124]

这些思想的大部分都可以在美国实用主义代表人物威廉·詹姆斯的哲学中找到直接的历史渊源。[125]在詹姆斯那里，哲学的功能应当是决定：如果这个或那个世界观是对的话，那么，它对你和我的生命中的某些特定时刻会造成什么不同。这就意味着，不存在什么方式可以得知这种或那种世界观本身是否正确或为真。只是当两个世界观彼此互不相容，但又各自和一切已知的可知的东西相容的时候，才会有"这会造成什么不同"的问题出现。詹姆斯试图决定，那能让我最感到快乐的，或于我而言最重要的，或于我而言是好的善的（等等此类）信念是什么。基本而言，所谓"实用主义的真理"指的就是这个。它的唯一试金石就是"什么能最有效地引导我们，什么能最好地合乎生活的每一部分"。离开了这一解答，则视其为"不真"是没有什么意义的。毕竟，这一观念只是在实用主义意义上而言是成功的。在詹姆斯那里，"知识"都是关乎"实证科学"的。超出这个界限，就是超出它的能力范围。"哲学"是"当知识都处在空闲状态时"我们所从事的东西。无论哲学中有什么话题，这些话题都必须在诉诸认知之外的其他基础上得到解决。哲学真理？哲学知识？在詹姆斯和实用主义那里，它们更多地像是"情绪"——依据我们的心情而涂的色彩。在詹姆斯的实用主义那里，不存在实在与表象之间的区分。除了种种描述之外，还是种种描述——在一些词汇之外是另一些词汇。哲学的目的是澄明而不是奠基。正如另一个主要的实用主义者约翰·杜威所说的：

> 只是当人们承认，哲学外表上是在处理终极实在，其实，它所充满的宝贵价值是以社会传统为母体的；承认哲学出自社会不同目的之间的冲突，出自传统惯例与当代走向之间不可调和的冲突；这时，他们才会看到：未来哲学的任务是针对当时的社会冲突与道德冲突来澄清人们的观念。[126]

353

并不存在我们可以以之为目的或以之为观念基础的"普遍有效性"，这一洞见在维特根斯坦那里得到了深深回应。在实用主义那里，"想象是善的首要工具……艺术比道德说教更为道德。因为后者或者在事实上或者在倾向上，往往就是把现状抬为神圣。……人性的道德先知常常是诗人，虽然他们是以散文或寓言来言说。"[127]这就有助于解释，为何在现代实用主义著述那里，文学和伦理是合流的。

文学承担的功能，在罗蒂的反讽主义那里，和在从常识观点来看世界的人（也就是仍旧在"客观真理"的标准下从业的人）那里，是截然不同的。反讽主义者之寻求更好的终极词汇，并不是为了发现而是为了创造；其目的是"变化与新颖，而非和以前的东西趋同"[128]。这些词汇是"诗一般的成就"。奥威尔（Orwell）、普鲁斯特、D. H. 劳伦斯（D. H. Lawrence）等等，不是"真理的无名管道，而是某种词汇体系的代表，是由这些词汇使用者典型地体现着的某类信念与渴求的代表"[129]。人们半真半假地看待这些作家创造出来的形象。"应当"、"应该"、"善"、"恶"这些词语"命名的是句子的特性，或行为与处境的特性"[130]。它们不是我们的语词或行为与之一致的、心灵之外的实在物。语言和意义以一种达尔文主义的方式被视为基本而言乃是调节性的策略，为的是"现在我们以之为理性的东西也许并非真实，这不过是说：也许有人会想到更好的观念……一整套的新词汇也许由之而来"[131]，并且事物也许就由此改变。

实用主义者强调自我及共同体的极度偶然性，这是对世界的重视，或更确切地说是对世界的去神秘化。罗蒂不无诗意地论到这个问题：

> 我们一度感到需要崇拜某种可见世界之外的东西。自 17 世纪以

来，我们试图以对真理的爱替代对上帝的爱，把科学所描述的世界当做某种神。自18世纪末以来，我们试图以对自我的爱替代对科学真理的爱，而崇拜我们自己内在的深刻神性或诗性——它们显得更像是神了。[132]

354　　按照罗蒂的说法，维特根斯坦、尼采、詹姆斯、杜威等等哲学家已经将我们从好些幻象中解放了出来，以致"我们不再崇拜**任何东西**，我们不再把**任何东西**当做什么神，我们把**每样东西**——我们的语言、良心、共同体——都当做时间与空间的产物（黑体强调为原文所有）"。[133]罗蒂和实用主义者都反对拥有"终极词汇"（哲学史证明这类寻求乃属徒劳）；他们关注发展新的、不断变化的词汇。人就是为着"创造自我"。认识到这一点就构成了自我知识。"认识自我和面对自身的偶然性的过程……就是发明一种新语言的过程，也就是，想出一些新比喻的过程。"[134]我们不应该接受别人对我们做的叙述，不应该接受流行的语言游戏，因为那样只会发现一个作为"拷贝或复制品"[135]的自我。

反讽与常识

按照罗蒂，我们都体现了某种"终极词汇"，也就是一套用来为自己的行为、信念和生活作辩护的词汇。人们用这些词汇来讲述"自己的生活故事"。它之所以是"终极"的，是因为"这些语词的价值被怀疑的时候，使用者只能诉诸循环式的论证手段"。没有其他手段可选，也许诉诸强力除外。一套终极词汇由"薄的"与"厚的"词汇构成。薄的词汇有"真"、"善"、"美"等等。厚的词汇有"体面"、"残酷"、"良善"等等。[136]

根据终极词汇，人可以分为两种：或者是反讽者，或者屈从于某种常识策略。反讽者承认终极词汇的偶然性，"对终极词汇有着激进的、持续的怀疑"[137]。这种怀疑的产生，通常来自通过人或书而不断地和其他词汇相遇。反讽者意识到，诉诸语词并不能解决和他者相遇时面对的不可通约性问题。最后，反讽者知道，一个人的终极词汇并不比另一个人更接近客观实在。于反讽者而言，不存在所谓的"元词汇"，以便可以在不同的词汇之间作出评价与判决。[138]

"常识"是罗蒂给那些"不自觉地用他们及他们身边的人所熟悉的终极词汇来描述一切重要事物"的人贴的标签[139]。当遭遇其他词汇的挑战时，这类人的反应就是诉诸某个标准，或者某个评价准绳，似乎在我们的评价性语词后面存在某个永恒的、本质的属性。于反讽者而言，这只不过是在以自己的语词重复描述自己而已，而且这种描述者还心存这样的希望："借着不断地重复描述，［我们可以］为自己造就所能造就的最好自我。"[140] 这样，我们处在不断地"修正"自我的过程中，也处在这样的过程中："对我们自己本性或文化的怀疑，只有通过不断增长的见闻，才能被解决或消除。**最容易的做法就是读书**。"（黑体强调是我加的）[141]

结论：镜厅中的生活

在本章，我们考察了"现代人"与"现代之后人"（后现代主义者）对我们作为被造物而有的偶然性日益表示的关切。我们看到，偶然性延伸到知识的本性，延伸到我们设想、阐述和交流知识的方式。启蒙运动不情愿地承认偶然性；后现代则为之热情欢呼。20 世纪对语言的热情不是过时风尚。它是观念史的更大革命中的一部分。它位于人类与自然科学所演变出来的这样一种能力的核心：通过表达式来表达自己和限制自己。我们已经放弃寻找"实在的岩石基底"，也就是那使我们有能力为自己预想的确定性进行辩护的东西；我们已经放弃了客观性。[142] 我们转向了由浪漫主义、尼采、19 世纪晚期与 20 世纪的实用主义者（杜威与詹姆斯）所预言的另一条道路：我们作为言说者和"行为者"而有的**凝聚性**。不存在将语言与世界分离开来的"丑陋壕沟"，因为并没有客观物的"世界"。有的只是我们对不同关系的解释，不同论述就出自这些关系。不存在"实体/属性"之间的区别，不存在"表象"与"实在"之间的区别，也不存在"语言/事实"之间的二元分离。晚期的现代主义者主张，这类区分使得某类文本背景偷偷地有了相对于其他文本背景的优势地位，但他们又一直否认存在任何文本背景，因为所有的认知、言谈、叙述都已经处在一个不能被对象化客体化的文本背景之内。[143] 选择从来都不是在"影像"与"实在物"之间的选择。它只是一种位于不断扩张不断延展的影像系列———一间**镜厅**———中的再认识和再欢呼。[144]

20 世纪哲学的偶然性与相对主义之解答就藏在"指称的"与"表述的"之区分中。哲学要是意识到，这些范畴提出了不同种类的问题，因而不能够将一切的数据予料和经验都归入其类，那它就会采取一种更具果效的道路。[145]一种更加整体化的阐释，就得需要某个更具控制能力的立场，一种"来自某处的视角"和一种更加一体化的方法。基督教世界观提供了这样的一种"事实"与"解释"的哲学，提供了这样一个场所：主体与客体可以居于其中，但又不会因为追求这一个或那一个极端而陷入偶像崇拜。我们生活在上帝所造的世界里，上帝彻底全面地知道他的世界。在上帝的创造里，我们可以知道真理，虽然并不是详尽地知道。我们可以谦卑地，以一种荣耀所有的意义、真理与价值之主宰者的方式，追求意义、真理、价值。

基督教的世界观将欢庆启蒙理性树立的高墙之坍塌，这一高墙界定了什么才可以被接纳为"真知识"。不过，如果所拥护的视角，在缺乏全知上帝（他是所有知识的源泉）的情况下，使所有通往知识的道路都被损毁，那就只会产生"内容"（以达成共同意见的需要为基础）上的最小化和个人视角（以拥护人类自主的需要为基础）上的最大化。换句话说，**我们知道得愈多，我们就知道得越少**。

我们生活于其中的所谓"后现代"世界极其需要更多而不是更少的内容。理查德·罗蒂拥护"自由"和"自由探求"，认为这是所有认识论伦理学解决方案中我们所能期盼的最佳者和最令人满意者，但它并不能解决问题。由后现代主义者促成的知识领域和伦理领域里的四分五裂，只是让逆乱丑事越演越烈，而这种逆乱自《创世记》3 章以来就是人的行为特性。此外，21 世纪把"以真理为基础的身份认同"和**宗教**连在一起，这对于基督教的任何"以真理性的宣称为基督徒身份认同的核心"的企图都是不利的；它让基督徒看起来像是穿着伪装的伊斯兰教徒。

基督徒所要讲述的故事应当让所有其他人都能理解。福音不是许多故事中的一个。基督教的世界观也不是能够满足人对清晰性和真理之需要的一大堆意见中的一个可选项。基督教世界观是真理。作为真理，它使世界成为可理解的，并且能揭示与之竞争的那些偏离的世界观中的许多真理成分。

357 阅读书目

Allen，Barry. *Truth in Philosophy*. Cambridge，MA：Harvard University Press，1993.

Bauman，Zygmunt. *Life in Fragments*. Oxford：Blackwell，1995.

Baynes，Kenneth，James Bohman，and Thomas McCarthy，eds. *After Philosophy*：*End or Transformation?* Cambridge，MA：MIT Press，1996.

Best，Steven，and Douglas Kellner. *The Postmodern Turn*. New York：The Guilford Press，1997.

Blond，Phillip，ed. *Post-Secular Philosophy*：*Between Philosophy and Theology*. London：Routledge，1998.

Heelas，Paul，David Martin，and Paul Morris，eds. *Religion*，*Modernity and Postmodernity*，Oxford：Blackwell，1998.

Kern，Stephen. *The Culture of Time and Space*：*1880—1919*. Cambridge，MA：Harvard University Press，1983.

Lyotard，Jean-Francois. *The Postmodern Condition*：*A Report on Knowledge*. Translated by Geoff Bennington and Brian Massumi. Minneapolis：University of Minnesota Press，1989.

MacIntyre，Alasdair. *After Virtue*. 2nd ed. Notre Dame，IN：University of Notre Dame Press，1984.

Milbank，John. *Theology and Social Theory*. Oxford：Blackwell，1990.

Schneewind，J. B. *The Invention of Autonomy*：*A History of Modern Moral Philosophy*. Cambridge：Cambridge University Press，1998.

Stout，Jeffery. *Ethics After Babel*. Boston：Beacon Press，1988.

Taylor，Charles. *Sources of the Self*. Cambridge：Cambridge University Press，1989.

Toole，David. *Waiting for Godot at Sarajevo*. Boulder，CO：Westview Press，1998.

Vanhoozer，Kevin J. *First Theology*：*God*，*Scripture and Hermeneutics*. Downers Grove，IL：InterVarsity Press，2002.

讨论问题

1. 语言哲学中的发展在何种意义上将会有助于而不是有碍于我们对

圣经启示的理解?

2. 基督徒在传统上如何误解了"真理"的本质? 这种误解带来什么后果?

3. 基督徒在传统上如何正确地理解了"真理"的本质? 列举一些例子,来说明如何即便是教会也需要不时地在对"真理"的处理上做改变。

4.《创世记》的创造叙述能否帮助我们发展一个恰当的语言观和真理观? 如果能够,又是如何帮助的?

5. 从基督教的观点看来,什么叫做"看清了"?

358

6. 将一切东西都变成"视角",这会有什么危险? 我们如何才能避免相对主义?

7. 我们如何才能避免本章末尾所说的"镜厅"效应?

注释

[1] 参考 Alasdair MacIntyre, *After Virtue*, 2nd ed.(Notre Dame: University of Notre Dame Press, 1984),以及 Martha Nussbaum, *Love's Knowledge*(Oxford: Oxford University Press, 1990)。

[2] Nicholas Wolterstorff, *Reason Within the Bounds of Religion*(Grand Rapids: Eerdmans, 1976, rev. ed. 1984); Nancey Murphy, *Beyond Liberalism and Fundamentalism*(Valley Forge, PA: Trinity Press International, 1996),以及 *Anglo-American Postmodernity: Philosophical Perspectives on Science, Religion and Ethics*(Boulder, CO: Westview Press, 1997).

[3] 参考 Michael Foucault, *The Order of Things: An Archaeology of the Human Sciences*, trans. unnamed(New York: Vintage Books, 1973)。

[4] Phillip Blond," Introduction: Theology before Philosophy" in *Post-Secular Philosophy: Between Philosophy and Theology*, ed. Phillip Blond(London: Routledge, 1998), 1 - 66.

[5] Ibid., 3.

[6] Friedrich Nietzsche, *The Will to Power*, trans. Walter Kaufmann and R. J. Hollingdale, ed. Walter Kaufmann(New York: Vintage Books, 1968), §12.

[7] 这和 MacIntyre 对传统的理解正相呼应:"传统"就是某种在历史中延伸,在社会中现身的东西。

[8] 本文致力于"观念"的分析而不是对社会运动和政治运动本身作分析。从这些观

念里会引出一些结果，而且这些结果也是值得详细探讨的，但那已经不属于本文的范围了。

[9] 对后现代、后现代性、后现代主义等等主题的分析已经是多得无以复加了。在本文后半部分，我们会在必要的时候讨论此问题。对该论题有一个不错的综述（虽说有些浅），并且按照其自身的分析选择标准而在内容上有所节略的书，乃是 Steven Best and Douglas Kellner, *Postmodern Theory: Critical Interrogations*（New York: The Guilford Press, 1991）；以及他们的后续著作 *The Postmodern Turn*（New York: The Guilford Press, 1997）。John Milbank 对"后现代"概念作的解释颇为新颖，认为它其实是现代批判思想的第二个阶段。他在" The Sublime in Kierkegaard"（in *Heythrop Journal* 37, 1996）一文里，说："在由康德开启的第一阶段，崇高或者说不可把握，对于理论理性的恰当应用而言是安全的禁域，而理论理性是局限于那些在有限的空间和时间中可以被'图式化'的观念。相比之下，到了第二个阶段，崇高被认为甚至损害了被欺骗性地当做有限物的东西，以至于正是我们的'此地'、'此时'是不可以被最终规定的，它们只能在转瞬即逝之间被抓住。"按照 Milbank，前现代就已经预期了"后现代"! Milbank 在" Problematizing the Secular: The Post-Postmodern Agenda"（in Phillip Berry and Andrew Wernick, eds. *The Shadow of Spirit*, London: Routledge, 1992）里，进一步详论了这一论题。Stephen Toulmin 的观点似乎类似，参考他的 *Cosmopolis*（Chicago: University of Chicago Press, 1992）；Louis Dupre 也是如此，参考他的 *Passage to Modernity*（New Haven, CT: Yale University Press, 1993）。对"后现代"所做的最近评价中，有来自如下作者的敏锐分析：Pierre Manent, *The City of Man*, trans. Marc le Pain（Princeton, NJ: Princeton University Press, 1998）；Nicholas Boyle, *Who Are We Now? Christian Humanism and the Global Market from Hegel to Heaney*（Notre Dame: University of Notre Dame Press, 1998）；David Toole, *Waiting for Godot in Sarajevo: Theological Reflections on Nihilism*, *Tragedy*, *and Apocalypse*（Boulder, CO: Westview Press, 1998）；Terry Eagleton, *The Illusions of Postmodernism*（Oxford: Basil Blackwell, 1996）；Catherine Pickstock, *After Writing: On the Liturgical Consummation of Philosophy*（Oxford: Basil Blackwell, 1998）；Philip Blond, ed. *Post-Secular Philosophy: Between Philosophy and Theology*（London: Routledge, 1998）；John Milbank, *Theology and Social Theory*（Oxford: Blackwell, 1993）。

[10] 当我作这么一个有些"非时序性"的宣称时，我并非屈从后现代的诱惑，并非否认历史的发展或进程（似乎返回到启蒙运动的原则，求诸"元叙事"）。事实上，我认为历史性的进程不可被简化为一种机械论的或决定论的历史观和发展观，也就是，不是"任何"历史都管用。参考 Nicholas Boyle 对这一问题的杰出分析：

Who Are We Now? Christian Humanism and the Global Market from Hegel to Heaney (Notre Dame：University of Notre Dame Press，1998)，290。

[11] Richard Bernstein, *New Constellation* (Cambridge, MA：Polity Press，1991).

[12] 接下来的分析和探索在设计上不是出于护教意图的。我选择"语言"作为线索，以便将看起来似乎是"互不相干"的几个论述领域连接起来，就是：认识论、科学、伦理学。语言学及语言哲学内的革命，直接地对这几个论述领域都产生了影响。这一点接下来会变得很清晰。

[13] 关于哲学内的这一革命，有如下的优秀导论性著作：Richard Rorty，ed.，*The Linguistic Turn：Essays in Philosophical Method* (Chicago：The University of Chicago Press，1992)。还可参考 A. J. Ayer et al. *The Revolution in Philosophy* (London：Macmillan，1956)；A. N. Flew ed.，*Logic and Language* (Oxford：Oxford University Press，1953)。Ian Hacking 的著作对这个问题有着富有洞察力的贡献：*Why Does Language Matter to Philosophy?* (Cambridge：Cambridge University Press，1978)。

[14] Ludwig Wittgenstein, *Tractatus Logico-Philosophicus*，trans. D. F. Pears and B. F. McGuiness (London：Routledge and Kegan Paul，1961)；以及维特根斯坦去世后出版的后期著作：*Philosophical Investigations*，trans. G. E. M. Anscombe (New York：Macmillan，1958)。另外，还有 Wittgenstein, *The Blue and the Brown Books*，ed. Rush Rhees (Oxford：Blackwell Publishers，1958；2 nd ed，1960)。维特根斯坦早期思想发展的理智背景，可见于 Allan Janik and Stephen Toulmin, *Wittgenstein's Vienna* (New York：Simon & Schuster，1973)。Ray Monk 对维特根斯坦的一生有着引人入胜的叙述：*Ludwig Wittgenstein：The Duty of Genius* (New York：Free Press，1990)。其他参考书目还有：Fergus Kerr, *Theology After Wittgenstein* (Oxford：Blackwell，1986)；J. Koethe, *The Continuity of Wittgenstein's Thought* (Ithaca，NY：Cornell University Press，1996)；J. Coffa, *The Semantic Tradition from Kant to Carnap* (Cambridge：Cambridge University Press，1993)；Judith Genova, *Wittgenstein，A Way of Seeing* (New York：Routledge，1995)；J. Cook, *Wittgenstein's Metaphysics* (Cambridge：Cambridge University Press，1994)；Norman Malcolm，"*Nothing is Hidden*"：*Wittgenstein's Critique of His Early Work* (Oxford：Blackwell，1986)；David Stern, *Wittgenstein on Mind and Language* (Oxford：Oxford University Press，1995)；G. E. M. Anscombe, *From Parmenides to Wittgenstein：Collected Philosophical Papers* (Oxford：Blackwell，1981)；Hans Sluga and David G. Stern eds. *The Cambridge Companion to Wittgenstein* (Cambridge：Cambridge University Press，1996)；Cora Diamond, *The Realistic Spirit：Wittgenstein，Philosophy*

and the Mind（Cambridge，MA：MIT Press，1991）。

[15] James Wm. McClendon Jr. 对维特根斯坦"其人"的解读特别侧重他与基督教信仰之间的关系，他的解读很吸引人，但也有些过于乐观，参考他的"Wittgenstein：A Christian in Philosophy" in his *Systematic Theology Vol. 3*：*Witness*（Nashville：Abingdon Press，2000），227 - 270。

[16] 我参考了 Charles Taylor 的著作，见他的"Language and Human Nature"，in his *Philosophical Papers Vol. I*：*Philosophy and Human Agency*（Cambridge：Cambridge University Press，1985）。亦参见他的 *Philosophical Arguments*（Cambridge，MA：Harvard University Press，1997），61 - 99。这一问题上的另一杰出著作是 George Steiner，*After Babel*：*Aspects of Language and Translation*（Oxford：Oxford University Press，1976）。进一步的考察可参考 John Milbank，"The Linguistic Turn as a Theological Turn"，in *The Word Made Strange*：*Theology，Language，Culture*（Oxford：Blackwell，1998）84 - 122。

[17] Charles Taylor，"Language and Human Nature"，220.

[18] Ibid. ，221.

[19] Ibid.

[20] 这正是后期维特根斯坦对"哲学"的批判：作为这样的企图——进行"解释"或给出一种"说法"，它是失败的。最终，哲学所能做的和被允许做的，只是给出一种"描述"。

[21] J. Burnet，ed. *Platonis Opera*，5 vols.（Oxford：Oxford University Press，1968），全部引文出自该文集。

[22] Taylor 把这称为"谈话模式的思想观"，参考 Language and Human Nature，222 页。

[23] John Milbank，"The Linguistic Turn as a Theological Turn,"88.

[24] 在这一点上，可特别参考 John Milbank，"The Linguistic Turn as a Theological"，84 - 122。这里要指出的是，一个人的上帝理论、世界理论和语言理论是互相关联的。至于奥古斯丁是如何体现这一点的，可参考他的 *On Christian Doctrine*，1. 8，1. 2. 2；2. 10. 15；3. 59；3. 10. 14。

[25] 参考 Louis Dupre，*Passage to Modernity*（New Haven，CT：Yale University Press，1993）。也可参考 R. K. French and Andrew Cunningham，*Before Science*：*The Invention of the Friar's Natural Philosophy*（London：Solar Press，1996）。

[26] 关于这些观念的含义及其生成，更详细的解释可参考 Francis Oakley，"Christian Theology and the Newtonian Science"，*Church History* 30（1961），433 - 457。

[27] Richard Rorty，*Philosophy and the Mirror of Nature*（Princeton：Princeton Uni-

versity Press，1979）.

[28] John Locke, *An Essay Concerning Human Understanding*（Amherst，NY：Prometheus Books，1994），2. 2. 2.

[29] Immanuel Kant, *Critique：Kritik der reinen Vernunft*，Prussian Academy ed. ，in Kant' s *Werke*，vol. 4（Berlin，1968），A104，112.

[30] Ibid. ，A111，112.

[31] F. Nietzsche, *The Will to Power*，ed. Walter Kaufmann，trans. W. Kaufmann and R. J. Hollingdale（New York：Random House，1967），Section 604.

[32] George Steiner, *After Babel*，206.

[33] Richard Rorty, "Introduction," *The Linguistic Turn*，15 - 24.

[34] 我无意讨论和"早期"与"晚期"维特根斯坦之间的"发展"或"转变"相关的问题。这里既有足够的"连续性"也有足够的"断裂性"，来为关于这一问题的许多不同立场辩护。这方面的详细探讨，可参考 J. Koethe, *The Continuity of Wittgenstein' s Thought*；Norman Malcolm, *"Nothing is Hidden"：Wittgenstein' s Criticism of His Early Work*；J. Cook, *Wittgenstein' s Metaphysics*.

[35] Ludwig Wittgenstein, *Notebooks，1914—1916*，eds. G. H. von Wright and G. E. M. Anscombe，trans. G. E. M. Anscombe（Oxford：Blackwell，1961；2 nd ed. ，1979），106.

[36] Rudolf Carnap, *Logical Structure of the World*（Berkeley：University of California Press，1967），327 - 328. 对类似探讨的杰出（又有些误导）分析，可见于 Gilbert Ryle, "Systematically Misleading Expressions"，reprinted in *The Linguistic Turn*，85 - 100。

[37] Carnap 发展了所谓的"真理的语义理论"，它将那些可以为"真"的句子，如"对象句"和"形式句"，和那些不可以为真的句子也就是"假句子"区别开来。后者包括"形而上学的"宣称，如宗教的或伦理的宣称。更具体可参考 Rudolf Carnap, *Introduction to Semantics*（Cambridge，MA：Harvard University Press，1942），以及他的 *Meaning and Necessity：A Study in Semantics and Modal Logic*（Chicago：University of Chicago Press，1947）。

[38] Dudley Shapere, "Philosophy and the Analysis of Language," in *The Linguistic Turn*，279 - 280.

[39] Hilary Putnam, *Reason，Truth and History*（Cambridge：Cambridge University Press，1981），105.

[40] Vivian Walsh, " Philosophy and Economics"，in *The New Palgrave：A Dictionary of Economics*，eds. Peter Newman，John Eatwell，and Murray Milgate（New York：The Stockton Press，1987），862.

［41］Ibid.

［42］Willard Van Orman. Quine，" Carnap on Logical Truth"，in P. A. Schlipp，ed. ，
The Philosophy of Rudolf Carnap (LaSalle，IL：Open Court，1963).

［43］Vivian Walsh，"Philosophy and Economics," 862.

［44］Willard Van Orman Quine，" Two Dogmas of Empiricism"，in *From a Logical
Point of View* (Cambridge，MA：Harvard University Press，1996)，41. 奎因注
意到，他的观点是建立在 Pierre Duhem 的观点之上的，参考 Pierre Duhem，*La
Theorie physique：son object et sa structure* (Paris，1906)，303 - 328。

［45］Vivian Walsh，"Philosophy and Economics," 862.

［46］哲学中的讽刺之一就是，即便逻辑实证主义作为一种形式上的方法已经由于这些
弱点而被摒弃，但它却在现代文化中成为体制。关于这一问题，参考 Hilary Put-
nam，*Reason，History and Truth*，106，127 - 128。

［47］对这一区分作出最雄辩的详细讨论，可参考 Wilhelm Dilthey 的著作，尤其是他
的 *Gesammelte Schriften*，18 vols. (Stuttgart：Teubner，1968)。关于 Dilthey 及
Dilthey 与施莱尔马赫之间的观念互动的简单介绍，可参考 Dilthey，" The Rise of
Hermeneutics"，trans. Fredric Jameson (*New Literary History* 3，1972)，229 -
244。也可参考 Hans-Georg Gadamer，*Truth and Method*，trans. and ed. Garrett
Barden and John Cumming (New York：Seabury Press，1975)。

［48］引文出自 David Harvey，*The Condition of Postmodernity* (Oxford：Blackwell，
1990)，10。

［49］Friedrich Nietzsche，*The Will to Power*，trans. Walter Kaufmann and R. J.
Hollingdale，ed. Walter Kaufmann (New York：Vintage Books，1968)，§ 12.

［50］Ibid.

［51］Søren Kierkegaard，*Fear and Trembling*，ed. and trans. H. V. Hong and E. H.
Hong (Princeton，NJ：Princeton University Press，1983)，7.

［52］克尔凯郭尔的关切在巴特和布尔特曼的神学著作中得到回应。

［53］Richard Bernstein，ed. ，*Habermas and Modernity* (Cambridge，MA：MIT Press，
1985)，5.

［54］参考 Stephen F. Barker，" Geometry"，in *The Encyclopedia of Philosophy*，3：
285 - 290。

［55］Malcolm Bradbury and James MnFarlane，*Modernism，1890—1930：A Guide to
European Literature* (New York：Viking Press，1991). 也可参考 Stephen Kern，
The Culture of Time and Space：1880—1918 (Cambridge，MA：Harvard Univer-
sity Press，1983)。

［56］David Harvey，*The Condition of Postmodernity* (Oxford：Blackwell，1990). 也可

见 David Harvey, *Spaces of Hope* (Berkeley：University of California Press, 2000)。

[57] Albert Borgman 所说的"工具范式"之先驱。参考他的 *Technology and the Character of Contemporary Life* (Chicago：University of Chicago Press, 1984)。

[58] William Barrett, *Irrational Man：A Study in Existential Philosophy* (New York：Anchor Books, 1958), 65.

[59] Marin Heidegger, *Being and Time* (New York：Harper and Row, 1962).

[60] 让-保罗·萨特的小说体现了这一趋势。他的小说 *Nausea*, 以及 Albert Camus 的小说如 *The Stranger* 和 *The Plague*, 就是这一诊断式探寻之感受的典范。

[61] Barrett, *Irrational Man*, 34.

[62] 读者需要参考本书的前几章, 以便对这些哲学家的观念与事业的大概状况有更多了解。

[63] Charles Taylor, *Philosophical Arguments*, 61 - 78. 也参考他的 *Sources of the Self*, 143 - 176。

[64] Thomas Nagel, *The View from Nowhere* (Oxford：Oxford University Press, 1989).

[65] Charles Taylor, *Philosophical Arguments*, 65.

[66] Ibid.

[67] Thomas Nagel, *Moral Questions* (Cambridge：Cambridge University Press, [1979], 1991), 208.

[68] Charles Taylor, *Philosophical Arguments*, 66. 这种理性与理性主义方法论的"本体论化"在 17 世纪法国的 *Port Royal Logic* 里有经典体现。

[69] Ludwig Wittgenstein, *Philosophical Investigations*, trans. G. E. M. Anscombe (New York：Macmillan, 1958), 以下简称 *PI*。

[70] Peter Winch, "Introduction：The Unity of Wittgenstein's Philosophy", in Winch, ed. *Studies in the Philosophy of Wittgenstein* (New York：Humanities Press, 1969), 1 - 19.

[71] Wittgenstein, *PI*, 31.

[72] *PI*, 7, 19.

[73] Ludwig Wittgenstein, *Philosophical Grammar*, ed. R. Rhees, trans. A. J. P. Kenny (Oxford：Blackwell, 1974).

[74] Ludwig Wittgenstein, *Remarks on the Foundations of Mathematics*, eds. G. H. von Wright, R. Rhees, and G. E. M. Anscombe, trans. G. E. M. Anscombe (Oxford：Blackwell, 1956；2nd ed. , 1967；3rd ed. , 1978), 333.

[75] *PI*, 107.

[76] 维特根斯坦将这一论证扩展，用以对诸如"私人语言"这样的错误观念进行批判。参考 *PI*，243 - 244，246，261。

[77] Altieri，*Act and Quality*，45.

[78] J. L. Austin，*Philosophical Papers*，ed. J. O. Urmson and G. J. Warnock (London：Oxford University Press，1961)；*Sense and Sensibilia*，ed. G. J. Warnock (Oxford：Clarendon Press，1962)；*How To do Things With Words* (Cambridge，MA：Harvard University Press，1962).

[79] 维特根斯坦以"描述"一词来作区分，也就是将启蒙运动所推动的方法论（即解释性的、实证的方法）与可以说是更加工具性的方法（即否认句子自身之外还有什么事物存在）相区别开。至于他的努力是否前后一致（是否成功），则不属于本文范围。参考 Cunningham 的有趣分析，见于他的文章" Language：Wittgenstein after Theology"，in *Radical Orthodoxy*，ed. John Milbank，C. Pickstock，and G. Ward (London：Routledge，1999)，64 - 90。

[80] Ludwig Wittgenstein，*PI*，309，109.

[81] P. E. Strawson，" On Referring" in *Mind* 59 (1950)，320 - 344.

[82] 语言的这种假想的纯粹"用法"理论或"工具性"理论，引出了许多困难。以句子为例。"如果我知道 P，那么，琼斯也知道 P"，这是一个简单的条件句。表达式"我知道 P"显然根本不是作为一个简单的做事行为出现的，而是作为一个直接的宣称句子出现，它的真值条件和"史密斯知道 P"是一样的。同样地，在条件句如"如果 P 是真的，那么 Q 是假的"中，"P 是真的"宣称了一个 Q 之为假的条件：它并非简单地表达一种对他人所说的某句话的同意，如在某个谈话中出现的那样。这种对"用法理论"的诉求，来自"一次一个"式地收集句子：把句子从它们自然地产生出来的那些更广阔的文本背景中摘离出来。这一洞见导致维特根斯坦以"生活形式"观念来本质性地理解语言的"用法"与"形成"，这种理解超出了简单的语词与意义的对应，也超出了句子与意义的对应，而迈向更广范围的"文化"或"语言之外"的语言关注。由此，理解一种语言就是理解一种"生活形式"。

[83] Ian Hacking，*Why Does Language Matter to Philosophy*? (Cambridge：Cambridge University Press，1975).

[84] Steven Warhaft，ed.，*Francis Bacon：A Selection of His Works* (Toronto：Macmillan of Canada，1965)，17.

[85] Berthold Brecht，*Galileo*，in Berthold Brecht，*Seven Plays*，ed. Eric Bentley (New York：Grove Press，1961)，353.

[86] Thomas Hobbes，*Leviathan* (Oxford：Oxford University Press，1947)，5.

[87] 引文出自 Floyd D. Matson，*The Broken Image：Man，Science and Society* (New

York: Anchor Books, 1966), 13。

[88] Auguste Compte, *Social Physics: From the Positive Philosophy of Auguste Compte* (New York: Blanchard, 1850), 432.

[89] Richard Rorty, *Philosophy and the Mirror of Nature* (Princeton, NJ: Princeton University Press, 1979).

[90] 本章的目的不在于详细描述 20 世纪"新"科学的推动力。不过，这些动力包括有：对基于复杂性与自组织原则而来的耗散结构理论的反思，对"混沌"理论的反思，量子力学的兴起，等等。更具体的可参考 Stephen Toulmin, *The Return to Cosmology: Postmodern Science and the Theology of Nature* (Berkeley, CA: University of California Press, 1982)。还可参考 Frederick Ferre, "Religious World Modeling and Postmodern Science", in *The Reenchantment of Science: Postmodern Proposals*, ed. David Ray Griffin (Albany, NY: SUNY Press, 1988)。

[91] 我说的是"古典的基础主义"，有别于"缓和的或弱化的"基础主义，关于后者，可参考 Alvin Plantinga, *Warrant and Proper Function* (New York: Oxford University Press, 1993)。

[92] Thomas Kuhn, *The Structure of Scientific Revolutions* (Chicago: University of Chicago Press, [1962] 3rd ed., 1996); Michael Polanyi, *Personal Knowledge* (Chicago: University of Chicago Press, 1958); Peter Winch, *The Idea of a Social Science and Its Relation to Philosophy* (London: Routledge & Kegan Paul, 1958).

[93] Peter Winch, "Understanding a Primitive Society" in Brian R. Wilson, ed., *Rationality* (Oxford: Basil Blackwell, 1970), 78 – 111.

[94] 这个例子来自 William Placher, *Unapologetic Theology* (Louisville: Westminster/John Knox, 1989), 58。

[95] Peter Winch, *The Idea of a Social Science*, 100 – 101.

[96] Mary Hesse, "In Defense of Objectivity" in her *Revolutions and Reconstructions in the Philosophy of Science* (Brighton, England: Harvester Press, 1980), 170 – 171.

[97] Friedrich Nietzsche, "On Truth and Lie in an Extra-Moral Sense", in *The Viking Portable Nietzsche*, trans. and ed. Walter Kaufmann (New York: Penguin, 1968), 46 – 47.

[98] Richard Rorty, *Contingency, Irony and Solidarity* (Cambridge University Press, 1989), 31.

[99] Michael Foucault, *The Order of Things: An Archaeology of the Human Sciences*, trans. unnamed (New York: Vintage Books, 1973), 383.

[100] Michael Foucault, *The Order of Things*, 70.

[101] Ibid.，64，117，311।

[102] 参考 Bernard Williams 的 *Ethics and the Limits of Philosophy*，132-135，在书中他区别了"绝对性"与"真理"，为的是把这两个东西分开来：一个是"客观"事实的领域，它的真可以说不是视角性的；另一个之所以为"真"，乃是因为它在某一特定的语言游戏之内可以"被正当地宣称"。

[103] Thomas Nagel，*The View From Nowhere*（Oxford：Oxford University Press，1986）.

[104] Ludwig Wittgenstein，*Philosophical Investigations*，3rd ed.，trans. G. E. M. Anscombe（Oxford：Blackwell，1958）.

[105] J. L. Austin，*How to do things with Words*，2nd ed（Oxford：Oxford University Press，1975），and John Searle，*Speech Acts：An Essay in the Philosophy of Language*（Cambridge：Cambridge University Press，1969）.

[106] Paul Ricoeur，*Interpretation Theory：Discourse and the Surplus of Meaning*（Fort Worth，TX：Texas Christian University Press，1976）；*Hermeneutics and the Human Sciences：Essays on Language，Action and Interpretation*，ed. John B. Thompson（Cambridge：Cambridge University Press，1985）；*A Ricoeur Reader：Reflection and Imagination*，ed. Mario J. Valdes（New York and London：Harvester Wheatsheaf，1991）.

[107] 这里所说的"在思想上"有复杂含义。传统上，使用"在思想上"一词就意味着道德命题是实在的命题，也就是说，是可真可假的命题，因而也是有可能被经验证实或证伪的命题，这样，就可能存在所谓的"道德知识"。不过，当代哲学家在认识论上至多只会承认某种"可靠主义"或"连贯主义"，在其中，"功能"是主要标准。也就是说，一个术语是否以"连贯"的方式发挥功能，并且它是否可被修正，或者说，由它而构成的判断是否可以被修正。

[108] Kai Nielsen，"Wittgensteinian Fideism"，in *Philosophy* 62（1967）：191-193. 这一后果在 Richard Rorty 那里反映得最明显，参考他的 *Contingency Irony and Solidarity*（Cambridge：Cambridge University Press，1989）。不是所有人都同意 Nielsen 的分析以及他对唯信主义的控诉。

[109] Rorty 把古代对于"真理"和"不可见者"的执迷称为"使用祖先语言的倾向，崇拜祖先弃之不用的比喻的倾向"，见他的 *Contingency，Irony and Solidarity*（Cambridge：Cambridge University Press，1989），21。

[110] 设置一个我们的价值术语与之相连或不相连的"实在"，由此而引起的问题，正是 Charles Taylor 在 *Sources of the Self*（New York：Cambridge University Press，1994）一书中所要探索的。他的分析指向他的"强评估"观念，按照这一观念，"某些目的或善独立于我们的愿望、倾向、选择，这就表明，它们代表

了我们的愿望与选择由以被判断的那些标准"（该书 20 页）。

[111] "本质"一词承担着各种各样的形而上学重负，以致最终模糊我们的视线，让我们看不到语言所做的事情不只是自我指称。这一点 Ricoeur 在他的 *Interpretation Theory* 里有更详细讨论。

[112] Friedrich Nietzsche, *On the Genealogy of Morals*, ed. Keith Ansell-Pearson (Cambridge: Cambridge University Press, 1994), 92.

[113] Jacques Derrida, *Writing and Difference* (Chicago: University of Chicago Press, 1978), 279.

[114] 更详细的论述可参考 Alexander Nehams, *Nietzsche: Life as Literature* (Cambridge, MA: Harvard University Press, 1985)。

[115] Hilary Putnam, "Taking Rules Seriously—A Response to Martha Nussbaum", in *New Literary History* 15 (1983), 199.

[116] 尼采这般诗意地说道："'真理'乃是一连串流动的暗喻、隐喻和神人同性论——简言之，是一连串的人类关系，这些关系被拔高、换位，被诗意地、修辞地装扮，又在历经长久的使用后，就在人的眼里显得牢固、必然而又权威了。"见 *The Portable Nietzsche* (New York: Penguin Books, 1968), 46-47。

[117] 按照 Rechard Bernstein 的说法，这种被误导的寻求产生了"笛卡尔式的焦虑"。参考他的 *Beyond Objectivism and Relativism: Science, Hermeneutics, and Praxis* (Philadelphia, PA: University of Pennsylvania Press, 1983)。

[118] 相关于理解和解释"道德生活"而言，诗歌和文学的重要性与日俱增，这种重要性直接与人们对世界的偶然性的意识相关，但最突出的是与我们的语言相关。后现代之所以夸大这种重要性，既是因为他们对偶然性的理解，也是因为他们误解了语言的性质。对小说与伦理之间的关系的举例与分析，可参考 S. L. Goldburg, *Agents and Lives: Moral Thinking in Literature* (Cambridge: Cambridge University Press, 1993); Geoffrey Galt Harpham, *Getting it Right: Language, Literature and Ethics* (Chicago: University of Chicago Press, 1992); J. Hillis Miller, *The Ethics of Reading: Kant, de Man, Eliot, Trollope, James and Benjamin* (New York: Columbia University Press, 1987); David Parcker, *Ethics, Theory and the Novel* (Cambridge: Cambridge University Press, 1994); Leona Toker, ed. *Commitment in Reflection: Essays in Literature and Moral Philosophy* (New York: Garland, 1993)。

[119] Arthur Allen Leff, "Unspeakable Ethics, Unnatural Law", *Duke Law Journal* 6 (1979), 1233-1234.

[120] Thomas Kuhn, *The Structure of Scientific Revolutions*, 2nd ed. (Chicago: University of Chicago Press, 1970). 亦见 Mary Hesse, *Revolutions and Reconstruc-*

tions in the Philosophy of Science (Brighton，England：Harvester Press，1980)。

[121] Richard Rorty，*Consequences of Pragmatism* (Hempel Hempstead. England：Harvester Wheatsheaf，1991)，xliii.

[122] Richard Rorty，" Pragmatism and Philosophy" in *Consequences of Pragmatism* (Minneapolis：University of Minnesota Press，1982)，亦见于 *After Philosophy*，eds. Kenneth Baynes，James Bohman，and Thomas McCarthy (Cambridge，MA：MIT Press，1996)，30-31。

[123] Ibid.，32.

[124] Ibid.，74-75.

[125] William James，*Pragmatism and the Meaning of Truth* (Cambridge，MA：Harvard University Press，1978).

[126] John Dewey，*Reconstruction in Philosophy* (Boston：Beacon Press，1948)，26.

[127] John Dewey，*Art as Experience* (New York：Capricorn Books，1958)，348.

[128] Rorty，*Contingency，Irony，and Solidarity* (Cambridge：Cambridge University Press，1989)，77.

[129] Ibid.，79.

[130] Dewey，*Art as Experience*，327.

[131] Richard Rorty，*Objectivism，Relativism and Truth* (Cambridge：Cambridge University Press，1994)，23.

[132] Rorty，*Contingency，Irony，and Solidarity*，22.

[133] Ibid.，22.

[134] Ibid.，27.

[135] Harold Bloom，*The Anxiety of Influence* (Oxford：Oxford University Press，1973).

[136] Rorty，*Contingency，Irony and Solidarity*，73.

[137] Ibid.，73.

[138] Ibid.

[139] Ibid.，74.

[140] Ibid.，78.

[141] Ibid.，79 – 80.

[142] Hans Blumenberg 建议，既然我们已经超越了笛卡尔和后笛卡尔"自我建基"策略的误区，那我们就应当恢复启蒙的核心："自我宣告"的人性观。参考他的 *The Legitimacy of the Modern Age* (Cambridge，MA：MIT Press，1982)。

[143] Hilary Putnam 在 *Representation and Reality* (Cambridge，MA：MIT Press，1988) 89 页中说："要求一个处在特定时间的文化中的人纵览人类各种模式的语

言性存在，包括那些超越他自己文化之外的模式，这乃是要求一个不可能的阿基米德点。"

[144] 这是 Richard Rorty 的 *Objectivism, Relativism and Truth*（Cambridge：Cambridge University Press，1991）一书 100 页使用的比喻。对罗蒂的深刻而有洞见的回应，可参考 Cora Diamond, "Truth：Defenders, Debunkers, Despisers", *Commitment in Reflection*, ed. Leona Toker（New York：Garland Publishing, Ind., 1994），195 – 221。

[145] Charles Taylor 在 "Language and Human Nature" 219 页对此问题的探索极富洞见。他注意到，句子有着双重功能，它们既指称又表述："就对象而言，它对其进行指称；就思想而言，它对其进行表述。"

术 语 集 注

1. 绝对依赖（absolute dependence）：弗里德里希·施莱尔马赫的术语，用以指人们在意识到自己的有限性（自己在无限的宇宙中何其渺小）的时候，所经历的那种宗教性的依赖感。

2. 绝对精神（absolute mind）：黑格尔的术语，用以指一种观念蓝图，它抽象但又实在，决定着历史如何朝向其必然目标发展。

3. 学园（Academy）：柏拉图教学的场所，位于雅典；也指哲学上的柏拉图学派。

4. 主动理智（active intellect）：亚里士多德的术语，用以指理智中从感觉经验里抽象出概念来的那个方面。亚里士多德区别了主动理智与被动理智，后者就只是接受感觉材料而已。

5. 回到本源（*ad fontes*）：来自拉丁语。这个术语概括了人文主义者基本的文学纲要：回到对古典文本与材料的研究。在神学里，这意味着编撰早期教父的批评版全集，它产生了对教父神学公允而全面的评价，而中世纪的典型做法是通过简短摘抄的汇集（称为"集锦"［florilegia］或"嘉言集"［sentences］），来评价教父神学。

6. 已然未然（already not yet）：用来指这一对比：一方面，上帝的救恩应许此刻就已经完成了、成就了，另一方面，它要在新天新地（启 21：1—22：5）里得到最终的和完全的实现。这其中的"已经开始"，包括基督徒已经在与基督的联合中得到的属灵赐福（弗 1：3—14）。而"尚未完成"包括所有那些还未赐予的、在基督再来的时候就将赐予的福分（罗 8：18—25）。这两个方面是相联的，因为基督徒如今已经有了作为将来之各样福分的"定金"（down payment），就是圣灵［参考英语标准本圣经（ESV）的弗1：14注释］。参考**已经展开的末世论（inaugurated eschatology）、与基督的联合（union with Christ）**。

7. 重洗派（Anabaptism）：字面意思就是"重新受洗"。在宗教改革早期阶段，相当一部分的新教徒都重新施行洗礼，他们就是重洗派；他们拒绝婴儿洗，坚持洗礼只应在信仰宣告的基础上进行，因此，洗礼乃是"信徒的洗礼"。当他们按照这一信念开始彼此为对方施行（他们所说的）第一次洗礼时，敌手们却称他们是"第二次受洗的人"，或者说，重洗派。

8. 存在类比（analogy of being）：许多神学家都认为，关于上帝的语言是类比的。我们说上帝是"创造的"，也说艺术家是"创造的"，但上帝的创造和艺术家的创造截然有别。"存在类比"的意思就是："存在"这个词用在上帝和用在人那里，其意义也是类似而非相同的。我们可以说"上帝存在"，也可以说"人存在"，但上帝存在是作为至高的创造者存在，因而和人的存在属于不同类别。参考**歧义（equivocation）、存在的单义性（univocity of being）**。

9. 拟人化日期说（anthropomorphic days）：即把《创世记》里说的"日"理解为上帝的日子，而非自然意义上的24小时。

10. 反启蒙思想者（anti-philosophes）：指18世纪法国启蒙运动的反对者。他们相信，启蒙思想家强调自主理性，这就败坏了道德，颠覆了法国社会。反启蒙思想者针锋相对地强调传统的天主教道德与敬虔。参考**启蒙思想家（philosophes）**。

11. 阿波罗（Apollo）：希腊神话中的形象，代表和谐、秩序与理性。他也是音乐神，在后来的罗马神话中是太阳神。

12. 护教者（apologists）：2世纪和3世纪时写作护教文章的基督徒，他们面对异教哲学和官方逼迫，为基督教信仰辩护。

13. 使徒后教父（apostolic fathers）：新约之后最早的一批基督教作家，其中一些人可能认识使徒，甚至可能跟从使徒学习过。

14. 阿里乌主义（Arianism）：一种神学异端，它否认基督的神性，并在4世纪的时候险些卷席整个教会。阿里乌声称曾有一段时间耶稣并非上帝之子，声称耶稣和其他存在物一样也是被造的。参考**尼西亚公会议（Council of Nicaea）**。

15. 阿明尼乌主义（Arminianism）：17世纪的一场神学运动，以荷兰牧师与神学家雅各布·阿明尼乌命名。阿明尼乌修改了传统加尔文派在原罪、预定、代赎、圣灵之工等方面的教导。

16. 原子事实（atomic facts）：独立于标准或框架而被经验到的事实。

17. 原子论（atomism）：一种自然主义的观点，认为实在完全是由极细小的、不毁坏的物质颗粒组成的。常和伊壁鸠鲁联系在一起。

18. 最低限度承认圣经者（biblical minimalists）：一批现代学者，他们认为圣经叙述中没有多少历史事实。

19. 绝对命令（categorical imperatives）：康德的绝对道德法则。和有条件的命令（如果 X，那么做 Y）不同，它是不允许有例外的。基本而言，它重申了金律："只按你的意愿能成为普遍规律这一准则行为"。

20. 知性范畴（categories of understanding）：康德用以构筑知识的十二个知性形式。人的理解力不是如经验论者所说的白板；心灵通过这些先天的范畴架构来组织感觉经验。参考**白板**（*tabula rasa*）、**哥白尼式的革命**（Copernican Revolution）。

21. 阶级冲突，阶级斗争（class conflict，class struggle）：马克思提出，阶级之间的社会经济差异不可避免地会导致阶级之间的冲突。那些出于贫困的人对富人有怨恨，而富人则对底层的人有恐惧。马克思相信，唯一的解决之道在于取消私有财产，使人人都处在同等的经济地位上。

22. 我思故我在（*cogito ergo sum*）：来自拉丁文。笛卡尔以此肯定：他自己的存在就是认识论确定性的起点。这就确立了作为现代思想之基础的"主体性转向"。参考**主体性转向**（subjective turn）。

23. 常识实在论（common sense realism）：18 世纪的哲学派别，以苏格兰思想家托马斯·里德的著述为基础。它拒斥休谟的怀疑论，提出普通常识一般都是可靠的知识来源。

24. 常识策略（common sense strategy）：一种知识方法，理查德·罗蒂等实用主义者将其和形而上学联系起来。它假设存在着一个事物的秩序，存在某些终极目的。它是相对于"反讽者"而言的。参考**反讽者**（ironist）。

25. 相容主义（compatibilism）：认为人的自由就在于做我们想做的事。这并不排除我们的行动有着因欲望、性格、环境、遗传或上帝而来的因果性，因此，人的自由和决定论是彼此相容的。参考**不相容主义**（incompatibilism）。

26. 大公会议至上主义（conciliarist movement）：14、15 世纪的运动，宣称教界的最高权力在于召集的教会公会议，而不是教皇。

27. 一日千年说（协和主义）（concordist/day age view）：把《创世记》1 章中的"日"理解为在时间上有依次顺序，但在长度上并不确定。

28. 国家的契约理论（contractual theory of state）：约翰·洛克的观点，认为社会和国家建立在一致同意这一理性基础上。当人们为了各自的利益而自由地联合成一个共同体时，就产生了政治社会。和这一理论正相反的中世纪观点认为国王是因着神圣的权利而统治的。

29. 哥白尼式的革命（Copernican revolution）：康德主张，知识的对象合乎心灵的运作，而不是相反，心灵的运作合乎知识的对象。正如哥白尼以日心说的宇宙论代替了地心说的宇宙论，同样，康德对理性的规定意味着人的理性是自主自治的。**参考知性范畴（categories of understanding）**。

30. 宇宙生成论（cosmogony）：出自希腊语的"宇宙"（*cosmos*）和"起源"（*ginomai*），指任何关于宇宙之起源或创造的理论。宇宙论研究存在着的宇宙，而宇宙生成论研究宇宙如何起源。

31. 康士坦斯大公会议（Council of Constance）：罗马天主教会于 1414 至 1418 年间召开的大公会议。会议的召开是为了解决西方教会由于出现几个教皇而导致的分裂。这是大公会议至上主义的高峰。**参考大公会议至上主义（conciliarism）**。

32. 尼西亚大公会议（Council of Nicaea）：325 年，在君士坦丁大帝的召集下，东西方的神学家相聚一堂，就阿里乌主义以及其他实践性问题展开辩论。大公会议肯定了阿塔那修的耶稣神性说（圣子和圣父在实体上相同），谴责了阿里乌的观点。大公会议还解决了一些实践性的问题（他们的决定被称为教规〔canons〕）。该大公会议和 381 年的君士坦丁堡大公会议一道，发展出了现在所说的尼西亚信经。**参考阿里乌主义（Arianism）**。

33. 典雅爱情（courtly love）：11、12 世纪从欧洲宫廷里发展出来的一种对爱的观点：爱是因着看见一个异性的美而产生的痛苦。它对抒情爱情诗、寓言、骑士罗曼文学有影响。典雅爱情使爱者变得坚强，在道德上成为正直，并且容光焕发。典雅爱情诗人常常描写悲剧性的罗曼故事：女主人于求爱者遥不可及，求爱者承受着悲惨结局。

34. 此在（*Dasein*）：马丁·海德格尔用来指"存在"的存在主义术语，常被译为"在那里的存在"、"此在"，它强调，我们只有作为一个在世界之中的存在，才能理解我们自身。对于存在主义的自我理解而言，本质而内在的东西在于参与世界。

35．解构，解构主义（deconstruction，deconstructionism）：最通常地和法国哲学家、思想家雅克·德里达联系在一起。它否认任何这类形而上学观念：可以划定或者预先决定一个语词或语句的意义。

36．自然神论（deism）：启蒙运动的理性宗教。上帝创造了世界，通过不变的自然法则给了世界以秩序，但此后就不再干预世界的运转。否认上帝的内在性。上帝是一个"不在家的领主"。自然神论日益敌对传统有神论（基督教），并且以道德行为来替代基督教的崇拜与对启示教义的信念。

37．描述性谬误（descriptive fallacy）：J. L. 奥斯汀的术语，指人们在一个表达式的意义并非描述性的时候，却仍假设它的意义是描述性的。

38．指称的（descriptive）：指这样一种理论：人们任意地选择一个语词来标识或者"指称"一个经验对象或世界中的事物。一个语句的意义在于它和世界中的事态之间的对应或不对应。意义不是神秘之物。

39．决定论（determinism）：认为任何事件都是由另外一个事件引起的。每件事都有原因；没有无原因的事件。

40．辩证的，辩证法的（dialectic，dialectical）：黑格尔的学说，认为理性和历史的发展是递进式的，而其方式就是基本性的冲突。相反者之间的辩证张力导致的结果是解决，也就是合题，在合题里，相反者既非完全消亡，也非完全实现。

41．辩证的勇气（dialectical courage）：尼采的用语，指这样一种勇气：无意义地生活着，且由此生出英雄般的行为，这种行为之实施既无需意义，也不借助理性论证的推动。

42．沃尔姆斯会议（Diet of Worms）：路德生平中的转折点。1521 年 4 月，神圣罗马帝国众诸侯在沃尔姆斯召开会议，路德在皇帝和德国教界首领面前听审。在这次会议上，路德发表了他的著名讲演"这是我的立场"。

43．物自身（*Ding an sich*）：康德术语，用以指和"现象"界相对立的"本体"界。

44．狄俄尼索斯（Dionysus）：希腊神话中的形象，代表了出神与狂乱。酒神、狂欢神。

45．超然游离的理性（disengaged reason）：认为当理性独立于一切环境的影响而运作时，就能最有效最纯粹地发挥功用。

46. 君士坦丁捐赠、丕平捐赠（Donation of Constantine and Donation of Pepin）：两份 8 世纪的伪造文件，据称它们给了罗马主教以世俗权力。

47. 双重真理说（double truth theory）：穆斯林学者阿威罗伊的学说，认为真理可以通过两种道路得到，一条道路是哲学，另一条是神学。要达到关乎世界的真知识，并不需要启示。基督教思想家布拉班特的西格尔则进一步提出，有两种真理，一是科学的，一是宗教的。该学说在 1270 至 1277 年间受到教会谴责。

48. 我怀疑（*dubito*）：出自拉丁语。指笛卡尔的系统性怀疑（针对感官、宗教信念等），它先于真正的知识而发生。心灵只接受于理性而言有着无可辩驳的明晰性的东西为真理。

49. 动力因（efficient cause）：亚里士多德的哲学四因之一。动力因指把某物带入存在的事件或施动者，例如，雕塑家通过雕琢大理石而成为雕像的动力因。

50. 以利以伦（El Elyon）：上帝的希伯来语名，意为"至高的上帝"。

51. 以利沙代（El Shaddai）：上帝的希伯来语名，其引申出处不详，通常译为"全能的上帝"。

52. 以罗欣（Elohim）：上帝的希伯来语名，强调上帝的能力与力量。

53. 经验主义（empiricism）：一种认识论上的启蒙理论，认为知识首要是基于经验，经验包括感觉与反省。经验主义者如约翰·洛克否认理性主义对内在观念的信念，提出心灵除非接受感觉材料，否则它是空白的。参考**理性主义**（rationalism）；**表象主义**（representationalism）；**白板**（*tabula rasa*）。

54. 启蒙运动（Enlightenment）：17、18 世纪在欧洲和美国出现的运动，其形式多样，有的温和（英国与美国），有的激进（法国与德国）。启蒙思想家辩论新的认识论（经验主义与理性主义），提出以理性替代传统宗教，支持作为确定性之新基础的科学，提供现代的政府理论以取代传统的君主制。

55. 伊壁鸠鲁主义（Epicureanism）：伊壁鸠鲁的观点，主张唯物主义、原子论、非决定论、享乐主义。今天，这个词主要用来指享乐主义，尤其是对美食的爱好。

56. 认识论（epistemology）：哲学的分支，讨论知识的起源、结构、

365

方法及有效性。认识论在世界观里有重要地位。

57. 歧义（equivocation）：一个词如果在不同的上下文里意指不同且互不关联的事物，那它就是"有歧义的"。例如，"rose"一词，既可以指一种芳香的花朵（"玫瑰"），也可以用作动词"rise"（起来）的过去分词。在神学里，歧义意味着同一个语词用来指上帝和指被造物时，其意义完全不同。完全的歧义导致这样的怀疑论：否认我们能认识上帝或谈论上帝。参考**存在的类比（analogy of being）；存在的单义性（univocity of being）**。

58. 伊拉斯都主义（Erastianism）：主张教会应当服从国家。因 16 世纪的神学家托马斯·伊拉斯都得名，他主张，罪应当由国家而非教会来惩戒。

59. 末世性基础主义（eschatological foundationalism）：天主教神学家费古斯·克尔对托马斯的认识论或知识观所作的概括。"基础主义"区分了"基础性"信念与由这些基础信念而引申出来的信念。知识是建立在某些确定、不可置疑的基本信念之上的。对于托马斯而言，知识的基础不是由理性演绎或者经验观察得出的信念，而是当我们面对面地见到神的时候将会拥有的那种知识。这种末世性的知识是我们在信仰和希望中寻求的知识，也正因着它，我们自信自己现在能认识事物。

60. 末世性的本体论（eschatological ontology）：亚里士多德的信念，认为万物都有一种本性，这种本性驱使它朝着某一确定方向发生运动和改变。某个终点或者说"目的"嵌入到事物自身内，由此而来的轨迹使事物成为它自身。一粒种子之所以是种子，乃是因为它有长成为花朵的潜能；一粒种子在成为一朵花的时候实现了它的终点或者说目的。阿奎那从亚里士多德那里借来这一观念，并给予其基督教解释。万物都是为了神而被造的，并且都在运动中朝向那种在其中上帝既是始也是终的圆满完成。事物因为它们的末世性命运而成其为自身。

61. 末世论（eschatology）：关于事物之末了的学说。传统上，"事物之末了"即是指基督再来时发生的事，指将来世界的改变，包括死人复活、最后审判以及新天新地。对千禧年的各种探讨观点也属于末世论。到 20 世纪的时候，"末世论"有了广义的用法，包括了和旧约的高潮性救赎与审判之应许的实现有关的所有事情。这样，耶稣在世生活期间的上帝之国的降临，尤其是包括他的受难、受死、复活、升天与掌权等等，就都被视为这种广义上的"末世论"事件。参考**已经展开的末世论（inaugurated**

eschatology）。

62. 福音性的（evangelical）：神学术语，来自希腊语 *euangelion*（"好消息"、"福音"），强调这么几个方面的信条宗旨：圣经的启示与权威，因着亚当的堕落全人类都处在罪的状况中，基督的位格与工作是救赎的基础以及福音宣教于人的得救而言是必须的。它也作为一个历史用语，指主张这些观念的人（奥古斯丁、改教家）和运动（英国与美国的大觉醒）。

63. 交换价值（exchange value）：马克思的术语，用以指基于一个人在资本主义体系中产生的经济价值而来的个人价值。

64. 存在主义（existentialism）：20世纪初的一场哲学运动，最常见地和法国思想家让-保罗·萨特及阿尔伯特·加缪的名字联系在一起。他们宣称尊严和意义是每个人自己创造出来的，没有永恒的基准点。个人的选择决定了他的本质，而非上帝创造了一个人的性格并由此决定了他的选择。强调个人在伦理与自我规定等问题上的独立与自由。

65. 从虚无中（*ex nihilo*）：拉丁文的宇宙生成论术语。用以指《创世记》1章上帝的创世行动，它和希腊哲学正相反，后者主张有某种永恒物质。

66. 表述的，表述主义（expressive，expressivism）："以主体为中心"的语言理论。它和"以客体为中心"的语言理论即指称理论相对照。意义不能离开赋予意义的个人。这样，意义就更多地有了神秘性，让人费解。

67. 事实/价值区分（fact/value distinction）：这种观念认为，存在独立于主体之描述的"事实"。主体和事实之间的距离越远，主体就越能达到真理。

68. 命运（fate）：希腊哲学中的一种非人格力量，它使万物都按照所发生的那般发生。

69. 唯信主义（fideism）：一种认识论理论，认为知识的基础是由信仰所肯定的前提。唯信主义常常和奥古斯丁的名言相连："我信，以便我能理解。"（*credo ut intelligam*）

70. 目的因（final cause）：亚里士多德的哲学四因之一。目的因即是一件事或物的目标或目的。在基督教里，全部实在的目的因乃是上帝的荣耀。

71. 终极词汇（final vocabularies）：理查德·罗蒂等现代实用主义者的贬义性用词，用来形容那些相信自己能达到终极性意义的人，这些人认为终极性意义就包含在自己使用的语词或表达式之中。他们和"反讽者"正相对照。参考**反讽者**（ironist）。

72. 形式/物质区分（form/matter distinction）：物质是被造的某物所来自的东西，形式则是被造的该物将去往的东西。某物的形式是其本质属性，是其所是。物质通常是该物的物理构成。但既然多数物理成分（如木头、塑料、砖块）本身也是由它物构成的，则对构成物的构成物的探寻最终将引向亚里士多德所说的"原初物质"，这是所有事物的最终构成物，它本身不由任何它物构成，自身没有形式。原初物质在这个意义上和虚无无法区分。

73. 形式因（formal cause）：亚里士多德的哲学四因之一。它出自柏拉图所使用的形式或理念，使某物成为其所是。例如，一颗橡子之所以能长成为橡树，是因为它内在地具有橡树的形式。

74. 形式（forms）：形式是某物的本质所在。于柏拉图而言，只有完美的存在物才能实现自己的本质属性。例如，虽然比尔是一个人，但他并不是一个完美的人；他的完美之人性在这个世界是达不到的。类似地，于柏拉图而言，没有什么形式（如三角形性、数性、勇气、美德）能够完美地存在于这个世界。但现实存在于另外一个世界，也就是"形式世界"。在此世，形式的作用就是为此世中的事物提供例证、标准与规则。亚里士多德抛弃了形式世界，主张形式和物质一起就存在于此世，认为一般而言，物质就是形式所存留所发展的处所。参考**形式/物质区分**（form/matter distinction）；**形式因**（formal cause）；**现象/本体区分**（phenomenal/noumenal distinction）。

367

75. 基础主义（foundationalism）：一种认识论理论，主张知识建立在某些基础性的信念之上，这些信念为其他信念提供辩护。基础性信念是自我确证的，它们无需辩护。某些真理是其他真理的基础。启蒙思想家就经验主义与理性主义展开的经典辩论即是针对何种基础——理性观念还是感觉经验——应当作为知识的基础。参考**理性主义的基础主义**（rationalist foundationalism）；**自我确证**（self-authenticating）。

76. 框架解释（framework interpretation）：对《创世记》1 章的一种解释，认为其中的"日"指的是对实际事件的比喻性的描述。

77. 道德的谱系（genealogy of morals）：尼采的术语，用来指伦理体系的历史性发展。一旦发掘出这样的历史，就瓦解了所谓伦理是永恒不变的这种说法。

78. 诺斯替主义（gnosticism）：一种哲学—宗教运动，其影响在公元 2 世纪时达到高潮。诺斯替派声称掌握终极实在的"秘密知识"，主张世间万物都是上帝的流溢，因此本质上都是神圣的。许多诺斯替主义者声称自己是基督徒，理由是自己有据说是来自基督的秘密教导。正统教会拒绝他们的宣称。诺斯替主义在古代教会从未完全消除，并且其各种形式一直存留至今。

79. 大觉醒（Great Awakening）：指 18 世纪 30 年代、40 年代的北美复兴运动，它渗透到各个殖民地。主要的领导人物有清教徒乔纳森·爱德华兹，他宣讲经历性的加尔文主义；有圣公会的乔治·怀特菲尔德，他在各殖民地巡回，以震撼的布道呼吁悔改皈依。

80. 快乐主义（hedonism）：认为人生的首要目标就是获得享乐（无论是个体性的还是群体性的）。

81. 单一主神教（henotheism）：崇拜一个神，但同时不否认其他神也存在。

82. 他治（heteronomy）：字面意思即"其他的法"。康德以他治来指求助启蒙运动的自治理性（自主理性）之理想以外的其他东西的信念。这样，诉诸启示、圣经或教会就都是服从一个他治性的权威。参考**自我确证（self-authenticating）**。

83. 句子的鼎盛（heyday of sentences）：指 20 世纪里的一个时期，人们从对语词的兴趣转向对句子的兴趣。它常和维特根斯坦及受他影响的那些人联系在一起。

84. 历史主义（historicism）：主张文化内的各种力量都不能处在文化之历史发展之外。对文化及文化中的人产生影响的超验因素或永恒因素是不存在的。它的结果就是怀疑任何看似超越时间地点的真理。

85. 人文主义（humanism）：起源于意大利又扩展到整个西欧的运动。它不可混同于现代意义上的、常被等同于无神论的人文主义。人文主义的关注点是文献，旨在通过对古典希腊与罗马之文学的再发现，来复兴文化。

86. 质形论（hylomorphism）：来自希腊语词根 *hyle*（质料）与 *morphe*（形状）。亚里士多德认为，万物在创造中都是复合的，有质料有形式。质料就是事物的材料，但它自身是无形无状的团块。形式则赋予这

"团块式的"物质特定的属性与性状。当一头牛的形式和非牛的质料结合起来后，就变成了一头牛。

87. 唯心论、理念论（idealism）：17、18 世纪的一种哲学，它宣称：理念要比物质性的秩序更加实在，理性在历史的发展中扮演核心角色，实在的基础构成是理念而非物质性的客体对象。

88. 理想语言（ideal language）：一种经纯化而不受任何主体性之影响的语言，如数学。

89. 理念，观念（ideas）：在柏拉图那里，它是"形式"的同义词。参考**形式（forms）**。

90. 以言行事力，语旨力（illocutionary force）：J. L. 奥斯汀将"以言行事行为"（illocutionary act）称为"在言说某事的过程中"（如命名、起誓、命令等）完成的行为。和它相提并列的，还有："言说行为"（locutionary act），即言说某事的行为；以及"以言成事行为"（perlocutionary act），即通过言说某事而达成的行为。以言行事力就是某一以言行事行为的成功完成。

91. 神的形象（*imago Dei*）：出自拉丁文。常用来指《创世记》1 章中所说的被造之人的特征。

92. 神与人同在原则，以马内利原则（Immanuel principle）：希伯来文的"以马内利"意思就是"神与我们同在"。这正是上帝与以色列所立之约的核心所在。

93. 已经展开的末世论（inaugurated eschatology）：旧约在许多地方都预言上帝将来会带来高潮性的救赎与审判。已经展开的末世论主张，在耶稣基督的在世工作——特别是他的受难、受死、复活、升天、掌权（弗 1：20—21）——之中，这些预言就已经部分实现了，或者说已经在开始实现，而其完全的实现有待基督的再临。"末世论"在这里的用法是广义的，它包括了属于高潮性救赎与审判的一切事情，它不单是指未来的信徒身体复活，也指他们如今在基督里已经有的新生命（西 3：1—4）。"已经展开"就意味着，上帝在旧约中宣告的目的已经在开始实现，但是尚未完全实现。参考**已然未然（already not yet）**；**末世论（eschatology）**。

94. 不可通约性（incommensurability）：托马斯·库恩的观念，认为科学范式是封闭的，因此是"不可通约的"，也就是说，科学范式彼此互不相容。

95. 不相容主义（incompatibilism）：主张人的行为只要是由人类意志之外的其他东西引起的，那它就无自由可言；该主张和"相容主义"相对。人的自由行为不能是由上帝、遗传、环境、性格、甚至我们自己的欲望所引起。这样，自由和决定论就是互不相容的。参考**相容主义（compatibilism）**。

96. 不确定性（indeterminacy）：不以他者为原因的事件就是不确定的事件。自由主义或不相容主义对人类意志的看法有时被称为"不确定性"。更广意义上的不确定性即是指对决定论的否定。参考**决定论（determinism）**；**不相容主义（incompatibilism）**；**自由意志论（libertarianism）**。

97. 不可见的/可见的教会，无形的/有形的教会（invisible/visible church）：不可见的无形教会由上帝拣选救赎的所有人组成。这样，只有上帝才确定地知道谁属于无形教会。有形的教会是此世中的体制化的教会，它由被拣选和不被拣选的人组成，后者也就是那些外表上的信徒终将背离。奥古斯丁及许多改教者都表明这一区分，为的是防止把可见的有形教会中的身份等同于救赎。

98. 理性铁笼（iron cage of rationality）：马克斯·韦伯的观念，认为启蒙运动对理性的理解将我们困在某些特定解释之中，这些解释通过定义就排斥了其他解释，例如，理性就排斥了传统。

99. 反讽者（ironist）：理查德·罗蒂的用语，用来形容实用主义的伦理生活或道德生活的方法。参考**常识策略（common sense strategy）**；**终极词汇（final vocabularies）**。

100. 非理性的命运（irrational fate）：就命运被视为非人格化而言，它的因果性是非理性的。它并不根据理性推理来产生事件。它是非理性的。参考**命运（fate）**。

101. 非理性主义，非理性主义者（irrationalism, irrationalist）：主张任何形式的人类理性都不能理解世界。

102. 约翰短从句（Johannine "comma"）：也称作"三见证"。这是《约翰一书》5：7—8中的一个插入语，例如英王詹姆士钦定译本就是这样的："作见证的原来有三：［在天上就是父，道，和圣灵：这三样都归于一。在地上做见证的也有三，］就是圣灵、水与血，这三样也都归于一"，其中的方括号部分就是该插入从句。该从句仅见于约800年之后的拉丁文手稿，而在1200年之前的希腊文手稿上都见不到。

103. 存在的阶梯（ladder of being）：许多希腊思想家都教导存在有程度上的不同，有的高些，有的低些。较高的程度在某种意义上可说比较低的程度更为实在。这样，在柏拉图那里，形式比物质高级，而在形式中，善又是最高的。在亚里士多德那里，原初的不动者就是最高的。在诺斯替主义和新柏拉图主义那里，最高的存在发出不同程度的较低级的存在，这就是它自身的流射。人生痛苦的救治之方，在于灵魂通过不同的、逐渐更高的存在等级攀登到物质世界以外，直到它最终被融入至高存在。"存在的阶梯"以比喻形式描绘了这一结构。

104. 语言游戏［language game（s）］：路德维希·维特根斯坦的用语。语言游戏是语言实践，而在每种语言游戏（如科学、文学、宗教等）中，主导语言实践的特定规则都是独特的。

105. 生活形式（*lebensform*）：原文为德文。维特根斯坦的用语。他认为，语言和意义来自其范围比科学判断或数学判断要广阔得多的生活环境与生活经历。

106. 黑格尔左派（Left Wing Hegelians）：19世纪黑格尔理智上的激进继承者，主张普鲁士社会仍然需要改革，并相信黑格尔主义和基督教不相容。参考**黑格尔右派**（Right Wing Hegelians）。

107. 自由意志论（libertarianism）：认为人的自由行为不由人类意志之外的任何其他东西（如上帝、遗传、环境、性格，甚至人的欲望）所决定。参考**相容主义**（compatibilism）、**决定论**（determinism）；**不相容主义**（incompatibilism）；**不确定性**（indeterminacy）。

108. 投射线路（lines of projection）：该表达式指早期维特根斯坦的语言方法，这种方法由极端科学化的意义方法主导。

109. 语言学转向（linguistic turn）：指20世纪对语言的着迷，试图以语言来克服传统哲学中的那些明显失败。

110. 教义要点（*loci communes*）：出自拉丁文的"共同的地方"。专题集在文艺复兴时期是知识的标准组织形式。文本被分析，以找出其中"共同的地方"或者包含的主题，之后，材料就按照这些主题被分类组织。这种方法很快用在了神学中，以从圣经文本中提炼出神学。最著名的例子要数1521年开始的梅兰希顿不同版本的《教义要点》，它成了路德神学的标准表达，并且为以后的神学论述如加尔文的《基督教要义》铺平了道路。

111. 逻辑原子主义者（logical atomists）：指伯特兰·罗素、早期维特根斯坦、鲁道夫·卡尔纳普等人。他们把实在理解为物质，在此基础上，以"数学的"方法来解决哲学问题。

112. 逻辑实证主义者（logical positivists）：也称"维也纳小组"。这些哲学家和语言学家对早期的逻辑原子主义的观点感到不满，认为它需要修正。他们相信，任何语句如果要有意义，就必须或者是分析的（其真理性仅由分析其意义就可决定），或者是在经验上可证实的。

113. 生命的逻辑（logic of life）：尼采的用语，指抛开对人之存在进行的理性诠释，而拥抱生命。

114. 理性的逻辑（logic of reason）：尼采的用语，指对人类生命与历史进行的理性阐释。

115. 逻各斯（logos）：赫拉克利特等希腊哲学家所主张的一种世界中的理性原则，它和人类心灵的理性相对应，并使心灵能理解世界。在圣经中，它指上帝的言说，且首要是在耶稣基督里的言说（约 1：1—14）。

116. 逻各斯学说（logos doctrine）：指这样一种信念：某位神仅仅通过言语上的命令，就创造了宇宙。

117. 宪制改教家（magisterial reformers）：指路德、茨温利、加尔文、克兰麦等改教家，他们和地方官员（指世俗的统治权威）合作进行改革，故被称为宪制改教家。相比之下，其他的新教派别如门诺派，就试图和世俗权威不相瓜葛地进行改革。

118. 教会标志（marks of the church）：路德、加尔文等新教改革者提出了几个用以识别真教会的特征或标志，以对抗罗马天主教所宣传的使徒连续性或使徒传承。标志就是真实宣讲上帝之道，有效施行圣餐与洗礼。后来的改教思想主张，教会纪律惩戒应当属第三个标志。

119. 质料因（material cause）：亚里士多德的哲学四因之一。它是某物所由来的东西。一个雕像的质料因即是它从中被雕琢出来的大理石或岩石。参考**形式/物质区分（form/matter distinction）**。

120. 物质主义（唯物主义）/自然主义（materialism/naturalism）：主张事物都是物质的，物质就是全部的实在。宇宙是一个封闭的系统，完全按照自然律运作。希腊人中的伊壁鸠鲁派和斯多葛派都是唯物主义者。

121. 意义即用法（meaning as use）：后期维特根斯坦主张意义就是一种语言如何被使用的功能。语词是通过使用被定义的，而不是由于指称外部世界的某物或指称我们与之相连的心灵状态。

122. 中世纪综合（medieval synthesis）：中世纪的至高理智成就之一就是实现了古典哲学（尤其是希腊思想如柏拉图与亚里士多德）与圣经思想的极致综合。最典型的表现就是托马斯·阿奎那的著述。它在 14、15 世纪的时候受到奥卡姆的威廉等人的批判。

371

123. 弥赛亚主义（messianism）：即相信上帝将差遣天国来的救赎者，粉碎仇敌，拯救子民。

124. 形而上学（metaphysics）：哲学的一个分支，关注实在的终极本性。传统上，形而上学（来自希腊语的"物理学"［*physika*］与"之后"［*meta*］）排在自然研究之后，因为它要探寻物理秩序之外的存在，故而更艰深难懂。

125. 投射方法（methods of projection）：后期维特根斯坦认为，意义是经验过程的一部分，经验由语言使用者的共同体所分享，这些使用者各自以不同的方法描述经验。

126. 心灵是自然之镜（mind mirrors nature）：理查德·罗蒂的比喻，用以形容表象主义认识论的失败，这种认识论认为知识的目的就是"看清事实"，也就是反映出世界的真实本性。而在罗蒂看来，本来就没有什么"世界的真实本性"。

127. 神迹（miracle）：超常而又可见的上帝之作为。神迹常常有别于"神的护理"，后者常用来指在上帝的掌管之下发生的更为普通的事件。参考**神的护理（providence）**。

128. 独作说（monergism）：一种植根于保罗神学与奥古斯丁神学的神学观点，认为因着罪渗透了整个人性，所以个人的得救只有一个原因，就是上帝的至高恩典。与此相比，"合作说"假设在上帝的意志和我们的意志之间有某种合作或者说互动。参考**合作说（synergism）**。

129. 一元论，一元论者（monism, monist）：主张实在是一而不是多。巴门尼德和普罗提诺都是一元论者。

130. 一神论（monotheism）：相信只存在一位神。

131. 自然权利（natural rights）：一种普遍权利，它内在于人的自然本性中，不依赖法学或神学前提。

132. 新柏拉图主义（Neoplatonism）：追随普罗提诺著述的学派。新柏拉图主义者相信一个至高的存在者"太一"，从太一中流溢出万物。（这样，万物都是神圣的。）一些流射比另一些流射更高也更善。物质是最低级的形式，也是恶的源头。人的使命就是通过理性与神秘上升超出物质领域，寻求与太一合一。**参考存在的阶梯**（ladder of being）。

133．新光明派（New Lights）：17 世纪支持美国大觉醒的公理会和长老会人士。他们强调清洁的虔敬是加尔文神学中不可分的部分，相信真正的信仰需要重生之标记，也就是痛彻的悔改经历和个人圣洁。新光明派指责老光明派只是强调以正统信念为得救标志，常常并没有真悔改。**参考老光明派**（Old Lights）。

134．唯名论，唯名论者（nominalism，nominalist）：中世纪后期，实在论与唯名论就"共相"问题展开了持久争论。共相是事物的一般性范畴：我们看见许多特殊的树，但是它们都各不相同。是什么让它们都成其为树？于"实在论者"而言，答案在于它们都分有了某个形而上学的实在，也就是树的"形式"或者说"共相"。我们从没有实际地接触过共相，但它们却是实在的。唯名论者否认共相是实在的。我们把橡树、枫树和松树叫做"树"，只是因为它们有着某些类似性。唯一将它们连在一起的共相是我们给它们起的名字（nomina）。抽象名字或共相语词只是在我们的头脑中作为观念存在。只有特殊事物存在，唯有个体是实在的。不存在共相谓词。它们只是作为指称"实在"的个体的语词时，才有意义。

135．只有圣经（*nuda scriptura*）：来自拉丁文。和"唯独圣经"（*sola scriptura*）相对而言。"唯独圣经"并不排除基督教传统的价值，认为那也是神学思想的源泉之一，只是它强调圣经在教义上的优先地位。而"只有圣经"则让圣经脱离任何背景，如过去世代对圣经真理的解释与阐述。

136．隐秘属性（occult properties）：亚里士多德的术语，指物体中隐藏的性质，它们解释了物体的运动。牛顿以他的三大运动定律拒斥了这一观念。

137．老光明派（Old Lights）：反对与 17 世纪美国大觉醒相连之复兴现象的那些公理会和长老会人士。他们认为真正的信仰只是单单由神学性的正统体现出来的，反对新光明派的"一时冲动"（情感性的皈依）和冲击老光明派讲坛。**参考新光明派**（New Lights）。

138．本体神学（onto-theology）：指让神学顺从哲学范畴。这种神学更强调的是哲学家的上帝而非亚伯拉罕的上帝、以撒的上帝、雅各的上帝。本体神学以抽象且静止的方式谈论上帝，相比之下，圣经启示的上帝是行动的、变化的、活生生的上帝。

139. 本体论（ontology）：形而上学的分支，研究存在之为存在。现代人如康德区分了本体的实在即"真实的存在"与现象的实在即"表象"。参考**本体/现象区分**（**phenomenal/noumenal distinction**）。

140. 日常语言分析（ordinary language analysis）：和"后期"维特根斯坦相连的一种观点，认为意义在于"用法"。

141. 日常语言哲学（ordinary language philosophy）：维特根斯坦的学生（如 J. L. 奥斯汀和约翰·塞尔）广泛地运用后期维特根斯坦的观点，以便最终实现哲学工作的去神秘化。

142. 奥尔弗斯教（Orphism）：毕达哥拉斯门徒中的一种宗教运动，它影响了柏拉图。它教导人的灵魂是一个神圣的存在，囚禁在身体之中。灵魂历经轮回，直到它最终完全净化，返回神圣之地。人的灵魂之所以是神圣的，是因为它是理性的。这样，救赎出于知识。

143. 泛神论（pantheism）：主张一切实在都是神，神是一切实在。泛神论否认创造者与被造物之间的区分。黑格尔和施莱尔马赫都支持某种形式的泛神论。

144. 农民起义（Peasant Revolt）：1524 年，自德国南部、奥地利开始，农民起来反抗所面对的日益恶化的经济社会状况。到 1525 年的时候，起义遍及全德国。它是现代早期阶段最严重的社会反抗，有些人将它和路德教义联系起来。由于这个原因，路德以几篇最苛刻的文字作出回应，反对农民。

145. 完善主义（perfectionism）：相信人性是可以提高或者说可以完善的。完善主义又分好些派别，视其提出的完善之方而定。启蒙思想家相信，完善的达到乃是因着理性或者说科学方法之运用。卫斯理等思想家相信，完善只能因着上帝的恩典而实现。

146. 行为句（the performatives）：J. L. 奥斯汀认为，某类言说能够"做成"它所说的行为。例如，治安法官说"我宣布你们为夫妻"时，不仅是在言说也是在言说的过程中"做事"。参考**言语行为**（**speech acts**）。

147. 人格化的绝对存在（personal absolute being）：指既是绝对化（最终的实在、万物的始因、全能者）又是有位格（会思想、计划、言说、爱，等等）的存在。在所有的宗教与哲学里，唯有圣经的上帝既是绝对的又是有位格的。

148. 视角化的观察（perspective seeing）：尼采的观点，认为没有"事

373

实"，只有立场或视角。

149. 现象/本体区分（phenomenal/noumenal distinction）：康德的区分，认为我们只能知道现象也就是表象（由感官把握到的对象）。本体界由独立于心灵的对象构成（如柏拉图的形式），它是不可知的。康德假设了本体界的存在，以便可以解释自由的存在。参考**形式（forms）**。

150. 启蒙思想家（philosophes）：18 世纪的哲学家，他们主张以理性和教育为手段，来克服愚昧、迷信。

151. 哲学，哲学家（philosophy, philosophers）：哲学的字面含义就是"爱智慧"。在希腊以及其他文化里，哲学都被理解为是这样的努力：不借助宗教或者文化传统，仅仅依靠理性，来理解实在的基本原则。当然，这种理解并不是绝对的，而基督徒在圣经的指导下，长久以来也在探寻哲学家所提的那些问题。

152. 灵魂水疗法（pneumatic hydrotherapy）：费尔巴哈的术语，指在人类社会中抛弃圣礼性的洗礼，而代之以日常地、理性地使用水。

153. 多神论（polytheism）：信仰许多个神。

154. 实证主义（positivism）：又称为"维也纳小组"。20 世纪 20 年代维也纳的一批分析哲学家试图找到一种统一的科学理论，这种理论通过逻辑分析，以一种普遍语言表达出来。

155. 后现代，后现代主义（postmodern, postmodernism）：指 20 世纪中后期的一种哲学文化方法，它乐见现代性（启蒙运动）的失败，乐见现代性不能在真理、美等问题上达到普遍有效的结论。

156. 实用主义（pragmatism）：系指这样一种哲学信念：知识首要出自完成某种任务。实际性的果效被奉为评估某一信念的首要因素。一个句子只有当人们知道它的语词如何能在日常生活中发挥作用时，才能被理解为真。

157. 预先性恩典（prevenient grace）：在中世纪思想里，预先性的恩典是一种神圣的作用，它先于任何善的行为，而人们一旦作出这些善的行为，就会由此得到"施赠的功德"（the merit of congruity）。按照卫斯理的重新定义，预先性的恩典成了一个普遍性过程，它使人不致如此为罪所困，以致不能选择对福音作出回应。

158. 第一推动者（Prime Mover）：亚里士多德的术语，指运动的源起因。亚里士多德认为第一推动者是一个神圣的存在，并且以一种人格化的语言谈论这一存在，虽说他并未对此种人格化进行任何论证。

159. 消灭原则（principle of annihilation）：奥卡姆的威廉的术语，用来对事物的实在性作哲学测试。按照这一原则，"每个在主体上空间上和其他绝对事物相区别开来的绝对事物，在（任何）其他绝对事物被毁灭的时候，都还能因着上帝的力量存在。"一件事物倘若在所有其他事物都被消灭的时候不能保持其存在的话，那它严格来说就算不上一件事物。事物仅当它能自我持存（当然所有事物都直接依赖上帝）时，才是事物。奥卡姆为认识个体事物提供了哲学基础，但是，这些事物根本而言是彼此分离而不是互相牵涉的。奥卡姆以这种方式为现代的个体主义与科学剖析提供了哲学支持。

160. 程序本位主义（proceduralism）：理性主义的教导，认为只有依从正确的程序，才有可能达到"确定性"。

161. 护理（providence）：上帝对于世界持续不断的维护、掌管与引导，包括产生特殊事件。护理有的时候用在狭义上，指上帝的日常性的看护，以便和他的超常性的行为也就是"神迹"相区分。参考**神迹（miracle）**。

162. 心理起源方法（psychogenetic method）：通过考察某个观念如何起源于那些相信这一观念的人的心理需要，来解释这一观念的意义。

163. 毕达哥拉斯主义（Pythagoreanism）：指毕达哥拉斯及其学生的主张，如奥尔弗斯宗教，以及相信世界上的事物都是数学程式的产物。

164. 卫斯理四边形（quadrilateral）：约翰·卫斯理塑造神学的四重方法，即把圣经、传统、理性和经验当做权威的来源。

165. 质的原子论者（qualitative atomists）：指这样的原子论者，他们相信物质的终极构成物有不同的质，如形状、颜色和味道等，由它们组成了不同质的事物。参考**原子论（atomism）；量的原子论者（quantitative atomists）**。

166. 量的原子论者（quantitative atomists）：指这样的原子论者，他们相信物质的终极构成物都是一样的，原子自身没有性质（如形状、颜色、味道等），这些性质存在于原子组成的更大物体中。参考**原子论（atomism）；质的原子论者（qualitative atomists）**。

167. 根本的恶（radical evil）：康德的术语，用以指普遍的人类之罪，即顺从感官性动机而非道德性动机。和传统基督教的原罪信念不同，康德将根本的恶置于每个人的心中，它来自每个人败坏了自己的道德倾向，而道德倾向作为人类官能乃是道德原理的最终来源。

168. 比例（ratio）：这是一个有名的难翻译的词。它可以指例如在人的理性中的"推理"、"理由"；也可以指"原理"、"阐释"。在本书中，它指的是与作品形式相区别的作品内容或内在含义。

169. 理性宗教（rational religion）：启蒙运动术语，用以指仅从理性的角度来考虑的宗教。它除去了启示以及相应的基督教教义。它是"自然神论"的同义词。

170. 理性主义，理性主义者（rationalism，rationalist）：相信人的理性是真理的最后标准，是比感觉经验更可靠的真理方法。参考**认识论（epistemology）**。

171. 理性主义的基础主义（rationalistic foundationalism）：认为基础信念必须在理性上站得住。为了确立基础信念的合理性，人们提出了不同的标准。在笛卡尔那里，基础信念必须是人人都会承认其真理性的真理，是自明的真理。在笛卡尔式的基础主义那里，基督教信念不是基础信念，因为它们没有被普遍接受，也不是自明的。只有像"我存在"这样的信念才有资格作基础信念。参考**基础主义（foundationalism）**。

172. 回忆（recollection）：柏拉图教导说，所有的知识都是回忆。在他看来，知识是关于形式或理念的知识，而非关于物质世界的知识。人的灵魂曾经可以直接进入形式世界，但是他们"堕落"到了物质世界，困在了物质性的身体中。通过对形式的回忆，他们就获得了知识。参考**形式（forms）**。

173. 宗教改革（Reformation）：16 世纪的新教运动，在这场运动中，欧洲的新教徒起而反抗罗马天主教的教义、腐败与陋习，恢复圣经福音中的原本。

174. 改革宗（Reformed）：由约翰·加尔文领导的新教改革派别，它强调，建立在圣经教导基础上的改革应当和生活的各个领域相关，包括教义、虔敬、敬拜、圣礼、政治体制乃至文化。

175. 轮回（reincarnation）：指人死后会以另外的形式返回尘世。这一教义来自奥尔弗斯教，影响了柏拉图。参考**奥尔弗斯教（Orphism）**；**回忆（recollection）**。

176. 相对主义（relativism）：认为没有绝对的或客观的真理，只有相对于个体而言的真理。苏格拉底和柏拉图批评了这种智者派的真理观。

177. 文艺复兴（Renaissance）：来自法语"重生"。这一学术用语指 13 世纪席卷欧洲的文化运动，它见证了因着对古典文学的再发现而来的在文化上尤其是文学、艺术与政治上的激烈革命。

178. 表象的，表象主义的（Representation，representationalism）：相信认识的目的是在我们的心灵和语言中尽可能准确地表象实在世界。表象主义者相信，我们并不直接经验到外部世界，我们对世界的知识要经由中介（如观念或我们自己的解释）。

179. 罗希林事件（Reuchlin Affair）：约翰内斯·罗希林（1454/5—1522）是一个出色的人文主义者和希伯来学家。自 1509 年始，他卷入一场争论，反对一个皈依的犹太人，科隆的约翰内斯·普法菲尔康所提的这一要求：以帝国的法令来毁灭犹太宗教典籍。罗希林的抗议最终使他接受了异端审判，并被判处一大笔罚金。参考**回到本源**（*ad fontes*）。

180. 黑格尔右派（Right Wing Hegelians）：19 世纪黑格尔理智上的温和继承者，认为普鲁士社会已经达到了西方文化发展的高潮，相信黑格尔主义和基督教是相容的。参考**黑格尔左派**（**Left Wing Hegelians**）。

181. 浪漫主义（romanticism）：18、19 世纪的文学艺术运动，它强烈反对启蒙运动的理性主义以及西方文化的现代工业化。它强调想象与情感在人性中的重要性，强调纯粹状态的自然的重要性，支持主体性、激情与感情。

182. 施莱塞穆信条（Schleitheim Confession）：重洗派传统的早期信纲文件，提出了真教会的七个标志，以和权势主义改教者所提的标志相区别。迈克尔·沙特勒（Michael Sattler）于 1527 年在德国西南部的小镇施莱塞穆为信徒起草了该信纲，之后不久，他即殉道。

183. 经院主义（scholasticism）：指 12 世纪开始的大学（即学院）论述。经院主义是一种教学方法，它的基础是中世纪课堂讨论中的提问与回答结构。不可将其误解为一种特殊的理智内容（例如，将其误解为理性主义）。

184. 科学主义（scientism）：贬义词，用以指相信科学及科学方法就组成了我们用以认知世界的全部手段。它相信自然科学和社会科学在对实在的叙述上要先于其他学科，相信科学方法及其在生活各领域中的严格运用能为人类谋取最大利益。

185. 自我确证（self-authenticating）：一个命题或一套观念，如果它在自身内就有使人相信它的充足理由的话，那它就是自我确证的。

186. 自我指称的不连贯（self-referential incoherence）：指这样的责难：某一论证或术语按照它自己定义的条件而言是无意义的。

376

187. 宗教的种子（*semen religionis*）：出自拉丁语。加尔文以此肯定，所有人都有一种宗教本性，驱使他们进行某种敬拜。因着堕落，人造出假神，行各样的偶像崇拜。只是因着上帝的圣经启示，宗教的种子才指向了真神。

188. 神圣感（*sensus divinitatis*）：出自拉丁语。指对上帝之存在的一种基本的内在感觉，这种感觉与生俱来，是一切无论真宗教还是假宗教的基础。

189. 索齐尼主义（Socinianism）：一种反三位一体的一位一体学说，由列里奥·索齐尼和法奥斯都斯·索齐尼得名。索齐尼主义的信条总结是1605年的《波兰拉寇问答》（The Polish Racovian Catechism），它拒绝基督的神性。索齐尼主义坚持以理性来诠释圣经，并由此而否认原罪。

190. 唯独基督（*sola Christo*）：出自拉丁语。宗教改革的术语，指人们只能因着基督的代赎之工，而不能因着任何其他途径得到救赎。

191. 唯独信心（*sola fide*）：出自拉丁语。其意特别指唯独因着信才称义，而这正是路德的基本教义之一，新教宗教改革正是以此来告知信徒当如何获得拯救。信心的对象就是耶稣基督。

192. 唯独恩典（*sola gratia*）：出自拉丁语。系指新教改革的基本教义之一，它指出，唯独借着上帝的恩典或宠爱，信徒才有对基督的信心，才因此被称义。它主张无论是人的工作或人的意志都不能让人获得信心。参考**独作说（monergism）**；**合作说（synergism）**。

193. 唯独圣经（*sola Scriptura*）：出自拉丁语。系指宗教改革的这一教义：圣经是一切神学的唯一具有权威的基础。它并不排斥广义的基督教传统的价值，例如圣经的解释传统对于神学思考与塑造而具有的来源性价值，但它坚持圣经的绝对优先地位。

194. 荣耀只属上帝（*soli Deo gloria*）：出自拉丁语。新教改革者相信，既然救赎完全是上帝的工作，则敬拜和荣耀应当单单属于上帝。

195. 言语行为（speech acts）：J. L. 奥斯汀的术语，强调在说某事的时候我们实际上就在做某事，例如，说"我现在宣布会议闭幕"，就是在官方性地结束一场会议。参考**行为句**（performatives）。

196. 斯多葛主义（stoicism）：塞浦路斯的芝诺及其门徒的观点。斯多葛主义是唯物论、决定论和一元论。

197. 主体性转向（subjective turn）：与启蒙运动相关的术语，它强调，在关乎实在世界的问题及对实在世界的认识问题上，个别性的主体（如笛卡尔的"我思故我在"）是首要权威。主体性转向被康德深化，他的认识论中的"哥白尼式的革命"将人类理性与经验，而非原先的权威（如启示、教会教导），立为知识的基础。

198. 自成一类（*sui generis*）：出自拉丁语。指那些不能被归入某个大类或概念中的存在物。一件独特的事物就是自成一类的。

199. 至善（*summum bonum*）：出自拉丁语，意即"最高的善"。用来指人类行为的终极目的，而它是真实的善。在伦理中，人们应当让所追求的一切其他善都服从至善。

200. 合作说（synergism）：一种神学观点，认为救赎来自人的意志与上帝的恩典之间的合作。参考**独作说**（monergism）。

377

201. 系统性怀疑（systematic doubt）：参考**怀疑**（dubito）。

202. 白板（*tabula rasa*）：出自拉丁语。约翰·洛克以此来拒斥天赋观念的存在。由于心灵天生而言是空白的，所以观念只是由于经验和感觉才产生出来。

203. 理论负载（theory-laden）：托马斯·库恩认为所有的语言和方法论都预设了理论，一种关于世界的本性为何，关于我们应当在世界中寻求之物为何的理论，所以，不存在所谓的"客观主义"。

204. 神明生成，神明生成论（theogonic，theogony）：指诸神的起源。原始宗教神话将宇宙的起源和诸神的起源联系起来。通常每年一次举行的精巧仪式重演着这些神话，以稳定宇宙的和社会的秩序。神明通过其他神明的创造性活动而被产生出来。

205. 神学自由主义（theological liberalism）：19世纪德国的运动。它强调，如果教会要适应现代文化，那么它对基督教信仰的理解就必须发生激烈改变。尤其需要抛弃的，是对如下主题的传统理解：圣经的启示性与权威性，基督的位格与工作，上帝对历史的超自然干预。

206. 托马斯主义的（Thomistic）：托马斯主义者是那些在托马斯神学框架内工作的神学家。"托马斯主义的"神学指在这一框架内完成的神学。

在方法论上，托马斯主义者常常使用托马斯所使用的经院方法。在很大程度上，托马斯主义者都接受了托马斯所构造的基督教化了的亚里士多德世界观。

207．人性三阶段说（threefold state of man）：奥古斯丁认为，人性有堕落前、堕落后、被救赎这三个阶段。人性起初是被上帝所创造的，在亚当犯罪之前，人性有着犯罪或不犯罪的自由（*posse peccare，posse non peccare*——能犯罪，也能不犯罪）。在堕落之后，人性的特点就是原罪；离开了恩典，人就没有道德自由（*non posse non peccare*——不能不犯罪）。被救赎的人在此生也许犯罪也许不犯罪（*posse non peccare*——能够不犯罪）；而在永恒的生命里，他们不能犯罪（*non posse peccare*——不能犯罪）。

208．悲剧英雄（tragic heroes）：希腊戏剧中的主角，他们常常挑战命运，并承担由此而来的后果。

209．超验主义（transcendentalism）：19 世纪美国知识界内的运动，它抗议体制化宗教的过分理性化倾向。它试图除去这些倾向，强调来自人的直觉的自然而然的精神性。超验主义运动的杰出人物包括大卫·梭罗、瓦尔多·爱默生、布朗森·奥尔科特。

210．重估价值（transvaluation of values）：尼采的术语，用以指西方文化中所需的伦理价值上的革命性重塑。尼采相信，基督教道德尤其有害于生命，应当代之以另一种道德即自由和自然本能。

211．灵魂的三个部分（tripartite soul）：柏拉图在灵魂的三个方面作出的区分。欲望部分寻求身体的满足与快乐；精神的部分包括：勇气部分，即对社会荣誉的渴望、愤怒与雄心；以及理性部分，也就是对知识自身的爱。柏拉图的区分和后来一般所作的情感、意志、理智区分有所对应。

212．吟游诗人（troubadour）：吟游诗人是 11、12 世纪四处旅行的歌手与抒情诗人。他们是最早的典雅爱情诗人。

213．真值函项（truth-functional）：真值函项语言就是一种可真可假的语言。

214．两层实在观（two-story view of reality）：按照实在的两层区分观，世界被分为实际上互相隔离的两层领域。在周末的时候，人参与敬拜、祈祷与圣礼等"宗教性"活动，而在一周的其他时间，他们参与工作、游戏、家庭生活、做饭吃饭等"世俗性"活动。宗教性活动对世俗性活动没有什么影响，反过来也一样。没有多少基督徒赞同如此泾渭分明的区分，而现代基督徒在宗教生活与世俗生活之间作的区分通常都不是那么严格。

215．无限者（unbounded）：阿那克西曼德的概念，指万物由以构成的"无限的"或者"没有限定的"材料。

216．与基督联合（union with Christ）：人与基督的救赎性团契。通过这一团契，基督工作的果效，如：罪得赦免、被上帝接纳、因信称义、复活的生命，都被给予了信徒（弗1：3—14）。新约中像"在基督里"、"和基督一起"、"藉着基督"等用语，都表达了这一团契的某个方面。

217．存在的单义性（univocity of being）：指"存在"一词在"上帝存在"这个句子里和在"我存在"这个句子里有着完全相同的意义。对大多数神学家而言，这是危险的，因为这抹杀了创造者和被造物之间的区分。上帝的存在是作为永恒的主、三一的神而存在，这和任何被造物的存在都是不同的。参考**存在的类比（analogy of being）**；**歧义（equivocation）**。

218．不动的推动者（unmoved mover）：亚里士多德的第一推动者。第一推动者产生运动但不被任何东西推动。参考**第一推动者（Prime Mover）**。

219．现代路线（*via moderna*）：出自拉丁语。指后期中世纪的神学运动。加百列·比尔是其最知名的推进者。"现代路线"的信奉者们在哲学上是唯名论者，在救赎观上倾向于半帕拉纠主义。

220．世界观（weltanschauung）：德语，意为"世界观"，是由伊曼努尔·康德所造的词。参考**世界观（worldview）**。

221．权力意志（will to power）：尼采的术语，指意志创造自己的意义与身份的那种力量。尼采抛弃传统基督教世界观，大张旗鼓地呼唤无神的新价值，而他的这些努力的核心所在都是权力意志。

222．维特根斯坦式的唯信主义（Wittgensteinian fideism）：系指这样的信念：不存在普遍的理性标准，并且任何的、所有的宗教信念都只能在与这些信念相关的**生活形式（Lebensform）**或生活背景中得到辩护。

223．世界灵魂（world soul）：斯多葛派的信念，认为世界是一个单一的实在，由一个泛神论的"神"借着自然法则所掌管。参考**新柏拉图主义（Neoplatonism）**。

224．世界观（worldview）：来自德语的*weltanschauung*。虽然康德造

这个新词是为了指一个人对实在的感官把握，但它后来指的是一个人由以对世界进行理解与互动的终极性的观念与信念框架。

225. 耶和华（Yahweh）：希伯来语中上帝的立约之名，表现了上帝的永恒不变和自满自足。

圣经引用索引

（条目后边的数字为英文原书页码，即中译本的边码）

人 名 索 引

（条目后边的数字为英文原书页码，即中译本的边码）

主 题 索 引

（条目后边的数字为英文原书页码，即中译本的边码）

世界观方面的推荐读物

Allen Diogenes. *Philosophy for Understanding Theology*. Atlanta: John Knox Press. 1985.

Baumer, Franklin, *Modern European Thought: Continuity and Change in Ideas*. New York: Macmillan, 1977.

Brown, Colin. *Christianity and Western Thought: A History of Philosophers, Ideas and Movements*. Vol. 1, *From the Ancient World to the Age of Enlightenment*. Downers Grove, IL: InterVarsity Press, 1990.

Cahill, Thomas. *The Gifts of the Jews: How a Tribe of Desert Nomads Changed the Way Everyone Thinks and Feels*. New York: Random House, 1998

Chenu, M. D. *Nature, Man, and Society in the Twelfth Century: Essays on the New Theological Perspective in the Latin West*. Chicago: University of Chicago Press, 1968.

Colish, Marcia L. *Medieval Foundations of the Western Intellectual Tradition, 400—1400*. New Haven, CT: Yale University Press, 1997.

Colson, Charles and Nancy Pearcy. *How Now shall we live?* Wheaton, IL: Tyndale House, 1999

Copenhaver, Brain and Charles B. Schmidtt, *Renaissance Philosophy*. Oxford: Oxford University Press, 1992.

Copleston, Frederick C. *A History of Philosophy*, 9 vols. Garden City, NY: Image Books, 1962—65.

Dooyeweerd, Herman. *In the Twilight of Western Thought*. Nutley, NJ: Craig Press, 1968.

Evans, G. R. ed. *The Medieval Theologians: An Introduction to Theology in the Medieval Period*. Oxford: Blackwell, 2001.

Frame, John M. *Apologetics to the Glory of God*. Phillipsburg, NJ: P&R Publishing, 1994.

——. *The Doctrine of God*. Phillipsburg, NJ: P&R Publishing, 2002.

——. *The Doctrine of the Knowledge of God*. Phillipsburg, NJ: P&R Publishing, 1987.

Gay, Peter, *The Enlightenment*, Vol. 1, *The Rise of Modern Paganism*. New York: W. W. Norton, 1966.

——. *The Enlightenment*, Vol. 2, *The Science of Freedom*. New York: W. W. Norton, 1969.

George, Timothy. *Theology of the Reformers*. Nashville: Broadman Press, 1988.

Grant, Edward. *God and Reason in the Middle Ages*. Cambridge: Cambridge University Press, 2001.

Guthrie, Donald. *New Testament Theology*. Downers Grove, IL: InterVarsity Press, 1981.

Heslam, Peter S. *Creating a Christian Worldview: Abraham Kuyper's Lectures on Calvinism*. Grand Rapids: Eerdmans, 1998.

Hoitenga, Dewey J. *Faith and Reason From Plato to Plantinga*. Albany, NY: State University of New York Press, 1991.

Holmes, Arthur F. *All Truth is God's Truth*. Grand Rapids: Eerdmans, 1977.

——. *Contours of a World View*. Grand Rapids: Eerdmans, 1983.

——. *The Idea of a Christian College*. Grand Rapids: Eerdmans, 1975.

——. *Philosophy: A Christian Perspective*. Downers Grove, IL: Intervarsity Press, 1975.

Jones, Peter R. *The Gnostic Empire Strikes Back*. Phillipsburg, NJ: P&R Publishing, 1992.

Kaiser, W. C. *A History of Israel: From the Bronze Age through the Jewish*

Wars. Nashville: Broadman and Holman, 1998.

Kuyper, Abraham. *Lectures on Calvinism*. Grand Rapids: Eerdmans, 1943.

Lewis, C. S. *The Discarded Image: An Introduction to Medieval and Renaissance Literature*. Cambridge: Cambridge University Press, 1964.

Long, V. P. , D. W. Baker, and G. J. Wenham, eds. *Windows into Old Testament History: Evidence, Argument, and the Crisis of Biblical Israel*. Grand Rapids: Eerdmans, 2002.

Marsden, George M. *The Outrageous Idea of Christian Scholarship*. New York: Oxford University Press, 1997.

Marshall, Paul A. , Sander Griffioen, and Richard Mouw, eds. *Stained Glass: Worldviews and Social Science*. Lahman, MD: University Press of America, 1989.

McGrath, Alister E. *Reformation Thought: An Introduction*. 3th ed. Oxford: Blackwell, 1999.

Nash, Ronald H. *Life' s Ultimate Questions: an Introduction to Philosophy*. Grand Rapids: Zondervan, 1999.

——. *World Views in Conflict: Choosing Christianity in a World of Ideas*. Grand Rapids: Zondervan, 1992.

Naugle, David. *Worldview: The History of a Concept*. Grand Rapids: Eerdmans, 2002

Oberman, Heiko. *The Harvest of Medieval Theology*. Grand Rapids: Baker, [1983] 2000.

Orr, James. *The Christian View of God and the World*. Grand Rapids: Kregel, 1989.

Ozment, Steven. *The Age of Reform, 1250—1550: An Intellectual and Religious History of Late Medieval and Reformation Europe*. New Haven, CT: Yale University Press, 1980.

Passmore, John. *The Perfectibility of Man*. New York: Scribners, 1970.

Pearcey, Nancy, R. *Total Truth: Liberating Christianity from Its Cultural Captivity*. Wheaton, IL: Crossway, 2004.

Plantinga, Alvin and Nicholas Wolterstorff, eds. *Faith and Rationality*. Notre Dame, IN: University of Notre Dame, 1984.

Ridderbos, Herman. *The Coming of the Kingdom*. Philadelphia: Presbyterian and Reformed, 1969.

Rummel, Erika. *The Humanist-Scholastic Debate in the Renaissance and Reformation*. Cambridge: Cambridge University Press, 1995.

Schmidt, Alvin, J. *Under the Influence*. Grand Rapids: Zondervan, 2001.

Schneedwind, J. B. *The Invention of Autonomy: A History of Modern Moral Philosophy*. Cambridge: Cambridge University Press, 1998.

Sire, James W. *Habits of the Mind*. Downers Grove, IL: InterVarsity Press, 2000.

——. *The Universe Next Door: A Basic World View Catalogue*. Downers Grove, IL: InterVarsity Press, 1975.

Southern, R. W. *Scholastic Humanism and the Unification of Europe*. Vol. 1: *Foundations*. Oxford: Blackwell, 1995.

Tarnas, Richard. *The Passion of the Western Mind: Understanding the Ideas That Have Shaped Our World View*. New York: Ballantine Books, 1991.

Taylor, Charles. *Sources of the Self: The Making of the Modern Identity*. Cambridge, MA: Harvard University Press, 1989.

Vanhoozer, Kevin J. *First Theology: God, Scripture and Hermeneutics*. Downers Grove, IL: InterVarsity Press, 2002.

Van Til, Cornelius. *A Christian Theory of Knowledge*. Nutley, NJ: Presbyterian and Reformed, 1969.

Walsh, Brian J., and J. Richard Middleton. *The Transforming Vision: Shaping a Christian World View*. Downers Grove, IL: InterVarsity Press, 1984.

Wolters, Albert M. *Creation Regained*. Grand Rapids: Eerdmans, 1985.

Wolterstorff, Nicholas. *Reason Within the Bounds of Religion*. 2 nd ed. Grand Rapids: Eerdmans, 1984.

世界观中的转折点

　　《世界观的革命》考察了那些重要的运动与人物，正是这些运动与人物提出的理念驱动了西方的历史。以下时间表列出了这些最重要的事件和人物，它们标志着世界观中的主要转折点或过渡期。

　　1. **公元前 1400 年**：以色列人出埃及。摩西五经的启示确立了一种以上帝为中心的世界观：上帝、人性、知识、创造、社会与伦理都在如下框架内展开——上帝是至高的创造主，是护理万物的统治者，是救赎主。

　　2. **公元前 8 世纪**：荷马史诗《伊利亚特》和《奥德赛》为希腊哲学的出现提供了背景。宙斯等人格化的奥林匹斯众神，代替了早先关注自然中的巫术力量的原始希腊宗教。

　　3. **公元前 6 世纪**：泰勒斯、阿那克西曼德、阿那克西美尼在希腊的米利都建立了前苏格拉底的米利都学派。他们思辨地设想：宇宙的秩序源泉不在于荷马诸神，而在于某种终极性的自然性现象。

　　4. **公元前 5 世纪**：柏拉图的《理想国》提出了一种新理想即哲学。理念的超验世界代替了荷马诸神，成为宗教献身的对象。其后的亚里士多德修改了柏拉图的思想，强调感觉经验。

　　5. **公元 31 年**：耶稣被钉十字架，又复活。上帝在耶稣基督里的道成肉身，为基督教世界观立下了历史的以及本体的根基，而基督教福音的核心，就是从罪和死亡中得救赎。

　　6. **公元 36 年**：使徒保罗皈依。他的新约书信表达了与旧约启示连贯一致的基督教世界观。

　　7. **公元 313 年**：罗马皇帝君士坦丁发布《米兰敕令》，结束了帝国范围内的对基督教的迫害。325 年，他在尼西亚召集了教会的第一次普世公会议，这次公会议肯定了耶稣基督的神性。

8. **公元 419 年**：奥古斯丁的《论三位一体》成为古典希腊思想的基督教替代。三重位格的上帝为理解一切实在给出了超验根基。他的《上帝之城》表达了一种目的论的历史哲学，代替了希腊的循环观念。

9. **公元 1120 年**：阿伯拉尔的《是与否》引入了一种从事神学的新方法。他以问题的方式使用逻辑，这种使用控制了对圣经内容的解释，使得神学与圣经解读相分离。

10. **公元 1274 年**：托马斯·阿奎那的《神学大全》将亚里士多德哲学和基督教教义结合起来，造就了中世纪在信仰与理性之间的经典综合。

11. **约公元 1285—1347 年**：奥卡姆的威廉的唯名论否认共相的存在，挑战阿奎那在信仰与理性之间所做的综合，为现代科学奠定基础。

12. **公元 1304—1374 年**：彼特拉克发展了文艺复兴的人文主义。他先锋性地使用拉丁手稿，促进了古典著述的复兴，使人们更多地诉诸古典著述而非经院权威来为市民价值辩护。

13. **公元 1503 年**：德西德里乌斯·伊拉斯谟的《基督精兵手册》发展了一种非教条的基督教人文主义。他在《愚人颂》（1509 年）里以辛辣的讽刺抨击腐化的中世纪实践与宗教迷信。

14. **公元 1515 年**：尼古拉·马基雅维利的《君主论》开启了现代政治观念，它以权力而非美德为政治行为的目标。

15. **公元 1522 年**：马丁·路德在德国的沃尔姆斯会议上拒绝收回著述。他对保罗因信称义教导的再发现，以及其他著述，引发了宪制的新教改革。 417

16. **公元 1527 年**：《施莱塞穆信条》开创了教会与国家分离的新教宗派主义，这有别于和世俗权威合作的权势主义宗教改革。

17. **公元 1536 年**：约翰·加尔文的《基督教要义》出版，成为改革宗神学的经典表述。加尔文的神学著述、解经著述以及书信，表达了这样一种世界观：以圣经教导为基础，在生活的各个领域进行归正改革。

18. **公元 1543 年**：尼古拉·哥白尼的《天体运动论》提出日心说的宇宙论代替托勒密的地心说。伽利略的望远镜观察肯定了哥白尼的理论。

19. **公元 1624 年**：切尔伯里的赫伯特勋爵在《论真理》一书中历数了自然宗教的五个要点，这标志着英国自然神论的开端。

20. **公元 1637 年**：勒内·笛卡尔在《方法谈》中提出"我思故我在"，这开创了启蒙运动的"主体性转向"，它将个人性的理性奉为确定真理的道路，以取代从前所接受的权威如启示与教会教导。

21. **公元 1675 年**：施本尔在《敬虔之愿》中描画了虔敬派的基本原则——圣经研读，福音布道，以刻骨铭心的宗教经历而非信仰教条为基督教信仰的基本。

22. **公元 1781 年**：伊曼努尔·康德的《纯粹理性批判》在认识论中造就了"哥白尼式的革命"，为他的《纯然理性界限内的宗教》奠定哲学基础，而这本书对基督教作了道德性的再诠释。

23. **公元 1841 年**：路德维希·费尔巴哈的《基督教的本质》攻击基督教的教导，认为它只是人类精神的投射。他以人的立场诠释基督教，认为人是爱、和平等美德的担负者，而以前人们却错误地以为担负者是上帝。

24. **公元 1845 年**：索伦·克尔凯郭尔的《恐惧与颤栗》引入了存在主义，它强调以自由和个体选择为自我与伦理的决定因素。

25. **公元 1848 年**：卡尔·马克思发表了《共产党宣言》，号召工人无产阶级联合起来革命，推翻资产阶级，建立一个无阶级社会。

26. **公元 1859 年**：查尔斯·达尔文的《物种起源》挑战物种固定的观念，提出了进化论，按照这种理论，物种在生存竞争中因着自然选择而发生改变。

27. **公元 1885 年**：弗里德里希·尼采的《查拉图斯特拉如是说》嘲讽传统的基督教观念及道德，提出那些拥有权力意志的人应当创造自己的意义。

28. **公元 1907 年**：威廉·詹姆斯的《实用主义：某些老思想方式的一个新名字》提出一种认识论，它关注的不是思想性行为，而是某个观念的实践性后果。

29. **公元 1922 年**：路德维希·维特根斯坦的《逻辑哲学论》发动了当代哲学中的"语言学转向"，它以语言分析来解决传统的哲学问题。

30. **公元 1962 年**：托马斯·库恩的《科学革命的结构》拒绝这种观念：科学在线性的知识积累过程中发展。他提出，科学的发展是一种范式的转移，在其中，研究的本性有着突然改变。

31. **公元 1967 年**：雅克·德里达出版了三本著作，为后现代主义的主要力量即解构主义奠定基础。解构主义否认传统的终极真理观念。所有的文本都必须经过分析，以弄清其意识形态偏见。

本书各章作者简介

W. Andrew Hoffecker（MDiv，Gordon-Conwell Theological Seminary；PhD，Brown University）**W·安德鲁·霍菲克**，戈登-康维尔神学院道学硕士，布朗大学哲学博士，改革宗神学院（杰克逊）教会史教授，在该校教授教会史、圣经世界观、C. S. 路易斯有十年。他被美国长老会（PCUSA）所按立。

在他 1997 年进入改革宗神学院之前，曾是格洛夫城市大学的宗教学教授。在二十年的本科教育生涯中，他对世界观课程的热情与日俱增。

霍菲克博士也在奥兰多、夏洛特、华盛顿特区、孟菲斯、底特律等地以及乌克兰的改革宗神学院里授课。他和妻子帕姆喜欢打网球，并且，当他们探访住在华盛顿特区、费尼克斯、亚特兰大的三个儿子时，总是要顺便和他们来一场网球比赛。

John M. Frame（MDiv，Wesiminster Theological Seminary；MPhil，Yale University；DD，Belhaven College）**约翰·M·弗雷姆**，威斯敏斯特神学院道学硕士，耶鲁大学哲学硕士，贝翰文学院道学博士，改革宗神学院（奥兰多）的系统神学与哲学教授，美国长老会按立牧师。

之前，他任教于费城的威斯敏斯特神学院（1968—1980）以及加州的威斯敏斯特神学院（1980—2000）。

他和妻子玛丽有五个孩子，其中三个已婚，住在加州和俄勒冈州，还有两个单身，正在念大学。

John D. Currid（MA，Gordon-Conwell Theological Seminary；PhD，University of Chicago）**约翰·D·柯瑞德**，戈登-康维尔神学院文学硕士，芝加哥大学哲学博士，改革宗神学院（夏洛特）的卡尔·W·麦克默雷旧约教授。他此前在格罗夫城市大学（1980—1993）和改革宗神学院（杰克逊，1993—2007）任教。他是美国长老会的按立牧师。

422 在进入夏洛特的改革宗神学院之前，柯瑞德博士是密西西比州克林顿的神佑长老会的教师。他目前在北卡州夏洛特的巴兰丁长老会教会（ARP，改革宗长老会协会）的讲坛上布道。

柯瑞德博士出版了十本著作，包括《创世记》解经（2卷本）、《出埃及》解经（2卷本）、《利未记》解经和《申命记》解经，这几本解经著作都属于他主编的"福音派研经系列丛书"。他和妻子南希有两个已经成年的孩子，一个住在印第安纳，一个住在得克萨斯。

Dr. Vern S. Poythress（BS，California Institute of Technology；PhD，Harvard University；ThM and MDiv，Westminster Theological Seminary；MLitt，University of Cambridge；ThD，University of Stellenbosch）**维恩·S·博伊斯勒斯**，加州理工学院理学士，哈佛大学哲学博士，威斯敏斯特神学院神学硕士和道学硕士，剑桥大学文学硕士，斯坦林布什大学神学博士，威斯敏斯特神学院新约诠释教授，在该校他已任教三十年。他教授保罗书信、福音书、《启示录》、系统神学论题、解释学。由于其语言学与护教学背景，博伊斯勒斯博士对于解释学原则特别感兴趣。

他也在俄克拉荷马州大学教授语言学。他出版的著作范围涉及基督教科学哲学、神学方法、时代论神学、圣经律法、解释学、圣经翻译以及《启示录》。

博伊斯勒斯博士是美国长老会牧师。他和妻子戴安娜有两个孩子：兰瑟姆和查士丁。博伊斯勒斯博士的业余爱好包括科幻小说、绳技、排球与计算机。

Richard C. Gamble（MA，Pittsburgh Theological Seminary；PhD，University of Basel）**理查德·C·甘博**，匹兹堡神学院文学硕士，巴塞尔大学哲学博士，宾夕法尼亚州匹兹堡改革宗长老会神学院的系统神学教授。他曾任职于改革宗神学院（奥兰多）的系统神学教授，加尔文神学院的历史神学教授，密歇根州大湍市加尔文研究中心主任以及威斯敏斯特神学院的教会历史副教授。

Peter J. Leithart（AB，Hillsdale College；MAR and ThM，Westminster Theological Seminary；PhD，University of Cambridge）**彼得·J·赖特哈特**，希尔斯代尔学院文学士，威斯敏斯特神学院宗教硕士和神学硕士，剑桥大学哲学博士，美国长老会的按立牧师，目前是爱达荷州莫斯科市的新圣安德鲁大学的神学与文学资深研究员，也是该市的圣三一改革宗教会牧师。他是《试金石》杂志和《信念与行动》杂志的编辑。他有多本著述，包括《列王纪上下》（布雷左神学解经系列）和《后现代中的所罗门》（布雷左，即出）。他和妻子诺尔有十个孩子和一个孙子。

Carl R. Trueman（MA，University of Cambridge；PhD，University of Aberdeen）**卡尔·R·特鲁曼**，剑桥大学文学硕士，阿伯丁大学哲学博士，威斯敏斯特神学院学术主任，历史神学与教会史教授，他在该校已经任教六年。之前他任职于阿伯丁大学和诺丁汉大学。

他的学术兴趣包括英国宗教改革，约翰·欧文的生平与思想，晚期中世纪神学与改革宗正统之兴起之间的关联。

他是正统长老会的成员。他和他的妻子卡区欧娜有两个孩子：约翰与彼得。他的爱好有马拉松长跑、西部片、和孩子一起踢足球等。

N. Scott Amos（MA，The College of William and Mary；MDiv and ThM，Westminster Theological Seminary；PhD，University of St. Andrews；further study，University of Cambridge，University of Geneva）**N·司各特·阿摩司**，威廉-玛丽学院文学硕士，威斯敏斯特道学硕士和神学硕士，圣安德鲁大学哲学博士，并在剑桥大学和日内瓦大学进深学习，弗吉尼亚州林奇堡市林奇堡大学的历史助理教授，自 2002 年来他一直在该校任教。他也在所居住的地方，弗吉尼亚州的夏洛特维里市的一个基督教研究中心教授两学期课时的教会史。

阿摩司博士的特别兴趣领域包括：斯特拉斯堡的改教家马丁·布塞的工作，早期改革宗传统，从威斯敏斯特会议看英国宗教改革，宗教改革全局以及解经史（包括圣经解读与神学方法之间的关系）。此外，他还特别对历代的教会史感兴趣，在他的教会史教学中，尤其强调教会史知识可以让我们实实在在地体会到《使徒信经》里的这一信念：圣徒相通。

阿摩司博士和妻子莉斯有两个女儿：米利暗和拉结。

Richard Lints（AM，University of Chicago；MA and PhD，University of Notre Dame）**理查德·林茨**，芝加哥大学文学硕士，圣母大学文学硕士和哲学博士，马萨诸塞州南汉密尔顿的戈登-康维尔神学院神学教授。他是美国长老会的按立牧师，在马萨诸塞州的康科德开创并且牧养了救赎主长老会教会。

林茨博士在戈登-康维尔神学院已经任教了二十年。此前，他在英格兰布里斯托的三一学院任教。他还在耶鲁神学院、改革宗神学院和加州威斯敏斯特神学院作为神学客座教授任教。

林茨博士的著作有《神学的结构》、《极端的反讽：宗教》、《20世纪60年代与后现代之兴起》。他与人合著了《威斯敏斯特词典：哲学关键术语及其在神学中的重要性》，并且是《个人身份与神学视角》的编者与撰稿人。他和妻子安妮有三个已成年的孩子，都住在波士顿或波士顿附近。

Michael Payne（PhD，Westminster Theological Seminary）**迈克尔·佩恩**，威斯敏斯特神学院哲学博士，目前是阿拉巴马州蒙特哥美利的纪念长老会暂代牧师。在此之前，他于1997—2006年间任改革宗神学院（杰克逊）的神学教授。2002—2004年间他在麦斯威尔空军基地的空军战争学院任军事伦理与军事领导教授。他在宾夕法尼亚州卡利斯里的陆军战争学院，以及罗得岛纽波特的海军战争学院教授伦理学。

1986—1997年间，佩恩博士在肯尼亚的内罗毕福音神学研究生院以及代斯达大学任神学教员。他也在德国、法国、荷兰、韩国、匈牙利和捷克讲学。

佩恩博士和妻子卡伦有两个女儿，查伦和凯莉。